高 等 学 校 专 业 教 材

中国轻工业"十三五"规划教材

果蔬加工工艺学

（第二版）

孟宪军　乔旭光　主编

中国轻工业出版社

图书在版编目（CIP）数据

果蔬加工工艺学/孟宪军，乔旭光主编．—2 版．—北京：中国
轻工业出版社，2024.8
中国轻工业"十三五"规划教材
高等学校专业教材
ISBN 978-7-5184-3162-5

Ⅰ．①果…　Ⅱ．①孟…②乔…　Ⅲ．①果蔬加工—高等学校—
教材　Ⅳ．①TS255.3

中国版本图书馆 CIP 数据核字（2020）第 163083 号

责任编辑：马　妍　　责任终审：劳国强　　封面设计：锋尚设计
策划编辑：马　妍　　责任校对：晋　洁　　责任监印：张　可

出版发行：中国轻工业出版社（北京鲁谷东街 5 号，邮编：100040）
印　　刷：河北鑫兆源印刷有限公司
经　　销：各地新华书店
版　　次：2024 年 8 月第 2 版第 5 次印刷
开　　本：787×1092　1/16　印张：19
字　　数：420 千字
书　　号：ISBN 978-7-5184-3162-5　　定价：52.00 元
邮购电话：010-85119873
发行电话：010-85119832　010-85119912
网　　址：http://www.chlip.com.cn
Email：club@chlip.com.cn

本书编委会

主　　编　　孟宪军　沈阳农业大学

　　　　　　乔旭光　山东农业大学

副 主 编　　文连奎　吉林农业大学

　　　　　　冯　颖　沈阳农业大学

　　　　　　李　斌　沈阳农业大学

　　　　　　程建军　东北农业大学

　　　　　　辛　广　沈阳农业大学

参编人员（按姓氏拼音顺序排列）

　　　　　　郭雪松　锦州医科大学

　　　　　　高晓旭　长江师范学院

　　　　　　马凤鸣　沈阳农业大学

　　　　　　马　岩　沈阳师范大学

　　　　　　唐文婷　青岛农业大学

　　　　　　薛友林　辽宁大学

　　　　　　张　博　鞍山师范学院

　　　　　　张慧丽　辽宁大学

　　　　　　赵丽娟　国家知识产权局

主　　审　　胡小松　中国农业大学

第二版前言 | Preface

《果蔬加工工艺学》自2012年第一版出版以来，国内多所高校的食品科学与工程专业将该教材作为主修教材之一，同时也为农业院校园艺专业果蔬加工课程提供了适合的教材。本教材出版以来深受广大师生和从事该领域的研究人员、生产科技人员欢迎。

我国果蔬产业是除粮食外的第二大产业，果蔬加工业在食品工业中占有重要地位。随着我国果蔬产业的快速发展，果蔬加工产业在促进产业融合，提高产后附加值，增强出口创汇，带动相关产业的发展，增加就业，促进区域性高效农业产业健康发展方面发挥着越来越重要的作用。

本教材出版八年来，也是我国果蔬加工产业快速发展的阶段，很多高新技术层出不穷，技术研究的深度和广度日显突出，产品标准和技术标准得到大幅度提升，很多农业院校、综合大学和师范类院校都新增设了果蔬加工工艺学课程。伴随着高校招生人数的扩增，很多学校的教学内容和教学体系及培养方向也相应进行调整。因此，相关专业需要一部适应性强、应用面广的本科教材。第二版教材，在第一版的基础上根据我国高等院校果蔬加工学课程教学和研究的实际需要，结合国内外果蔬加工研究与开发现状和发展趋势，吸收果蔬加工研究新的理论和技术成果，经充分研究讨论，对编写大纲和内容进行了重新修订。

本教材共十一章，内容包括果蔬加工保藏原理与预处理、果蔬罐藏、果蔬速冻、果蔬制汁、果蔬糖制、蔬菜腌制、果蔬干制品加工、果酒酿造、果醋酿造、鲜切果蔬加工、果蔬原料的综合利用等内容。为便于学生学习和掌握各章节的主要内容和重点，在每章前增加了应掌握的教学目标，每章后配有思考题。

本教材由沈阳农业大学孟宪军教授、山东农业大学乔旭光教授担任主编，组织国内11所高等院校及科研单位，具有较高学术研究水平和丰富教学经验的教师编写而成。编写分工如下：前言由孟宪军编写，第一章由山东农业大学乔旭光编写，第二章由东北农业大学程建军编写，第三章由长江师范学院高晓旭和国家知识产权局赵丽娟编写，第四章由吉林农业大学文连奎编写，第五章由辽宁大学薛友林和锦州医科大学郭雪松编写，第六章由沈阳农业大学冯颖和辽宁大学张慧丽编写，第七章由沈阳农业大学辛广编写，第八章由沈阳农业大学孟宪军、李斌编写，第九章由沈阳农业大学马凤鸣、李斌编写，第十章由青岛农业大学唐文婷编写，第十一章由沈阳师范大学马岩和鞍山师范学院张博编写。全书由沈阳农业大学孟宪军和冯颖统稿。

本教材可作为高等院校食品科学与工程专业，食品质量与安全专业以及园艺专业的本科生教材，也可供科研、生产部门的研究人员和工程技术人员参考。

在本教材的编写过程中得到了各编委的大力支持和积极配合，也得到了各参编单位有关领导的重视和支持，中国农业大学胡小松教授对本教材编写给予了悉心指导和审阅。在此，谨向关心、支持和参与本教材编写和出版付出辛苦的各位老师和领导表示衷心感谢。

由于书中内容多、涉及面广且编者水平有限，因此，本教材在编写过程中难免存在疏漏和不妥之处，敬请广大同仁和读者批评指正。

编　者

2020 年 8 月

前言 | Preface

我国是农业大国，果蔬资源十分丰富，是全球最大的水果和蔬菜生产、输出国。果蔬加工制品在农产品出口贸易中占有相当大的比重，其出口占农产品出口总量的1/4，果蔬产业已成为创汇农业的重要组成部分。果蔬加工业是涵盖第一、二、三产业的全局性和战略性产业，是衔接工业、农业与服务业的关键产业，也是我国农产品加工业中具有明显优势和国际竞争力的行业。发展果蔬加工业，不仅能够大幅度地提高产后附加值，增强出口创汇能力，还能够带动相关产业的快速发展，大量吸纳农村剩余劳动力，增加就业机会，促进区域性高效农业产业的健康发展。对实现农民增收、农业增效，促进农村经济与社会的可持续发展，从根本上缓解"三农"问题，均具有十分重要的战略意义。

随着果蔬加工技术的研究深度和广度日显突出，很多农业院校、综合大学和师范类院校都新增设了果蔬加工学等相关课程。伴随着高校招生人数的扩增，很多学校的教学内容和教学体系及培养方向也相应进行了调整。因此，相关专业需要一部适应性强、应用面广的本科教材。根据我国高等院校果蔬加工学课程教学和研究的实际需要，结合国内外果蔬加工研究与开发现状和发展趋势，吸收果蔬加工研究新的理论和技术成果，我们组织编写了《果蔬加工工艺学》。

本教材共十一章，内容涉及果蔬加工的基础知识、果蔬罐藏、果蔬速冻、果蔬糖制、蔬菜腌制、果蔬制汁、果蔬干制品加工、果酒酿造、果醋酿造、鲜切果蔬加工、果蔬原料综合利用等内容。为了便于学生学习和掌握各章节的主要内容和重点，在每章前增加了应掌握的教学目标，每章后给出了思考题。

本教材由沈阳农业大学孟宪军教授、山东农业大学乔旭光教授担任主编，组织国内11所高等院校及科研单位，具有较高学术研究水平和丰富教学经验的教师编写而成。第一章由山东农业大学乔旭光编写，第二章由东北农业大学程建军编写，第三章由北华大学高晓旭和国家知识产权局赵丽娟编写，第四章由吉林农业大学文连奎编写，第五章由辽宁医学院郭雪松和辽宁大学薛友林编写，第六章由沈阳农业大学冯颖和辽宁大学张慧丽编写，第七章由鞍山师范学院辛广编写，第八章由沈阳农业大学孟宪军、李斌编写，第九章由东北林业大学马凤鸣、沈阳农业大学李斌编写，第十章由青岛农业大学唐文婷编写，第十一章由鞍山师范学院张博编写，全书由沈阳农业大学孟宪军和冯颖统稿。

本书可作为高等院校食品科学与工程专业、食品质量与安全专业以及园艺专业的本科生教材，也可供科研、生产部门的研究人员和工程技术人员参考。

在本教材的编写过程中得到了各编委的大力支持和积极配合，也得到了各参编单位有关领导的重视和支持，中国农业大学胡小松教授对本教材编写给予了悉心指导和审阅，沈阳农业大学食品学院张琦老师对教材审核付出大量辛苦工作。在此，谨向关心、支持和参与本教材编写和出版付出辛苦的各位老师和领导表示衷心感谢。

由于书中内容多、涉及面广、编者水平有限，因此，本教材在编写过程中难免存在疏漏和错误，敬请广大同仁和读者批评指正。

编　者

2012 年 5 月

| 目录 | Contents

果蔬加工保藏原理与预处理

掌握引起食品腐败变质的原因及其特征、食品保存的基本原理和主要方法；了解果蔬原料的加工特性，掌握加工对原料的要求；熟悉各种原料加工预处理的基本要求及工艺方法；掌握工序间护色和半成品保存的方法及原理。

第一节　果蔬的败坏与加工保藏措施

一、引起食品腐败变质的主要因素及其特性

食品败坏的含义较广，凡不符合食品食用要求的变质、变味、变色都称为食品败坏。一般来讲，凡是改变了食品性质，使其失去原有典型质量特征的一切变化都属于败坏，而不仅仅指腐烂。发生败坏的食品一般外观不良、风味减损，或成为废物，有的甚至致病、产毒。

造成果蔬加工品败坏的原因很多。原料自田间采收起，经过运输、预处理、加工、成品贮运及销售，直至食用前，所处的环境都有可能是引起食品败坏的直接或间接原因。概括起来，引起食品败坏的原因主要有生物因素、化学因素、物理因素和物理化学因素等。

（一）生物因素

生物因素主要指微生物活动引起的食品败坏，又称生物败坏。有害微生物（细菌、霉菌和酵母菌）活动是导致食品腐败变质的主要原因。

微生物大量存在于空气、水和土壤中，附着在果蔬原料、加工用具、容器和工作人员的身体上。这些环节是果蔬加工中微生物的主要来源。不同条件下，食品遭受微生物侵染的情况见图1-1。

通常，微生物活动引起的食品败坏都有比较明显的特征：

（1）食品外观　常有生霉、产气、变味、混浊、腐败等现象发生。

（2）食品质量　大部分食品会失去食用价值，有的病原菌、产毒菌还会致病或者产生毒素。

（3）败坏发生的速度快。

（二）化学因素

食品中存在着种类繁多的化学物质，尤其是果蔬加工品生命已经被破坏，各种可溶性物质可以均匀地分散在液相中，它们必然要相互作用，发生化学反应，如氧化、还原、分解、合成、溶解、晶析、沉淀等。这些化学反应有的有益，可形成食品的风味，有的有害，引起食品败坏。化学因素引起的食品败坏又称化学败坏。

1. 酶的作用

食品在加工过程中，由于酶的作用，特别是氧化酶类、水解酶类的催化反应，会造成色、香、味和质地的变化（见表1-1）。

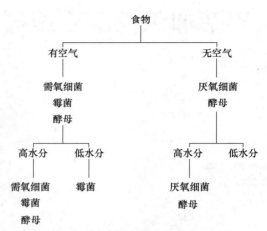

图1-1　食品遭受微生物侵染示意图

表 1-1　　　　　　　引起果蔬质量变化的主要酶类及其作用

酶的种类	酶的作用
多酚氧化酶	催化酚类物质的氧化，产生褐变
过氧化物酶	催化物质氧化，导致颜色、风味改变
聚半乳糖醛酸酶	催化果胶中半乳糖醛酸残基之间的α-1,4糖苷键断裂，导致组织软化
果胶裂解酶	催化果胶中甲酯化半乳糖醛酸残基之间的α-1,4糖苷键断裂，导致组织软化
果胶酯酶	催化果胶中甲氧基脱出，可导致组织软化，凝胶作用减弱
脂肪酶	使脂肪生成脂肪酸，导致酸败
脂肪氧合酶	催化不饱和脂肪酸及甘油酯氧化，导致异味产生
抗坏血酸氧化酶	催化抗坏血酸氧化，导致营养成分损失

酶的活力受温度、pH、水分活度等因素的影响。经过加热杀菌的加工食品，酶被钝化，可以不再考虑酶的作用。但在原料预处理加工过程中，或非热加工食品保存，就会发生酶引起的各种变化。

2. 非酶作用

食品加工过程中因非酶反应引起的食品变质现象较多，如：非酶褐变，主要有美拉德反应、焦糖化反应、抗坏血酸氧化等引起的非氧化褐变。这些褐变常由于加热及食品长期的贮藏而发生。

加工用水、用具中的铁离子，与桃、苹果、栗子、莲藕、芋头、茶叶等多酚物质多的食品接触，会产生黑色。此外，金属离子也能使花青素变色。

食品成分与包装容器的反应。含酸量高的原料制成果汁时容易使金属罐壁的锡溶出，如菠萝、柑橘。樱桃、葡萄等含花青素的食品罐藏时，与金属罐壁的锡、铁反应，颜色从紫红色变成褐色。此外，如芦笋、绿豆等以及鱼肉、畜禽肉、蛋加热杀菌时产生硫化物，常会与铁、锡反应产生黑色，并造成罐壁腐蚀。多酚物质含量较多的果蔬，也容易与金属罐壁起反应而变色。罐藏这类食品时，应使用涂料罐，以防止变色。

与生物败坏相比，化学败坏对食品的影响程度轻，但普遍存在，导致制品色、香、味损失，质量降低，但一般无毒。通常由化学因素引起的食品败坏有如下特点。

（1）食品外观　引起食品变色、变味。

（2）食品质量　与生物败坏不同的是，化学败坏后的食品一般不会失去其食用价值，但其质量降低，或不具备商品价值。

（3）化学败坏一般是成批发生。

在防止了有害微生物活动的前提下，有效地防止化学败坏是食品质量保持的关键。

（三）物理因素

引起食品败坏的物理因素主要有光、温度、压力和湿度等，这些因素大都是通过引起化学变化或改变了微生物的生存环境而引起食品败坏。

1. 光

光可使温度升高，加速化学反应，甚至加快某些微生物的生长繁殖。日光照射，促使化学物质降解，可引起：

（1）果蔬加工品褪色，如光解叶绿素、花青素等，导致制品褪色。

（2）导致营养物质损失，如维生素、类胡萝卜素。光催化类胡萝卜素由天然的反式结构变为顺式结构，颜色变浅，效价降低。

（3）光照导致过氧化物的形成，使食品成分氧化，导致异味产生，如日晒味。

（4）引起温度升高。

2. 温度

温度影响化学反应的速度和程度，特别是持续高温会对食品质量造成较大的影响，包括质地、颜色、味道等，因此，食品应避免高温贮藏，加工过程中热处理结束后，应尽快降温冷却。温度与微生物活动有关，适温会加快微生物的生长繁殖，造成食品败坏。此外，温度升高后，会引起某些食品质量的降低，如果脯贮存温度过高会变软、粘手。

3. 压力

压力的变化对罐头类食品影响较大，如杀菌时由于压力的剧烈变化，引起玻璃罐头"跳盖"现象，使容器密封性降低，造成了微生物侵染的机会，产生败坏。压力变化时可使罐头产生物理性胀罐，特别是罐头真空度低时，在杀菌操作或异地保存、运输期间，容易发生。发生物理性胀罐后不影响罐头内在质量，但其不能从感官上与化学性胀罐或微生物胀罐区别，造成检验上的困难。

4. 湿度

水分活度符合保藏要求的脱水果蔬制品，在贮藏过程中，如果湿度过大，易吸水返潮，导致微生物的大量繁殖而腐败变质。果蔬糖制品也会因吸潮而引起表面糖浓度下降，降低了抑制微生物的效应，引起败坏；湿度过小，糖制品会因失水而引起表面糖浓度增大，产生返砂现象。脱水果蔬食品的口感、滋味、色泽和形态结构也会因过度失水而发生变化。

对因湿度变化引起的败坏现象，应通过妥善包装、改善贮藏环境等方法来解决。

（四）物理化学因素

对于带电颗粒，存在着吸附、沉淀的必然过程，在果蔬加工品中，对于一些不稳定体系，如混浊果汁、果肉饮料、蛋白质饮料等，如果颗粒分散或乳化得不好，则会在保质期内发生沉淀，引起败坏。颗粒越小，稳定性越好，一般应通过均质，使其在 $1 \sim 100 \mu m$ 范围内，才会保持较长的稳定期。

物理化学因素引起的败坏不会失去食品的食用价值，但感官质量下降，包括外观和口感。

上述引起食品败坏的各种因素并非孤立的，而是彼此影响，互相联系的。尽管如此，在某一特定条件下，必然有一主导原因，只有查清这些败坏原因，才能采取相应措施，保证食品长期保存，所以，针对上述原因，在食品加工和保藏过程中，要防止和消灭有害微生物的活动，延缓和阻止不利化学变化的发生，创造适宜的加工品保藏环境。这就是果蔬加工品保存的理论基础，由此而产生了许多的保藏方法。

二、果蔬加工品保存的基本原理与方法

在食品加工和保藏过程中，对于化学性败坏，一般只能在加工过程中通过技术控制将其限制到最小程度，但不容易根除；对于物理性败坏，只要加工操作规范，贮存环境适宜，一般对食品的保藏也构不成威胁。真正影响食品保藏的，是微生物的活动。因此，食品的保藏原理，主要是针对生物败坏提出来的，其保藏方法，又主要是针对杀灭或抑制微生物的活动。

（一）食品的保藏原理

食品的保藏原理，概括起来有四种，即无生机原理、假死原理、不完全生机原理和完全生机原理。

1. 无生机原理

无生机原理是指使食品所处的体系处于无生机状态，即商业无菌状态。为了创造和保持果蔬加工品的无生机环境，通常要采用密封和杀菌的手段。运用此原理保藏的食品主要有罐头和果蔬汁。

2. 假死原理

假死原理是指采取一定的措施使微生物处于抑制状态，同时使酶失活，措施一旦解除，微生物又能恢复活动。利用此原理保藏的食品主要有果蔬糖制品、果蔬干制品、蔬菜腌制品、速冻食品。为了达到抑制微生物活动的目的，通常可以采取降低 pH、降低水分活度、提高渗透压、改变气体环境、降低温度等措施。

3. 不完全生机原理

不完全生机原理指利用某些有益微生物的活动，或利用这些微生物产生和积累的代谢产物，抑制其它有害微生物的活动。如利用乳酸菌进行乳酸发酵，酵母菌进行酒精发酵，利用醋酸菌进行醋酸发酵等。

4. 完全生机原理

完全生机原理通过维持果蔬正常的、缓慢的生命活动而达到保藏食品的目的。完全生机原理是保藏鲜活农副产品和加工原料的主要依据。因此，需要创造一个适宜的环境条件，使果蔬原料采后呼吸变慢，衰老进程减缓，尽可能地将其物质损耗水平降至最低。果品蔬菜的冷藏保鲜也是利用了此原理。

根据果蔬加工品败坏的原因和保藏的原理，即可采取相应的工艺措施，以达到食品长期保藏的目的。各种食品保藏的方法都是创造一种有害微生物不能生长发育的条件，而食品加工的重点也是在寻求食品最佳的保藏方法中逐步完善。

（二）果蔬加工品保藏的主要方法

原料和加工的清洁卫生是保证一切食品质量的首要条件。加工前，原料要求充分洗净，以减少附在表面的微生物。工厂内部和四周要求经常打扫，皮屑废物及时清除，污水及时处理和排放，厂房内部经常进行消毒处理，加工器械用毕随时洗净，保证干燥。除此之外，果蔬加工品常用的保藏方法主要有以下几种。

1. 加热杀菌

加热杀菌是利用无生机原理保藏食品的一种主要手段。加热后要使食品所处的体系处于商业无菌状态。商业无菌是指杀灭食品中所污染的病原菌、产毒菌以及正常贮存和销售条件下能生长繁殖，并导致食品变质的腐败菌，从而保证食品正常的货架寿命。

微生物细胞原生质由于加热作用而凝固，酶活力遭到破坏，微生物死亡。酵母菌对热敏感，最适生长温度 25~30℃，60~66℃ 条件下几分钟即可杀死，因此，加热杀菌后的食品中一般不会存在酵母菌。只有少数霉菌对食品的杀菌具有实际意义，如纯黄丝衣霉（*Byssochlamys fulva*）能引起某些果汁、罐头的变质，但其孢子的耐热性远比细菌弱。就食品杀菌而言，真正难以杀灭的微生物是细菌，特别是其芽孢。因此，一般将细菌作为杀菌对象。

（1）加热杀菌方法

① 巴氏杀菌法：杀菌温度 65~90℃，主要用于不耐热的食品如果汁、酸菜汁、果酒等。巴氏杀菌也适用于高酸性食品的杀菌。

② 常压杀菌法：指 1 个大气压、100℃ 条件下的杀菌处理。常压杀菌适用于含酸量高的食品（pH≤4.5）杀菌，如水果罐头。对于蔬菜罐头来讲，只有番茄的 pH<4.5，因此，除番茄外，大多数蔬菜罐头的杀菌不能采用常压杀菌。

③ 高压杀菌：指 1 个大气压以上、100℃ 以上的杀菌，此杀菌方法主要适用于含酸量低的食品（pH>4.5）杀菌，如大部分蔬菜罐头、肉罐头、鱼罐头、禽罐头等。这类食品因酸度低，对微生物的抑制作用弱，能被耐热性强的微生物污染。因此，只有提高杀菌强度，才能达到食品保藏的目的。

（2）杀菌原则

① 杀菌方法选择界限，一般以 pH 4.5 为界。pH 低于 4.5 可采用常压杀菌，pH 高于 4.5 采用高压杀菌。对于那些不耐高温处理的低酸性食品，只要不影响消费习惯，可采用加酸的方法，或通过发酵产酸的方法，使其 pH 降低至 4.5 以下，即可采用低温杀菌进行保藏。

② 杀菌时一般以该食品条件下耐热性最强的细菌为对象菌。pH≤4.5 时，应考虑耐酸菌败坏的可能，工业上常以少数耐酸芽孢杆菌［如巴氏固氮梭状芽孢杆菌（*Clostridium pasteur-*

ianum）、酪酸芽孢杆菌（*Clostridium butyricum*）]作为杀菌对象菌。在番茄罐头中，可能出现耐热性更强的凝结芽孢杆菌（*Bacillus coagulans*），造成番茄罐头平酸败坏。酸性的食品中一般不会出现耐热性更强的细菌，如肉毒梭状芽孢杆菌（*Clostridium botulinum*）、嗜热脂肪芽孢杆菌（*Bacillus stearothermophilus*）等。

pH>4.5 时，应考虑肉毒梭状芽孢杆菌产毒的可能。因此，凡是低酸性食品都必须接受能杀灭肉毒梭状芽孢杆菌的杀菌操作规程。由于肉毒梭状芽孢杆菌不易获得，且有一定的危险性，工业上常以 P.A.3679（生芽孢梭状芽孢杆菌）代替肉毒梭状芽孢杆菌，作为杀菌对象菌。

③加热杀菌时应充分考虑到食品的热敏感性。一般来说，温度越高，时间越长，杀菌效果越好，但这难免会对食品的色、香、味、组织结构及营养价值产生一些不良影响。因此，在选择杀菌温度与时间时，必须充分考虑到食品的热敏感性，使食品的质量尽量少受影响。

2. 冷杀菌

冷杀菌是指杀菌后不引起食品温度升高的杀菌方法。常见的有：

（1）紫外线杀菌　杀菌力强的波长为 250~265nm，生产上多以 253.7nm 作为紫外线杀菌的波长。

紫外线杀菌特点是杀菌时间短，杀灭表面微生物的能力强，但穿透力弱，一般用于生产车间、工具、水的消毒处理。

（2）辐射杀菌　高能射线穿透力极强，如 γ 射线、高能电子束。辐射杀菌的特点是杀菌效果好，不破坏食品外形，节约能源，杀菌后不升温；但辐射后，有些酶可能不会失活（需 5 倍以上微生物剂量），因而可能导致食品感官品质的恶化。

目前，辐射处理在香辛料保藏和蔬菜贮藏保鲜上应用较多，如抑制大蒜、洋葱、马铃薯发芽等。

（3）超高压杀菌　超高压杀菌技术是 20 世纪 90 年代兴起的热门技术，被认为是最具有潜力的杀菌技术。超高压杀菌是先将食品填充于塑料等柔软的容器并密封，放入到高压容器中，给容器内部施加 100~1 000MPa（一般 200MPa 以上）的压力。超高压处理能使菌体细胞膜破裂，化学组分产生外流，造成细胞损伤，并能破坏菌体蛋白中的非共价键，如氢键、二硫键和离子键等，使蛋白质的高级结构被破坏，基本物性发生改变，从而导致蛋白质的凝固及酶的失活，造成微生物死亡。

目前，超高压主要应用于蔬菜制品、肉制品、海产品、软饮料及少量其它食品的杀菌。

（4）高压脉冲电场杀菌　高压脉冲电场杀菌以其良好的应用特性被国内外学者广泛研究，成为当前最有前途实现工业化应用的杀菌方法之一。从 20 世纪 60 年代，在美国就已开始研究高压脉冲电场用于食品杀菌，并逐渐扩大到工业应用。和传统的食品热杀菌技术相比，其具有杀菌时间短、能耗低、能有效保藏食品营养成分和天然色、香、味等特点。高压脉冲电场杀菌的主要理论依据有：跨膜电位理论、介电破坏理论、电穿孔理论和空穴理论。在外加电场的作用下，微生物细胞膜上的电荷分离形成跨膜电位差，当外加电场强度进一步增强，膜电位差增大，当其达到临界崩解电位差时，细胞膜开始崩解破裂，形成细孔，渗透能力增强。长时间处于高于临界电场强度的条件下，可使细胞膜大面积地崩解，细胞新陈代谢紊乱，从而导致细胞的死亡。

3. 控制水分活度

微生物从外界摄取营养物质并向外界排泄代谢物时都需要水作为溶剂或媒介质，水分是微生物生长活动必需的物质。但只有游离水分才能够被细菌、酶和化学反应所利用，此即为有效水分，可以用水分活度（Aw）来估量。因此，水分活度是对介质内能够参与化学反应的水分的估量，并随其在食品内部各微小范围内的环境而不同。当食品的 Aw<0.7 时，食品具有比较好的微生物安全性。

果蔬加工中常用的降低水分活度方法主要有：

（1）脱水 如脱水蔬菜、速冻蔬菜。

（2）通过化学修饰或物理修饰，使食品中隐蔽的亲水基团裸露出来，以增加对水分子的约束。

（3）添加亲水性物质（降水分活度剂） 亲水性物质有三类，盐（氯化钠、乳酸钠）、糖（果糖、葡萄糖）和多元醇（甘油、丙二醇、山梨醇等），如中湿食品。

4. 提高渗透压

提高食品的渗透压，使附着的微生物无法从食品中吸取水分，因而不能生长繁殖，甚至在渗透压大时，还能使微生物内部的水分反渗透出来，造成微生物的生理干燥，使其处于假死状态或休眠状态，从而使食品得以长期保存。如 1% 食盐溶液可以产生 618 082Pa 渗透压，1% 蔗糖溶液可以产生 70927Pa 的渗透压，1% 葡萄糖溶液可以产生121590Pa的渗透压。微生物耐压能力一般为 0.35~1.69MPa，因此，15% 以上的食盐或 65% 以上的食糖对于绝大多数食品具有较强的保藏能力。

应用提高渗透压保藏的食品主要有果脯蜜饯、蔬菜腌制品等。

5. 降低温度

将食品在低温下快速冻结，之后贮存在冰点以下的低温环境中，是速冻食品生产和保藏的基本方法。低温条件下，微生物的活动受到抑制，处于假死状态，同时，酶活力减弱。低温同时可降低水分活度。运用此法保藏食品需具备两个基本条件：一是温度需足够低，商业上一般在−18℃以下；二是温度需要稳定。

6. 控制 pH

每一种微生物的生长繁殖都需要适宜的 pH，超过其生长的 pH 范围的酸碱环境中，微生物的生长繁殖受到抑制，甚至会死亡。正常的微生物细胞膜上带有一定的电荷，它有助于某些营养物质的吸收。当细胞膜上的电荷性质因受环境 H^+ 浓度的影响而改变后，微生物酶系统的功能和吸收营养物质的机能也发生改变，从而影响了细胞新陈代谢的正常进行。一般，绝大多数微生物在 pH 6.6~7.5 的环境中生长繁殖速度最快，而在 pH 小于 4.0 的环境中难以生长。通常，腐败细菌的最低耐受 pH 在 4.0 以上，因此，pH 4.0 以下时，能抑制绝大多数微生物的生长繁殖。改变食品介质的 pH 从而抑制或杀灭微生物，是利用某些酸保藏食品的基础。例如，酸泡菜含酸量 0.4%~0.8%，糖醋菜含酸量 1%~2%，均产生了明显的抑菌作用。

另外，强酸或强碱均可引起微生物蛋白质和核酸水解，从而破坏微生物的酶系统和细胞结构，引起微生物死亡。改变食品介质的 pH 从而抑制或杀灭微生物，是用某些酸保藏食品的基础。

通常，pH 也是确定食品杀菌强度的主要依据。

7. 改变气体条件

采用改变气体条件的方法，降低氧分压，一方面可以抑制需氧微生物的生长，另一方面可以减少营养成分的氧化损失，如泡菜腌制时水封口，罐头、饮料脱气，真空包装等。

新含气调理食品，如蔬菜、肉类和水产品，采用低强度的杀菌处理，使细菌总数降至10~100个/g，然后改变气体条件，抽出氧气充入氮气，置换率达到99%，食品保藏期可达到6~12月。

8. 使用添加剂

使用添加剂即是利用化学药剂保藏食品的方法。通常，在食品保藏过程中使用的添加剂主要有防腐剂和抗氧化剂。化学类食品防腐剂一般可分为三大类，分别是酸性防腐剂、酯型防腐剂、无机盐防腐剂。我国允许使用的防腐剂有32种，其中常用的有苯甲酸及其盐类、山梨酸及其盐类、丙酸盐、对羟基苯甲酸酯四大系列。

第二节　果蔬加工原料的预处理

一、果蔬加工对原料的要求

果品蔬菜加工的方法较多，其性质相差很大，不同的加工方法和制品对原料均有不同的要求。优质、高产、低耗的加工品，除受工艺和设备的影响外，还与原料的品质及其加工适性有密切的关系。原料加工适性是指原料适应于某种加工的特性，其与原料本身的特性和加工工艺有关。对于某一特定加工工艺，原料加工适性主要取决于原料的种类、品种和原料的成熟度。总的来说，果蔬加工要求有合适的原料种类、品种、成熟度和新鲜度。

（一）原料的种类和品种

果蔬加工应有加工专用品种。果品和蔬菜的种类和品种繁多，虽然都可以加工，但种类、品种间的理化性质各异，因而，适宜制造加工品的种类也不同。何种原料适宜于何种加工品是由其加工适应性决定的，如柑橘类中的柠檬、葡萄柚等汁多且含酸量高，适宜制果汁，而不适宜制果干；叶菜类蔬菜通常不适于制罐、糖制。同一种类中，不同品种之间，原料加工适应性又有很大的差异，如苹果，红玉、果光等肉质细腻而白，不易变色，组织结构紧密，耐煮性好，宜做果脯、罐头原料，而红星等因组织结构疏松，常不适于制罐，但因其香气浓郁，可用于果汁、果酒生产中做辅料，以增加产品香气。

各种加工工艺对原料的一般要求为：

（1）干制原料　要求含水量低，干物质含量高的品种，如柿子、枣、杏、龙眼、山楂、大蒜、辣椒、食用菌等。

（2）果汁、果酒原料　宜选用汁多、榨汁容易、糖分含量高、香气浓郁的品种，如橙子、葡萄、苹果、梨、胡萝卜、番茄等。

（3）罐藏原料　宜选用果心小、肉质肥厚、质地致密、耐煮性好、整形后美观、色泽一致的品种，如菠萝、柑橘、桃、山楂、梨、番茄、芦笋、蘑菇等。

（4）糖制原料　宜选用肉质肥厚、果胶和酸含量丰富、耐煮制的品种，如杏、桃、山楂、草莓等。

（5）腌制原料　一般应以水分含量低、干物质较多、肉质厚、风味独特、粗纤维少为好，如芥菜、萝卜、榨菜、黄瓜、茄子、甘蓝、白菜、蒜、姜等。

根据加工品及加工工艺的要求，选择适宜的原料种类和品种，是获得优质加工品的首要条件。

（二）原料的成熟度

果品、蔬菜的成熟度是表示原料品质与加工适应性的指标之一。原料成熟度不同，所含化学物质及其组织结构特性也不尽相同，加工适应性有很大的差异，不同的加工品，对原料的成熟度要求也不同。

一般，原料只要达到本品种固有的性状时，即可采收用于腌制；制造果脯或罐藏的原料，则要求成熟度适中（七八成熟），果实果胶含量高，组织硬，耐煮制，若用充分成熟或过熟的原料，则在煮制或杀菌过程中容易软烂；制造果汁、果酒则要求原料充分成熟，色泽好，香气浓郁，榨汁容易，若用较生的原料，则制品风味淡薄，榨汁不易，且澄清困难；制造干制品的原料，有的要求充分成熟，有的则要求适度采收。通常，达到生理成熟的果实大多不适于加工使用。

蔬菜原料的成熟度选择与果品有较大差异，因其多为变态器官，生长过程存在着机械组织的强烈发育，收获太晚，则组织老化，纤维增多，品质降低。有的在幼嫩时采收，如芦笋、青刀豆、竹笋；有的以完全成熟为宜，如南瓜、番茄；有的在达到本品种固有性状时采收，如根菜类、茎菜类、叶菜类。

（三）原料的新鲜度

原料的新鲜、完整、饱满的状态是表示原料良好品质的主要概念。原料久置失水，膨压降低，造成萎蔫，新鲜度降低。因此，原料采购、贮运过程必须保证原料的新鲜、完整。若原料放置时间长，由于生命活动仍在进行，消耗营养成分，或进行不良转化，如青豌豆、甜玉米等淀粉迅速增多；有的纤维增多、组织老化，如芦笋、竹笋等；有的发生褐变，如蘑菇。原料造成机械伤后久置，容易染菌，增加原料腐烂和带菌量，特别是组织较软的原料，如草莓、葡萄、番茄等。因此，原料采收后应迅速加工。新鲜原料一般要求12h内加工完毕，芦笋、青豌豆、蘑菇等要求2~6h内加工完毕。

总之，果品蔬菜要求从采收到加工的时间尽量短，如果必须放置或进行长途运输，则应有一系列的低温保藏措施。同时，在采收、运输过程中要防止机械损伤、日晒、雨淋及冻伤等，以充分保证原料的新鲜、完整。

二、　果蔬加工原料的预处理

以新鲜水果、蔬菜为原料，根据其形态及理化性质的不同，通过不同的加工工艺可制成各种各样的食品。尽管各种果蔬加工品的制造工艺不同，但对原料的选别、分级、洗涤、去皮、切分、破碎、修整、烫漂、硬化等处理及要求均有共同之处，这些在实施某一特定工序之前的所有操作，称为原料预处理。

（一）原料的挑选

进厂的原料大多含有杂质，且大小、成熟度有一定差异。原料使用前，应先剔除不合乎加工要求的果蔬，包括未熟或过熟果、残次果及腐烂果、霉果，同时剔除残留枝叶、沙石等杂质，从而保证产品的质量。对残次果和机械损伤不严重的可进行修整后使用。

（二）原料的分级

原料进厂经粗选后，应按大小、成熟度及色泽进行分级。原料的合理分级，不仅便于后续工序的操作，提高工作效率和原料利用率，而且能够使产品均匀一致，从而保证和提高产品质量。各种原料的收购都有其大小及品质分级的具体标准，总的要求是：形态整齐，大小均匀一致。

原料的分级包括对原料大小和品质的分级。

1. 品质分级

品质分级主要根据果实色泽和成熟度等指标进行目测分级，也可用仪器设备进行色泽分辨选择，以保证产品达到规定的质量要求。在葡萄酒和果汁生产中，有时要按照可溶性固形物含量确定原料等级。

2. 大小分级

大小分级是分级的主要方法，其主要目的是便于后续加工的进行，使产品大小均匀一致。

大小分级可以按照原料的直径、长度、周长、质量等进行。青豌豆常因收获后糖转化形成淀粉，体积收缩而导致密度增大，质量下降，因此，需要同时借助体积和质量两种方法进行分级。即先按照其直径大小分级，再用不同密度的盐水依靠质量法对其品质进行分级，即先用密度为 $1.04g/cm^3$ 的盐水浮选，能浮起者为甲级，下沉者再用密度为 $1.07g/cm^3$ 的盐水浮选，能浮起者为乙级，下沉者为丙级。此种分级方法受豆粒内空气含量的影响，因此有时将此步骤改在烫漂后装罐前进行。

对于原料大小分级有两种方法，即人工分级和机械分级。

（1）人工分级　人工分级又称手工分级，在生产规模不大或机械设备较差时经常采用，但有时也需要借助简单的辅助工具，如苹果圆孔分级板、蘑菇大小分级尺和豆类分级筛等。

（2）机械分级　采用机械分级可大大提高分级效率，且分级均匀一致，常用的机械有：

① 滚筒分级机：滚筒分级机主要部件为滚筒，实际上是一个圆柱形的筒状筛，其上有不同孔径的几组漏孔，从物料进口至出口。后组的孔径比前组大。小于第一组孔径的物料从第一组掉出，用漏斗收集为一个级别，依次类推。这种分级机分级效率较高，目前广泛应用于食品分级。为使原料从筒内向出口处运动，整个滚筒装置一般有 3°~5° 的倾角。滚筒分级机适用于山楂、蘑菇、杨梅、柑橘等的分级。

② 振动筛：振动筛是常用的果蔬分级机械，多数水果可利用此机械进行分级。其本身为带有孔的金属板，操作时，机体沿一定的方向做往复运动，出料口有一定的倾斜度。因机体摆动和倾角的作用，筛面上的果蔬以一定的速度向前移动，在移动的过程中进行分级。小于第一层筛孔的果实，从第一层筛子落入第二层，依次类推。大于筛孔的果实，从各层的出料口挑出，为一级，每级筛子的出料口都可得到一级果实。振动筛适用于圆形果实如苹果、

梨、李、杏、桃、柑橘、番茄及豆类等的分级。

③ 分离输送机：分离输送机为一种皮带式分级机，其分级部分是由若干组成对的长橡皮带构成，每对橡皮带之间的间隙由始端至末端逐渐加宽，形成"V"形。果实进入输送带始端，两条输送带以同样的速度带动果实往末端运动，带下装有各挡集料斗，小的果实先落下，大的后落下，以此分级。此种设备简单，效率高，适合于大多数果品。

除了各种通用机械外，果蔬加工中还有许多专用的分级机，如蘑菇分级机、橘瓣分级机、菠萝分级机等。

原料分级，特别对于罐藏原料，要充分注意其个体大小、形态与色泽的一致。对无需保持原料形态的制品如果酒、果蔬菜汁、果酱等，则不需要进行形态与大小的分级，但仍需对其品质进行分级。

（三）原料的清洗

原料清洗的目的在于洗去果品蔬菜表面附着的灰尘、泥沙和大量的微生物及残留的化学农药，保证产品清洁卫生。洗涤用水应该符合饮用水要求，禁止不清洁水循环使用，以免增加污染。

洗涤时常在水中加入 0.5%~1.5% 盐酸、600mg/L 漂白粉、50mg/L 二氧化氯、0.1% 高锰酸钾等化学试剂，以便更好地去除果蔬表面的农药残留、微生物和虫卵。近几年来，一些脂肪酸系的洗涤剂已用于生产，如单硬脂酸甘油酯、蔗糖脂肪酸酯、磷酸盐、柠檬酸钠等，可显著增强洗涤效果。

果蔬清洗方法多样，需根据生产条件、原料形状、质地、表面状态、污染程度、夹带泥土量及加工方法而定。同时，应根据不同原料特性灵活选择洗涤设备。常见的洗涤设备如下。

1. 洗涤水槽

洗涤水槽是最常用的洗涤设备，设备较简易，适用各种果蔬洗涤。水槽呈长方形，大小按需要而定，可 3~5 个连在一起呈直线排列，用不锈钢制成。槽内安置金属或木质滤水板，用以存放原料。在洗涤槽上方安装冷、热水管及喷头，用来喷水，洗涤原料。另安装一根水管直通到槽底，用来洗涤喷洗不到的原料。在洗涤槽的上方有溢水管。机械洗涤水槽一般在槽底安装压缩空气喷管，通入压缩空气使水翻动，提高洗涤效果。

2. 滚筒式清洗机

滚筒式清洗机主要部分是一个可以旋转的滚筒，筒壁成栅栏状，与水平面成3°左右的倾斜安装在机架上。滚筒内有高压水喷头，以 0.3~0.4MPa 的压力喷水。原料由滚筒一端经流水槽进入后，即随滚筒的转动与栅栏板条相互摩擦至出口，同时被冲洗干净。此种机械适合于质地比较硬和表面不怕机械损伤的原料。苹果、李、黄桃、甘薯、胡萝卜等均可采用此法清洗。

3. 喷淋式清洗机

在清洗装置的上方或下方均安装喷水装置，原料在连续的滚筒或其它输送带上缓缓向前滚动，受到高压喷水的冲洗。喷洗效果与水压、喷头与原料间的距离以及喷水量有关，压力大，水量多，距离近则效果好。此法常在番茄、柑橘等连续生产线中应用。芦笋加工过程中，为了去掉其茎尖上残留的鳞片叶，通常采用高压水喷淋清洗。

（四）原料去皮

果蔬（除大部分叶菜以外）的外皮一般都比较粗糙、坚硬，口感不良，有的还有不良气味，对加工制品均有一定的不良影响。如苹果、柿子、梨等果皮角质化，通透性差；柑橘外果皮含有橘皮苷等苦味物质和精油；菠萝、荔枝、龙眼外皮木质化；甘薯、马铃薯外皮含有单宁；竹笋的外壳纤维化，不可食用，应进行去皮处理。在加工某些果酱、果汁和果酒时，因需要打浆、压榨，不需要去皮。加工腌渍蔬菜常常也无需去皮。

去皮时，要求只去掉不可食用或影响制品品质的部分，不可过度，以免增加原料的损耗。果蔬去皮常用的方法有手工去皮、机械去皮、热力去皮、冷冻去皮和碱液去皮等。

1. 手工、机械去皮

有的果实由于果皮坚硬且厚，如苹果、梨、柑橘等，采用热力和碱液去皮难度较大，通常采用机械去皮。柑橘的外果皮，为了保证果肉完整，常先将果实浸入 90～100℃热水中软化处理几分钟，则很容易剥落；苹果、梨等数量少时可采用手工旋剥，量大时采用旋皮机。手工去皮是应用特别的刀、刨等工具人工削皮，应用较广。其优点是去皮干净、损失率少，并可有修整的作用，同时，也可以将去心、去核、切分等工序同时进行。在果蔬原料质量不一致的条件下能显示出其优点。但手工去皮费工、费时、生产效率低，大量生产时困难较多。此法常用在柑橘、苹果、梨、柿、枇杷、竹笋、瓜类等的去皮。

机械去皮采用专门的机械进行，比手工去皮效率高、质量好，但一般要求去皮前原料有较严格的分级。机械去皮机主要有以下三类：

（1）旋皮机　旋皮机主要原理是在特定的机械刀架下将果蔬皮旋去，适合于外形较整齐的果实去皮，如苹果、梨、柿、菠萝等大型果品。

（2）擦皮机　擦皮机利用内表面有金刚砂、表面粗糙的转筒或滚轴，借摩擦力的作用擦去表皮。此法适用于马铃薯、甘薯、胡萝卜、荸荠、芋等原料，效率较高，但去皮后原料的表皮不光滑，需进一步进行打磨。

（3）专用的去皮机械　青豆、黄豆等采用专用的去皮机来完成，菠萝也有专门的菠萝去皮机、切端通用机。

用于果蔬去皮的机械，特别是与果蔬接触的部分应用不锈钢或木质制造，否则会使果肉褐变，且会因器具被酸腐蚀而增加制品内的重金属含量。

2. 碱液去皮

碱液去皮是果蔬原料去皮中应用最广的方法。其原理是利用碱液使表皮和表皮下的中胶层皂化溶解，从而使果皮脱落、分离。绝大部分果蔬（如桃、李、苹果、胡萝卜等）表皮是由角质、蜡质、半纤维素等组成，果皮与果肉的薄壁组织之间主要由厚角组织组成，在碱的作用下，容易溶解，从而使果蔬表皮脱落。碱液处理的程度也由表皮及中胶层细胞的性质决定。去皮时只要求溶解中胶层细胞，这样去皮合适且果肉光滑，否则就会腐蚀果肉，使果肉部分溶解，表面毛糙，同时增加原料的消耗。

碱液去皮常用氢氧化钠，其腐蚀性强且价廉。为了增强去皮效果，可加入一些非离子表面活性剂（HLB＝12～18）和脂肪酸，如蔗糖酯、己酸、十二烷酸、十六烷酸、棕榈油酸、油酸、亚麻酸、亚油酸和硬脂酸等，可大大降低碱液浓度，减少碱液用量，提高去皮效率。用量一般为碱液用量的 0.1%～1%。

　　碱液浓度、处理时间和碱液温度为碱液去皮的三个重要参数，应视不同的果蔬原料种类、成熟度和大小而定。碱液浓度高，处理时间长及温度高会增加皮层的松离及腐蚀程度。适当增加任何一项，都能加速去皮作用。因此，生产中必须视具体情况灵活掌握，只要处理后经轻度摩擦或搅动能脱落果皮，且果肉表面光滑即为适度的标志。几种果蔬的碱液去皮条件见表 1-2。

　　经碱液处理后的果蔬必须立即在冷水中浸泡、清洗、反复换水，同时搓擦、淘洗，除去果皮渣和黏附的余碱，漂洗至果块表面无滑腻感，口感无碱味为止。漂洗必须充分，否则会导致口感不良，褐变加剧。为了快速降低 pH，可用 $1\sim2g/L$ 盐酸或 $2.5\sim5g/L$ 的柠檬酸水溶液浸泡。

表 1-2　　　　　　　　　　　　　　几种果蔬碱液去皮参考条件

果蔬种类	NaOH 浓度/（g/L）	碱液温度/℃	处理时间/min
桃	15~30	>90	0.5~2
杏	20~60	>90	1~1.5
李	50~80	>90	2~3
猕猴桃	20~30	>90	3~4
全去囊衣橘瓣	2~4	60~65	5~10
半去囊衣橘瓣	100~200	>90	3~5
青梅	30~60	>90	1~3
胡萝卜	30~60	>90	4~10
甘薯	80~100	>90	4~10
马铃薯	20~30	>90	3~4

　　碱液去皮的处理方法有浸碱法和淋碱法两种。

　　（1）浸碱法　浸碱法可分为冷浸与热浸，生产上以热浸较常用。将一定浓度的碱液装入特制的容器，将果实浸泡一定的时间后取出搅动、摩擦去皮，漂洗干净。

　　简单的热浸设备常为夹层锅，用蒸汽加热，将果蔬装于塑料或竹制筛筐，手工浸入碱液，取出、去皮。大量生产可用连续的螺旋推进式浸碱去皮机或其它浸碱去皮机械。其主要部件均由浸碱箱和清漂箱两大部分组成。切半后或整果的果实，先进入浸碱箱的螺旋转筒内，经过箱内的碱液处理后，随即在螺旋转筒的推进作用下，将果实推入清漂箱的刷皮转筒内，由螺旋式棕毛刷皮转笼在运动中边清洗、边刷皮、边推动，将皮刷去，原料由出口输出。

　　（2）淋碱法　将热碱液喷淋于输送带上的果蔬上，淋过碱的果蔬进入转筒内，在冲水的情况下翻滚摩擦去皮。杏、桃等果实常用此法。

　　碱液去皮优点很多，适应性广，几乎所有的果蔬均可应用碱液去皮，且对表面不规则、大小不一的原料也能达到良好的去皮目的。碱液去皮掌握合适时，损失率较小，原料利用率高。此法可节省人工、设备等。但必须注意碱液的强腐蚀性，注意安全，设备容器等必须由不锈钢或用搪瓷、陶瓷制成，不能使用铁或铝制容器。

　　3. 热力去皮

　　果蔬先用短时高温处理，使之表皮迅速升温而松软，果皮膨胀破裂，与内部果肉组织分离，然后迅速冷却去皮。此法适用于成熟度高的番茄、桃、杏、枇杷、甘薯等。

热力去皮的热源主要有蒸汽与热水。蒸汽去皮时一般采用近100℃蒸汽，这样可以在短时间内使外皮松软，以便分离。具体的热烫时间，应根据原料种类和成熟度而定。

用热水去皮时，少量的可用锅内加热的方法。大量生产时，采用带有传送装置的蒸汽加热沸水槽进行。果蔬经短时间的热水浸泡后，用手工剥皮或高压冲洗。如番茄可在95~98℃的热水中处理10~30s，取出用冷水浸泡或喷淋，然后去皮；桃可在100℃的蒸汽下处理8~10min，然后边喷淋冷水边用毛刷辊或橡皮辊刷洗；枇杷经95℃以上的热水烫2~5min即可剥皮。

热力去皮原料损失少、色泽好、风味好。但只用于果皮易剥离的原料，要求充分成熟，成熟度低的原料不适用。

4. 酶法去皮

酶法去皮是利用果胶酶复合酶（果胶酶、纤维素酶和半纤维素酶）的作用，通过水解表皮及皮下厚角组织，达到去皮的目的。酶法去皮条件温和且对环境友好，产品质量好。如将橘瓣浸渍到0.5~15g/L的果胶复合酶酶液中，在温度45~50℃和pH 4.5条件下，酶解1h；将黄桃浸入0.5g/L的酶液，酶解40min，皆可达到理想的去皮效果。

5. 冷冻去皮

将果实表面急速冷冻，外皮被冻结，解冻后与果肉分离。冻结温度一般在−28~−23℃。这种方法可用于桃、杏、番茄等的去皮。此法去皮损失率为5%~8%，质量好，但费用较高。

6. 真空去皮

将成熟的果蔬先行加热，使其升温后，果皮与果肉易分离，接着进入有一定真空度的真空室内，使果皮下的液体迅速"沸腾"，果皮与果肉分离，然后破除真空，冲洗或搅动去皮。此法适用于成熟的果蔬如桃、番茄等。

（五）去核、去心、切分、破碎

1. 去心、去核

除果皮外，有些原料加工时需将果核（核果类）或果心（仁果类）去除，如桃、杏、李、苹果、梨、山楂等。桃的去核称"劈桃"，沿缝合线用人工或劈桃机完成，然后用勺形果核刀挖净果核；杏的去核即"割型"，按缝合线环割后，一拧即可脱离杏核；苹果、梨等纵切后用环形果心刀去心；山楂果核用圆筒形捅核器去除。

原料经去皮、去核后，去掉了不可食和食用品质低的部分，形成了加工的净料。

2. 切分、修整

体积较大的果蔬原料在罐藏、干制、加工果脯、蜜饯及蔬菜腌制时，为了保持适当的形状，需要切分。原料切分后，可形成原料的良好外观，并且便于后续工序的处理，切分的形状则根据产品标准和原料特性而定。枣、金橘、梅等加工蜜饯时不需要切分，而需在周边划缝、刺孔。

罐藏、果脯、蜜饯加工时为了保持良好的形状、外观，需对果块进行修整，去除残留果皮、斑点、变色、虫疤、机械伤痕等。

规模生产常用的切分机械主要有：

（1）劈桃机 劈桃机用于将桃切半，利用圆盘锯将其锯成两半。

（2）多功能切片机　多功能切片机为目前采用较多的切分机械，可用于果蔬的切片、切块、切丝、切条等。设备中装有快换式组合刀具架，可根据要求选用刀具。

（3）专用切片机　专用切片机如蘑菇定向切片机、菠萝切片机、青刀豆切端机等。

3. 破碎

不需要保持原料形状的果蔬加工过程，常需要对原料进行破碎，如果酱、果汁、果酒等产品的加工。破碎包括打浆和破碎两种处理，其应用的产品不同。打浆由打浆机完成，形成的果浆泥细腻，适用于果酱、果泥、果肉饮料、果浆等产品。需要榨汁的生产过程不能对原料进行打浆处理，仅需对原料进行破碎。破碎的程度比打浆轻，根据不同的榨汁方式，一般要求果浆泥粒度 3～9mm。破碎操作通过破碎机完成，可根据不同原料选用扎辊式破碎机、对滚式破碎机、飞刀式破碎机、锤片式破碎机等。

（六）原料的烫漂

除腌制外，供糖制、干制、罐藏、速冻的原料一般都需要烫漂处理。烫漂即是将预处理后的新鲜果蔬原料在温度较高的热水、沸水或常压蒸汽中进行短时间处理的工序。烫漂的作用除影响生产过程外，还会影响到产品保藏期间的质量。

1. 烫漂的作用

（1）钝化酶活力，防止酶促褐变　烫漂可钝化氧化酶类活力，防止褐变，减少营养物质损失。这在果蔬速冻和干制加工中尤为重要。

（2）增加细胞透性　烫漂后，杀死细胞，破坏了细胞的膜系统，增加了组织透性，提高了组织内外物质交换的能力，便于后续工序操作。

（3）改善组织结构　烫漂能够驱除果蔬组织内的气体，增加透明度，改善原料外观，使原料体积收缩，增强其耐煮性。

（4）降低微生物数量　烫漂可杀灭果蔬表面附着的部分微生物和虫卵，减少原料初菌数，利于产品保存。

（5）改善产品风味　烫漂后，可减轻某些蔬菜原料的不良风味，如芦笋的苦味、菠菜的涩味等，从而改善产品品质。

烫漂也产生一些不良的后果，如引起可溶性固形物流失、失脆等。

2. 烫漂方法

烫漂一般在特殊的设备中进行，设备的设计应能使产品均匀地接受到要求的温度和时间。常用的方法有热水烫漂和蒸汽烫漂。热水烫漂与原料接触密切，传热均匀，升温快，但耗水量大，营养成分损失多，一般损失 10%～30%，一般，烫漂时水与原料的比例应在 2∶1 以上，烫漂用水过少，会导致温度下降太大，影响烫漂效果。蒸汽烫漂不易均匀，但营养成分损失少。

烫漂设备有连续式烫漂机和间歇式设备。连续烫漂机如连续式浸水式烫漂机，用履带链条将原料以一定的速度通过热水柜，水的温度由蒸汽阀门控制。连续蒸汽烫漂机则是通过螺旋推进器输送原料，热源为蒸汽。间歇式设备如可倾式夹层锅，适用于少量原料的烫漂处理。

也可以采用微波及远红外技术对果蔬原料进行烫漂处理。

3. 注意事项

（1）烫漂温度和时间　各种果品蔬菜所要求的烫漂温度和时间不完全一样，应根据果蔬原料的种类、成熟度、嫩度、色泽等特性综合考虑，一般在沸水或略低于沸点的温度处理2~10min。如菠菜76.5℃时烫漂对绿色保持好，如果在沸水中烫漂，就会造成严重失绿；山楂应在75℃以下烫漂，以免果胶受热溶胀，引起裂果；豌豆视品种和成熟度，在沸水或稍低于沸水的温度下烫漂；芦笋一般80℃烫漂。过氧化物酶耐热性较强，甚至在100℃处理10min仍未完全失活，有些蔬菜中的过氧化物酶具有再生作用，需要延长烫漂时间。

（2）对烫漂液的要求　各种原料对烫漂液的要求也不完全一致，白色原料，如苹果、桃、蘑菇、白芦笋、花椰菜等，可用柠檬酸调整降低烫漂液 pH，以增强烫漂效果，防止褐变。绿色原料如青刀豆等，要求在烫漂液中加碱，使其 pH 为 7.5~8.0，以抑制叶绿素脱镁。

（3）冷却　烫漂后应迅速用冷水将原料冷却，以防止余热继续作用，同时，也有利于除去烫漂时排出的黏性物质，避免罐藏时造成罐液混浊。

（4）烫漂标准　果品、蔬菜热烫的程度，应据其种类、块形、大小及工艺要求等条件而定。一般应掌握半生不熟、组织透明、光亮度增加、软而不烂等原则。也可以通过检测过氧化物酶活力来确定烫漂的程度，方法是在烫漂原料表面滴上 0.3% 的双氧水，如气泡微弱，则表示烫漂完全，或在烫漂后原料切面上滴上 0.1% 联苯胺与 0.3% 双氧水混合液。若不变色，则烫漂完全；若变蓝，表明烫漂程度不够。

（七）工序间的护色处理

果蔬原料去皮、切分、破碎等操作完成以后放置于空气中，极易发生褐变，影响产品外观和质量。这种褐变主要是酶促褐变，主要与酚类底物、酶活力和氧气有关。选择多酚物质含量低的原料，对于减轻酶促褐变尤其重要。如桃的褐变强度与多酚物质含量呈正相关，远大于其与多酚氧化酶活力的关系（表1-3）。

表1-3　　　　　　　　　　　　　　桃不同品种与褐变的关系

品种	褐变强度 （420nm）	多酚氧化酶活力 （$O_2/\mu L$）	多酚物质 （以绿原酸计）/mg
新白	0.243	163	95.9
罐桃 C5	0.154	92	63.5
罐桃 C12	0.061	160	12.7
罐桃 C3	0.050	93	4.1
大久保	0.029	152	0.5

因为酚类底物不可能去除，一般护色措施均从排除氧气和抑制酶活力两方面着手。在加工预处理中所用的护色方法有主要有如下几种。

1. 烫漂

烫漂是护色最常用的方法，对于钝化氧化酶与过氧化物酶活力有非常明显的效果，对于多数原料，特别是蔬菜，烫漂处理可收到明显的效果。

2. 食盐水浸泡

由于氧在食盐水中的溶解量减少，从而减弱了褐变程度，食盐水浓度越大，护色效果越好，但在加工应用中，实际上不可能使用高浓度盐水，一般采用 10~20g/L，可延缓果蔬变色 1~2h。

3. 酸溶液护色

酸性溶液既可降低 pH，降低多酚氧化酶活力，又由于氧气的溶解量较小而兼有抗氧化作用。常用的酸有柠檬酸、苹果酸或抗坏血酸，但后二者费用较高，因此除了一些名贵的果品或速冻时使用苹果酸和抗坏血酸，在生产上多采用柠檬酸，浓度一般为 5~10g/L。在制作罐头、果脯蜜饯时，为了提高原料耐煮性，可同时用 1g/L 氯化钙溶液浸泡，既有护色作用，又能提高果肉硬度。

4. 硫处理

二氧化硫或亚硫酸盐类处理是果品蔬菜加工中原料预处理的一个重要环节，其作用除了护色以外，还可用于半成品保藏。

（1）硫处理的作用　硫处理的作用主要表现在防腐、护色和抗氧化。硫处理的护色作用不仅表现在对酶褐变的抑制，而且对非酶褐变也表现出强烈的抑制作用。亚硫酸可以与醛进行加成反应，其加成产物不能再酮化，因此，阻断了羰基化合物与氨基酸的羰氨反应。并且由于亚硫酸的强还原性和漂白作用，对于已经发生褐变的产品，使用后其颜色也会逆转，所以有人把亚硫酸称为"化妆性"添加剂，如果脯、脱水蔬菜制成后仍可使用二氧化硫熏蒸。

（2）硫处理方法

① 熏硫法：将处理过的原料或成品送入密闭的熏硫室进行熏蒸。保持熏硫室内二氧化硫浓度为 1.5%~2%，硫磺用量为每吨原料 2~4kg，或每立方米空间 200g。硫磺可在室内直接燃烧或室外燃烧后送入熏硫室。熏硫程度以果肉色泽变淡，核窝内有水滴，并带有浓厚的二氧化硫气味，果肉内含二氧化硫达 0.1% 左右为宜。熏硫结束，将门打开，待空气中的二氧化硫驱尽后，才能入内工作。

② 浸硫法：用亚硫酸（盐）溶液浸泡原料，达到护色的目的。常用的亚硫酸盐有亚硫酸钠、亚硫酸氢钠和偏重亚硫酸钠，此方法在进行原料、半成品护色处理时最常用。硫的使用量以有效二氧化硫浓度计，各种亚硫酸盐的有效二氧化硫浓度不同，应换算使用。一般使用浓度为 0.1%~0.2%，浸泡 1h。提高二氧化硫的浓度，可适当缩短浸泡时间。苹果、桃等的护色处理多用浸硫法。

亚硫酸（盐）和二氧化硫对人体有害，经过硫处理的原料必须进行脱硫处理才可以进入下一道工序，以使其残留量达到食品卫生标准规定要求。脱硫的方法可以用清水漂洗或加热蒸煮 5~10min，以促进二氧化硫挥发逸散。

5. 抽空处理

某些果蔬如苹果内部组织较疏松，含空气较多（表 1-4），对加工特别是罐藏或制作果脯不利，易引起罐头真空度降低和氧化变色，需进行抽空处理。抽空是将原料放在糖水、清水或盐水等介质里，置于真空状态下，使内部空气释放出来，然后代之以糖水、清水或盐水等。

表 1-4　　　　　　　　　　几种果蔬的含气量

种类	含气量/%（体积分数）	种类	含气量/%（体积分数）
桃	3~4	梨	5~7
番茄	1.3~4.1	苹果	12~29
杏	6~8	樱桃	0.5~1.9
葡萄	0.1~0.6	草莓	8~15

果块原料经抽空处理后，组织中的氧气被排除，酶褐变被抑制，其效果远好于烫漂处理，因此，有护色作用，并且抽空后果块体积收缩，密度增大，对于防止果块上浮、降低热膨胀率、增加热传导、减少原料受热后的软烂现象，皆具有重要的意义。

抽空处理需要在真空条件下完成，常用的方法有干抽法和湿抽法。

（1）干抽法　将处理好的果蔬原料装于容器中，置于 90kPa 以上的真空室或抽空锅内，维持 5~10min 抽去组织内的空气，然后吸入规定浓度的糖水、清水或盐水等抽空液，缓慢破除真空后浸泡 10min 左右。

（2）湿抽法　将处理好的果蔬原料浸没于抽空液中，放入真空室内，抽至气泡微弱，果蔬透明。

果蔬常用的抽空液有 18%~30% 的糖水、1%~2% 的盐水或清水等。为了增强护色效果，可在抽空液中加入 1~2g/L 的柠檬酸。

采用抽空处理，逐步提高抽空糖液浓度，也可制得生抽果脯。

6. 抗坏血酸护色

抗坏血酸是普遍应用于果品中防止酶促褐变的添加剂。抗坏血酸可以被氧化，从而替代底物的氧化，另外，抗坏血酸可使酚氧化产物醌还原，阻止其积累，进而防止褐变发生。关于抗坏血酸的作用特点，有人认为是反应钝化，也有人认为其间接对多酚氧化酶有活化作用。但一般采用抗坏血酸护色，需要有足够的量（1~3g/L）。抗坏血酸、D-异抗坏血酸钠等皆可应用于护色处理。

国外研究使用抗坏血酸复合物护色，如磷酸根抗坏血酸复合物（$AA-2-PO_4$）、硫酸根抗坏血酸复合物（$AA-2-SO_4$）等，其中以磷酸根抗坏血酸复合物效果最好。因为磷酸根抗坏血酸复合物本身不起作用，但植物中天然存在的磷酸酶可以使 $AA-2-PO_4$ 水解，释放抗坏血酸，这就类似一种脉冲释放剂，抑制褐变的发生，且不受其浓度的影响，稳定性好。

三、半成品的保藏

由于果品蔬菜成熟期短，产量集中，采收期多数正值高温季节，一时加工不完，就会腐烂变质，因此，有必要进行储备，以延长加工期限。除了有贮藏条件进行原料的冷藏外，另一种办法就是将原料加工处理成半成品进行保藏。半成品的保藏一般利用食盐、二氧化硫及防腐剂等办法来处理新鲜果蔬原料。

1. 盐腌处理

某些加工产品，如凉果、青梅蜜饯、加应子、蘑菇及某些蔬菜的腌制品，首先用高浓度的食盐将原料腌渍成盐坯，做半成品保藏，然后经脱盐、配料等后续工艺加工制成成品。

2. 硫处理

新鲜果蔬用二氧化硫或亚硫酸（盐）处理是保藏加工原料的另一种有效而简便的方法。经硫处理的果蔬，除不适宜作整形罐头外，其它加工品都可以用。在果汁半成品和果酒发酵用葡萄汁（浆）中，亚硫酸可直接按允许剂量加入，一般使用二氧化硫浓度为300mg/L。

3. 应用防腐剂

在原料半成品的保藏中，应用防腐剂或再配以其它措施来防止原料腐败变质，抑制有害微生物的生长繁殖，也是一种广泛应用的方法，一般适用于果酱、果汁半成品的保藏。防腐剂多用苯甲酸钠或山梨酸钾，其保藏效果取决于添加量、果蔬 pH、微生物种类、数量、贮存时间、贮存温度等。添加量按国家标准执行。目前，许多发达国家已禁止使用化学防腐剂来保藏果蔬半成品。

4. 无菌保藏

目前，国际上现代化的果蔬汁及番茄酱加工企业大多采用无菌大罐（袋）来保藏半成品，它是无菌包装的一种特殊形式，是将经过高温短时杀菌并冷却的果蔬汁或果浆在无菌条件下装入已杀菌的大罐（袋）内进行长期保藏。该法是一种先进的贮存工艺，可以明显减少因热处理造成的产品质量变化，常用于果汁榨季半成品的储备和保藏。虽然该法的设备投资较高、操作工艺严格、技术性强，但由于消费者对加工产品质量要求越来越高，半成品的无菌大罐贮存工艺应用日趋广泛。

🔍 思考题

1. 目前，我国果蔬加工业的现状、存在问题与发展趋势是什么？
2. 试述引起食品腐败变质的因素及其特性，如何通过辨别症状判断食品败坏的原因？
3. 食品保藏依据的基本原理有哪些？
4. 简述果蔬原料的加工适性及原料选择的依据。
5. 简述原料分级、清洗的目的和常用方法。
6. 简述原料去皮的主要方法，并说明其原理。
7. 简述原料烫漂的作用和方法。
8. 试分析果蔬原料变色的原因，并制定工序间护色的措施。

果蔬罐藏

教学目标

　　掌握果蔬罐藏的基本原理；了解果蔬罐藏原料；掌握果蔬罐藏工艺；了解果蔬罐头检验的内容和常用方法；掌握果蔬罐头常见质量问题及其控制方法；了解主要果蔬罐头对原料的要求和工艺要点；了解果蔬罐头类产品相关标准。

　　果蔬罐藏是将果蔬原料经处理后密封一种容器中，通过杀菌将绝大部分微生物消灭掉，在维持密封状态的条件下，能够在室温下长期保存的果蔬保藏方法。凡用罐藏方法经密封容器包装并经热力杀菌的食品称为罐藏食品。作为一种食品的保藏方法，罐藏具有以下优点：①罐头食品经久耐藏，在常温下可保存1~2年；②食用方便，无需另外加工处理；③因经过密封和杀菌处理，已无致病菌和腐败菌，且没有微生物再污染的机会，食用安全卫生；④对于新鲜易腐产品，罐藏可以起到调节市场，保证制品品质的目的。

第一节　果蔬罐藏的基本原理

一、罐藏的基本原理

　　罐藏是一种经过杀菌保藏食品的方法。原料经预处理，再经加热、排气、密封、杀菌，从而达到长期保存食品的目的。

　　1. 加热

　　加热可抑制或杀灭部分微生物；抑制或破坏酶活力；软化原料组织；去除不良风味。

　　2. 排气

　　排气可以排除果蔬原料组织内部及罐头顶隙中的大部分空气，有利于罐头内部形成一定的真空度；抑制好气性细菌及霉菌的发育。

　　3. 密封

密封使罐内食品与外界环境隔绝，防止有害微生物的再侵染而引起内容物的腐败变质。

4. 杀菌

通过热力杀致病微生物，达到长期保藏的目的。

二、　影响酶活力的主要因素

凡是能引起蛋白质变性的因素均可导致酶的钝化或变性等。

1. 温度

温度对酶促反应速度、抑制作用和破坏性有重要的影响。果蔬中有机物的化学反应速度随温度的升高而加强。即在一定的温度范围内，每当温度升高 $10℃$，化学反应速度可能增加 $1~2$ 倍。其反应速度的加快，与酶活力直接相关。在 $0~50℃$，酶活力随温度的升高而加强。大多数酶在 $37~50℃$ 活力最强，但是，由于酶是一种蛋白质，所以超过一定的温度范围后，酶活力受到抑制。一般情况下，温度 $80~90℃$，绝大多数酶加热几分钟后会遭到不可逆的破坏，从而失去生物催化作用的活力。

2. pH

pH 对酶活力的影响非常大，酶的活力和稳定性随着 pH 的改变而改变。一般在 pH $6~7$，为酶反应的最适 pH。

3. 氧气

在果蔬罐头加工中，多酚氧化酶和过氧化酶共同作用，常导致原料及罐头制品的变色。所以在果蔬罐头加工中，常用盐水或 $CaCl_2$ 溶液浸泡或抽空等方法，减少氧气含量，抑制酶活力，防止褐变，提高果蔬原料及罐头制品质量。

4. 糖液

用热力钝化酶的活力时，随着糖液浓度的提高，给钝化酶的工作带来困难。例如，高浓度的糖液对桃、梨中的酶有保护作用。

5. SO_2 及亚硫酸盐液

SO_2 及亚硫酸盐液可以破坏氧化酶系统的活力，降低果蔬组织的褐变率。

三、　影响微生物生长发育的条件

1. 罐头食品中常见的微生物

许多微生物能够导致罐头食品的败坏，罐头食品如果杀菌不够，残存在罐头内的微生物当条件转变到适于其生长活动时，或由于密封的缺陷而造成微生物重新侵入时，就能造成罐头食品的败坏。凡能导致罐头食品腐败变质的各种微生物称为腐败菌。

随着罐头食品种类、性质、加工和贮藏条件的不同，罐内腐败菌可能是细菌、酵母菌或霉菌，也可能是混合而成的某些菌类。在正常的罐藏条件下，霉菌和酵母菌不耐受热处理，在密封真空条件下，微生物基本不能存活。导致罐头食品败坏的微生物最重要的是细菌，尤其是细菌的芽孢对罐头生产至关重要。芽孢有度过不良环境的抗逆性能，因此，杀菌必须充分。

2. 影响微生物生长发育的因素

（1）营养物质　食品原料含有微生物生长活动所需的营养物质，如糖、淀粉、蛋白质、油脂、维生素以及各种必要的盐类和微量元素，是微生物生长发育的良好培养基。微生物的大量存在是罐头食品败坏的重要原因，因此，食品原料的新鲜清洁和食品加工厂的清洁卫生工作就显得很重要，必须加以充分的重视。

（2）水分　细菌对营养物质的吸收，是靠在溶液状态下通过渗透和扩散作用，穿过细胞壁和膜而进入细胞内部。因此，只有在充足的水分存在下才能进行正常的新陈代谢。果蔬原料及其罐头制品中含有大量的水分，可以被细菌利用，随着盐水或糖液浓度的增高，水分活度降低，细菌能够利用的自由水减少，有利于抑制细菌的活动；降低罐头食品的含水量以限制微生物的生长活动，如某些低酸性罐头食品在含水量低于25%~30%时，杀菌即使未达到消灭肉毒梭状芽孢杆菌（*Clostridium botulinum*）的要求，也可以安全保藏。因此，对于水分活度低的制品如糖浆罐头、果酱罐头杀菌温度相对低些，杀菌时间也可缩短。

（3）氧气　不同种类的细菌对氧的需要有很大的差异，依据细菌对氧的要求可将它们分为嗜氧微生物、厌氧微生物和兼性厌氧微生物。在罐藏食品方面，嗜氧微生物因罐头的排气密封而受到限制，而厌氧微生物仍能活动，如果在加热杀菌时没有被杀死，则会造成罐头食品的败坏。

（4）pH　不同的微生物具有不同的适宜生长的pH范围，产品的pH对细菌的重要作用是影响其对热的抵抗能力，pH越低即酸的强度越高，在一定温度下，降低细菌及芽孢的抗热力则越显著，就提高了杀菌的效应。

（5）温度　每类细菌都有其最适的生长温度，温度超过或低于此最适范围，就影响它们的生长活动，抑制或致死。根据对温度的适应范围，将细菌分为三类：

① 嗜冷性细菌：最适生长温度为14.4~20.0℃。霉菌和部分细菌能在这种温度下生长，抗热性不强，它们对食品安全方面影响不大。

② 嗜温性细菌：活动的温度范围在30~36.7℃，生长在这个温度范围内的细菌，是引起食品原料和罐头制品败坏的主要细菌，如上述的肉毒梭状芽孢杆菌和生芽孢梭状芽孢杆菌，对食品安全影响较大，还有很多不产毒素的败坏细菌适应这种温度。

③ 嗜热性细菌：温度最低限在37.8℃左右，最适温度在50~65.6℃，有的可以在76.7℃下缓慢生长。这类细菌的孢子抗热性强，有的能在121℃下生存60min以上。这类细菌在食品败坏中不产生毒素。

四、 罐头食品杀菌 F 值的计算

罐头食品杀菌的主要目的在于杀死一切对罐内食品引起败坏作用和产毒致病的微生物，同时钝化能造成罐头品质变化的酶，使食品得以稳定保藏；其次是起到一定的调煮作用，以改进食品品质和风味，使其更符合食用要求。但罐头食品的杀菌不同于微生物学上的杀菌。微生物学上的杀菌是指杀灭所有的微生物，达到绝对无菌状态。而罐头食品的杀菌是在罐藏条件下杀死造成食品败坏的微生物，即达到"商业无菌"状态，并不要求达到绝对无菌。所谓商业无菌，是指在一般商品管理条件下的贮藏运销期间，不致因微生物所败坏或因致病菌的活动而影响人体健康。如果罐头杀菌达到绝对无菌的程度，那么杀菌的温度和时间就要增加，这将影响食品的品质，使色香味和营养价值大大下降。所以罐头食品的杀菌，要尽量做到在保藏食品原有色泽、风味、组织质地及营养价值等条件下，消灭罐内能使食品败坏的微生物及可能存在的致病菌，以确保罐头食品的保藏效果。

1. 目标菌的选择

各种罐头食品，由于原料的种类、来源、加工方法和加工条件等不同，使罐头食品在杀

菌前存在不同种类和数量的微生物。生产上不可能也没有必要对所有种类的微生物进行耐热性试验，而是选择最常见的、耐热性最强、有代表性的腐败菌或引起食品中毒的微生物作为主要的杀菌对象菌。一般认为，如果热力杀菌足以消灭耐热性最强的腐败菌，则耐热性较低的腐败菌很难残留；芽孢的耐热性比营养体强，若有芽孢菌存在，则应以芽孢为主要的杀菌对象（见表2-1）。

表2-1 **不同种类酸性食品中常见的腐败菌**

食品pH范围	腐败菌温度习性	腐败菌类型	罐头食品腐败类型	腐败特征	耐热性	腐败对象
低酸性和中酸性食品（pH 4.5以上）	嗜热性腐败菌	嗜热脂肪芽孢杆菌	平酸败坏	产酸（乳酸、甲酸、醋酸）、不产气或产微量气体；不胀罐，食品有酸味	$D_{121.1℃} = 4 \sim 5min$	青豆、青刀豆、芦笋、蘑菇、红烧肉、猪肝酱、卤猪舌
		嗜热解糖梭状芽孢杆菌	高温耐氧发酵	产气（O_2+H_2），不产硫化氢，产酸（酪酸）；胀罐，食品有酪酸味	$D_{121.1℃} = 3 \sim 4min$	芦笋、蘑菇、蛤
		致黑梭状芽孢杆菌	致黑（或硫臭）腐败	产硫化氢，平盖或轻胀，有硫臭味，食品和罐壁变黑	$D_{121.1℃} = 2 \sim 3min$	青豆、玉米
	嗜温性腐败菌	肉毒梭状芽孢杆菌	厌氧腐败	产毒素，产酪酸，产气和硫化氢；胀罐，食品有酪酸味	$D_{121.1℃} = 0.1 \sim 0.2min$，即 $6 \sim 12s$	肉类、油浸鱼、青刀豆、芦笋、青豆、蘑菇、肠制品
		生芽孢梭状芽孢杆菌		不产毒素，产酸，产气和硫化氢；明显胀罐，有臭味	$D_{121.1℃} = 0.1 \sim 1.5min$，即 $6 \sim 90s$	肉类、鱼类（不常见）
酸性食品（pH 3.7~4.5）	嗜热性腐败菌	凝结芽孢杆菌或耐酸热芽孢杆菌	平酸败坏	产酸（乳酸），不产气，不胀罐，变味	$D_{121.1℃} = 0.01 \sim 0.07min$，即 $0.6 \sim 4.2s$	番茄和番茄制品（番茄汁）
	嗜温性腐败菌	巴氏固氮梭状芽孢杆菌	厌氧发酵	产酸（酪酸），产气（CO_2+H_2）；胀罐，有酪酸味	$D_{100℃} = 0.1 \sim 0.5min$，即 $6 \sim 30s$	菠萝、番茄
		酪酸梭状芽孢杆菌				整番茄
		多黏芽孢杆菌	发酵变质	产酸，产气，也产丙酮和酒精；胀罐	$D_{85.8℃} = 0.5 \sim 1min$	水果及水果制品（桃、番茄）
		软化芽孢杆菌				

续表

食品pH范围	腐败菌温度习性	腐败菌类型	罐头食品腐败类型	腐败特征	耐热性	腐败对象
高酸性食品（pH 3.7以下）	嗜温性非芽孢菌	乳杆菌明串珠菌	发酵变质	产酸（乳酸），产气（CO_2）；胀罐		水果、梨、番茄制品、果汁（黏质）
		酸母		产酒精，产气（CO_2）；有膜状酵母在食品表面上产膜状物		果汁、酸渍食品
		霉菌		食品表面长霉		果酱、糖浆水果
		纯黄丝衣霉雪白丝衣霉		分解果胶，引起果实裂解，发酵产气（CO_2）；胀罐	$D_{90℃}=1\sim2min$	水果

2. 微生物耐热性常见参数值

TDT值、F值、D值和Z值是研究罐头食品杀菌条件时，该产品的主要败坏微生物耐热性的参数值。

（1）TDT值　TDT值表示在一定的温度下，使微生物全部致死所需的时间，如121.1℃下肉毒梭状芽孢杆菌的致死时间为2.45min。杀灭某一对象菌，使之全部死亡的时间随温度不同而异，温度越高，时间越短。

（2）F值　F值指在恒定的加热标准温度121℃或100℃，杀灭一定数量的细菌营养体或芽孢所需要的时间（min），又称杀菌效率值、杀菌致死值或杀菌强度。在制定杀菌规程时，要选择耐热性最强的常见腐败菌或引起食品中毒的细菌作为主要杀菌对象，并测定其耐热性。计算F值的代表菌，国外一般采用肉毒梭状芽孢杆菌或P. A. 3679，其中以肉毒梭状芽孢杆菌最常用。F值通常以121.1℃的致死时间表示，如$F_{121.1}^{20}$℃$=5$，表示121.1℃时对Z值为20的对象菌，其致死时间为5min。F值越大，杀菌效果越好。F值的大小还与食品的酸碱度有关，低酸性食品要求F值大小为4.5，中酸性食品F值为2.45，酸性食品F值在0.5~0.6。

F值包括安全杀菌F值和实际杀菌条件下的F值两个内容。安全杀菌F值是在瞬时升温和降温的理想条件下估算出来的，安全杀菌F值又称为标准F值，它被作为判断某一杀菌条件合理性的标准值。它的计算是通过杀菌前罐内食品微生物的检验，选出该种罐头食品常被污染的腐败菌的种类和数量，并以对象菌的耐热性参数为依据，用计算方法估算出来的。但在实际生产的杀菌过程都有一个升温和降温过程，在该过程中，只要在致死温度下都有杀菌作用，所以可根据估算的安全杀菌F值和罐头内食品的导热情况制定杀菌公式来进行实际试验，并测其杀菌过程中罐头中心温度的变化情况，来算出罐头实际杀菌F值。

（3）D值　D值指在指定的温度条件下（如121℃、100℃等），杀死90%原有微生物芽孢或营养体细菌数所需要的时间（min）。D值大小与该微生物的耐热性有关，D值越大，它的耐热性越强，杀灭90%微生物芽孢所需的时间越长。

（4）Z值　Z值指在加热致死时间曲线中，时间降低一个对数周期即缩短90%的加热时间所需要升高的温度。Z值越大，说明该微生物的耐热性越强。

如何制定罐头食品合理的杀菌温度和时间，是确保罐头产品质量的关键。目前，所用的杀菌条件，大都是凭经验确定的，我们有必要对杀菌条件从理论上来加以研究，以确定杀菌条件的合理性。

3. 杀菌时间的确定

$$L = Z \times \frac{t_B - t_A}{T_B - T_A} \times 0.4343 \times 10^{\frac{T_B - 250}{2}} \tag{2-1}$$

式中　　L——杀菌值即致死率值，min

　　　　Z——对数周期所需要升高的温度

　　t_B，t_A——加热时间

　　T_B，T_A——加热温度

例题：用火焰杀菌机将150个豌豆罐头处理1min，试求在下列条件下，罐头在123℃应保温时间。从95℃（203℉）到123℃（253.5℉）的升温时间为3min，从123℃（253.5℉）到80℃（176℉）的冷却时间为2min，$F = 12$，$Z = 22$。

解：将所给值代入上述公式，

加热：$L = 22 \times 3/(253.5 - 203) \times 0.4343 \times 1.42 = 0.80$；

冷却：$L = 22 \times 2/(253.5 - 176) \times 0.4343 \times 1.42 = 0.36$；

稳定温度123℃下应保温阶段的杀菌值为：$12 - 0.80 - 0.36 = 10.84 \text{min}$；

其保温时间 $t = L \div [10 \times (T - 250)/2] = 10.84 \div 1.42 = 7.63 \text{min}$。

4. 安全杀菌 F 值的估算

$$F_{实} = D_T (\lg a - \lg b) \tag{2-2}$$

式中　　D_T——在恒温的加热致死温度下，每杀死90%目标菌所需要的时间，min

　　　　a——杀菌前对象菌的芽孢总数

　　　　b——罐头允许的腐败菌

例题：生产蘑菇罐头时，以嗜热脂肪芽孢杆菌作为目标菌，$a = 2$ 个/g，$b = 5 \times 10^{-4}$。

解：已知 $D_{121℃} = 4.00 \text{min}$，$a = 425 \times 2 = 850$ 个/罐，$b = 5 \times 10^{-4}$，

$$F_{实} = 4.00 \times (\lg 850 - \lg 5 \times 10^{-4})$$
$$= 24.92 \text{min}$$

5. 罐头实际杀菌 F 值的计算

估算的 $F_{实}$ 值是在瞬时升温，瞬时降温的理想条件下算得的。但在实际生产中，都有一个升温和降温的过程，在该过程中，只要在致死温度下都有杀菌作用。所以 $F_{实}$ 值应略大于或等于 $F_{实}$ 值，杀菌公式才会合理。

实际杀菌 F 值的计算，要以罐头中心温度为依据。根据相等时间内，温度变化所产生的杀菌效果热致死率值来计算 $F_{实}$。

$$F_{实} = t_p \sum_{n=1}^{n} L_T \tag{2-3}$$

式中　　t_p——罐头中心测定时，各测定点间的时间间隔，min

　　　　n——测定点数

　　　　L_T——致死率值

五、 影响杀菌的因素

影响罐头杀菌效果的因素很多，主要有微生物的种类和数量、食品的性质和化学成分、

传热的方式、传热速度和海拔高度等几个方面。

1. 微生物的种类和数量

不同的微生物耐热性差异很大，这个前面已有阐述，即嗜热性细菌耐热性最强，芽孢比营养体更耐热。而食品中微生物数量，尤其是芽孢数量越多，在同样致死温度下所需时间越长（见表2-2）。

表 2-2 芽孢数量与致死时间的关系

芽孢数/（个/mL）	在100℃下的致死时间/min	芽孢数/（个/mL）	在100℃下的致死时间/min
72 000 000 000	230~240	650 000	80~85
1 640 000 000	120~125	16 400	45~50
32 800 000	105~110	328	35~40

食品中微生物的数量取决于原料的新鲜程度和杀菌前的污染程序。所以采用的原料要求新鲜清洁，从采收到加工要及时，加工的各工序之间要紧密衔接，不要拖延，尤其装罐以后到杀菌之间不能积压，否则罐内微生物数量将大大增加而影响杀菌效果。另一方面，工厂要注意卫生管理、用水质量及与食品接触的一切机械设备和器具的清洗和处理，使食品中的微生物减少到最低限度，否则都会影响罐头食品的杀菌效果。

2. 原料的性质和化学成分

微生物的耐热性，在一定程度上与加热时的环境条件有关。食品的性质和化学成分是杀菌时微生物存在的环境条件，因此，食品的酸、糖、蛋白质、脂肪、酶、盐类等都能影响微生物的耐热性。

（1）原料的酸度（pH）　原料的酸度对微生物耐热性的影响很大。大多数产生芽孢的细菌在pH中性时耐热性最强，食品pH的下降可以减弱微生物的耐热性，甚至抑制它的生长，如肉毒梭状芽孢杆菌在pH<4.5的食品中生长受到抑制，也不会产生毒素，所以细菌或芽孢在低pH的条件下是不耐热处理的，因而在低酸性食品中加酸如醋酸、乳酸、柠檬酸等，以不改变原有风味为原则，来提高杀菌和保藏效果。

（2）食品的化学成分　罐头内容物中的糖、盐、淀粉、蛋白质、脂肪及植物杀菌素等对微生物的耐热性有不同程度的影响。如装罐的食品和填充液中的糖浓度越高，杀灭微生物芽孢所需的时间越长，浓度很低时，对芽孢耐热性的影响也很小。但糖的浓度增加到一定程度时，由于造成了高渗透压的环境而具有抑制微生物生长的作用。0~4%的低浓度食盐溶液对微生物的耐热性有保护作用，高浓度食盐溶液则降低微生物的耐热性。食品中的淀粉、蛋白质、脂肪也能增强微生物的耐热性。另外，某些含有植物杀菌素的食品，如洋葱、大蒜、芹菜、胡萝卜、辣椒、生姜等，则对微生物有抑制或杀菌的作用，如果在罐头食品杀菌前加入适量的具有杀菌作用的蔬菜或调料，可以降低罐头食品中微生物的污染率，就可以使杀菌条件降低。

酶也是食品的成分之一。在罐头食品杀菌过程中，几乎所有的酶在80~90℃的高温下，几分钟就可能破坏。但是在食品中的酶，如果没有完全被破坏，在酸性和高酸性食品中常引起风味、色泽和质地的败坏。近年来，采用的高温短时杀菌和无菌装罐等新措施，遇到罐头食品异味发生的现象，检验没有细菌的存在，而是过氧化物酶对高温有较大的抵抗力，它对高温短时杀菌处理的抵抗力比许多耐热细菌还强。因此，将果品中过氧化物酶的钝化作为酸性罐头食品杀菌的指标。

3. 传热的方式和传热速度

罐头杀菌时，热的传递主要是借助热水或蒸汽为介质，因此，杀菌时必须使每个罐头都能直接与介质接触。其次，热量由罐头外表传至罐头中心的速度，对杀菌有很大影响。影响罐头食品传热速度的因素主要有：

（1）罐头容器的种类和型式　玻璃罐导热系数约为马口铁罐的1/60，因此，马口铁罐的传热快；容器厚度大，虽然传热速度不变，但总的传热时间延长。常见的罐藏容器中，蒸煮袋传热速度最快，马口铁罐次之，玻璃罐最慢。罐型越大，热由罐外传至罐头中心所需时间越长，而以传导为主要传热方式的罐头更为显著。

（2）食品的种类和装罐状态　流质食品如果汁、清汤类罐头等由于对流作用而传热较快，但糖液、盐水或调味液等传热速度随其浓度增加而降低。块状食品加汤汁的比不加汤汁的传热快。果酱、番茄酱等半流质食品，随着浓度的升高，其传热方式以传导占优势而传热较慢。糖水水果罐头、清汤类蔬菜罐头由于固体和液体同时存在，加热杀菌时传导和对流传热同时存在，但以对流传热为主，因此传热较快。食品块状大小、装罐状态对传热速度也会直接产生影响，块状大的比块状小的传热慢，装罐装得紧的传热较慢。总之，各种食品含水量多少、块状大小、装填松紧、汁液多少与浓度、固液体食品比例等都影响传热速度。

（3）罐内食品的初温　罐头在杀菌前的中心温度即冷点温度称为"初温"。初温的高低影响到罐头中心达到所需温度的时间。通常，罐头的初温越高，初温与杀菌温度之间的温差越小，罐中心加热到杀菌温度所需要的时间越短。因此，杀菌前应提高罐内食品初温，如装罐时提高食品和汤汁的温度，排气密封后及时杀菌，这对于不易形成对流和传热较慢的罐头更为重要。

（4）杀菌锅的形式和罐头在杀菌锅中的位置　回转式杀菌比静置式杀菌效果好，时间短。因前者能使罐头在杀菌时进行转动，罐内食品形成机械对流，从而提高传热性能，加快罐内中心温度升高，因而可缩短杀菌时间。罐头在杀菌锅中远离进汽管路，在锅内温度还没有达到平衡状态时，传热较慢。锅内空气排除量、冷凝水积聚、杀菌篮的结构等均影响杀菌效果。

4. 海拔高度

海拔高度影响气压的高低，因此能影响水的沸点温度。海拔高，水的沸点低，杀菌时间应相应增加。一般海拔升高300m，常压杀菌时间在30min以上的，应延长2min。

第二节　果蔬罐藏工艺

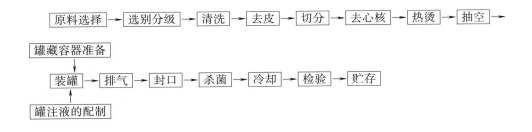

果蔬罐藏工艺过程包括原料的预处理、装罐、排气、密封、杀菌、冷却、保温及商业无菌检验等。其中原料的预处理如清洗、选别、分级、去皮、去核、切分、预煮等前面已经提及。

一、果蔬罐藏原料选择

果蔬原料对果蔬罐藏制品的品质有很大的影响，包括制品的色泽、风味、质地、大小及原料利用率。因此，正确地选择罐藏原料是保证制品质量的关键。罐藏对果蔬原料的要求比较严格，要生产出优质低耗的果蔬罐头产品，必须采用适合罐藏要求的新鲜优质原料以及合理的加工工艺。

（一）罐藏对水果原料的要求

罐藏对水果原料的要求包括品种栽培和加工工艺两方面。品种栽培要求树势强健，结果习性良好，丰产稳定，抗逆性强等。这是一切良种所必备的条件，罐藏用种也不例外，否则即使有良好的加工适应性，也不可能发展成为罐藏良种。

工艺要求根据加工工艺过程和成品质量标准而定。为使成品达到一定的色香味、糖酸含量适中以及无异味的质量要求，在品种成熟期方面，要求早、中、晚熟品种搭配，但常以中、晚熟品种为佳，因后者品质常优于早熟，且有较好的耐藏性，可以延长工厂的生产季节；在成熟度方面，要求有适当的工艺成熟度，以便于贮运、减少损耗、能经受工艺处理和达到一定的质量标准，这种成熟度往往略高于坚熟，稍低于鲜食成熟度，称为罐藏成熟度。

水果罐藏的工艺过程包括原料处理（包括洗涤、切分、去皮、去核、预煮、酸碱处理等）、装罐加糖液，再经排气、密封、杀菌和冷却，最后包装。其中原料处理和加热杀菌对原料有特殊要求。为便于原料处理的机械化和自动化，要求果实形状整齐、大小适中；为避免预煮、酸碱处理和加热杀菌时果块组织溃烂，汤汁浑浊，要求果肉组织紧密，具有良好的煮制性。此外，为减少加工过程中的损耗，降低原料消耗定额，提高产品率，要求果皮、果核、果心等废弃部分少。

（二）罐藏对蔬菜原料的要求

用作罐藏的蔬菜原料要求新鲜饱满，成熟适度且一致，具有一定的色香味，肉质丰富、质地柔嫩细致，粗纤维少，无不良气味，没有虫蛀、霉烂和机械损伤，能耐高温处理。罐藏蔬菜原料的选择通常从品种、成熟度和新鲜度三方面考虑。

1. 合适的蔬菜品种

罐藏用的蔬菜品种选择很重要，不同的产品均有其特别适合罐藏的专用品种，对原料也有一些特殊的要求。如青刀豆应选择豆荚呈圆柱形、直径小于 0.7cm、豆荚直而不弯、无粗纤维的品种；蘑菇采用气生型；番茄选择小果型、茄红素含量高的品种。

2. 适当的成熟度

蔬菜原料的成熟度对罐藏蔬菜色泽、组织、形态、风味、汤汁澄清度有决定性影响，与工艺过程的生产效率和原料利用率关系密切。不同的蔬菜种类、品种要求有不同的罐藏成熟度，如豌豆罐头选用幼嫩豆粒，蘑菇罐头应用不开伞的蘑菇，罐藏加工的番茄要求可溶性固形物含量在 5% 以上、番茄红素含量达到 12% 以上。

3. 原料的新鲜度

罐藏用蔬菜原料越新鲜，加工的质量越好。因此，从采收到加工，间隔时间越短越好，一般不要超过24h。有些蔬菜如甜玉米、豌豆、蘑菇、竹笋等应在2~6h内加工。如果时间过长，甜玉米或青豌豆粒的糖分就会转化成淀粉，风味变差，杀菌后汤汁混浊。

二、抽　　空

近年来，很多罐头厂在原料装罐之前先在抽气罐内进行抽空处理，对护色保质有明显的效果。

1. 抽空的作用

（1）果蔬组织中氧气被抽出，钝化酶的活力，减轻酶褐变，可以保护原料原有的色泽。

（2）抽空后，果蔬体积缩小，相对密度增加，防止果块上浮，同时，降低热膨胀率，增加热导率，减少原料受热后产生软烂现象。

（3）抽空后，加速糖水的渗透，保证了开罐固形物合乎标准，有利于提高产品质量。

（4）抽空后，减少了果肉组织装罐前含有的空气量，有利于保证密封后罐内的真空度，减少内容物及容器的不良变化。

（5）抽空后，果肉组织中空气被抽出，代以糖水填充，使果肉组织致密，增加耐煮性。

2. 影响抽空的因素

影响抽空的因素有真空度、温度、抽气时间、果蔬受抽面积和抽空液浓度。抽空液的浓度低、渗透快、程度高；相反，浓度高、渗透慢，但成品色泽好，一般盐浓度在1%~3%，蔗糖浓度在25%~35%。

3. 抽空方法

抽空方法分为干抽法和湿抽法两种。

三、装　　罐

1. 空罐的准备

原料装罐前应检查空罐的完好情况。对马口铁罐要求罐型整齐、缝线标准、焊缝完整均匀，罐口和罐盖边缘无缺口或变形，马口铁皮上无锈斑和脱锡现象。玻璃罐要求形状整齐、罐口平整光滑、无缺口、罐口正圆、厚度均匀、玻璃罐壁内无气泡裂纹。

空罐在使用前必须进行清洗和消毒，以清除灰尘、微生物、油脂等污物及氯化锌残留以保证容器的卫生，提高杀菌效果。金属罐先用热水冲洗，后用清洁的100℃沸水或蒸汽消毒30~60s，然后倒置沥干备用。玻璃罐先用清水或热水浸泡，然后用有毛刷的洗瓶机刷洗，再用清水或高压水喷洗数次，倒置沥干备用。罐盖也进行同样处理，或用前用75%酒精消毒。清洗消毒后的空罐要及时使用，不宜堆放太久，以免灰尘、杂质再一次污染或金属生锈。

2. 罐液的配制

果蔬罐藏时除了液态食品果汁、菜汁和黏稠食品（如番茄酱、果酱等）外，一般都要往罐内加注液汁，称为罐液或汤汁。果品罐头的罐液一般是糖液，蔬菜罐头多为盐水，也有只用清水的。有的为了增进风味同时起到护色、提高杀菌效果，在果蔬罐头罐液中加入适当的柠檬酸，加注罐液能填充罐内除果蔬以外所留下的空隙，目的在于增进风味、排空气、提高初温，并加强热的传递效率。

（1）糖液配制　果品罐头所用的糖液浓度，依水果种类、品种、成熟度、果肉装量及产品量标准而定。我国目前生产的糖水果品罐头，一般要求开罐糖度为14%~18%。每种水果罐头加注糖液的浓度，可根据式（2-4）计算：

$$Y = \frac{W_3 Z - W_1 X}{W_2} \tag{2-4}$$

式中　W_1——每罐装入果肉质量，g

　　　W_2——每罐加入糖液质量，g

　　　W_3——每罐净重，g

　　　X——装罐时果肉可溶性固形物含量，%

　　　Z——要求开罐时的糖液浓度，%

　　　Y——需配制的糖液浓度，%

糖液浓度常用糖度计（Brix）测定。由于液体密度受温度的影响，通常，其标准温多采用20℃，若所测糖液温度高于或低于20℃，则所测的糖液浓度还需要加以校正。生产中也有直接用折光仪来测定糖液的浓度，但在使用时应先用同温度的蒸馏水加以校正至0刻度时再用。

配制糖液的主要原料是蔗糖，要求纯度在99%以上、色泽洁白、清洁干燥、不含杂质和有色物质。最好使用碳酸法生产的蔗糖，因为用亚硫酸法生产的蔗糖，若残留的SO_2过多，会使罐内壁产生硫化铁，污染内容物。除蔗糖外，如转化糖、葡萄糖、玉米糖浆也可使用。另一方面，配制糖液用水也要求清洁无杂质，符合饮用水质量标准。

糖液配制方法有直接法和稀释法两种。直接法是根据装罐所需的糖液浓度，直接称取蔗糖水，在溶糖锅内加热搅拌，溶解并煮沸过滤待用。例如，装罐需用30%浓度的糖液，则可按蔗糖30kg、清水70kg的比例入锅加热配制。稀释法是配制高浓度的糖液称为母液，一般浓度在60%以上，装罐时再根据所需浓度用水或稀糖液稀释。例如，用65%的母液配30%的糖液，则以母液：水=1：1.17混合，即可得到30%的糖液。

蔗糖溶解调配时，必须煮沸10~15min，然后过滤，保温85℃以上备用；如需在糖液中加酸，必须做到随用随加，防止积压，以免蔗糖转化为转化糖，促使果肉色泽变红；荔枝、梨等罐头所用糖液，加热煮沸后如迅速冷却到40℃再装罐，对防止果肉变红有明显效果。

配制糖液车间一般在装罐车间的楼上，配制好的糖液则由管道流送到楼下的注液机中，以便装罐。配制糖液的容器以不锈钢最好，如用其它材料，最好在内壁涂特殊的涂料；容器内部要光滑平展，便于清洗。

（2）盐液配制　所用食盐应选用不含铁、铝及镁等杂质的精盐，食盐中氯化钠含量98%以上。若食盐中含有铁质，能使罐中的填充液变色，产生沉淀，同时还能与原料中的单宁物质化合成黑色物质；若有钙盐，原料经煮沸杀菌后，产生白色沉淀；若有硫酸镁或其它硫酸盐，能使制品发生苦味。

测定盐液的浓度，一般采用波美比重计，它在17.5℃盐水中所指的刻度，即是盐的百分数。

配制时常用直接法按要求称取食盐，加水煮沸，除去上层泡沫，经过滤，然后取澄清液按比例配成所需要的浓度，一般蔬菜罐头所用盐液浓度为1%~4%。

（3）调味液配制　调味液的种类很多，但配制的方法主要有两种，一种是将香辛料先经一定的熬煮制成香料水，然后香料水再与其它调味料按比例制成调味液，另一种是将各种调味料、香辛料用布袋包裹，配成后连袋去除，一次配成调味液。

3. 装罐

按产品标准要求，选出变色、软烂的果实、果块，消除斑点、病虫害部分，按块形大小分开装罐。装罐的工艺要求：

（1）迅速装罐　经预处理整理好的果蔬原料应迅速装罐，不应堆积过多，停留时间过长，易受微生物污染，一般要求趁热装罐，否则会造成排气后中心温度达不到要求，增加微生物污染的机会而影响其后的杀菌效果。

（2）要确保装罐量符合要求　装入量因产品种类和罐型而异，罐头食品的净重和固形物含量必须达到要求。净重是指罐头总重量减去容器重量后所得的重量，它包括固形物和汤汁。固形物含量指固形物即固态食品在净重中所占的百分比，一般要求每罐固形物含量为45%～65%，常见的为55%～60%。各种果蔬原料在装罐时应考虑其本身的缩减率，通常按装罐要求多装10%左右；另外，装罐后要把罐头倒过来倾水10s左右，以沥净罐内水分，保证开罐时的固形物含量和开罐糖度符合规格要求。

（3）保证内容物在罐内的一致性　同一罐内原料的成熟度、色泽、大小、形状应基本一致，搭配合理，排列整齐。有块数要求的产品应按要求装罐，固形物和净重必须达到要求。

（4）罐内应保留一定的顶隙　所谓顶隙是指罐头内容物表面和罐盖之间所留空隙的距离。顶隙大小因罐型而异，一般装罐时罐头内容物表面与翻边相距4～8mm，在封罐后顶隙为3～5mm。罐内顶隙的作用很重要，但须留得适当。如果顶隙过大，则引起罐内食品装量不足，同时罐内空气量增加，会造成罐内食品氧化变色；如果顶隙过小，则会在杀菌时罐内食品受热膨胀，使罐头变形或裂缝，影响接缝线的严密度。

（5）提高初温　装罐温度应保持在80℃左右，以便提高罐头的初温，这在采用真空排气密封时更要注意。

（6）保证产品符合卫生要求　装罐时要注意卫生，严格操作，防止杂物混入罐内，保证罐头质量。

装罐的方法可分为人工装罐和机械装罐。果蔬原料由于形态、大小、色泽、成熟度、排列方式各异，所以多采用人工装罐，主要过程包括装料、称量、压紧和加汤汁等。对于颗粒状、流体或半流体食品（如青豆、甜玉米、番茄酱、果酱、果汁等）常用机械装罐，其装量均匀，管理方便，生产效率高，但要注意，不能污染灌口。装罐时一定要保证装入的固形物达到规定的重量。

四、排　气

排气是指食品装罐后，密封前将罐内顶隙间的、装罐时带入的和原料组织细胞内的空气尽可能从罐内排除的技术措施，从而使密封后罐头顶隙内形成部分真空的过程。排气是罐头食品生产中维护罐头的密封性和延长贮藏期的重要措施。

1. 排气的作用

（1）阻止需氧菌及霉菌的生长发育。

（2）防止或减轻因加热杀菌时空气膨胀而使容器变形或破损，特别是卷边受到压力后，易影响其密封性。

（3）控制或减轻罐藏食品贮藏中出现的罐内壁腐蚀。

（4）避免或减轻食品色、香、味的变化。

（5）避免维生素和其它营养素遭受破坏。

（6）有助于避免将假胀罐误认为腐败变质性胀罐。

此外，对于玻璃罐，排气还可以加强金属盖和容器的密合性，即将覆盖在玻璃罐口上的罐盖借大气压紧压在罐口上，同时还可减轻罐内所产生的内压，减少出现跳盖的可能性。玻璃本身又具有透光性，光线则会促使残留氧破坏食品的风味和营养素，因此，排气也将有利于减弱光线对食品的影响，延长食品的耐藏期。

2. 影响罐头真空度的因素

（1）排气的条件　排气温度高、时间长，真空度高。一般以罐头中心温度达到75℃为准。

（2）罐头的容积大小　加热法排气，大型罐单位面积的容积或装量大，内容物受热膨胀和冷却收缩的幅度大，因此能形成较大的真空度。

（3）顶隙的大小　在加热法排气中，罐内顶隙较小时真空度较高；在真空法和喷射蒸汽法排气时，罐内顶隙较小时真空度较低。

（4）杀菌的条件　杀菌温度较高或时间较长，由于引起部分物质的分解而产生气体，因此真空度较低。

（5）环境的条件　气温高，罐内蒸气压大，则真空度变低；气压低，则大气压与罐内压力差变小，即真空度变低。

3. 排气的方法与影响因素

罐头食品排气以获得适当的真空，采用的方法主要有两种：热力排气法和真空排气法。

（1）热力排气法　利用空气、水蒸气和食品受热膨胀的原理将罐内空气排除。目前，常用的方法有两种：热装罐密封排气法和食品装罐后加热排气法。

① 热装罐密封排气法：是将食品加热到一定的温度，一般在75℃以上后立即装罐密封的方法。采用这种方法一定要趁热装罐、迅速密封，不能让食品温度下降，否则罐内的真空度相应下降。此法只适用于高酸性的流质食品和高糖度的食品，如果汁、番茄汁、番茄酱和糖渍水果罐头等。密封后要及时进行杀菌，否则嗜热性细菌容易生长繁殖。

② 装罐后加热排气法：是将装好原料和注液的罐头，放上罐盖或不加盖，送进排气箱，在通过排气箱的过程中，加热升温，因热使罐头中内容物膨胀，把原料中存留或溶解的气体排斥出来，在封罐之前把顶隙中的空气尽量排除。罐头在排气箱中经过的时间和最后达到的温度一般要求罐头中心温度应达到65.6~87.8℃，视原料的性质、装罐的方法和罐型而定。

加热排气时，加热温度越高和时间越长，密封温度越高，最后罐头的真空度也越高。对于空气含量低的食品来说，主要是排除顶隙内的空气，密封温度是关键温度因素。温度和时间的选择应根据密封温度加以考虑。对于空气含量高的食品来说，除达到预期密封温度外，还应合理地延长排气时间，使存在和溶解于食品组织中的空气有足够向外扩散和外逸的时间，尽量使罐内气体含量降低到最低限度。

选用加热排气工艺条件时，还应考虑到果蔬成熟度和酸度、容器大小和材料以及装罐情况等因素。果蔬成熟度低，组织坚硬，食品内气体排除困难，排气时间就要长一些。成熟度高，则反之，而且选用温度也应低一些。高酸度食品在热力作用下会促使铁腐蚀产生氢气，降低真空度，也应加以注意。容器小些，对真空度的要求可以高一些，容器越大，对真空度的要求就应降低一些，如真空度过高，容易出现瘪罐现象。容器大时，传热速度慢，加热排气时间就应长些。

热力排气法一般排气较充分，除了排除顶隙的空气外，食品组织和汤汁中的空气大部分也能排除，因此能获得较高的真空度。但食品受热时间较长，对产品质量带来影响。排气温度越高，时间越长，密封时温度高，则其后形成的真空度就高。也就是真空度与排气温度、排气时间和密封温度成正相关，这三者是确定罐头真空度的主要依据，也是热力排气的主要工艺条件，后两者更为明显。一般来说，果蔬罐头选用较低的密封温度60~75℃，并以相对较低温度的长时间排气工艺条件为宜。

（2）真空排气法　装有食品的罐头在真空环境中进行排气密封的方法称为真空排气法。常采用真空封罐机进行。因排气时间短，所以主要是排除顶隙内的空气，而食品组织及汤汁内的空气不易排除。因此对果蔬原料和罐液要事先进行脱气处理。

采用真空排气法，罐头的真空度取决于真空封罐机密封室内的真空度和罐内食品温度。即密封真空度高和密封温度高，则所形成的罐头真空度也高，反之则低。但密封室的真空度与密封温度要相互配合，因密封室真空度提高后，必须降低罐液的沸腾温度和罐头内容物的膨胀，这时密封温度过高，就会造成罐液的沸腾和外溢，从而造成净重不足，所以，要达到罐头最大真空度，必须使密封的真空度与密封温度相互补偿，即其中一个数值提高，则另一个数值必须相应地下降。一般密封室的真空度控制在240~550mmHg，如果密封室内的真空度不足，可用补充加热的方法来提高罐内真空度。用真空封罐机封罐时，由于各种原因，真空封罐机密封室内的真空度一般最高达不到86.7kPa。为了使罐内的真空度达到最高程度，就需要补充加热。采用真空排气密封法，生产效率高，减少一次加热过程，使成品质量好。

（3）蒸汽喷射排气法　蒸汽喷射排气法是在罐头密封前的瞬间，向罐内顶隙部位喷射蒸汽，由蒸汽将顶隙内的空气排除，并立即密封，顶隙内蒸汽冷凝后就产生部分真空。这种方法主要排除的是罐头顶隙中的空气，对于食品本身溶解和含有的空气排除能力不大。影响这种排气方法的主要因素为罐头顶隙的大小和产品的密封温度。顶隙越大，真空度越高。密封温度越高，真空度越大。这种排气法的优点是速度快、设备最紧凑、不占位置，但排气较不充分，对于表面不能湿润的产品不适合，使用上受到一定的限制，因此，在糖水橘片等产品中广泛应用。

五、密　　封

罐头食品之所以能长期保存而不变质，除了充分杀灭能在罐内环境生长的腐败菌和致病菌外，主要是依靠罐头的密封，使罐内食品与外界完全隔绝，罐内食品不再受到外界空气和微生物的污染而产生腐败变质。为保持这种高度密封状态，必须采用封罐机将罐身和罐盖的边缘紧密卷合，这就称为封罐或密封。显然，密封是罐藏工艺中的一项关键性操作，直接关系到产品的质量。密封必须在排气后立即进行，以免罐温下降而影响真空度。

罐头食品的密封设备，除四旋、六旋等罐型用手旋紧外，其它使用封罐机密封，封罐机类型很多，有手扳封罐机、半自动真空封罐机、全自动真空封罐机等。

六、杀　　菌

杀菌的目的在于破坏食品中所含的酶类和消灭绝大多数对罐内食品起败坏作用和产毒致

病的微生物，从而使罐头制品得以长期保存。

罐头食品的杀菌是属于商品杀菌，不能消灭所有的微生物，特别是一些嗜热性的细菌，仅是利用热能杀灭有害菌，抑制某些不产毒致病的微生物，这与细胞学上的杀菌含义是不同的。

杀菌过程中，霉菌和酵母菌不耐高温处理，是比较容易控制和杀灭的。罐头的热杀菌主要是杀灭那些在无氧或微量氧的条件下仍能活动而产生孢子的厌氧性细菌。

杀菌过程是指罐头由原始温度初温，升到杀菌所要求的温度，并在此温度下保持一定的时间，达到杀菌目的后，结束杀菌，立即冷却至适合温度的过程。杀菌过程用来表示杀菌操作的全过程，主要包括杀菌温度、杀菌时间和反压力三项因素。在罐头厂通常用"杀菌公式"来表示，即把杀菌的温度、时间及所采用的反压力排列成公式的形式。一般杀菌公式为：

$$\frac{t_1 - t_2 - t_3}{T} \text{或} \frac{t_1 - t_2}{T} p$$

式中　T——要求达到的杀菌温度，℃

　　　t_1——使罐头升温到杀菌温度所需的时间，min

　　　t_2——保持恒定的杀菌温度所需的时间，min

　　　t_3——罐头降温冷却所需的时间，min

　　　p——反压冷却时杀菌锅内应采用的反压力，Pa

罐头杀菌条件的确定，就是确定其必要的杀菌温度、时间。杀菌条件确定的原则是在保证罐藏食品安全性的基础上，尽可能地缩短加热杀菌的时间，以减少热力对营养成分等食品品质的影响。也就是说，正确合理的杀菌条件是既能杀死罐内的致病菌和能在罐内环境中生长繁殖引起食品变质的腐败菌，使酶失活，又能最大限度地保持食品原有的品质。

1. 杀菌方法

罐头的杀菌方法很大程度上由食品的 pH 决定，微生物对酸性环境的敏感性很强，有些微生物只能在低酸性环境中生长，有些微生物则可以在酸性环境中生长。因此，可根据微生物对酸性环境的敏感程度将罐头食品进行分类，一般按 pH 高低分为四类：低酸性食品 pH>5.3，中酸性食品 pH 4.5~5.3，酸性食品 pH 3.7~4.5，高酸性食品 pH<3.7。

在罐头工业中，肉毒梭状芽孢杆菌是主要的杀菌对象，属厌氧性梭状芽孢杆菌，它不仅是腐败菌，而且是食品中毒菌。其芽孢的耐热性很强，能分解蛋白质，并伴有恶臭的化合物产生，如硫化氢、硫醇、氨、吲哚以及粪毒素等。同时还会产生二氧化碳和氢气，而引起胀罐。更关键的是肉毒梭状芽孢杆菌会产生外毒素而引起食物中毒。根据上述情况，这种细菌非常适宜于罐头中生长。罐头食品中是绝对不允许存在这种细菌生长繁殖的。但肉毒梭状芽孢杆菌在 pH 4.8 时，就不能生长繁殖，为了保险起见，将 pH 降低 0.2，即当 pH 在 4.6 时，肉毒梭状芽孢杆菌就不能生长繁殖，为此就不必考虑肉毒梭状芽孢杆菌的影响。在罐头工业中，一般把 pH 4.6 作为酸性食品和低酸性食品的分界线。pH 高于 4.6，水分活度大于 0.85 的食品称为低酸性食品，如大部分肉、禽、水产和大部分蔬菜类食品属此范围，必须采用加压杀菌高于 100℃方法杀菌。而 pH 低于 4.6 的酸性食品，如大部分水果和部分蔬菜属此范围，可采用较低的 100℃左右的温度进行杀菌。

罐头杀菌的方法很多，根据其原料品种的不同、包装容器的不同等而采用不同的杀菌方法。罐头的杀菌可以在装罐前进行，也可以在装罐密封后进行。装罐前进行杀菌，即所谓的无菌装罐，需先将待装罐的食品和容器均进行杀菌处理，然后在无菌的环境下装罐、密封。

我国各罐头厂普遍采用的是装罐密封后杀菌。果蔬罐头的杀菌根据果蔬原料的性质不同，杀菌方法一般可分为常压杀菌（温度不超过100℃）和加压杀菌两种。

（1）常压杀菌 常压杀菌适用于 pH 在 4.5 以下的酸性食品，如水果类、果汁类、酸渍菜类等。常用的杀菌温度是 100℃ 或以下。一般是杀菌容器内，水量要漫过罐头 10cm 以上，用蒸汽管从底部加热至杀菌温度，将罐头放入杀菌锅柜中玻璃罐杀菌时，水温控制在略高于罐头初温时放入为宜，继续加热，待达到规定的杀菌温度后开始计算杀菌时间，经过规定的杀菌时间，取出冷却。目前，有些工厂已用一种长形连续搅动式杀菌器，使罐头在杀菌器中不断地自转和绕中轴转动，增强了杀菌效果，缩短了杀菌时间。

（2）加压杀菌法 加压杀菌是在完全密封的加压杀菌器中进行，靠加压升温来进行杀菌，杀菌的温度在100℃以上。此法适用于低酸性食品（pH>4.5），如蔬菜类、肉禽和水产类的罐头。在高温加压杀菌中，依传热介质不同，有高压蒸汽杀菌和高压水杀菌。目前，大都采用高压蒸汽杀菌法，这对马口铁罐来说是较理想的。而对玻璃罐，则采用高压水杀菌较为适宜，可以防止和减少玻璃罐在加压杀菌时脱盖和破裂的问题。

加压杀菌器有立式和卧式两种类型，设备装置和操作原理大体相同。立式杀菌器，大部分安装在工作地面以下，为圆筒形；卧式的则全部安装在地面上，有圆筒形和方形。

加压杀菌过程可分三个阶段：①排气升温阶段：将罐头送入杀菌器后，将杀菌器盖严密封，然后通入蒸汽，并将所有能泄气的阀门打开，让杀菌器内的空气彻底排除干净，待空气排完后只留排气阀开着，关闭其它所有的泄气阀门，这时就开始上压升温，使温度升到规定的杀菌温度；②恒温杀菌阶段：到达杀菌温度时关小蒸汽阀门，但排气阀仍开着，使杀菌器内保持一定的流通蒸汽，并维持杀菌温度达到规定的时间；③消压降温阶段：杀菌结束后，关闭蒸汽阀门，同时打开所有泄气阀，使压力降至0，然后通入冷水降温。若用反压冷却，则杀菌结束关闭蒸汽后，通入压缩空气和冷水，使降温时罐内外压力达到基本平衡。

2. 杀菌条件的确定

（1）实罐试验 一般情况下，食品经热力杀菌处理后，其感官品质将下降，但是当采用高温短时间杀菌，可加速罐内传热速度，从而使内容物感官品质变化减小，同时还提高了杀菌设备的利用率。这是当前罐头工业杀菌工艺的趋势。以满足理论计算的杀菌值为目标，可以有各种不同杀菌温度-时间的组合，实罐试验的目的就是根据罐头食品质量、生产能力等综合因素选定杀菌条件，既能达到杀菌安全的要求，又要使所得产品质量高，而且经济上也最合算。

因此，某些选用低温长时间的杀菌条件可能更适合些。例如，属于传导传热型的非均质态食品，若选用高温短时间杀菌条件，常会因传热不均匀而导致部分食品中出现 F 值过低的情况，并有杀菌不足的危险。

（2）实罐接种的杀菌试验 实罐试验时根据产品感官质量最好和经济上又最合理所选定的温度-时间组合成最适宜的杀菌条件基础上，为了确定所确定理论性杀菌条件的适合性，往往还要进行实罐接种的杀菌试验。将常见导致罐头腐败的细菌或芽孢定量接种在罐头内，在所选定的杀菌温度中进行不同时间的杀菌，再保温检查其腐败率。根据实际商业上一般允许罐头腐败率0.01%来计算，如检出的正确率为95%，实罐试验数应达29 960罐之多。当然，不可能用数量如此之大的罐头做实验，以确证杀菌条件的适宜性和安全程度。如实罐接种杀菌试验结果与理论计算结果很接近，这对杀菌条件的适宜性和安全性有了更可靠的保证和高度的可信性。此外，对那些用其它方法无法确定杀菌工艺条件的罐头也可用此法确定它的适宜杀菌条件。主要包括试验用微生物、实罐接种方法、试验罐数、试验分组和试验记录五步骤。

（3）保温贮藏试验　接种试验后的试样要在保温下进行保温贮藏试验。培养温度依试验菌不同而异，保温贮藏试验样品应每天观察其容器外观有无变化，当罐头胀罐后即取出，并存放在冰箱中。保温贮藏试验完成后，将罐头在室温下放置冷却过夜，然后观察其容器外观，罐底盖是否膨胀，是否低真空，然后对全部试验进行开罐检验，观察其形态、色泽、pH和黏稠性等，并一一记录其结果。接种肉毒梭状芽孢杆菌试样要有毒性试验，因为有些罐头产毒而不产气。

（4）生产线上的实罐试验　实罐接种试验和保温贮藏试验结果都正常的罐头加热杀菌条件，就可以进入生产线的实罐试验最后验证。试样量至少 100 罐以上。

3. 加热杀菌操作应注意的事项

（1）杀菌是食品在一定的时间和温度条件下的加热处理，加热温度和时间应经科学测定后确定。

（2）经过科学测定而确定的杀菌工艺过程专用于指定的产品及其配方、配方方法、容器尺寸和杀菌锅的类型。

（3）杀菌的决定因素主要依据传热介质和产品中微生物的耐热性。

（4）微生物的耐热性取决于所选用的微生物，以及在加热时的食品介质和随后微生物所处环境。

（5）传热数据时间和温度确定应在尽可能模拟工业生产条件下获得。

（6）从传导和耐热性试验中获得的数据将用于理论杀菌条件的计算。

（7）有时用接种实罐的杀菌试验来校核计算的杀菌工艺条件。

七、冷　却

罐头食品加热杀菌结束后应当迅速冷却，因为热杀菌结束后的罐内食品仍处于高温状态，还在继续对它进行加热作用，如不立即冷却，食品质量就会受到严重影响，如果蔬色泽变暗、风味变差、组织软烂，甚至失去食用价值。此外，冷却缓慢时，在高温阶段（50~55℃）停留时间过长，还能促进嗜热性细菌如平酸菌繁殖活动，致使罐头变质腐败。继续受热也会加速罐内壁的腐蚀作用，特别是含酸高的食品。因此，罐头杀菌后冷却越快越好，对食品的品质越有利。但对玻璃罐的冷却速度不宜太快，常采用分段冷却的方法，即80℃、60℃、40℃三段，以免爆裂受损。

罐头杀菌后，一般冷却到38~43℃即可。若冷却的温度过高，会影响罐内食品质量，若冷却温度过低时，罐头表面附着的水珠不易蒸发干燥，容易引起锈蚀，冷却只要保留余温足以促进罐头表面水分的蒸发而不致影响败坏即可，实际操作温度还要看外界气候条件而定。

冷却方式按冷却的位置，可分为锅外冷却和锅内冷却。常压杀菌常采用锅外冷却；卧式杀菌器加压杀菌常采用锅内冷却。按冷却介质有空气冷却和水冷却，以水冷却效果好。水冷却时为加快冷却速度，一般以流水浸冷法最常见。冷却用水必须清洁，符合饮用水标准，一般认为用于罐头的冷却水含活的微生物为每毫升不超过 50 个为宜。为了控制冷却水中微生物含量，常采用加氯的措施。次氯酸盐和氯气为罐头工厂冷却水常用的消毒剂。只有在所有卷边质量完全正常后才可在冷却水中采用加氯措施。加氯必须小心谨慎并严格控制，一般控制冷却水中游离氯含量在 3~5mg/kg。

八、罐头检验

1. 感官检验

罐头的感官检验包括容器的检验和罐头内容物质量检验。

（1）容器检验　观察瓶与盖结合是否紧密牢固，胶圈有无起皱；罐盖的凹凸变化情况；用打检法敲击罐盖，以声音判定罐内的真空度，进而判断罐内食品的质量状况。一般规律是：凡是声音发实、清脆、悦耳的，说明罐内气体少，真空度大，食品质量没有什么变化，一般是好罐；若敲击声发空、混浊、噪耳，说明罐内气体较多，真空度小，罐内食品已在分解变质。

（2）内容物质量检验　变质或败坏的罐头，在内容物的组织形态、色泽、风味上都与正常的不同，通过感官检验可初步确定罐头的好坏。感官检验的内容包括组织与形态、色泽和风味等。各种指标必须符合国家规定标准。

开罐后，观察内容物的色泽是否保持本品种应有的正常颜色，有无变色现象，气味是否正常，有无异味。根据要求，块形是否完整，同一罐内果块大小是否均匀一致。汁液的浓度、色泽、透明度、沉淀物和夹杂物是否合乎规定要求。品评风味是否正常，有无异味或腐臭味。

2. 理化检验

理化检验包括罐头的总重、净重、固形物的含量、糖水浓度、罐内真空度及有害物质等。

（1）真空度的测定　真空度应为 2 937~5 065Pa。测定方法有打压法或采用真空测定表，但是一般从真空度表测出的数值，要比罐内实际真空度低 666~933Pa，这是因为真空表内有一段空隙，接头部一般含有空气所致。

（2）净重和固形物比例的测定　净重为罐头的毛重减去空罐的质量。净重的公差每罐允许±3%，但每批罐头平均值不应低于净重；固形物占净重的比例，一般用筛滤去汁液后，称取固形物质量，按百分比计算。

（3）可溶性固形物泛指糖水浓度的测定　最简单的测定方法是用折光仪测定。大厂可用阿贝折光仪测定。测定时，应注意测定时的温度，一般在室温20℃下进行，否则，应记录测定时的室温，再根据温度校正表修正。

（4）有害物质的检验　食品添加剂和重金属铅、锡、铜、锌、汞等含量及农药残留等分析项目。

3. 微生物检验

将罐头堆放在保温箱中，维持一定的温度和时间，如果罐头食品杀菌不彻底，微生物便会繁殖，对五种常见的可使人发生食物中毒的致病菌，必须进行检验。这五种致病菌是溶血性链球菌、致病性葡萄球菌、肉毒梭状芽孢杆菌、沙门菌和志贺菌。

九、贮存

罐头食品在贮存过程中，影响其质量好坏的因素很多，但主要是温度和湿度。

1. 温度

在罐头贮存过程中，应避免库温过高或过低以及库温的剧烈变化。温度过高会加速内容物的理化变化，导致果肉组织软化，失去原有风味，发生变色，降低营养成分。并会促进管壁腐蚀，也给罐内残存的微生物创造发育繁殖的条件，导致内容物腐败变质。实践证明，库温在20℃以上，容易出现上述情况。温度再高，贮期明显缩短。但温度过低时，低于罐头内容物冰点以下，制品易受冻，造成果蔬组织解体，易发生汁液混浊和沉淀。贮存适温一般为0～10℃。

2. 湿度

库房内相对湿度过大，罐头容易生锈、腐蚀乃至罐壁穿孔。因此，要求库房干燥、通风，有较低的湿度环境，以保持相对湿度在70%～75%为宜，最高不要超过80%。

第三节　果蔬罐藏常见质量问题及控制

一、胖　听

合格罐头其底盖中心部分略平或呈凹陷状态。当罐头内部的压力大于外界空气的压力时，底盖鼓胀，形成胖听，或称胀罐、气膨等。从罐头的外形看，可分为软胀和硬胀，软胀包括物理性胀罐及初期的氢胀或初期的微生物胀罐；硬胀主要是微生物胀罐，也包括严重的氢胀罐。

1. 物理性胀罐

物理性胀罐形成的原因很多，例如，罐头内容物装得太满，顶隙过小，加热杀菌时内容物膨胀，冷却后即形成胀罐；加压杀菌后，消压过快，冷却过速；排气不足或贮藏温度过高；高气压下生产的制品移置低气压环境等，都可能形成罐头两端或一端凸起的现象，这种罐头的变形称作物理性胀罐，此种类型的胀罐，内容物并未坏，可以食用。

防止措施：注意装罐时，罐头的顶隙大小要适宜，要控制在3～8mm；提高排气时罐内的中心温度，排气要充分，封罐后能形成较高的真空度，即达3 999～5 065Pa；应严格控制装罐量，切勿过多；采用加压杀菌后的消压速度不能太快，使罐内外的压力较平衡，切勿差距过大。

2. 化学性胀罐（氢胀罐）

化学性胀罐形成的主要原因是高酸性食品中的有机酸与罐头内壁露出的金属发生化学反应，放出氢气，内压增大，从而引起胀罐。这种胀罐虽然内容物有时尚可食用，但不符合产品标准，不宜食用。

防止措施：防止空罐内受机械损伤，以防出现露铁现象；空罐宜采用涂层完好的抗酸全涂料钢铁板制罐，以提高对酸的抗腐蚀性能。

3. 细菌性胀罐

细菌性胀罐是由于杀菌不彻底，或罐盖密封不严，细菌污染而分解内容物，产生氢气、氮气、二氧化碳及硫化氢等气体，使罐内压力增大而造成胀罐。细菌性胀罐与化学性胀罐，从外形上难以区分，但开罐后，细菌性胀罐有腐蚀性气味。

防止措施：对罐藏原料充分清洗或消毒，严格注意加工过程的卫生管理，防止原料及半成品的污染；在保证罐头食品质量的前提下，对原料的热处理预煮、杀菌等必须充分，以消灭产毒致病的微生物；在预煮水或糖液中加入适量的有机酸如柠檬酸等，降低罐头内容物的pH，提高杀菌效果；严格封罐质量，防止密封不严而造成泄露。冷却水宜用澄清透明的软化水；罐头生产过程中，及时抽样保温处理，发现微生物污染问题，及时分析解决。

二、　罐壁的腐蚀

罐头的罐壁腐蚀包括罐头内壁腐蚀和罐头外壁腐蚀两种。

1. 内壁腐蚀

（1）原理　内壁腐蚀是金属罐的金属材料和周围介质发生化学和电化学反应过程中所引起的侵蚀现象。镀锡板空罐，锡层均匀无缺、致密，具有很好的保护作用，腐蚀作用较小；如果出现锡层不连续均匀，制罐机械伤，锡、铁同时暴露与食品接触，会发生化学和电化学反应。

（2）腐蚀过程　金属罐的腐蚀过程可分三个阶段，锡层全面覆盖钢基阶段，钢基面积扩大到相当大阶段，锡层完全溶解阶段。

2. 外壁腐蚀

（1）原理　罐头外壁锈蚀即外部生锈会给销售带来很大影响和损失。外壁锈蚀过程是电化学作用过程。镀锡板上锡在空气中是稳定的，如果锡层受损时，钢基板外露与潮湿空气接触，发生电偶作用。

（2）外壁锈蚀的原因和防止措施

① 由于罐头外壁的"出汗"引起外壁的锈蚀：温度骤然变化，空气中水蒸气就会冷凝在罐头表面形成水珠，此时罐头表面就"出汗"了。因为空气中有 CO_2 和 SO_2 等氧化物，冷凝水分就成为罐外壁表面上的良好电解质，为罐外壁表面上锡、铁偶合建立了场所，因而出现了锈蚀现象。

避免罐头"出汗"的措施：罐头进仓温度不能太低，相差 5~9℃ 为宜，超过 11℃ 就易"出汗"；库温稳定，不能忽高忽低；仓库通风良好，相对湿度 70%~75% 为宜。

② 由于杀菌锅内存在空气而引起的腐蚀：杀菌时由于杀菌锅空气未排除干净，空气和水蒸气就成为罐外壁锈蚀的良好条件。因此，杀菌升温阶段要求尽量把锅内空气排除出来。杀菌过程应开启各部位的泄气阀，以保证锅内空气排出锅外。

③ 由于冷却时引起的锈蚀：冷却水中如果含有氯离子、硫酸根等腐蚀物质时，那么冷却水温度越高，就越易产生锈蚀，用低温流动水冷却时，可以减轻这种锈蚀现象。碱度高、硬度高的冷却水将腐蚀罐头外壁，在贮藏中碱水易造成生锈现象，因此，冷却水进行处理是必要的。

④ 其它原因引起锈蚀：罐头冷却过度，表面水不宜蒸发掉，应快速地、全面地排除冷却水，用空气或蒸汽鼓风机清除封盖卷边内积水，冷却至 35~40℃ 时，留下足够的热干燥时间，以除去留在罐头外表面上的任何湿度，直到罐头完全干燥后才能装箱；装箱材料含水分

过高；贴标胶黏剂受潮等。

3. 影响因素

（1）氧气　氧对金属是强烈的氧化剂。在罐头中，氧在酸性介质中显示很强的氧化作用。氧含量越多，腐蚀作用越强。

（2）酸　水果罐头，含酸量越多，腐蚀性越强。当然，腐蚀性还与酸的种类有关。

（3）硫及含硫化合物　果实在生长季节喷施的各种农药中含有硫，如波尔多液等；硫有时在砂糖中作为微量杂质而存在。当硫或硫化物混入罐头中也易引起罐壁的腐蚀。此外，罐头中的硝酸盐对罐壁也有腐蚀作用。

防止措施：对采前喷过农药的果实，加强清洗及消毒，可用 0.1% 盐酸浸泡 5~6min，再冲洗，有利去除农药；对含空气较多的果实，最好采取抽空处理，尽量减少原料组织中空气（氧）的含量，进而降低罐内氧的浓度；加热排气充分，适当提高罐内真空度，注入罐内的糖水要煮沸，以除去糖中的 SO_2；罐头正、反倒置，减轻对罐壁的集中腐蚀。罐头制品贮藏环境温度不宜过高，相对湿度不应过大，以防内蚀及外蚀。

三、　变色及变味

许多水果罐头在加工过程或在贮藏运销期间，常发生变色、变味的质量问题，是果蔬中的某类化学物质在酶及空气中氧的作用下而产生酶褐变和非酶褐变所致。

罐头内平酸菌如嗜热性芽孢杆菌的残存，使食品变质后呈酸味，橘络及种子的存在，使制品带有苦味。

防止措施：

① 加工过程中，对某些易变色的原料去皮、切块后，迅速浸泡在 1%~2% 稀盐水或稀酸液中护色。此外，果块抽空时，防止抽气罐内真空度的波动及果块露出液面。

② 装罐前，应采用适宜的温度和时间进行热烫处理，破坏酶的活力，排除原料组织中的空气。

③ 在去皮、切分后的浸泡液中和糖水中加入 1%~2% 的有机酸具有防止褐变作用。

④ 加工中，防止果实与铁、铜等金属器具直接接触。

⑤ 杀菌要充分，防止制品酸败。

⑥ 控制仓库的贮藏温度，温度低褐变轻，高温加速褐变。

四、　罐内汁液的混浊和沉淀

罐内汁液的浑浊和沉淀现象产生的原因有许多，加工用水中钙、镁等金属离子含量过高；原料成熟度过高，热处理过度，罐头内容物软烂；制品在运销中震荡剧烈，而使果肉碎屑散落；保管中受冻，化冻后内容物组织松散，破碎；微生物分解罐内食品等。针对上述原因，采取相应措施。

第四节　果蔬罐头类产品相关标准

目前，我国已颁布且有效的果蔬罐头类产品标准，按发布部门可以分为国家标准、部颁标准、行业标准、地方标准。内容涵盖果蔬罐头的分类、名词术语、食品安全标准、加工技术规程、检验规则和方法等。

一、果蔬罐头的分类

《罐头食品分类（GB/T 10784—2006）》规定，按工艺及辅料不同，果蔬罐头分为九大类，分别是：

（一）糖水类水果罐头

糖水类水果罐头把经分级去皮（或核）、修整（切片或分瓣）、分选等处理好的水果原料装罐，加入不同浓度的糖浆而制成的罐头产品，如糖水橘子、糖水菠萝、糖水荔枝等罐头。

（二）糖浆类水果罐头

处理好的原料经糖浆熬煮至可溶性固形物达45%～55%后装罐，加入高浓度糖浆等工序制成的罐头产品，又称液态蜜饯罐头，如糖浆金橘等罐头。

（三）果酱类水果罐头

按配料及产品要求的不同，分成下列种类。

1. 果冻罐头

将处理过的水果加水或不加水煮沸，经压榨、取汁、过滤、澄清后加入白砂糖、柠檬酸（或苹果酸）、果胶等配料，浓缩至可溶性固形物65%～70%装罐等工序制成的罐头产品。

2. 果酱罐头

将一种或几种符合要求的新鲜水果去皮（或不去皮）、核（芯）的水果软化磨碎或切块（草莓不切），加入砂糖，熬制（含酸及果胶量低的水果须加适量酸和果胶）成可溶性固形物65%～70%和45%～60%两种固形物浓度，装罐制成的罐头产品，分为块状或泥状两种，如草莓酱、桃子酱等罐头。

（四）果汁类罐头

将符合要求的果实经破碎、榨汁、筛滤或浸取提汁等处理后制成的罐头产品。按产品品种要求不同可分为：

1. 浓缩果汁罐头

将原果汁浓缩至两倍以上（质量浓度）的果汁。

2. 果汁罐头

由鲜果直接榨出（或浸提）的果汁或由浓缩果汁兑水复原的果汁，分为清汁和浊汁。

3. 果汁饮料罐头

在果汁中加入水、糖液、柠檬酸等调制而成，其果汁含量不低于10%。

（五）清渍类蔬菜罐头

选用新鲜或保藏良好的蔬菜原料，经加工处理、预煮漂洗（或不预煮），分选装罐后加入稀盐水或精盐混合液等制成的罐头产品，如青刀豆、清水笋、清水荸荠、蘑菇等罐头。

（六）醋渍类蔬菜罐头

选用鲜嫩或盐腌蔬菜原料，经加工修整、切块装罐，再加入香辛配料及醋酸、食盐混合液制成的罐头产品，如酸黄瓜、甜酸藠头等罐头。

（七）盐渍（酱渍）蔬菜罐头

选用新鲜蔬菜，经切块（片）（或腌制）后装罐，再加入砂糖、食盐、味精等汤汁（或酱）制成的罐头产品，如雪菜、香菜心等罐头。

（八）调味类蔬菜罐头

选用新鲜蔬菜及其他小配料，经切片（块）、加工烹调（油炸或不油炸）后装罐制成的罐头产品，如油焖笋、八宝菜等罐头。

（九）蔬菜汁（酱）罐头

将一种或几种符合要求的新鲜蔬菜榨成汁（或制酱），经调配、装罐等工序制成的罐头产品，如番茄汁、番茄酱、胡萝卜汁等罐头。

二、 食品安全标准

《食品安全国家标准 罐头食品》（GB 7098—2015）对果蔬类罐头的术语和定义、技术要求进行了规定。其中，果蔬类罐头定义以水果和蔬菜为原料，经加工处理、装罐、密封、加热杀菌等工序加工而成的商业无菌罐装食品；从原料要求、感官要求、污染物限量、微生物限量、食品添加剂方面对果蔬类罐头技术要求进行了规定。

三、 加工技术规程

《桃罐头加工技术规程》（DB 37/T 2696—2015）规定了桃罐头的术语和定义、原料选择、加工流程、工艺要求、包装和标志及运输等要求。该标准适用于桃罐头产品的加工。其中工艺要求对分级、对开挖核、去皮、挑选和修整、抽空、装罐、装罐汤汁、封口、杀菌、检验、装箱和入库进行了详尽阐述。

四、 检验规则和方法

《罐头食品生产卫生规范》（GB 8950—2016）规定了果蔬类罐头卫生指标的评价标准，规定果蔬类罐头商业无菌要符合 GB/T 4789.26 的规定，果蔬类罐头食品的感官检验应符合 QB/T 3599—1999 的规定，食品中蔗糖的测定按 GB/T 5009.8 操作，砷测定按 GB/T 5009.11 操作，铅测定按 GB/T 5009.12 操作，食品中山梨酸、苯甲酸测定按 GB/T 5009.29 操作，甜味剂测定按 GB/T 5009.28 操作，着色剂测定按 GB/T 5009.35 操作，食品中氯化钠测定方法按照 GB/T 12457 操作，总酸测定按 GB/T 12456 操作，亚硝酸盐测定按 GB/T 5009.33 操作。

五、产品标准

《什锦蔬菜罐头》（QB/T 1395—2014）规定了什锦蔬菜罐头的产品代号、要求、试验方法、检验规则和标志、包装、运输、贮存。本标准适用于以青豌豆、马铃薯、胡萝卜等不少于5种蔬菜为原料，经原料预处理、装罐、加盐水、密封、杀菌、冷却而制成的什锦蔬菜罐藏食品。临沂市食品工业协会发布的地方性团体标准《水果罐头》（T/LYFIA 002—2018）规定了水果罐头的分类与命名、技术要求、食品添加剂、生产加工过程卫生要求、检验方法、检验规则、标志、标签、包装、运输和贮存。此标准适用于以新鲜、保鲜或冷冻水果为原料，经加工处理、装罐、密封、杀菌等工艺制成的水果罐头。《绿色食品　水果、蔬菜罐头》（NY/T 1047—2014）则从绿色食品角度规定了绿色果蔬类罐头的术语和定义、要求、检验规则、标志和标签、包装、运输和贮存，适用于绿色食品预包装的果蔬类罐头。

第五节　典型果蔬罐头生产实例

果蔬罐头种类繁多，选择具有代表性的典型果蔬罐头阐述生产工艺。

一、糖水橘子罐头

（一）工艺流程

原料选择 → 分级 → 洗涤 → 漂烫 → 剥皮 → 去络、分瓣 → 酸碱处理 → 漂洗 →
整理分选 → 装罐 → 排气 → 密封 → 杀菌 → 冷却 → 入库

（二）操作要点

1. 原料选择、分级

应选择肉质致密，色泽鲜艳，香味浓郁，含糖量高，糖酸比适度的原料。果实皮薄，无核。如温州蜜柑，分级时，横径每差10mm为一级。

2. 洗涤

用清水洗涤，洗净果面的尘土及污物。

3. 漂烫

一般用95~100℃的热水浸烫，使外皮与果肉松离，易于剥皮。热烫时间为1min左右。

4. 剥皮、去络、分瓣

经漂烫后的橘子趁热剥皮，剥皮有机械及手工去皮两种。去皮后的橘果用人工方法去络，然后按橘瓣大小，分开放置。

酸碱混合处理法：将橘瓣先放入0.9~1.2g/L的盐酸液中浸泡，温度约20℃，浸泡15~20min。取出漂洗2~3次，接着再放入碱液中浸泡，氢氧化钠浓度为0.7~0.9g/L，温度为35~40℃，时间为3~6min，除去橘瓣囊衣，以能见砂囊为度。将处理后的橘瓣用流动的清水漂洗 3~5 次，从而除去碱液。

5. 整理、分选

将橘瓣放入清水盆中，除去残留的囊衣，橘络，橘核，剔除软烂的缺角的橘瓣。

6. 装罐

橘瓣称重后装罐，原料约占总重的 60%。糖液浓度为 24%~25%。为了调节糖酸比，改善风味，装罐时常在糖液中加入适量柠檬酸，调整 pH 为 3.5 左右。

7. 排气及密封

一般多为采用真空抽气密封，真空度为 0.059~0.067MPa。

8. 杀菌及冷却

杀菌的目标菌为巴氏固氮梭状芽孢杆菌，即 pH3.7~4.5 时，$D_{100} = 0.1~0.5$min。不同罐号的杀菌工艺条件不同。例如，净重 567g 的罐头杀菌公式为：$\dfrac{5' - 6' - 5'}{100}$。

二、桃罐头

（一）工艺流程

分级 → 对开挖核 → 去皮 → 修整 → 抽空 → 分级 → 装罐 → 装罐汤汁 → 封口 → 杀菌 → 检验

（二）操作要点

1. 分级

使用分级机进行原料分级，并进入相应不锈钢池内。

2. 对开挖核

使用挖核切片机将原料沿缝合线切成大小均匀的两半，挖去桃核及近核处红色果肉。

3. 去皮

可采用火碱液去皮，pH 控制在 2.5~4.0。

4. 挑选和修整

在输送带上把带有残皮、红边、桃尖、带边缝合线、机械伤等原料挑选出来进行修整。

5. 抽空

修整后的桃片经输送带进入抽空罐抽空。抽空液与桃片的比例为 1:1，抽空液中加入适量维生素 C 和柠檬酸。一般抽空温度控制在 30~40℃，抽空时间 8~10min。抽空冷却后的桃片不毛边、不软烂，有光泽、有硬度、有弹性。

6. 分级

抽空后桃片按照直径 50mm、55mm、60mm、65mm 进行分级。

7. 装罐

固形物含量不低于标识净重的 55%。控制好原料的颜色及形态，装罐时要把修整不良、形态不好的原料挑出，同一罐中大小、色泽、形态要均匀。

8. 装罐汤汁

（1）糖水类 成品开罐折光 12%~18%，pH 控制在 3.4~3.8，适量添加白糖、柠檬酸和维生素 C。

（2）果汁类　成品开罐折光 10%~12%，pH 和汤汁同（1）。

（3）清水类　pH 控制在 3.4~3.8，可适量添加木糖醇和三氯蔗糖等甜味剂。

9. 封口

使用封口机封口。

10. 杀菌

采用巴氏杀菌法，杀菌温度 90℃ 左右，时间根据罐型的大小做相应调整，要确保罐头内温度达到 82℃。杀完菌后的罐头及时进行冷却。

11. 检测

样品准备、检样、保温、开启、pH 测定、感官检查、涂片染色镜检等参照 GB 4789.26 规定的方法。

三、 甜玉米软包装罐头

（一）工艺流程

原料验收 → 剥叶去须 → 预煮 → 漂洗 → 整理 → 装袋 → 封口 → 杀菌冷却 → 干燥 → 成品

（二）操作要点

1. 原料验收

甜玉米原料要求颗粒饱满，色泽由淡黄转金黄色的乳熟期玉米，允许外带苞叶 3~4 张。对有病虫害和花斑玉米，严重脱粒及干玉米不得投产。

2. 剥叶去须

将玉米剥去苞叶，并除尽玉米须。

3. 预煮

沸水下锅煮 10~15min，煮透为准，预煮水中加 0.1% 柠檬酸、1% 食盐。预煮后用流动水急速冷却漂洗 10min。

4. 整理

将玉米棒切除两端，每棒长度基本一致，控制在 16~18cm。玉米棒切除两端削料可制软包装玉米粒罐头，制作技术同软包装玉米棒。

5. 装袋

按长度、粗细基本一致的两棒装袋。

6. 封口

在 0.08~0.09MPa 下抽气密封。

7. 杀菌、冷却、反压杀菌

温度 121℃、时间 10~20min，压力为 0.196MPa（2kg/cm²）。冷却时要保持压力稳定，直到冷却到 40℃。

8. 干燥

杀菌冷却后袋外有水，采用手工擦干或热风烘干，以免造成袋外微生物繁殖，影响外观质量。

9. 成品包装

为避免软包装成品在贮藏、运输及销售过程中的损坏，须进行软包装的外包装，可采用纸袋或聚乙烯塑料袋，然后进行纸箱包装。

四、　酸黄瓜罐头

（一）工艺流程

原料处理 → 配料处理 → 汤汁配制 → 装罐 → 排气 → 封罐 → 腌制 → 杀菌 → 冷却

（二）操作要点

1. 原料的选择与处理

选择无刺或少刺，瓜条幼嫩，直径在 3~4cm，粗细均匀，无病虫害，无腐烂以及色泽均一的黄瓜。选好后用清水洗净，放入水中浸泡 6~7h（硬水更适宜）浸泡后仔细洗净，再按罐头的高度切段，各段要顺直。黄瓜的用量可按 265g/500mL 的比例来计算。

2. 配料的处理与汤汁的配制

（1）选料　选择新鲜且无病虫害损伤及无枯黄腐烂的茴香、芹菜叶、辣根（叶）、荷兰芹叶、薄荷叶，切成 4~6cm 小段，再将干月桂叶和去籽的红辣椒切成 1cm 小段，最后将大蒜去皮后洗净切成 0.5g 的小片，用食用酸味剂将汁液 pH 调至 4.2~4.5。

（2）配料　配料量依罐头的容量而定。500g 罐头的配料量为：鲜茴香 5g、芹菜叶 3g、辣根 3g（或 2 片叶）、荷兰芹叶 1.5g（2 片）、薄荷叶 0.25g（2 片）、月桂叶 1 片、红辣椒 0.5g、大蒜 0.5g（1 片）。

（3）汁液的配制　500g 容量的罐头需配制汁液 225g。

3. 装罐

将做罐头用的瓶（罐）、盖及橡皮圈洗净，用沸水消毒。装罐时，先装入配料，再装入黄瓜，最后装汤汁。汤汁温度不低于 75℃，有利于排气。加汤汁以距盖 6~8cm 为宜。

4. 排气和封罐

装好后送入排气箱（锅），使罐内温度达 90℃，维持 8~10min，取出趁热封罐。

5. 杀菌与冷却

杀菌温度和时间依罐头的大小而定。500g 的玻璃罐在 100℃ 下经 10min 就可达到杀菌目的。冷却方法由罐的材料决定，玻璃罐应采取阶段冷却法，以每阶段温差不超过 20℃ 为宜；马口铁罐要放入冷水中冷却。

五、　青豌豆罐头

（一）工艺流程

原料选择 → 剥壳 → 预煮漂洗 → 复选 → 装罐 → 排气密封 → 杀菌 → 冷却

（二）操作要点

1. 原料选择

供罐藏的豌豆内部种子幼嫩，色泽鲜绿，风味良好，含糖及蛋白质高。

2. 剥壳分级

用剥壳机或人工剥壳后，进行分级。

（1）盐水浮选法 随着采收期和成熟度的不同，所需盐水浓度也不同，一般先低后高。分级条件如表2-3。

表2-3 豌豆盐水浮选分级表

采收期	盐水浓度	豆粒等级			
		一	二	三	四
前期	相对密度（$\frac{15℃}{4℃}$）	1.014~1.020	1.028~1.034	1.035~1.044	1.056~1.066
	质量百分浓度/%	2~3	4~5	5.3~7	8.1~9.5
后期	相对密度（$\frac{15℃}{4℃}$）	1.056~1.066	1.072~1.083	1.090~1.099	1.107~1.115
	质量百分浓度/%	8.1~9.5	10.3~11.5	12.5~13.3	14.8~16

通过四号下沉的原料不宜装罐，用盐液选择原料后用清水洗掉黏附的盐液，并滤出沥干水分。

（2）分级机分级 青豌豆在分级机中进行分级是按照豆粒直径的大小进行的，具体的标准如表2-4。

表2-4 豌豆分级标准表

等级	一	二	三	四
豆粒直径/mm	7	8	9	10

3. 预煮漂洗

各等级豆分开预煮，在100℃沸水中按其老、嫩烫煮3~5min，煮后立即投入冷水中浸泡，为了保绿可加入0.05%NaHCO$_3$。漂洗时间按豆粒的老、嫩而定，嫩者0.5h，老者1~1.5h，否则杀菌后，豆破裂，汤汁混浊。

4. 复选

挑除各类杂色豆、斑点、虫蛀、破裂及杂质、过老豆，选后再用清水淘洗一次。

5. 装罐

配制2.3%沸盐水也可加入2%白糖。入罐时，汤汁温度高于80℃。豆粒按大小号和色泽分开装罐，要求同一罐内大小、色泽基本一致。装罐量因罐型而异，净重425g的罐型，青豆重235~255g，汤汁170~190mL。

6. 排气密封

排气中心温度不低于70℃。抽气密封的压力为39 996 Pa。

7. 杀菌冷却

425g罐杀菌公式为：$\dfrac{10'-25'-10'}{118℃}$ 或 $\dfrac{10'-15'-10'}{121℃}$

🔍 思考题

1. 简述果蔬罐藏的基本原理。
2. 哪些因素影响罐头的杀菌效果，如何影响？
3. 微生物常见耐热性参数值有哪些，分别表示什么含义？
4. 试述罐头加工工艺过程，并说明其具体步骤和工艺要点。
5. 果蔬罐头常见质量问题有哪些，如何防止？

第三章

果蔬速冻

教学目标

　　通过本章学习，掌握果蔬速冻工艺与操作要点及果蔬速冻保藏原理；了解冻结速度对速冻果蔬的品质的影响；了解果蔬速冻方法及其进展；了解果蔬速冻类产品相关标准。

　　果蔬速冻是要求在 30min 或更短时间内将新鲜果蔬的中心温度降至冻结点以下，把水分中的 80% 尽快冻结成冰。果蔬在如此低温条件下进行加工和贮藏，能抑制微生物的活动和酶的作用，可以在很大程度上防止腐败及生物化学作用，新鲜果蔬就能长期保藏下来，一般在 -18℃ 下，可以保藏 10~12 个月以上。

第一节　果蔬速冻的基本原理

一、速冻原理

　　采用速冻方法排出果蔬中的热量，使果蔬中的水变成固态冰结晶结构，并在低温条件下保藏，果蔬的生理、生化作用得到控制，也有效地抑制了微生物的活动及酶的活力，从而使产品得以长期保藏。果蔬速冻后，一些不耐低温的微生物受冻结低温的影响作用可能致死。但冻后低温的主要作用是抑制各种微生物的代谢活动，一旦环境温度升高，大部分微生物仍可恢复活动，继续分解败坏蔬菜产品。冻结低温还能使催化蔬菜体内各种生化反应的酶活力受到抑制，降低了速冻菜内各种酶促反应的速度，从而延缓了蔬菜色泽、风味、品质和营养的变化。

二、果蔬的冻结

1. 冻结过程

果蔬冷冻的过程即采取一定方式排除其热量，使果蔬中水分冻结的过程，水分的冻结包括降温和结晶两个过程。

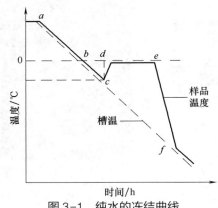

图 3-1 纯水的冻结曲线

（1）降温 纯水在冷冻降温过程中，常出现过冷现象，即温度降到冰点（0℃）以下，而后又上升到冰点时才开始结冰（图 3-1）。在过程 *abc* 中，水以释放显热的方式降温；当过冷到 *c* 点时，由于冰晶开始形成，释放的相变潜热使样品的温度迅速回升到 0℃，即过程 *cd*，在过程 *de* 中，水在平衡的条件下，继续析出冰晶，不断释放大量的固化潜热。在此阶段中，样品温度保持恒定的冻结温度 0℃；当全部的水被冻结后，固化的样品才以较快速率降温（*ef* 段）。

在果蔬的冷冻降温过程中，也会出现过冷现象，但这种过冷现象的出现，随着冷冻条件和产品性质的不同有较大差异，并且果蔬中的水呈一种溶液状态，其冰点比水低，果蔬的冰点温度通常在 -3.8~0℃，所以其冻结曲线与纯水的冻结曲线有较大差异（图 3-2）。

（2）结晶 果蔬中的水分由液态变为固态的冰晶结构，即果蔬中的水分温度在下降到过冷点之后，又上升到冰点，然后开始由液态向固态的转化，此过程为结晶。结晶包括两个过程：即晶核的形成和晶体的增长。

① 晶核的形成：在达到过冷温度之后，极少一部分水分子以一定规律结合成颗粒型的微粒，即晶核，它是晶体增长的基础。

② 晶体的增长：指水分子有秩序地结合到晶核上面，使晶体不断增大的过程。

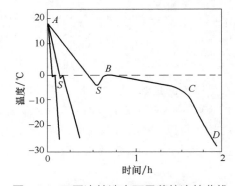

图 3-2 不同冻结速率下果蔬的冻结曲线
S—过冷点

果蔬的冻结曲线（图 3-2）显示了果蔬在冻结过程中温度与时间的关系。*AS* 阶段为降温阶段，果蔬经过过冷现象，此间温度下降放出显热。*BC* 阶段为结晶阶段，此时果蔬中大部分水结成冰，整个冰冻过程中大部分热量（潜热）在此阶段放出，降温慢，曲线平坦。*CD* 阶段为成冰到终温，冰继续降温，余下的水继续结冰。

如果水和冰同时存在于 0℃下，保持温度不变，它们就会处于平衡状态而共存。如果继续由其排除热量，就会促使水转换成冰而不需要晶核的形成，即在原有的冰晶体上不断增长扩大。如果在开始时只有水而无晶核存在的话，则需要在晶体增长之前先有晶核的形成，温度必须降到冰点以下形成晶核，而后才有结冰和体积增长。晶核是冰晶体形成和增长的基础，结冰必须先有晶核的存在。晶核可以是自发形成的，也可以是外加的，其它的物质也能起到晶核的作用，但是它要具有与晶核表面相同的形态，才能使水分子有序地在其表面排列结合。

2. 水分的冻结率

冻结终了时，果蔬中水分的冻结量称为冻结率。可以近似地表示为：

$$K = 100（1-t_d/t_s）\qquad\qquad(3-1)$$

式中　K——果蔬冻结率,%

　　　t_d——果蔬冻结点,℃

　　　t_s——果蔬温度,℃

果蔬的冻结率与温度、果蔬的种类有关,温度越低,果蔬冻结率越高,不同种类的果蔬即使在相同温度下也有不同的冻结率,如表 3-1 所示。

表 3-1　　　　　　　　　一些果蔬在不同温度下的水分冻结率　　　　　　　单位:%

| 食品 | 温度/℃ | | | | | | | | | | | | |
	-1	-2	-3	-4	-5	-6	-7	-8	-9	-10	-12.5	-15	-18
番茄	30	60	70	76	80	82	84	85.5	87	88	89	90	91
苹果	0	0	32	45	53	58	62	65	68	70	74	78	80
大豆	0	28	50	58	64	68	71	73	75	77	80.5	83	84
葡萄	0	0	20	32	41	48	54	58.5	62.5	69	72	75	76
豌豆	10	50	65	71	75	77	79	80.5	82	83.5	86	87.5	89
樱桃	0	0	0	20	32	40	47	52	55.5	58	63	67	71

通常,果蔬的温度需下降到 -65~-55℃,全部水分才会凝固,从冻结成本考虑,工艺上一般不采用这样的低温,在 -30℃ 左右,果蔬中大部分水分能够结晶,结晶水分主要为游离水,在此温度下冻结果蔬,已经达到冷冻贮藏要求。

在冻结过程中,多数果蔬在 -5~-1℃,大部分游离水已形成冰晶,一般把这一温度范围称为果蔬最大冰晶生成区。

三、 冻结速度和冰晶分布

1. 冻结速度

按时间划分为果蔬中心从 -1℃ 降到 -5℃ 所需时间在 30min 之内为快速,超过 30min 为慢速;按距离划分通常把单位时间内 -5℃ 的冻结层从果蔬表面伸向内部的距离称为冻结速度。将冻结速度 (v) 分成三类:

快速冻结(速冻)　$v \geqslant 5~10$cm/h

中速冻结　$v = 1~5$cm/h

缓慢冻结(缓冻)　$v = 0.1~1$cm/h

2. 冻结速度与冰晶分布

(1)速冻　速冻是指果蔬中的水分在 30min 内通过最大冰晶生成区而结冻,在速冻条件下,果蔬降温速度快,果蔬细胞内、外同时达到形成晶核的温度条件,晶核在细胞内、外广泛形成,形成的晶核数目多而细小,水分在许多晶核上结合,形成的晶体小而多,冰晶的分布接近于天然果蔬中液态水的分布情况。由于晶体在细胞内、外广泛分布,数量多而小,细胞受到压力均匀,基本不会伤害细胞组织,解冻后产品容易恢复到原来状态,流汁量极少或不流汁,能够较好地保持果蔬原有的质量。

（2）缓冻　缓冻是指不符合速冻条件的冷冻。果蔬在缓冻条件下，降温速度慢，细胞内、外不能同时达到形成晶核的条件，通常在细胞间隙首先出现晶核，晶核数量少，水分在少数晶核上结合，形成的晶体大，但数量少。由于较大的晶体主要分布在细胞间隙中，致使细胞内、外受到压力不均匀，易造成细胞机械损伤和破裂，解冻后，果蔬流汁现象严重，质地软烂，质量严重下降。

3. 重结晶

由于温度的变化，果蔬反复解冻和再冻结，会导致水分的重结晶现象。通常，当温度升高时，冷冻果蔬中细小的冰晶体首先融化，冷冻时水分会结合到较大的冰晶体上，反复的解冻和再冷冻后，细小的冰晶体会减少乃至消失，较大冰晶体会变得更大，因此对果蔬细胞组织造成严重伤害，解冻后，流汁现象严重，产品质量严重下降。另一种关于重结晶的解释是当温度上升，果蔬解冻时，细胞内部的部分水分首先融化并扩散到细胞间隙中，当温度再次下降时，它们会附着并冻结在细胞间隙的冰晶上，使之体积增大。

可见，冷冻果蔬质量下降的原因，不仅是缓冻，还有另外一个因素为重结晶，即使采用速冻方法得到的速冻果蔬，在贮藏过程中如果温度波动大，同样会因为重结晶现象造成产品质量劣变。

四、 冷冻对果蔬的影响

1. 冷冻对果蔬组织结构的影响

一般来说，冷冻可以导致果蔬细胞膜的变化，即细胞膜透性增加，膨压降低或消失，细胞膜或细胞壁对离子和分子的透性增大，造成一定的细胞损伤，而且缓冻和速冻对果蔬组织结构的影响也是不同的。另外，果蔬在冷冻时，通常体积膨胀，密度下降4%~6%，所以在包装时，容器要留有空间。

在缓冻条件下，晶核主要是在细胞间隙中形成，数量少，细胞内水分不断外移，随着晶体不断增大，原生质体中无机盐浓度不断上升，最后，细胞失水，造成质壁分离，原生质浓缩，其中的无机盐可达到足以沉淀蛋白质的浓度，使蛋白质发生变性或不可逆的凝固，造成细胞死亡，组织解体，质地软化，解冻后流汁严重。

在速冻条件下，由于细胞内、外的水分同时形成晶核，晶体小，且数量多，分布均匀，对果蔬的细胞膜和细胞壁不会造成挤压现象，所以组织结构破坏不多，解冻后仍可复原。保持细胞膜的结构完整，对维持细胞内静压是非常重要的，它可以防止流汁和组织软化。

一般认为，冷冻造成的果蔬组织破坏并引起软化流汁，不是由于低温的直接影响，而是由于冰晶形成所造成的机械损伤，由于细胞间隙结冰而引起细胞脱水，原生质破坏，发生质壁分离，破坏了原生质的胶体性质，由于失水而增加了盐类的浓度，使蛋白质由原生质中盐析出来造成细胞死亡，从而失去对新鲜特性的控制能力。据实验观察，果蔬在干冰中速冻，解冻时的流汁现象比−18℃的空气中冷冻要少得多。

2. 冷冻对果蔬化学变化的影响

果蔬原料在降温、冻结、冻藏和解冻期间都会发生色泽、风味和质地的变化，因而影响产品的质量。通常在−7℃的冻藏温度下，多数微生物停止了生命活动，但原料内部的化学变化并没有停止，甚至在商业性的冷藏温度（−18℃）下仍然发生化学变化。在速冻温度以及−18℃以下的冻藏温度条件下，化学物质变化速度较慢。在冻结和冻藏期间常发生影响产品质量的化学变化有：不良气味的产生、色素的降解、酶促褐变以及维生素的自发氧化等。

不良气味的产生是因为在冻结和冻藏期间，果蔬组织中积累的羰基化合物和乙醇等物质产生的挥发性异味，或是含类脂物质较多的果蔬，由于氧化作用而产生异味。试验表明：豌豆、四季豆和甜玉米在冷冻贮藏期间发生了类脂化合物的变化，它们的游离脂肪酸的含量显著增加。

色泽的变化包括两个方面：一方面是果蔬本身色素的分解，如叶绿素转化为脱镁叶绿素，果蔬由绿色变为灰绿色，既影响外观，又降低其商品价值。另一方面是酶的影响，特别是解冻后褐变发生得更为严重，这是由于果蔬组织中的酚类物质（绿原酸、儿茶酚、儿茶素等）在氧化酶和多酚氧化酶的作用下发生氧化反应的缘故。这种反应速度很快，使产品变色、变味，影响严重。防止酶褐变的有效措施有：酶的热钝化；添加抑制剂，如二氧化硫和抗坏血酸；排出氧气或用适当的包装密封；排除包装顶隙中的空气等。

经冻藏和解冻后的果蔬，其组织发生软化，原因之一是由于果胶酶的存在，使果胶水解，原果胶变成可溶性果胶，从而导致组织结构分解，质地软化。另外，冻结时细胞内水分外渗，解冻后不能全部被原生质吸收复原，也是果蔬组织软化的一个原因。

冷冻保藏对果蔬的营养成分也有影响。冷冻本身对营养成分有保护作用。温度越低，保护程度越高。但是由于原料在冷冻前的一系列处理，如洗涤、去皮、切分、破碎等工序使原料破裂，暴露于空气中，与空气的接触面积大大增加，维生素 C 因氧化、水溶而失去营养价值。这种化学变化在冻藏中仍然进行，但速度缓慢得多。因而，冷冻前的热处理（抑制酶的活力）及加入抗坏血酸等措施都有保护营养物质的作用。维生素 B_1 对热比较敏感，易受热损失，但在冷藏中损失很少。维生素 B_2 在冷冻前的处理过程中有所降低，但在冷冻贮藏中损失不多。另外，冷冻果蔬中维生素 C 常有很大程度的损失。只有在低温并不供给氧气的状况下，维生素 C 才比较稳定。

3. 冷冻对果蔬中酶活力的影响

冷冻产品的色泽、风味变化很多是在酶的作用下进行的。酶活力受温度的影响很大，同时也受 pH 和基质的影响。酶或酶系统的活力在高温 93.3℃ 左右被破坏，而温度降至 −73.3℃ 时还有部分活力存在，果蔬冷冻对酶的活力只是起到抑制作用，使其活力降低，温度越低，时间越长，酶蛋白失活程度越重。酶活力虽然在冷冻冷藏中显著下降，但是并不说明酶完全失活，在长期冷藏中，酶的作用仍可使果蔬变质。当果蔬解冻后，随着温度的升高，仍保持活力的酶将重新活跃起来，加速果蔬的变质。因此，速冻果蔬在解冻后应迅速食用或使用。

研究表明，酶在过冷状况下，其活性常被激发。因此，在速冻以前常采用一些辅助措施破坏或抑制酶的活力，例如，冷冻以前采用的漂烫处理、浸渍液中添加抗坏血酸或柠檬酸以及前处理中采用硫处理等。

果蔬原料中加入糖浆对冷冻产品的风味、色泽也有良好的保护作用。糖浆涂布在果蔬表面既能阻止其与空气接触，减少氧化机会，也有利于保护果蔬中挥发性酯类香气的散失，对酸性果实可增加其甜味。冷冻加工中常将抗坏血酸和柠檬酸溶于糖浆中以提高其保护效果。经 SO_2 处理后的果蔬如果再加用糖浆，对风味的保持也有良好的作用。

4. 冷冻对微生物的影响

任何微生物的生长、繁殖及活动都有一定的温度范围，超过或低于这个温度，微生物的生长及活动就逐渐抑制或被杀死。冷冻果蔬中微生物的影响主要有两个方面：一方面是造成产品质量劣变或全部腐烂；另一方面是产生有害物质，危害人体健康。

低温导致微生物活力减弱的原因是：一方面在较低温度下，微生物酶活力下降，当温度降至$-25 \sim -20℃$时，微生物细胞内所有酶反应几乎完全停止。另一方面，微生物细胞内原生质黏度增加，胶体吸水性下降，蛋白质发生不可逆凝固变性，同时，冰晶体的形成还会使细胞遭受到机械性破坏。因而冷冻可以抑制或杀死微生物。果蔬冻结时缓冻将导致大量微生物死亡，而速冻则相反，因为缓冻时果蔬温度长时间处于$-18 \sim -12℃$，易形成少量大粒冰晶体，对细胞产生机械破坏作用，对微生物影响较大。而在速冻条件下，果蔬在对细胞威胁较大的温度范围内停留时间甚短，温度迅速下降到$-18℃$下，对微生物影响相对较小。

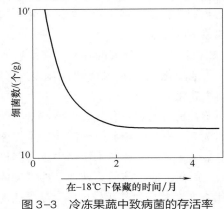

图 3-3 冷冻果蔬中致病菌的存活率

果蔬原料在冷冻前，其条件适宜于微生物的生长繁殖，所以易被杂菌感染，而且原料从准备处理到冷冻之前拖的时间越长，感染越重。如原料热处理后降温不够充分就包装冷冻，那么包装材料会阻碍热的传导，使冷却变得缓慢，尤其是包装中心温度下降更慢，在此期间仍会有微生物活动引起败坏作用发生。致病菌在果蔬速冻时随着温度降低，其存活率迅速下降，但冻藏中低温的杀伤效应则很慢（见图 3-3）。如果冷冻和解冻重复进行，对细菌的营养体具有更高的杀伤力，但对果蔬的品质也有很大的破坏作用。

五、冷冻介质

果蔬速冻常用的介质可以分为两大类：一类是用制冷剂间接接触冷却的低冻结点液态介质，如冷盐液、糖液、丙二醇等；另一类是蒸发时本身能产生制冷效应的超低制冷剂，如压缩液氮、液氨、二氧化碳、特种氟里昂等（见表 3-2）。

表 3-2 常见制冷剂

制冷剂	NH_3	N_2	CO_2	N_2O	F_{12}（CCl_2F_2）
相对分子质量	17.03	28.016	44.01	44.02	120.93
沸点/℃	-33.4	-195.8	-78.5	-89.5	-29.8

（1）液氨（NH_3） 液氨具有良好热传导性，101kPa 下蒸发温度为$-33.4℃$。氨的汽化潜热大，单位容积产冷量比较大，因而可以缩小压缩机和其它设备的尺寸。氨几乎不溶于油中，但其吸水性强，可以避免在系统中形成冰塞。对于黑色金属不腐蚀，若氨中含有水时，对铜及铜合金具有强烈的氧化作用。氨有一种强烈的特殊臭味，对人体器官有害，如空气中按容积计含有 1%以上氨时，就可能发生中毒现象。为了减少氨的污染，有些国家已限制使用，但氨易得且廉价，目前使用仍非常广。

（2）氮（N_2） 液氮为无毒的惰性气体，和果蔬不发生化学反应，液氮可取代果蔬包装内的空气，能减轻果蔬在冻结和冷藏时的氧化，用于与产品直接接触，冻结效果比较好。常压下液氮的蒸发温度低，制冷效果好，速冻时间短，产品质量优等。无需预先用其它冷剂将其冷却。主要优点是冻结速度快，产品脱水率在1%以下，失重少；冷冻期间可以除氧且冻伤较微；设备简单，使用范围广，可连续化生产；投资费用低，生产率高。但维修费用高，液体氮的消耗与费用较大是限制使用液氮作制冷剂的主要原因。现在国外液氮已成为直接接触冻结果蔬的最重要的超低温制冷剂。

（3）二氧化碳　二氧化碳也是常用的超低温制冷剂。常见的冻结方式有两种：一是将-79℃升华的干冰和果蔬混合在一起使它冻结；二是在高压条件下将液态二氧化碳喷淋在果蔬表面，液态二氧化碳在压力降低的情况下，就在-79℃时变成干冰霜。制品品质和液氮冻结相同。同量干冰汽化时吸收的热量为液氮的2倍，因而采用液态二氧化碳冻结比液氮冻结经济一些。但二氧化碳汽化时翻滚较强，容易使脆嫩果蔬受损。二氧化碳可以被产品吸收，在包装前必须将其除掉，否则会造成包装的膨胀破裂。

（4）氟里昂（F_{12}）　氟里昂是一种对人体生理危害最小的制冷剂，无色、无臭、不燃烧、无爆炸性。在常压下，F_{12}的沸点为-29.8℃，但F_{12}的冻结效果接近于低温冷冻剂。在535℃高温下，尚不分解，只有与水或氧气混合时，再加热分解成对人体有害的毒气——光气。F_{12}在没有水分时，对铜、钢、锡等金属无腐蚀性，相对于液氮、二氧化碳要经济些，近年来在浸渍冷冻方面，尤其是包装产品受到重视。

（5）一氧化二氮（N_2O）　一氧化二氮在德国首先用于果蔬冷冻。液态一氧化二氮在常压下的沸点是-89.5℃。该制冷剂在冷冻过程中汽化，然后将其液化再重复使用，但设备和管理费用甚高。

（6）低温介质　与非包装的果蔬接触，常用的低温介质有氯化钠、氯化钙、糖和甘油溶液。这些溶液只有在足够的浓度时才能有效地保持在-18℃以下。但这些低温介质本身不能制冷，而只有一种载冷剂，对冷冻产品起一个热量转移的媒介。

第二节　果蔬速冻工艺与设备

一、果蔬速冻工艺

1. 工艺流程

原料选择 → 预冷 → 清洗 → 去皮 → 切分 → 漂烫 → 冷却 → 沥水 → 包装 →
速冻 → 冻藏 → 解冻使用

2. 操作要点

（1）原料的选择　应选择适宜的种类、品种、成熟度、新鲜度及无病虫的原料进行速冻，才能达到理想的速冻效果。速冻的绝大多数蔬菜在未成熟时采收，其成熟度稍嫩于供应市场的鲜食蔬菜为速冻原料。速冻原料要求新鲜，放置或贮藏时间越短越好。

速冻对果蔬原料的基本要求：

① 耐冻藏，而冷冻后严重变味的原料一般不宜。

② 食用前需要煮制的蔬菜适宜速冻，对于需要保持其生食风味的品种不作为速冻原料。

适宜速冻的蔬菜主要有青豆、青刀豆、芦笋、胡萝卜、蘑菇、菠菜、甜玉米、洋葱、红辣椒、番茄等；果品有草莓、桃、樱桃、杨梅、荔枝、龙眼、板栗等。

（2）原料的预冷　原料在采收之后，速冻之前需要进行降温处理，这个过程称预冷，通过预冷处理降低果蔬的田间热和各种生理代谢，防止腐败衰老。果蔬冷却方法，预冷的方法包括冷水冷却、冰冷却、冷空气冷却和真空冷却。

（3）原料处理　为了使果蔬冻结一致，保持品质，速冻前须进行选剔、分级、洗涤、去皮、切分、热烫、沥水等。

① 选剔：去掉有病虫害、机械伤害或品种不纯的原料。有些原料要选剔老叶、黄叶、切去根须，修整外观等，使果蔬品质一致，做好速冻前的准备。

② 分级：同品种的果蔬在大小、颜色、成熟度、营养含量等方面都有一定的差别。按不同的等级标准分别归类，达到等级质量一致，优质优价。

③ 洗涤：原料本身带有一定的泥沙、污物、灰尘及残留农药等，尤其根菜类表面。叶菜类根部带有较多的泥沙。要注意清洗干净。

④ 去皮：去皮的方法有手工、机械、热烫、碱液、冷冻去皮等，采用哪种方法因原料而异。

⑤ 切分：切分方法有机械或手工切分成块、片、条、丁、段、丝等形状。切分根据食用要求而定。但要做到薄厚均匀，长短一致，规格统一。切分后尽量不与钢铁接触，避免变色、变味。

⑥ 漂烫：通过漂烫可以全部或部分地破坏原料中氧化酶的活力，起到一定杀菌作用。对于含纤维较多的蔬菜和适于炖炒的种类，一般进行漂烫的时间和温度要根据原料的性质、切分程度确定，加热烫漂是以 90～100℃ 为适。蒸汽烫漂是以常压下 100℃ 水蒸气为适宜（表3-3），时间几秒至数分钟。而对于含纤维较少的蔬菜，适宜鲜食的，一般要保持脆嫩质地，通常不进行漂烫。

表 3-3　　　　　　　　　　几种主要蔬菜的烫漂时间（100℃沸水）

蔬菜种类	烫漂时间/min	蔬菜种类	烫漂时间/min
菜豆	2.0	青菜	2.0
刀豆	2.5	荷兰豆	1.5
菠菜	2.0	芋头	10～12
黄瓜片	1.5	胡萝卜	2.0
蘑菇	3.5	蒜	1.0
南瓜片	2.5	蚕豆	2.5

⑦ 沥水：原料经过漂烫、冷却处理后，表面带有较多水分，在冷冻过程中很容易形成冰块，增大产品体积，因此，要采取一定方法将水分甩干，沥水可采用将原料置平面载体上晾干，也可用离心机或振动筛甩干。

⑧ 冷却：经热处理后的原料，其中心温度在 80℃ 以上，应立即进行冷却，使其温度尽快降到 5℃ 以下，以减少营养损失。冷却的方法通常有三种：a. 冰水喷淋；b. 冷水浸泡；c. 风冷，即用冷风从不同的角度吹到原料上，以达到降温的目的。前两种方法简便易行，但

喷淋和浸水过程中会加大原料可溶性固形物的损失，并且需要再沥去原料表面的水分；而风冷却的同时，也沥去了水分，减少了环节，深受大家欢迎。

⑨ 浸糖：水果需要保持其鲜果蔬质，通常不进行漂烫处理，为了破坏水果酶活力，防止氧化变色。水果在整理切分后需要保藏在糖液或维生素 C 溶液中。水果浸糖处理还可以减轻结晶对水果内部组织的破坏作用，防止芳香成分的挥发，保持水果的原有品质及风味。糖的浓度一般控制在 30%~50%，因水果种类而异，一般用量配比为 2 份水果加 1 份糖液，加入超量糖会造成果肉收缩。某些品种的蔬菜，可加入 2% 食盐水包装速冻，以钝化氧化酶活力，使蔬菜外表色泽美观。为了增强护色效果，还常需在糖液中加入 0.1%~0.5% 的维生素 C、0.1%~0.5% 柠檬酸或维生素 C 和柠檬酸混合使用效果更好（如 0.5% 左右的柠檬酸和 0.02%~0.05% 维生素 C 合用），此外，还可以在果蔬去皮后投入 50mg/kg 的 SO_2 溶液或 2%~3% 亚硫酸氢钠溶液浸渍 2~5min，也可有效抑制褐变。

（4）速冻　速冻是速冻加工的中心环节，是保证产品质量的关键。一般冻结的速度越快，温度越低越好。具体要求是：原料在冻结前必须冷透，尽量降低速冻物体的中心温度，有条件的可以在冻结前加预冷装置，以保证原料迅速冻结。在冻结过程中，最大冰晶生成温度带为 -5~-1℃。在这个温度带内，原料的组织损伤最为严重。所以在冻结时，要求以最短的时间使原料的中心温度低于最大冰晶生成的温度带，保证产品质量。为此，首先要求速冻装置要有一个较好的低温环境，通常在 -35℃ 以下。其次要求投料均匀。二者合理配合，是确保产品质量的关键环节。

目前，我国速冻生产厂普遍应用的冻结方法有两种：一是采用果蔬冷库的低温冻结间，静止冻结。这种方式速度较慢，产品质量得不到保证，不宜大量推广。二是采用专用冻结装置生产。这种方式冻结速度快，产品质量好，适用于生产各种速冻蔬菜。但不论采用哪种方式冻结，其产品中心温度均应达到 -18℃ 以下。

（5）包装　速冻果蔬包装的方式主要有普通包装、充气包装和真空包装，下面主要介绍后两种。

① 充气包装：首先对包装进行抽气，在充入 CO_2 或 N_2 等气体的包装方式。这些气体能防止果蔬特别是肉类脂肪的氧化和微生物的繁殖，充气量一般在 0.5% 以内。

② 真空包装：抽去包装袋内气体，立刻封口的包装方式。袋内气体减少不利于微生物繁殖，有益于产品质量保存并延长速冻果蔬保藏期。

包装材料的特点：

① 耐温性：速冻果蔬包装材料一般以能耐 100℃ 沸水 30min 为合格，还应能耐低温。纸最耐低温，在 -40℃ 下仍能保持柔软特性，其次是铝箔和塑料，在 -30℃ 下能保持其柔软性，塑料遇超低温时会硬化。

② 透气性：速冻果蔬包装除了普通包装外，还有抽气、真空等特种包装，这些包装必须采用透气性低的材料，以保持果蔬特殊香气。

③ 耐水性：包装材料还需要防止水分渗透以减少干耗，这类不透水的包装材料，由于环境温度的改变，易在材料上凝结雾珠，使透明度降低。因此，在使用时要考虑到环境温度的变化。

④ 耐光性：包装材料及印刷颜料要耐光，否则材料受到光照会导致包装色彩变化及商品价值下降。

包装材料的种类：速冻果蔬的包装材料按用途可分为：内包装（薄膜类）、中包装和外包装材料。内包装材料有聚乙烯、聚丙烯、聚乙烯与玻璃复合或与聚酯复合材料等，中包装材料有涂蜡纸盒、塑料托盘等，外包装材料有瓦楞纸箱、耐水瓦楞纸箱等。

① 薄膜包装材料：一般用于内包装，要求耐低温，在-30~-1℃下保持弹性；能耐100~110℃高温；无异味、易热封、氧气透过率要低；具有耐油性、印刷性。

② 硬包装材料：一般用于制托盘或容器，常用的有聚氯乙烯、聚碳酸酯和聚苯乙烯。

③ 纸包装材料：目前，速冻果蔬包装以塑料类居多，纸包装较少，原因是纸有以下缺点：防湿性差、阻气性差、不透明等不足。但纸包装也有明显的优点，如容易回收处理、耐低温极好、印刷性好、包装加工容易、保护性好、价格低、开启容易、遮光性好、安全性高等。

为提高冻结速度和效率，多数果蔬宜采用速冻后包装，只有少数叶菜类或加糖浆和食盐水的果蔬在速冻前包装。速冻后包装要求迅速及时，从出速冻间到入冷藏库，力求控制在15~20min内，包装间温度应控制在-5~0℃，以防止产品回软、结块和品质劣变。

（6）冻藏　速冻果蔬的贮藏是必不可少的步骤，一般速冻后的成品应立即装箱入库贮藏。要保证优质的速冻果蔬在贮藏中不发生劣变，库温要求控制在（-20±2）℃，这是国际上公认的最经济的冻藏温度。冻藏中要防止产生大的温度变动，否则会引起冰晶重排、结霜、表面风干、褐变、变味、组织损伤等品质劣变；还应确保商品的密封，如发现破袋应立即换袋，以免商品的脱水和氧化。同时，根据不同品种速冻果蔬的耐藏性确定最长贮藏时间，保证产品优质销售。

速冻产品贮藏质量好坏，主要取决于两个条件：一是低温；二是保持低温的相对稳定。冻藏期间出现的问题概括为以下三个方面。

① 速冻果蔬在冻藏过程中的败坏主要由物理、生化等方面的变化引起，表现为冰晶成长、变色、变味等，这些变化主要是由冻藏条件和微生物与酶的作用引起的，特别是酶在长期的冻藏中仍能进行缓慢的变化而造成质量败坏，如蔗糖酶、酯酶、氧化酶等许多酶类能忍受很低的温度。另外，由于冻藏室内温度的波动易造成冰的融化和再结晶现象，使冰晶体不断增大，破坏产品的组织结构，影响品质，而且解冻后还易出现流汁现象，所以冻藏期间一定要维持稳定的低温。速冻果蔬保藏通常采用-18℃，一般来说，微生物在这样的低温下是不能生长活动的，嗜冷性细菌在-10℃下停止生长，致病或腐败菌在-3℃以下就不能活动，因此，产品在冻藏期间的败坏是理化方面的。

② 冷冻产品在冻藏中易出现冰的升华作用，使产品表面失水。在产品表面保持一层冰晶层或采用不透水蒸气的包装材料包装，以及提高相对湿度等措施，则可有效地防止产品失水，避免由于失水造成表面变色。

③ 冷冻产品在冻藏期间也出现不同程度的化学变化，如维生素的降解、色素的分解、类脂的氧化以及某些化学变化引起的组织软化。这些变化在-18℃下进行得缓慢，而且温度越低变化越缓慢。因而速冻果蔬要尽量贮藏在-18℃以下，若温度过高，就有明显的褐变或品质劣变。如将桃薄片（4:1加糖）速冻后贮藏在-18℃时非常稳定，但在-18℃以上就会有明显变化。欧洲有些国家采用更低的贮藏温度是有益的。

（7）解冻与使用　速冻果蔬的解冻与速冻是两个传热方向相反的过程，而且二者的速度也有差异，对于非流体果蔬的解冻比冷冻要缓慢。而且解冻的温度变化有利于微生物活动和理化变化的加强，正好与冻结相反。果蔬速冻和冻藏并不能杀死所有微生物，它只是抑制了幸存微生物的活动。果蔬解冻之后，由于其组织结构已有一定程度的损坏，因而内容物渗出，温度升高，使微生物得以活动和生理生化变化增强。因此，速冻果蔬应在食用之前解冻，而不宜过早解冻，且解冻之后应立即食用，不宜在室温下长时间放置。否则由于"流汁"等现象的发生而导致微生物生长繁殖，造成果蔬败坏。冷冻水果解冻越快，对色泽和风味的影响越小。

速冻果蔬的解冻常由专门设备来完成，按供热方式可分为两种：一种是外面的介质如空气、水等经果蔬表面向内部传递热量；另一种是从内部向外传热，如高频和微波。按热交换形式不同又分为空气解冻法、水或盐水解冻法、冰水混合解冻法、加热金属板解冻法、低频电流解冻法、高频和微波解冻法及多种方式的组合解冻等。其中空气解冻法也有三种情况：0~4℃空气中缓慢解冻，15~20℃空气中迅速解冻和25~40℃空气-蒸汽混合介质中快速解冻。微波和高频电流解冻是大部分果蔬理想的解冻方法，此法升温迅速，且从内部向外传热，解冻迅速而又均匀，但用此法解冻的产品必须组织成分均匀一致，才能取得良好的效果。如果果蔬内部组织成分复杂，吸收射频能力不一致，就会引起局部的损害。

速冻果品一般解冻后不需要经过热处理就可直接食用，如有些冷冻的浆果类。而用于果糕、果冻、果酱或蜜饯生产的果蔬，经冷冻处理后，还需经过一定的热处理，解冻后其果胶含量和质量并没有很大损失，仍能保持产品的品质和食用价值。

解冻过程应注意以下几个问题：

① 速冻果蔬的解冻是食用（使用）前的一个步骤，速冻蔬菜的解冻常与烹调结合在一起，而果品则不然，因为它要求完全解冻方可食用，而且不能加热，不可放置时间过长。

② 速冻水果一般希望缓慢解冻，这样，细胞内浓度高而最后结冰的溶液先开始解冻，即在渗透压作用下，果实组织吸收水分恢复为原状，使产品质地和松脆度得以维持。但解冻不能过慢，否则会使微生物滋生，有时还会发生氧化反应，造成水果败坏。

二、　果蔬速冻设备

（一）冷却方法

按冷却介质与果蔬接触的方式可以分为空气冻结法、间接接触冻结法和直接接触冻结法三种，每一种方法均包含了多种形式的冻结装置。

1. 鼓风冷冻法

鼓风冷冻法实际上就是空气冷冻法，是利用高速流动的空气，促使果蔬快速散热，以达到迅速冷冻的目的。实际生产中多采用隧道式鼓风冷冻机，在一个长方形的，墙壁有隔热装置的通道中进行冷冻。产品放在传送带或筛盘上以一定速度通过隧道。冷空气由鼓风机吹过冷凝管道再送到隧道穿流于产品之间，与产品进入的方向相反，这种方法一般采用的空气温度是-34~-18℃，风速在30~100m/min。

目前，有的工厂采用在大型冷冻室，内装置回旋式输送带，使果蔬在室内输送带盘旋传送过程中进行冻结。还有一种冷冻室为方形的直立井筒体，装果蔬的浅盘自下向上移动，在传送过程中完成冻结。一般可用于像青豆或豆类颗粒果蔬的冻结。薄层堆放的颗粒果蔬的冷结时间约为15min。鼓风冷冻中，冷冻的速度取决于空气的温度、流速及产品的初温、形状的大小、包装与否、产品的铺放排列方式等。速冻关键是保证空气流畅，并使之与果蔬所有部分能充分接触。鼓风冷冻法中，如让空气从传送果蔬的输送带的下方向上鼓送，流经放置于有孔眼的网带上产品堆层时，它就会使颗粒果蔬轻微跳动，增加果蔬与冷空气的接触面积，加速冷冻，此方法称为硫化冷冻法。解决了冷冻时颗粒果蔬的黏结现象，加速了颗粒果蔬的冻结，特别适于小型果蔬（如草莓、菜豆等）。一般冻结时间仅需几分钟到十几分钟。

2. 间接接触冷冻法

用制冷剂或低温介质（如盐水）冷却的金属板和果蔬密切接触，使果蔬冻结的方法称为间接接触冻结法。可用于冻结未包装的和用塑料袋、玻璃纸或纸盒包装的果蔬。金属板有静止的，也有可上下移动的，常用的有平板、浅盘、输送带等。生产中多采用在绝热的厢橱内装置可以移动的空心金属平板，冷却剂通过平板的空心内部，使其降温，产品（厚 2.5 ~ 7.5cm）放在上下空心平板之间紧密接触，进行热交换降温。由于冻结品是上下两面同时进行降温冻结，因此冻结速度比较快。冷冻速度依产品的种类、制冷剂的温度、包装的大小、相互接触的程度以及包装材料的差异而不同。此冷冻方式虽然冻结速度快，冻结效率高，但分批间歇操作，劳动强度大，日产量低。随着果蔬速冻技术的发展，半自动与全自动装卸的接触速冻设备相继问世，加速了速冻果蔬的生产，提高了生产量与劳动生产率。

3. 直接接触冷冻法

直接接触冷冻法是指散态或包装果蔬与低温介质或超低温制冷剂直接接触下进行冻结的方法。一般将产品直接浸渍在冷冻液中进行冻结，也有用冷冻剂喷淋产品的方法，又统称浸渍冷冻法。液体是热的良好传导介质，在浸渍或喷淋冷冻中，冷冻介质与产品直接接触，接触面积大，热交换效率高，冷冻速度快。进行浸渍或喷淋冷冻的产品有包装和不包装两种形式。包装冷冻像用于果汁的管状冷冻设备，冷冻液与产品以相对的方向进行，如一罐柑橘汁在 10 ~ 15min 可由 45℃ 降到 −18℃。果品也可在糖液中迅速冷冻，取出时用离心机将黏附未冻结的液体排除。

直接接触冷冻法有浸渍冷冻法和低温冷冻法两种类型。低温冷冻法是在一个沸点很低的冷冻剂进行变态的条件下（液态变气态）获得迅速冷冻的方法。此法与浸渍冷冻法相比，冷冻效果还要快一些。浸渍冷冻法和低温冷冻法都要求所用的冷冻剂应无毒、无异味、惰性、导热性强、稳定、黏度低、经济合理。常用的制冷剂有液态氮、液态二氧化碳、一氧化碳、丙二醇、丙三醇、液态空气、糖液和盐液等，前五种制冷剂只能用于有包装的速冻产品。未包装的速冻产品冷冻时，在渗透的作用下，产品内部汁液向冷冻剂内渗入，以致介质污染和浓度降低，并导致冻结温度上升。直接接触冷冻方法，产品表面会形成一层冰衣，可防止冷藏时未包装产品干缩。而此法与空气接触时间最短，多用于冻结易氧化的果蔬制品。

果蔬浸渍冷冻时，为了不影响产品的风味及质量，常采用糖液或盐液作为直接浸渍冷冻介质，糖液和盐液以一定温度由机械冷凝系统将其降温，维持在要求的冷冻温度。

（二）冷冻设备

1. 间接接触冷冻装置

（1）平板式冷冻装置　平板式冷冻装置的主体是一组作为蒸发器的空心平板，平板与制冷剂管道相连，其工作原理是将冻结的果蔬放在两个相邻的平板间，并借助油压系统使平板与果蔬接触。由于果蔬与平板间接触紧密，且金属平板具有良好的导热性能，因此其传热系数高。当接触压力为 7~30kPa 时，导热系数可达 93~120W/（m² · K）。生产上使用的平板式冷冻装置主要有以下几种类型。

① 间歇式接触冷冻装置：在一个隔热层很厚的箱体内安装多层的空心平板，板内流动着制冷剂（氨、F-12、F-22 或冷盐液），使用两级冷凝压缩系统操纵平板的温度，使其达 -45.6℃，这些平板由往复液压压头操纵其升降。将包装的产品放在盘中进入上下平板之间，或直接放在平板上（包装的产品厚度为 2.5~7.5cm），与冷冻面紧密接触，进行热交换。冷冻的速度受包装材料、体积、装填的松紧度等因素有关，紧密包装比松散包装的冷却速度快、时间短。因包装内的空气间隙起隔热作用，导热受阻，所以操作时应注意。这种方法冻结速度快、费用低，但装卸劳动强度大、效率低，操作时有停工期（每个周期 10~30min）。

② 半自动接触冷冻装置：类似于上述冷冻箱的结构，包装产品的进出靠人工控制的装卸器操作。冷却平板松松地安放在一个升降装置上，最后整个设备安置在隔热室中。操作时，产品由传送带运送到冷冻箱中，工作人员按下按钮，推动杆就将一定数目的包装产品推进箱内两块冷冻平板间，产品从外到内按次序推进，最先进入的一排产品冻结完毕被推送到传送带上，进行下一道装箱工序。待每批装完后，在计算器的控制下，传送带停止了运行，并将此层冷冻板升起关闭，而后再重复另一层的装卸，如此循环直到各冷却平板装完后，升降器自动降落，以待下一次的装卸操作。这一类型的冷冻装置只能进行同一大小包装的产品。且包装要严密，不能有汁液流出，以免冻结在冷却平板上，影响质量。此外，冷却板间的距离可调节，以使包装的产品能与冷却平板间有紧密的接触。

③ 全自动平板冷冻装置：全自动平板冷冻装置的构造原理和形式与上述半自动式相同，只是装卸和循环操作都是在微型开关和继电器自动控制下进行的。当包装好的产品由包装机卸出后，便自动地由传送带运送到冷冻箱内进行冷冻（图 3-4）。这种方法劳动强度小，冷冻效率高，速度快，适于大型生产。例如，一个 17 层冷冻板的冷冻箱能容纳 208 个纸盒果蔬，可以在 45min 之内完成一个装卸循环，装卸的时间根据产品的冷冻要求进行调节控制。

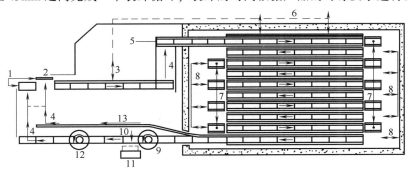

图 3-4　全自动平板冷冻装置

1—货盘　2—盖　3—冷冻前预压　4—升降机　5—推杆　6—液压系统
7—降低货盘的装置　8—液压推杆　9—翻盘装置　10—卸料　11—传送带
12—翻转装置　13—盖传送带

（2）回转式冷冻装置　回转式冷冻装置是一种新型的间接接触式冷冻装置，也是一种连续式冷冻装置。其主体为一个回转筒，由不锈钢制成，外壁为冷表面，内壁之间的空间供制冷剂直接蒸发或供载冷剂流过换热，制冷剂或载冷剂由空心轴一端输入筒内，从另一端排除。冻品呈散开状由入口被送到回转筒的表面，由于回转筒表面温度很低，果蔬立即粘在上面，进料传送带再给冻品稍施加压力，使其与回转筒表面接触地更好。转筒回转一周，完成果蔬的冻结过程。冷冻果蔬转到刮刀处被刮下，刮下的产品由传送带输送到包装生产线（图3-5）。转筒的转速根据冷冻果蔬所需时间调节，每转约数分钟。制冷剂可用氨、R-22或共沸制冷剂，载冷剂可选用盐水、乙二醇。该装置适宜于菜泥、流态果蔬及鱼、虾的冷冻。其特点是：结构紧凑，占地面积小；冷冻速度快，干耗小；连续冷冻生产率高。

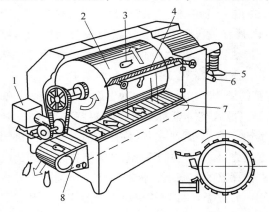

图3-5　回转式冷冻装置

1—电动机　2—滚筒冷却器　3—进料口　4、7—刮刀
5—盐水入口　6—盐水出口　8—出料传送带

（3）钢带式冷冻装置　钢带式冷冻装置的主体是钢质传送带（图3-6）。传送带由不锈钢制成，在带下喷盐水，或使钢带滑过固定的冷却面（蒸发器）使果蔬降温，同时，果蔬上部装有风机，用冷风补充冷量，冷风的方向可与果蔬平行、垂直、顺向或逆向。传送带移动速度可根据冷冻时间调节。因为产品只有一面接触金属表面，果蔬层以较薄为宜。钢带式冷冻装置的特点是：连续流动运行；干耗较小；能在几种不同的温度区域操作；与平板式和回转式相比，其结构简单，操作方便，改变带长和带速，可大幅度地调节产量。

（4）隧道式鼓风冷冻机　隧道式鼓风冷冻机是空气冷冻法的一种装置（图3-7）。

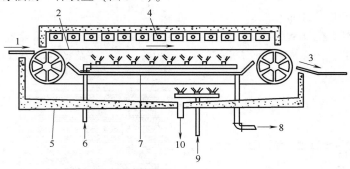

图3-6　钢带式冷冻装置

1—进料口　2—钢质传送带　3—出料口　4—空气冷却器
5—隔热外壳　6—盐水入口　7—盐水收集器　8—盐水出口
9—洗涤水入口　10—洗涤水出口

生产上采用的隧道式鼓风冷冻机，是一个狭长形的、墙壁有隔热装置的通道。冷空气在隧道中循环，将产品铺放于车架上各层筛盘中，然后将筛盘放在架子上，以一定的速度通过此隧道。内部装置各有不同。有的是将冷空气由鼓风机吹过冷凝管道后温度降低，而后吹送到隧道中，穿流于产品之间使其冷冻，且降温的速度很快，比缓冻法先进。有的则是在通道中设置几层连续运行的传送带，进口的原料先后落在最上层的网带上，继而与带一起运行到末端，而后将产品卸落在第二层网带上，上下两层的网带运行方向相反，最后，产品从最下层末端卸出。一般采用的吹风温度在-37~-18℃，风速每分钟30~1000m，可随产品特性、

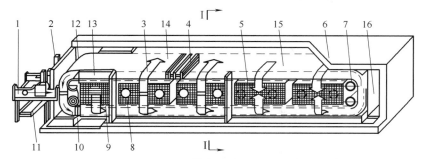

图3-7　LBH31.5型带式隧道冷冻装置（德国）

1—装卸设备　2—除霜装置　3—空气流动方向　4—冷冻盘　5—板式蒸发器
6—隔热外壳　7—转向装置　8—轴流风机　9—光管蒸发器　10—液压传动机构
11—冷冻块输送带　12—驱动室　13—水分分离室　14、15—冷冻间　16—旁路

颗粒大小而进行调整。通常是将未经包装的产品散放在传送带或盘上通过冷冻隧道。这种方法的缺点是失水较多，在短时间内能失去大量水。为了避免失水太快，应在隧道两侧装置液态氨管道，且管上带翅片，中间留一通道供产品通过，并控制制冷剂与接触产品的空气之间较小的温差，保持穿流的空气有较高的湿度。一般将通道温度分为3~6个阶段，以不同的温度进行冷冻，从而逐步降低温度，减少产品失水。在鼓风冷冻中，冷冻的速度由穿流空气的温度与速度、产品的初温、形状大小、包装与否、在通道内的排列方式等决定，鼓风冷冻中需要克服产品失水的缺点。一般采用包装工艺阻止水分蒸发，但妨碍了热的传导，使产品内部温度升高，造成质量败坏。

（5）流态化冷冻装置　流态化冷冻法又称流动冷冻法，属于空气冷冻的一种方法。流态化冷冻就是使置于筛网上的颗粒状、片状或块状果蔬，在一定流速的自下而上的低温空气作用下形成类似沸腾状态，像流体一样运动，并在运动中被快速冷冻的过程。其流态化原理如图3-8流化床所示。

当冷气流自下而上地穿过果蔬床层而流速较低时，果蔬颗粒处于静止状态，称为固定床[图3-8（1）]。随着气流速度的增加，果蔬床层两侧的气流压力差也增加，果蔬层开始松动[图3-8（2）]。当压力差达到一定数值时，果蔬颗粒不再保持静止状态，部分颗粒悬浮向上，造成床层膨胀，空隙率增大，即开始进入流化状态。这种状态是区别固定床和流化床的分界点，称为临界状态。对应的最大压力差 Δpk 称为临界压力，对应的风速 vk 称为临界风速。临界压力和临界风速是形成流态化的必要条件[图3-8（3）]。当气流速度进一步提高，床层的均匀和平稳状态受到破坏，流化床层中形成沟道，一部分空气沿沟道流动，使床层两侧的压力降低到流态化开始阶段[图3-8（4）]，并在果蔬层中形成气泡产生激烈的流态化[图3-8（5）]。这种强烈的冷空气流与果蔬颗粒相互作用，使果蔬颗粒呈时上时下、无规则地运动，很像液体沸腾的形式，从而增加了果蔬颗粒与冷气流的接触面，达到快速冷冻的目的。冷冻时空气流速至少在375m/min，空气的温度为-34℃。由于高速冷气流的包围，强化了果蔬冷却及冷冻的过程，有效传热面积较正常冷冻状态大3.5~12倍，因而具有传热效率高，冷冻速率快，产品失重少的优点。流态化冷冻的缺点是体积大的和不均匀的产品使用有困难。流态化冷冻装置适用于冷冻球状、片状、圆柱状、块状颗粒果蔬。由于在流态化冻结装置中，原料悬浮向上，在彼此不成堆的情况下完成冻结，称为单体速冻，尤其适用于果蔬

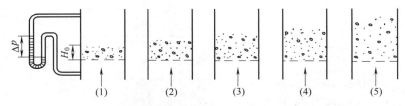

图3-8 流化床结构与气流速度的关系

(1)固定床 (2)松动层 (3)流态化开始 (4)流态化展开 (5)输送床

类单体果蔬的冷冻。将小型果蔬以及切成小块的果蔬铺放在网带上或有孔眼的盘子上，铺放厚度据原料的情况而定，一般在 2.5~12.5cm。果蔬流态化冷冻装置属于强烈吹风快速冷冻装置，目前，生产上使用的主要有带式流态化冷冻装置、振动流态化冷冻装置和斜槽式流态化冷冻装置（图3-9）。

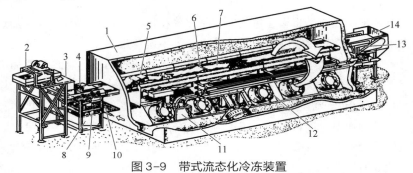

图3-9 带式流态化冷冻装置

1—隔热层 2—脱水振荡器 3—计量漏斗 4—变速进料带 5—"松散相"区
6—匀料棒 7—"稠密相"区 8~10—传送带清洗、干燥装置
11—离心风机 12—轴流风机 13—传送带变速驱动装置 14—出料口

2. 直接接触冷冻装置

（1）浸渍式冷冻装置 浸渍冷冻法是将产品直接浸在冷冻液中进行冷冻的方法。常用的载冷剂有盐水、糖溶液和丙三醇等。因为液体是热的良好传导介质，在浸渍冷冻中，它与产品直接接触，接触面积大，能提高热交换效率，使产品散热快，冷冻迅速。浸渍式冷冻装置可以进行连续自动化生产。

进行浸渍冷冻的产品，有的包装有的不包装。在包装冷冻中，如用于果汁的管状冷冻设备，先将罐装果汁在一螺旋杆作用下依次通过一个管道，管道的外面是氨液环绕流动，不冻液由泵送进管内，穿流于产品的周围。其温度由于氨液的制冷作用而降低，一般维持在-31.7℃。对于不进行包装的产品可直接在冷冻液中迅速冷冻。

（2）深低温冷冻装置 深低温冷冻法用于原形的或者薄膜包装的产品，它是一种在制冷剂进行变态的条件下（液态变为气态）迅速冷冻的方法。这种深低温冻结是通过制冷剂在沸腾变态的过程中吸收产品中大量的热而获得的。低温制冷剂一般都具有很低的沸点，通常采用的制冷剂有液态氮、二氧化碳、一氧化氮和氟里昂，其中氟里昂虽然算不上是一种低温制冷剂（它的沸点不够低），但它的冷冻液效果与其它低温制冷剂相近。深低温冷冻法所获得的冷冻速度大大超过了传统的鼓风冷冻法和板式冷冻法，且与浸渍冷冻和流化冷冻比较，速度更快。目前，应用较多的制冷剂是液态氮，其次是二氧化碳。

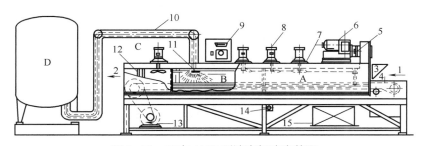

图 3-10　日本 4150 型液态氮速冻装置

1—原料进口　2—原料出口　3、12—硅橡胶幕帘　4—不锈钢丝网传送带
5—T 形蝶形阀　6—排气风机　7—硅橡胶密封垫　8—搅拌风机　9—温度指示计
10—隔热管道　11—喷嘴　13—无级变速器　14—电流开关　15—控制盘
A—预冷区　B—冻结区　C—均温区　D—液氮贮罐

深低温液态氮冷冻装置是一个隔热的冷冻室（图 3-10）。这个冷冻室分为预冷区（A）、冷冻区（B）和均温区（C）三部分，产品由传送带首先运到 A 室中，与比较冷的气态氮相遇，产品与冷气态氮以相反的方向运行，使产品在前进途中不断降温，然后由传送带携带运行到 D 室。D 室有液氮由上向下喷淋在产品上，这时会产生极冷的气化氮（在 N_2 的沸点温度）与产品接触，经过一定时间（由传送带的速度控制）后，又由传送带将产品带入 C 室，使产品的冻结温度均匀一致，再由末端卸出，完成了冷冻。这种冷冻方法冻结速度快。5cm 厚以下的制品经 10~30min 冻结，表面温度可达−30℃，中心的温度可达−20℃。同时具有下列优点：产品脱水率在 1% 以下，失重小；冷冻期间排除了氮；低温损害轻微，更好地保持了产品原有的性质，且设备简单，投资费用低，使用范围广，生产效率高，适用于连续操作。但缺点是液体的消耗和费用较大。液态 CO_2 喷淋装置常做成箱体形，内装螺旋式传送带输送果蔬。CO_2 在常压下不能以液态存在，因而液态 CO_2 喷淋到果蔬表面后，立即变成蒸汽和干冰，蒸汽和干冰的温度均为−78.5℃，使产品迅速冻结。CO_2 汽化时翻滚速度快，气流强度大，易使脆嫩果蔬受损；另外，还有一部分 CO_2 易被产品吸收，增大了体积。所以，产品在包装前必须将其排除掉，否则会使包装膨胀造成破裂。

第三节　果蔬速冻类产品相关标准

国家质检总局、国家标准委批准发布了《速冻水果与速冻蔬菜生产管理规范》（GB/T 31273—2014）国家标准，从加工原料、设备设施、卫生、生产过程和质量控制等方面对水果和蔬菜速冻产品加工提出了具体的规范和要求，该标准从 2015 年 3 月 11 日起实施。在原料要求方面，该标准明确提出进行速冻加工的水果和蔬菜原料应是新鲜和无破损的；在设备设施要求方面，要求速冻加工企业要具备机械化（或半机械化）的加工条件；在卫生要求方面，除明确了应符合食品卫生的共性要求，还特别规定从事食品速冻加工应注意的卫生要求：配备的卫生间及洗手消毒等设施、生产操作的卫生管理应符合《速冻食品生产 HACCP 应用准则》（GB/T 25007）附录 D 规定的要求，选用的要求，选用的洗涤剂和消毒剂应分别符合《食品工具、设备用洗涤卫生标准》（GB 14930.1）和《食品安全国家标准　消毒剂》（GB 14930.2）规定的要求；在生产过程控制和智联管理方面，应根据不同种类水果和蔬菜原料的特点，明确提出对不同类产品进行速冻所需的温度和时间，同时对产品的检验、暂存、运输以及销售都做了严格要求。

一、　果蔬速冻对原辅料及主要工序的要求

（一）原辅料的标准要求

原料水果或蔬菜品质应与产品类型相匹配，成熟度适中、完整和整洁，符合相关国家标准或行业标准，应建立合格的供应商体系，执行索证及索票制度。食品添加剂应符合相关国家标准或行业标准的规定要求，其使用范围和用量符合 GB 2760 的规定要求。

（二）主要生产工序标准要求

果蔬的主要工序要求标准见表 3-4、表 3-5 和表 3-6。速冻水果和速冻蔬菜的净重应符合 GB/T 10471，速冻水果和速冻蔬菜的杂质含量应符合 GB/T 10470，速冻水果和速冻蔬菜的温度测定参见 SB/T 10699—2012。成品应及时贮藏在≤-18℃冷库里。

表 3-4　　　　　　　　　　　　速冻设备推荐一览表

设备名称	生产能力/（kg/h）	功率/kW	制冷剂	工作温度/℃	适用范围
流态床冻结装置	1000	37.8	R717	-35	单体速冻
	1500	47.8	R507		
	2000	64.2	R404A		
全流态冻结装置	3000	77.2			
	4500	107.8			
	5000	137.8			

表 3-5　　　　　　　　　　　　水果主要工序参数标准

产品名称	漂烫			冷却		速冻		备注
	介质	温度/℃	时间/s	介质	温度/℃	介质	温度/℃	单体速冻
黄桃	水	>95	>120	水	<10	空气	≤-35	单体速冻
草莓	—	—	—	—	—	空气	≤-35	单体速冻
黑莓	—	—	—	水	<10	空气	≤-35	单体速冻
桑葚	—	—	—	水	常温	空气	≤-35	单体速冻
葡萄	—	—	—	水	常温	空气	≤-35	单体速冻
橘子	—	—	—	水	常温	空气	≤-35	单体速冻
橙子	—	—	—	水	常温	空气	≤-35	单体速冻
柠檬	—	—	—	水	常温	空气	≤-35	单体速冻
杨梅	—	—	—	—	—	空气	≤-35	单体速冻

表 3-6　　　　　　　　　　　　　　蔬菜主要工序参数标准

产品名称	漂烫			冷却		速冻		备注
	介质	温度/℃	时间/s	介质	温度/℃	介质	温度/℃	单体速冻
毛豆荚	水	>96	>70	水	<10	空气	≤-35	单体速冻
毛豆粒	水	>96	>40	水	<10	空气	≤-35	单体速冻
青豆	水	>96	>50	水	<10	空气	≤-35	单体速冻
甜玉米	水	>96	>50	水	<10	空气	≤-35	单体速冻
油菜花	水	>96	>50	水	<10	空气	≤-35	单体速冻
甜豌豆	水	>96	>55	水	<10	空气	≤-35	单体速冻
荷兰豆	水	>96	>50	水	<10	空气	≤-35	单体速冻
雷笋	水	>96	>180	水	<10	空气	≤-35	单体速冻
胡萝卜	水	>96	50	水	≤5	空气	≤-35	单体速冻
荠菜	水	>96	300	水	≤5	空气	≤-35	单体速冻

二、　果蔬速冻产品对水的标准要求

加工用水符合 GB 5749—2006《生活饮用水卫生标准》，供排水系统完全分开，防止虹吸回流污染加工用水。确保加工用水、冰的安全卫生。水源为企业自备深井水，该井深一般应为 200m，深井周围 50m 内无污染源。水的处理一般经二氧化氯发生器处理，发生器显示浓度为 128.8g/h，末梢水余氯为 0.1~0.3mg/kg。每年生产前由卫生防疫部门对加工用水进行全项目检测，水质须符合 GB 5749—2006《生活饮用水卫生标准》，以后每半年检测一次。生产企业内部由质检部门负责监控水质的安全，必须专人检测，做好记录，化验室每日对水的余氯负责检测。如发现测定结果与设定值有偏差，要及时汇报，并建议相关部门采取必要的纠偏措施。企业生产所有排放的废水，经过适当处理，符合国家排放要求。冷却水采用氟里昂机组与洁区内冷却池相连制造冷却水。

三、　果蔬速冻产品接触面卫生要求

所有与食品接触的设备、设施、工器具、地面、墙壁、天花板、门窗等采用无毒、淡色、不吸水、不易破碎、表面光滑不会造成产品污染的材料制成，这些接触面不生锈、不脱落、耐腐蚀，设计时充分考虑易清洁、便于拆装和清洗消毒。适时对接触食品的设备、设施、工器具进行有效的清洗消毒。确保食品接触面的卫生，避免污染食品。果蔬清洗、漂烫、沥水、冷却、包装等工序设备及操作台等由不锈钢制成，表面光滑；周转箱、漂烫筐采用无毒硬质塑料制成，表面光滑；传送带、输送带由不锈钢或无毒橡胶材料制成；门窗由铝合金制成，天花板采用淡色 PVC 材料制成，墙壁采用白色瓷砖贴制，墙角、地角、顶角都有弧度，地面为水磨石，并有适当坡度，保证不积水。车间内所有照明灯具有防爆装置；生产区所有设备、设施和工用器具在设计安装上都便于拆装、清洗消毒，无卫生死角，无锈蚀现象，无竹木器具；车间空调出风口为尼龙布套，冷风机吸风口都采用铝合金百页槛遮挡灰尘，缓冲风速和风向；生产区所有设备、设施和工用器具按《设备、设施维护与操作规程》

定期进行维护保养；清洗消毒人员根据《清洗消毒工作计划》规定，按照各有关《清洗消毒作业指导书》，对各类与食品接触的设备设施、工用器具进行彻底的清洗消毒；车间质检员在每天生产前、生产中、生产后对清洗消毒情况进行检查，立即清除存在的问题，并记录于每日清洁消毒审查表中。各类设备、设施和工用器具的清洁消毒情况符合卫生要求后，才能开始生产和使用。

四、　防止果蔬速冻产品交叉污染的要求

制订合理的果蔬速冻加工工艺流程，果蔬生、熟制品彻底隔离，整个加工作业区做到布局和流程科学合理。从原料接收到产品入库，根据产品特性和加工要求的区别对加工区域进行合理分隔，分为清洁作业区、准清洁作业区、一般作业区。三区之间有效隔离，不同区域的人员使用不同的更衣室。不同清洁度区域的员工穿戴不同颜色的工作服，一般作业区为蓝色工作衣，准清洁作业区为黄色工作衣，清洁作业区为白色工作衣，严禁串岗。不同清洁度区域的工器具用不同的形状、不同的颜色来区分。一般作业区用蓝色塑料周转箱，清洁作业区用白色塑料周转箱或用不同形状的塑料周转箱。生产作业区内人员与物料分流，互不交叉。生产区对外开启的门口装有防蝇虫的塑料门帘，能够开启的窗装有纱窗。加工车间内的下脚料存放于塑料筐中，其内容物不得超过存放容器4/5，由专人收集，倒入下脚料暂存间，并及时将积存的下脚料清理运输出厂。果蔬速冻加工过程中被污染的产品由专人拣入红色容器内，加工人员的手一旦被污染，必须到指定的洗手消毒池内清洗消毒。人员每进入生产车间，工作鞋在鞋消毒池中浸泡2min以上，鞋消毒池有效氯浓度为200mg/kg。工作服（帽）、口罩的清洗消毒按工作服、口罩洗涤、消毒作业指导书执行。加工人员在进入换鞋间换鞋后，先用水冲洗，后用皂液洗手，再用水冲洗。加工人员在更衣后，先将双手浸入含有效氯浓度为50mg/kg的消毒液中浸泡2min以上，用水冲洗。如有容易造成手外伤的工序，操作人员应戴清洁卫生的手套。进出车间人员有良好的卫生意识和卫生习惯。勤洗澡、勤剪指甲、勤换衣服、不留长发。进入车间不佩戴珠宝饰品或其它饰物。与加工无关的物品不带入车间。进入车间人员不得吸烟，吃零食或有妨碍食品安全的行为。进入车间人员先换胶鞋、洗手、戴口罩、工作帽、穿工作服，再进行手消毒、鞋消毒。穿戴必须整齐并符合卫生要求，工作服、帽、口罩、鞋必须保持清洁完好。由卫生监督员负责监督每个员工的清洗、消毒，对未经清洗消毒或不符合清洗、消毒程序要求的不予进入车间。每月抽8~10个员工的手进行擦拭检测微生物。

五、　防止果蔬速冻产品掺杂物污染的要求

对允许入厂的润滑剂、清洁剂、杀虫剂、消毒剂、化学试剂等化学物品进行标识，存放在专门的库内，在专用房间配制杀虫剂、消毒剂。防止掺杂物污染厂区、车间、储存库、加工设施、设备、原料、辅料等。生产区内所有生产设备的传动部位都设有防护装置，维修工维修保养设备设施时，需将维护的设备运离生产流水线或采取有效的隔离措施，防止润滑油等油渍污染产品，维修完毕后，必须将该区域和设备彻底清洗消毒达到卫生要求后才能使用。凡是跌落地面的产品单独存放，作饲料处理，被消毒剂、清洁剂或其它有害物品污染的产品销毁处理。漂烫车间设置足够的通风排气设施，防止产生冷凝水污染产品。冷却间、包装间的天花板吊顶采用弧形或有斜度，预防冷凝水滑落到产品和内包装材料上。生产区所有

的电子灭菌灯、日光灯等照明灯具都带有防护罩，防止爆裂后的玻璃碎片污染产品。所有设备设施、工器具清洗消毒时，以清水冲洗干净后使用，严防清洁剂、消毒剂溶液污染或飞溅到产品中。生产作业区地坪保持无积水，加工中排放的废水通过管道直接排入下水道中，下水道排水畅通，确保无废（污）水飞溅入产品的隐患。每天生产前车间质检员对加工车间的环境进行仔细的检查，包括：天花板上的涂料有无脱落，有无冷凝水，加工设备有无生锈和油污，清洁剂和消毒剂存放是否安全，工器具清洗消毒后有无残留污染等，及时消除存在的问题。所有掺杂物的控制记录于每日消毒审查表中。

六、 果蔬速冻产品包装材料及辅料的标准要求

外包装应来自由检验检疫机构注册的加工厂，每批外包装须有 CIQ 签发的纸箱性能合格单，所有的包装材料必须保证清洁。质检员凭纸箱性能合格单，验收质量。合格后通知仓库保管员接收，并办理入库手续。内包装应来自卫生防疫部门认可的加工厂，生产内包装的企业必须提供：①卫生许可证复印件；②产品合格证，质检员凭两证验收质量，化验室同时抽样，进行微生物检测，合格后方可使用，并填写内、外包装进厂验收记录，保管员凭包装物料验收记录等手续，办理入库手续。内、外包装实行专库存放，存放时应离地离墙，上部用防尘布遮盖，以防灰尘污染。生产用的各种辅料，凭供货商的合格证或官方的合格证书，经质检科验收合格后入库，并填写辅料验收记录，存放于专用库房，并予以标识，以免领用混淆。超过保质期的辅料不得用于生产。

第四节 典型果蔬速冻制品生产实例

一、 速冻玉米

玉米是理想的天然食品，速冻甜玉米粒加工可选用超甜玉米和加强甜玉米品种。常用的有：绿色超人、湘玉超甜 1 号、粤甜 3 号、京科甜 115、甜单 21、吉甜 3 号、吉甜 6 号、超甜 2000、华甜玉 1 号、沈甜 2 号、美国 1 号、美国 2 号、日本卡 85、新西兰的 5015、5016 等。

(一) 工艺流程

甜玉米 → 适时采收 → 剥皮、去花丝 → 挑选、修整、分级 → 清洗脱粒 → 漂烫 → 冷却 → 挑选 → 速冻 → 筛选 → 包装 → 冷藏

(二) 操作要点

1. 适时采收

甜玉米的最佳采收期为乳熟期，即授粉后 20d 左右。采收标准：玉米叶色浓绿，包叶为青绿色，花丝枯萎成茶褐色；籽粒饱满，颜色为黄色或淡黄色，色泽均匀，大小一致，排列

整齐，无杂色粒、秃尖、缺粒和虫蛀现象，胚乳为黏稠乳状。操作要求：带苞叶采收，谨慎操作，轻拿轻放，避免日晒、重压、碰撞等。要求在采收后 2h 内及时送到工厂加工。

2. 剥皮去花丝

甜玉米进厂后要在阴凉处散开放置，并立即剥皮加工，从采收到加工的时间不能超过 6h，如果在该时间内不能及时加工完毕，则必须放进 0℃ 左右的保鲜冷库内做短期储存。要人工剥除甜玉米苞叶，然后去除花丝。要尽量保持清洁卫生，所有的操作要轻巧，不能有变形、破损和变色籽粒，剥净后放入专用的食品筐内。

3. 挑选、修整、分级

首先将过老、过嫩、过度虫蛀、籽粒极度不整齐及严重破损变形的甜玉米穗剔除。把有少量虫蛀、杂色粒及破损变形粒的甜玉米穗用刀挖出虫蛀粒、杂色粒和破损粒。然后按玉米穗直径分级，可根据不同的玉米品种分成 2~3 个等级，等级间的直径差定在 5mm，这样可避免脱粒时削得不准或削得过度。

4. 清洗、脱粒

将经分级的玉米穗用流动清水洗净，用专用的玉米削粒机脱粒。调整削粒机上的刀口，以刀口刚好触及玉米穗轴为准。

5. 漂烫

脱粒后的玉米粒应立即进行漂烫，可用沸水或蒸汽进行。沸水漂烫一般多用夹层锅，蒸汽漂烫可用蒸车进行。加热温度为 95~100℃，漂烫时间为 5min。

6. 冷却

漂烫后的玉米粒应立即进行冷却，否则会影响产品质量。一般采用分段冷却的方法，首先用凉水喷淋法，将 90℃ 左右的玉米粒的温度降到 25~30℃，然后在 0~5℃ 的水中浸泡冷却，使玉米粒中心的温度降低到 5℃ 以下。

7. 挑选

及时人工挑拣出穗轴屑、花丝、变色粒及其它杂质，以减轻包装前筛选的压力，并保证产品质量。

8. 速冻

玉米粒速冻使用流化床式速冻隧道。玉米粒平铺在传送网带上，传动带下的多台风机以 6~8m/s 的速度向上吹冷风，使玉米粒呈悬浮状态。机器的蒸发温度为 -40~-34℃，冷空气温度为 -30~-26℃，玉米粒的厚度为 30~38mm，冷冻 3~5min 使玉米粒中心温度达到 -18℃ 即可。速冻完的玉米粒应互不粘连，表面无霜。

9. 筛选

对速冻后的玉米粒要进一步除去杂质、缺陷粒和碎粒，必要时可用 0.4cm 的筛子进行筛选。

10. 包装

速冻玉米粒应在 -6℃ 的条件下进行包装。一般用聚乙烯塑料袋包装，根据需要包装成 250g/袋 或 500g/袋。包装后封口，并同时在封口上打印生产日期，装箱后立即送往冷藏库冷藏。

11. 冷藏

冷藏库温要求在 -18℃ 以下，相对湿度 95%~98%。冷藏库内的温度波动范围不能超过

±2℃，码放时垛与垛要留有足够的空隙，以利空气流通和库温均匀稳定。

（三）质量标准

1. 感官指标

色泽：浅黄色或金黄色；形态：籽粒大小均匀、无破碎粒，切口整齐；杂质：无花丝、苞叶及其它杂质；包装内无返霜现象；滋味、口感：用开水急火煮 3～5min 后品尝，应具有该甜玉米品种特有的滋味和甜味，香脆爽口。

2. 卫生指标

铜≤5.0mg/kg，砷≤0.5mg/kg，铅≤1.0mg/kg。微生物符合商业无菌要求。

二、速冻草莓

草莓又称红莓、洋莓、地莓等，是一种红色的水果。草莓是对蔷薇科草莓属植物的通称，属多年生草本植物。草莓的外观呈心形，鲜美红嫩，果肉多汁，含有特殊的浓郁水果芳香。草莓营养价值高，含丰富维生素 C，有帮助消化的功效，与此同时，草莓还可以巩固齿龈，清新口气，润泽喉部。

1. 工艺流程

原料采收 → 整理 → 洗涤 → 浸盐水 → 漂洗 → 分级 → 检验 → 沥水 → 冻结 →
称量 → 包装 → 冷藏

2. 操作要点

（1）原料要求　选用草莓色泽呈发紫红色或红色、成熟适度、新鲜饱满、单果重和横径符合产品的要求。采摘后应及时加工，不能及时加工的需贮藏在温度为 1～2℃，相对湿度为85%～90%的库内，以不超过 3d 为宜。

（2）整理与清洗　摘除果梗，捡去成熟不足、畸形、腐烂、有病虫及机械损伤的草莓，然后置于流动水槽内，用清水洗去泥沙和杂质。

（3）驱虫和漂洗　将草莓浸没在 5%的食盐水中 10～15s，以除去果上小虫，然后再经二道清水漂洗，去除盐水及附在草莓表面的小虫及其它杂质。

（4）分级和检验　经过漂洗后的草莓，按产品要求分级和检验。

（5）快速冻结　冷冻机网带上室温控制在-35～-32℃，冻结时间为 10～15min，冻结后草莓中心温度达到-18℃以下。

（6）包装和贮藏　冻结后成品在冷间迅速装袋、称量、封口，并立即将冻制品送入到-20～-18℃的低温库中冷藏。

三、速冻菠菜

菠菜本来是 2000 多年前波斯人栽培的蔬菜，所以它有个别名——波斯草。菠菜中含有大量的 β-胡萝卜素和铁，也是维生素 B_6、叶酸、铁和钾的极佳来源。其中丰富的铁对缺铁性贫血有改善作用。菠菜叶中含有铬和一种类胰岛素样物质，其作用与胰岛素非常相似，能使血糖保持稳定。丰富的 B 族维生素含量使其能够防止口角炎、夜盲症等维生素缺乏症的发生。菠菜中含有大量的抗氧化剂如维生素 E 和硒元素，具有抗衰老，促进细胞增殖作用，既能激活大脑功能，又可增强青春活力，有助于防止大脑的老化，防止老年痴呆症。

1. 工艺流程

原料挑选 → 整理 → 漂洗 → 热烫 → 冷却 → 沥水 → 装盘 → 速冻 → 包装 → 冷藏

2. 操作要点

（1）原料挑选及整理　选择叶片茂盛的菠菜品种。要求原料鲜嫩，色泽浓绿，无黄叶、霉烂及病虫害，切除根须，在清水中逐株清洗干净，控净水分待用。

（2）烫漂、冷却　将洗净的菠菜叶片朝上竖放于不锈钢筐内，下部浸入沸水中烫漂30s，然后将叶片全部浸入沸水烫漂1min，捞出后立即用清水冷却到10℃以下。

（3）装盘　将经烫漂、冷却后的菠菜沥干水分，整理后装盘，每盘500~800g。

（4）速冻与冻藏　装盘后的菠菜迅速进入冷冻设备进行冻结，然后在−18℃下冻藏。

思考题

1. 原料的预处理对速冻果蔬的产品质量有何影响？

2. 谈谈你对不同果蔬原料速冻工艺流程及操作要点的认识。

3. 温度对微生物生长发育和酶及各种生物化学反应有何影响？

4. 在什么条件下冷冻产品会腐败或食用不安全？保持冷冻产品安全的关键有哪几个方面？

5. 冻结过程可分哪几个阶段？如何理解快速通过最大冰晶生成区是保证冻品质量的最重要的温度区间？

6. 试述快速冻结与缓慢冻结对果蔬质量的影响？

7. 为什么蔬菜在冻结前要进行烫漂？如何掌握烫漂的时间？

8. 重结晶现象是如何发生的？如何解决？

9. 简述速冻果蔬的包装对果蔬质量的作用。

10. 常见的果蔬速冻方法与设备。

11. 单体速冻（IQF）设备有何特点？适合哪些物料的冷冻？

12. 速冻果蔬对原料有哪些要求？水果和蔬菜在速冻工艺上有何异同？

13. 典型速冻果蔬加工的操作技术及常见质量问题的分析和控制。

果蔬制汁

通过本章学习，掌握果蔬汁加工的基本工艺、基本工艺原理和基本生产设备；掌握果蔬汁生产中常见的质量问题及其控制方法；掌握常见果蔬汁的生产工艺操作，了解果蔬汁主要种类及果汁类产品相关标准。

果蔬汁（Fruit and Vegetable Juices）是果汁和蔬菜汁的合称，是以新鲜或冷藏果蔬（也有一些采用干果）为原料，经过清洗、挑选后，采用物理的方法如压榨、浸提、离心等方法得到的果蔬汁液，一般称作天然果蔬汁或100%果蔬汁。以果蔬汁为基料，通过加糖、酸、香精、色素等人工调制的产品，称为果蔬汁饮料。天然的果蔬汁与人工调制的果蔬汁饮料在成分和营养功效上截然不同，前者为营养丰富的健康食品而后者属嗜好性饮料。

根据《饮料通则》（GB 10789—2015），果蔬汁类及其饮料是以水果和（或）蔬菜（包括可食的根、茎、叶、花、果实）等为原料，经加工或发酵制成的液体饮料，包括果蔬汁（浆）（fruit/vegetable juice/puree）、浓缩蔬果汁（浆）（concentrated fruit/vegetable juice/pulp）和果蔬汁（浆）类饮料［fruit/vegetable juice（puree）beverage］三类。

根据《果蔬汁类及其饮料》（GB/T 31121—2014），果蔬汁（浆）包括原榨果汁（非复原果汁）、果汁（复原果汁）、蔬菜汁、果浆/蔬菜浆、复合果蔬汁（浆）；浓缩果蔬汁（浆）；果蔬汁（浆）类饮料包括果蔬汁饮料、果肉（浆）饮料、复合果蔬汁饮料、果蔬汁饮料浓浆、发酵果蔬汁饮料、水果饮料。

根据《饮料通则》（GB 10789—2007），果蔬汁饮料可以分为：果汁（浆）和蔬菜汁（浆）、浓缩果汁（浆）和浓缩蔬菜汁（浆）、果汁饮料和蔬菜汁饮料、果汁饮料浓浆和蔬菜汁饮料浓浆、复合果蔬汁（浆）及饮料、果肉饮料、发酵型果蔬汁饮料、水果饮料及其它果蔬汁饮料九大类。

一、 果蔬汁的分类

（一） 按照工艺和状态分类

果蔬汁按照工艺和状态（主要是形状和浓度）分为：天然果蔬汁、浓缩果蔬汁、果饴

（糖浆果汁）、果蔬汁粉四类。

1. 天然果蔬汁（浆）

天然果蔬汁（浆）是指采用物理方法将水果或蔬菜加工制成可发酵但未发酵的汁（浆）液；或在浓缩果蔬汁（浆）中加入浓缩时失去的等量的水，复原而成的制品，具有原果蔬汁（浆）的色泽、风味和可溶性固形物含量。天然果蔬汁（浆）以提供维生素、矿物质、膳食纤维（混浊果汁和果肉饮料）为主，其营养成分易被人体吸收，是十分接近天然果蔬的一种制品，也是很好的婴幼儿食品和保健食品。

2. 浓缩果蔬汁（浆）

浓缩果蔬汁（浆）是指采用物理方法从原果蔬汁（浆）中除去一定比例的天然水分后所得的果蔬汁（浆）制品，加水复原后具有果蔬汁（浆）应有的特征。浓缩倍数3~6倍。

3. 果饴（糖浆果汁）

果饴（糖浆果汁）一般为水果制品，是在原果汁中加入多量食糖或在糖浆中加入一定比例的果汁配制而成的产品，一般高糖，也有高酸者。通常为可溶性固形物45%和60%两种。

4. 果蔬汁粉

果蔬汁粉是浓缩果蔬汁通过喷雾干燥制成的脱水干燥产品，含水量3%左右。

（二）按照果蔬汁透明性分类

果蔬汁按照是否透明分为透明果蔬汁和混浊果蔬汁。

1. 透明果蔬汁

透明果蔬汁又称澄清果蔬汁，不含悬浮物质，外观呈清亮透明的状态的果蔬汁。如苹果汁、葡萄汁、杨梅汁、冬瓜汁等。

2. 混浊果蔬汁

混浊果蔬汁又称不澄清汁，它带有悬浮的细小颗粒，这一类汁一般是由橙黄色的果实榨取的。这种果实含有营养价值很高的胡萝卜素，它不溶于水，大部分都存在于果汁悬浮颗粒中，如橘子汁、菠萝汁、胡萝卜汁、番茄汁，因此，风味、色泽和营养价值都较澄清汁好。

（三）按照品种分类

果蔬汁按照品种分为果汁和蔬菜汁，果汁又可分为苹果汁、葡萄汁、橙汁、猕猴桃汁、樱桃汁、杨梅汁、黄桃汁、菠萝汁、荔枝汁、黑穗醋栗汁、山楂汁、草莓汁、蓝莓汁、树莓汁、沙棘汁等各种水果汁。蔬菜汁又可分为胡萝卜汁、番茄汁、甘蓝汁、菠菜汁、芹菜汁、萝卜汁、苦瓜汁等各种蔬菜汁。

二、 果蔬汁饮料的分类

1. 果汁及蔬菜汁

用原果蔬汁（或浓缩果蔬汁）经糖液、酸味剂、食盐等调制而成的能直接饮用的制品。其原果蔬汁含量不少于40%。

2. 果汁饮料及蔬菜汁饮料

用原果蔬汁（或浓缩果蔬汁）经糖液、酸味剂、食盐等调制而成的制品。其原果汁含量不少于10%，蔬菜汁含量不少于5%。

3. 果汁水

用原果汁（或浓缩果汁）经糖液、酸味剂等调制而成的制品。其原果汁含量不少于5.0%。

4. 带肉果蔬汁饮料

带肉果蔬汁饮料又称果茶，是用经打浆制得的原果蔬浆经糖液、酸味剂、食盐等调制而成的制品。其原果浆含量不少于35%（以质量计）；可溶性固形物不少于13%（折光计法）。

5. 带果粒果蔬汁饮料

带果粒果蔬汁饮料指在原果蔬汁（或浓缩果蔬汁）中加入小型果粒、柑橘类囊泡或其它经切细的水果蔬菜颗粒，经糖液、酸味剂、食盐等调制而成的制品。

6. 混合果蔬汁

混合果蔬汁又称复合果蔬汁，含有两种或两种以上的果汁或蔬菜汁，经食盐或糖等配料调制而成的制品为复合果蔬汁。要求应符合调配时使用的单果汁和蔬菜汁的指标要求。

7. 发酵果蔬汁

水果汁或蔬菜汁经乳酸发酵后所得汁液经糖、食盐等配料调制而成的制品。

8. 其它果蔬汁饮料

上述七类以外的果汁和蔬菜汁类饮料。

第一节　果蔬汁生产工艺与设备

目前，世界上生产的果蔬汁饮料根据工艺大致分四大类，即：澄清汁（clear juice）、混浊汁（cloudy juice）、浓缩汁（concentrated juice）和果浆汁（nectar）。果浆汁的生产需要进行预煮和打浆，其它工序与混浊汁相同。

一、　果蔬汁通用加工工艺及操作要点

澄清汁、混浊汁和浓缩汁三类果蔬汁的生产工艺流程如图4-1所示。

（一）原料选择

优质的果蔬原料是生产优质果蔬汁的基本保障。用于果蔬汁加工的原料要新鲜、无霉变和腐烂。果蔬汁加工对原料的果形大小和形状无严格要求，但对成熟度要求较严格，未成熟或过熟的果品、蔬菜均不适合进行果蔬汁加工。

1. 果蔬汁加工对原料种类和品种的要求

（1）具有本品种典型的鲜艳色泽，且在加工中色素稳定。

（2）具有该品种典型而浓郁的香气，香气在加工中最好能保持稳定。

（3）营养丰富且在加工过程中保存率高。

（4）具有适宜的糖酸比，一般用于加工果汁的果实糖酸比在15~25∶1为宜，其果实含糖量一般在10%~16%。

（5）硬度适宜，硬度太大取汁困难，太小也不利于出汁。

（6）不利成分含量低，如柑橘类果实中橙皮苷和柠碱含量高的品种制汁时，产品苦味重，严重影响果蔬汁品质，不宜采用。某些苹果中酚类物质含量高，制汁过程中褐变严重，不宜采用。胡萝卜含纤维和挥发油过高会影响到胡萝卜汁产品的风味和口感，应选用纤维和挥发油含量低的原料。

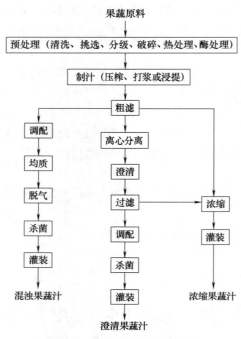

图 4-1　果蔬汁生产工艺流程

2. 常见的果蔬汁加工原料

（1）柑橘类　柑橘类有茯苓夏橙、凤梨橙、化州橙、地中海甜橙、米切尔橙等。我国的先锋橙、锦橙和细皮广柑等也是适宜品种。

（2）仁果类　果汁产量较大的仁果类品种有苹果、山楂等。其中苹果以元帅、金冠、醇露、红玉等品种为优，新疆地区的野生酸苹果因其良好的风味特征也可以用来加工果汁。山楂主要品种是"大山楂"类的酸口山楂、甜口山楂、大金星、白瓤绵、大棉球或红棉球等，大多数品种及东北地区的伏山楂和野生山里红等，都可用来加工果汁。

（3）浆果类　浆果类多适宜于加工果汁。我国主要葡萄加工品种是玫瑰香、黑虎香、康可和蜜汁等，其中以康可、蜜汁为最佳；草莓主要加工品种有静宝、硕露、红丰、三星、达斯莱克特、全明星等，四季草莓和野生草莓因风味浓郁也可以用来加工果汁；蓝莓在东北、华北地区得到广泛栽培，主栽品种美登、斯卫克、北春、圣云等具有较好的加工价值，是良好的果汁加工原料；树莓栽培较多的品种有红宝玉、丰满红、托乐米、红莓中林 39 号、红宝达、红宝珠等都适宜于加工果汁；我国栽培的沙棘品种主要为俄罗斯和蒙古的大果沙棘，品种主要有向阳、楚伊、巨人、金阳、银光沙棘等，可作为果汁加工的原料。作为三北防护林栽培的中国沙棘目前也有栽培，果实冬季不落，也可用来加工果汁。

（4）核果类　因果肉较多，多数核果类加工成带肉果汁饮料等。产量较大的有桃、枣等。目前，我国还没有桃的制汁专用品种，而美国等国家有大量的适宜品种，如加州的红六月、独立、大太阳、幻想、大黄金等。冬枣、赞黄大枣、红枣、和田玉枣、义乌大枣、柿子枣、金丝枣、滩枣等为常见的制汁种类，均可通过浸提法制取果汁。

（5）热带水果　菠萝，又名凤梨，是理想的制汁原料，主要品种有巴厘、皇后、西班牙和无刺卡因等。此外，西番莲（百香果）、芒果、木瓜等都是加工果汁的良好热带水果原料。

（6）蔬菜类　目前，用于加工单一蔬菜汁的蔬菜主要是番茄和胡萝卜，制成的蔬菜汁色泽艳丽、营养丰富、风味较好。南瓜也是较好的蔬菜汁加工原料。为了取得良好的风味，一般将蔬菜汁与某种果汁混合生产果蔬复合汁。菠菜、芹菜、香菜、莴苣、甜椒等都可作为复合蔬菜汁或复合果蔬汁的原料之一。

（二）预处理

预处理包括挑选分级、清洗、破碎、热处理和酶处理等环节。

1. 清洗

清洗是减少杂质污染、降低微生物污染和农药残留的重要措施，特别是带皮榨汁的原料更应注意洗涤，果蔬原料必须充分冲淋、洗涤干净。洗涤一般先浸泡，再喷淋或流水冲洗。洗涤的原理包括水的溶解作用、机械的冲刷作用、界面活性作用和化学作用。对于农药残留较多的果蔬，洗涤时可加用稀盐酸溶液或脂肪酸系洗涤剂进行处理，然后清水冲洗。对于微生物污染，可用一定浓度的漂白粉或高锰酸钾溶液浸泡，然后清水冲洗干净。此外，还应注意洗涤用水的清洁，不用重复的循环水洗涤。

清洗可使用果蔬洗涤机进行，不同水果、蔬菜适用于不同的洗涤方式和不同的果蔬洗涤机。

（1）浸洗式　浸洗式即浸泡洗涤，适用于大多数果蔬。一般在流送槽中进行，果蔬浸泡一段时间后换水冲洗至干净，水中可加入酸、氯、臭氧等清洗剂。浸洗也常作为污染比较重的果蔬的第一道清洗。

（2）拨动式　拨动式在拨动式洗涤机中进行，适合于质地较硬的果蔬如苹果、柑橘等，桨叶或搅拌器（可带毛刷）与果蔬物料接触摩擦、刷洗，带动果蔬间摩擦，达到清洗目的。

（3）喷淋式　喷淋式适合质地较软的果蔬如蓝莓、树莓等，使用喷淋式洗涤机，是在输送带的上下安置喷头对果蔬进行喷淋，达到清洗的目的，为连续式操作。

（4）气压式　气压式使用气压式洗涤机，适合于多数果蔬原料。在果蔬通过的清洗槽中安置管道，管道上开有小孔，然后通入高压空气形成高压气泡，果蔬在槽中翻腾、碰撞，达到洗涤目的。

近年来，超声波清洗机也被用来清洗果蔬等食品原料，在果蔬专用清洗剂方面研发了高碳醇硫酸酯盐、山梨糖醇聚氧乙烯脂肪酸酯类等更安全的表明活性洗涤剂。

2. 破碎

破碎的主要目的是破坏果蔬的组织，使细胞壁发生破裂，以利于细胞中的汁液流出，获得理想的出汁率。破碎的原理是利用机械力来克服果蔬内部凝聚力，通过挤压、剪切、冲击三种力的方式来完成，破碎效果取决于原料的硬度、强度、脆性和韧性。果蔬组织的破碎必须适度，如果破碎后的果块太大，压榨时出汁率降低；果块过小，则压榨时外层的果汁很快地被压榨出来，形成致密的滤饼而使得内层的果汁难以流出，同样会降低出汁率。

许多果蔬（如苹果、梨、凤梨、葡萄、胡萝卜等）榨汁前须破碎，特别是皮和果肉致密的果蔬，更需借破碎来提高出汁率。破碎程度视种类品种而异。苹果、梨、凤梨等用混压机破碎时，碎片以3~4mm大小为宜；草莓和葡萄以2~3mm为好；樱桃可破碎成5mm；番茄等浆果则可大些，只需破碎成几块即可。打浆是广泛应用于加工带肉果汁和带肉鲜果汁的一种破碎工序。番茄、杏、桃、梨等果蔬，加热软化后能提高出浆汁量。

果蔬破碎一般用破碎机或磨碎机进行，有对辊式、锥盘式、锤式、孔板式破碎机、打浆机等。不同的果蔬种类采用不同的破碎机械，如番茄、梨、杏宜采用锥盘式破碎机；葡萄等浆果类采用对辊式破碎机（如图4-2）；带肉胡萝卜、桃汁可采用打浆机。

在果蔬破碎新工艺方面，主要有冷冻机械破碎和超声波破碎。前者是将果蔬慢冻至-5℃以下，果蔬细胞的冰晶膨胀，刺破细胞壁，可提高出汁率5%~10%；后者是应用强度大于3W/cm²的超声波处理果蔬，引起果肉共振使细胞壁破坏。破碎时，由于果肉组织接触氧气会发生氧化反应而影响果蔬汁的色泽、风味和营养成分等，常采用如下措施防止氧化反应发生：①破碎时喷雾加入维生素C或异维生素C；②在密闭环境进行充氮破碎或加热钝化酶活力等。

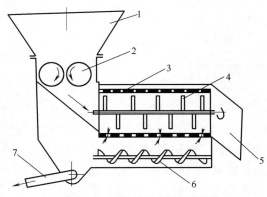

图4-2 对辊式破碎机示意图

1—料斗　2—带齿磨辊　3—圆筒筛　4—叶片
5—果梗出口　6—螺旋输送器　7—果汁、果肉出料口

3. 热处理与酶解

（1）加热处理　红色葡萄、红色西洋樱桃、李、山楂等水果，在破碎之后，须进行加热处理。加热的目的：一是有利于色素和风味物质的渗出；二是蛋白质凝聚和果胶水解，降低了汁液的黏度，改变了细胞的通透性，同时使得果肉软化便于榨汁；三是钝化并抑制果蔬中多酚氧化酶的活力，防止氧化褐变；四是杀死果蔬表面的微生物。

一般的热处理条件为60~70℃、15~20min。带皮橙类榨汁时，为了减少汁液中果皮精油的含量，可在80~90℃预煮1~2min。对于宽皮橘类，为了便于去皮，也可在95~100℃热水中烫煮25~45s。

加热在管式换热器中进行。换热器有壳体、顶盖、管板、管束和支架组成，果浆和蒸汽或热水在不同的传热管中流过进行热交换，果浆迅速升温（如图4-3）。

（2）酶解处理　酶解处理即向果浆汁中加入果胶酶和纤维素、半纤维素酶制剂，果胶酶可以有效地分解果肉组织中的果胶物质，使果汁黏度降低而容易榨汁过滤，提高出汁率。添加果胶酶制剂时，要使之与果肉均匀混合，根据原料品种控制酶制剂的用量，通常为0.03%~0.1%，同时控制作用的温度（40~50℃）和时间（60~150min）。若酶制剂用量不足或作用时间短，则果胶物质的分解不完全，达不到提高出汁率的目的，具体应根据果蔬种类及酶的种类进行小样试验确定。

（三）榨汁

果蔬原料采用何种方式进行榨汁取决于其自身的质地、组织结构和生产的果汁类型，常见的果蔬榨汁方式有直接压榨、浸提压榨、打浆三种方式。

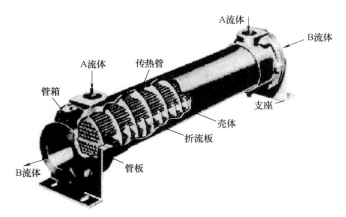

图 4-3　管式换热器构造示意图

1. 直接压榨法

直接压榨法适用于柑橘、梨、苹果、葡萄、蓝莓、沙棘、树莓等大多数汁液含量高、压榨易出汁的果蔬原料。直接压榨取汁的效果取决于果蔬的质地、品种和成熟度等。

压榨用榨汁机进行，榨汁机有多种类型，一般分为间歇式和连续式两类。间歇式榨汁机的典型代表是水平室式杠杆式压榨机和裹包式榨汁机，其动力源为液压加压，果浆加入到室中或布袋中，间歇式操作，劳动强度大，其优点是得到的果蔬汁果肉及纤维等杂质少，汁比较清，出汁率高，适用于澄清果蔬汁的生产。连续式榨汁机的典型代表是螺旋榨汁机（如图 4-4），其动力源是电动螺杆机械推动，可实现连续进料，连续出汁，劳动强度较小，但是其获得的汁液较混浊，出汁率偏低，适用于混浊果蔬汁生产。近年推出了带式榨汁机，它综合了杠杆式压榨机和螺旋压榨机的优点，既能连续操作又具有较高的出汁率，汁液较清，生产效率高。其工作原理是利用两条张紧的环状网带夹持果浆后绕过多级直径不等的榨辊，使得绕于榨辊上的外层网带对果浆产生压榨力，从而使果蔬汁穿过网带而排出（如图 4-5）。

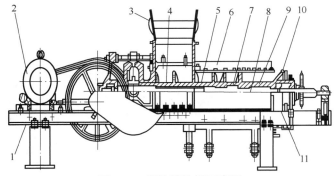

图 4-4　螺旋榨汁机示意图

1—机架　2—电动机　3—进料斗　4—外空心轴　5—第一辊棒　6—冲孔滚筒
7—第二辊棒　8—内空心轴　9—冲孔套筒　10—锥形阀　11—排出管

柑橘榨汁则采用特定的压榨机进行，常见的有布朗压榨机和安迪森压榨机。布朗压榨机由刻有纵纹的锥形取汁器组成，果实进入后先一切为二，然后再锥汁器内挤出果汁，适合橙类榨汁。安迪森压榨机适合于宽皮柑橘类，果实自进口进入，经旋转锯切一半，然后经压榨盘压榨，压力由压榨盘狭口到挡板的距离调节，果汁由挡板上的孔眼流出，果渣则从另一端排出。

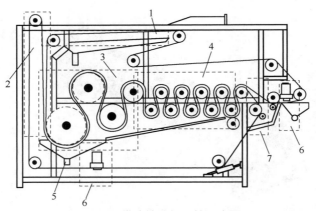

图 4-5 带式榨汁机压榨示意图

1—预提区 2—楔形区 3—低压榨汁区 4—高压榨汁区

5—出汁口 6—带清洗区 7—排渣区

2. 浸提压榨法

浸提压榨法适用于含水量较低的果蔬或果胶、果肉含量较高的原料，如酸枣、乌梅、红枣、山楂、五味子等，有时苹果、梨等为了提高出汁率，也采用浸提工艺提取。浸提时将果蔬原料进行碾压破碎，加入适量的水，在 70~95℃ 条件下软化浸提 30~60min，浸提一般在夹层锅中进行，浸提结束后，用榨汁机压榨取汁，一般进行 2~3 次浸提。

3. 打浆法

打浆法主要适用于草莓、番茄、樱桃、杏、芒果、香蕉、木瓜等组织柔软、果肉含量高、胶体物质含量丰富的果蔬原料，是生产带肉果蔬汁或浑浊果蔬汁的必要工序。打浆机多数为刮板式，中间为带有桨叶的刮板，下部为网筛，孔径根据果浆泥的要求可以改变，一般为 1~3mm。果蔬由进料口进入机内，送料桨叶将物料螺旋输送至刮板，物料被捣烂。由于离心力的存在，物料中的汁液和肉质（已成浆状），通过筛网上的筛孔进入下道打浆，果核则由出渣桨叶排出出渣口，从而实现浆渣自动分离（如图 4-6）。

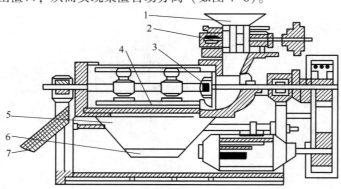

图 4-6 打浆机结构示意图

1—进料斗 2—切碎刀 3—螺旋推进器 4—破碎桨叶 5—圆筒筛

6—出料斗 7—出渣斗

影响榨汁效果的因素主要有果浆泥的破碎度、压榨层厚度、压榨时间、挤压压力、物料温度、纤维质含量等。在控制上述因素的前提下，为提高榨汁效果，通常向果浆泥中加入纤维类物质，改善其组织结构，缩短压榨时间，提高出汁率，此类物质称为榨汁助剂。早期的榨汁助剂一般为干树枝和稻草，近年逐渐用稻糠、硅藻土、木纤维等，添加量为 2%~8%。

（四）过滤

新榨汁中含有大量的悬浮物，其类型和数量依榨汁方法和植物组织结构而异，其中粗大的悬浮粒来自于果蔬细胞的周围组织或来自于细胞壁。其中尤以来自于种子、果皮和其它食用器官的组织颗粒，不仅影响果蔬汁的外观、状态和风味，也会使果蔬汁变质。柑橘类还含有橙皮苷、柠碱等苦味物质。

榨汁后要立即进行粗过滤，又称筛滤。对于混浊果汁，主要是去除分散于果蔬汁中的粗大颗粒和悬浮粒，同时又保存色粒以获得色泽、风味和典型的香味。对于澄清果汁，粗滤后还需精筛，或先行澄清处理后再过滤，务必除去全部悬浮颗粒。

生产上，粗滤可在压榨中进行，也可以在榨汁后作为一个独立的操作单元。粗滤可采用各种型号的筛滤机或振动筛。精滤常用的过滤设备是板框压滤机和硅藻土过滤机等。

（五）果蔬汁调整

果蔬汁成分调整为了使果蔬汁改进风味，符合一定的出厂规格要求。需适当地对糖、酸等成分调整，但调整的范围不宜过大，以免丧失原果蔬汁风味。果蔬汁调整一般利用不同产地、不同成熟期、不同品种的同种原果蔬汁进行调整，取长补短；混合汁可用不同种类的果蔬汁混合。

一般先调糖，用少量果蔬汁将糖溶解，加入到果汁中，测定酸度后用柠檬酸等果酸调酸。

（六）果蔬汁的澄清与过滤、均质及脱气、浓缩等工艺

分别见澄清果蔬汁加工特有工艺、混浊果蔬汁加工特有工艺和浓缩果蔬汁加工特有工艺。

（七）杀菌灌装

果蔬汁的变质一般是由微生物的代谢活动所引起，因此，杀菌是果蔬汁生产中的关键技术之一。果蔬汁及饮料的杀菌工艺是否正确，不仅影响产品的保藏性，而且影响产品的质量。果蔬中存在着各种微生物，它们会使产品腐败变质。果蔬汁中还存在着各种酶，会使制品的色泽、风味和形态发生变化，杀菌过程既要杀灭微生物又要钝化酶。

食品工业中采用的杀菌方法主要有加热杀菌和冷杀菌两大类，分别对应不同的包装材料。果蔬汁包装材料发展较快，目前主要有玻璃瓶、金属易拉罐、耐热聚酯（PET）瓶及无菌砖形（屋顶形）纸盒（袋）。发展较快的是无菌包装，20 世纪 70 年代末得以迅速发展，由于灭菌时间短，对食品营养损失少，风味色泽好，产品不需冷藏，可长期贮存，深受消费者的欢迎。

果蔬汁加工上目前常用的是热杀菌法，有以下三种灌装杀菌方式。

1. 传统的灌装杀菌方式

传统的灌装杀菌方式又称二次杀菌式或巴氏杀菌式，分低温持久杀菌和高温短时杀菌。

先将产品加热到 80℃ 以上，趁热灌装并密封，然后在热蒸汽或沸水浴中杀菌一定时间，冷却到 38℃ 以下为成品。杀菌温度和时间视产品的种类、pH 和容器大小来决定。

通常，酸性或高酸性产品采用低温持久杀菌。低酸性蔬菜汁则采用高于 100℃ 的加压杀菌方式。果蔬汁杀菌的微生物对象主要为好氧性微生物，如酵母和霉菌，酵母在 66℃、1min 内，霉菌在 80℃、20min 内即可被杀灭，一般情况下，巴氏杀菌条件（80℃、30min）即可将其杀灭。但对混浊果蔬汁，在此温度下如此长时间加热，容易产生煮熟味，色泽和香气损失大。

高温短时杀菌（high temperature short time，HTST）或超高温瞬时杀菌（ultra high temperature，UHT）主要是指在未灌装的状态下，直接对果蔬汁进行短时或瞬时加热，由于加热时间短，对产品品质影响较小。pH<4.5 的酸性产品，可采用高温（85~95℃）短时杀菌 15~30s，也可采用超高温（130℃）以上瞬时杀菌 3~10s。pH>4.5 的低酸性产品，则必须采用超高温杀菌。根据杀菌设备不同，超高温瞬时杀菌有板式灭菌系统和管式灭菌系统两类。这两种杀菌方式必须配合热灌装或无菌灌装设备，否则，灌装过程还可能导致二次污染。图 4-7 为板式热交换杀菌机构造示意图。

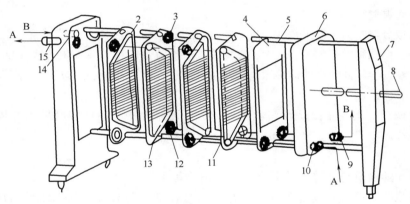

图 4-7　板式热交换杀菌机构造示意图

1—前支架　2—上角孔　3—圆环橡胶垫圈　4—分界板　5—导杆　6—压紧板
7—后支架　8—压紧螺杆　9、10、14、15—连接管　11—板框橡胶垫圈
12—下角孔　13—传热板

2. 高温瞬时杀菌热灌装

果蔬汁经高温短时杀菌或超高温瞬时杀菌，趁热灌入已预先消毒的洁净瓶内或罐内，趁热密封，倒瓶杀菌，冷却。此法较常用于高酸性果蔬汁及其饮料，也适合于茶饮料等。橙汁、苹果汁以及浓缩果汁等可以在 88~93℃ 下杀菌 40s，再降温至 85℃ 灌装；也可在 107~116℃ 内杀菌 2~3s 后罐装。目前，较通用的果汁灌装条件为 135℃、3~5s 杀菌，85℃ 以上热灌装，倒瓶杀菌 10~30s，冷却到 38℃。

3. 超高温瞬时杀菌无菌灌装

果蔬汁无菌包装是指将经过超高温瞬时灭菌的果蔬汁，在无菌的环境中，灌装入经过杀菌的容器中。无菌灌装产品可以在不加防腐剂、非冷藏条件下达到较长的保质期，一般在 6 个月以上。

无菌灌装是热灌装的发展，或者是热灌装的无菌条件系统化、连续化。无菌条件包括果蔬汁无菌、容器无菌、灌装设备无菌和灌装环境的无菌。

（1）果蔬汁的杀菌　果蔬汁采用超高温瞬时杀菌，从而保持营养成分、色泽和风味。

（2）无菌包装容器及其杀菌　用于果蔬汁无菌包装的容器包括复合纸容器、塑料容器、复合塑料薄膜袋、金属罐和玻璃瓶几种类型。包装容器的杀菌可采用 H_2O_2、乙醇、紫外线、放射线、超声波、加热法等，也可以几种方法联合在一起使用，具体选择何种杀菌方法需要根据包装容器材料而定。

（3）周围环境的无菌　必须保持连接处、阀门、热交换器、均质机、泵等的密封性和保持整个系统的正压。操作结束后用 CIP 装置，加 $5 \sim 20g/L$ 的氢氧化钠热溶液循环洗涤，稀盐酸中和，然后用热蒸汽杀菌。无菌室需用高效空气滤菌器处理，以达到卫生标准。

目前，采用冷灌装的果蔬汁还较少，所谓冷灌装，即灌装前进行高温短时杀菌，冷却到 5℃后进行灌装，冷藏销售。

4. 超高压杀菌

超高压杀菌技术（ultra-high pressure processing UHP）又称高压食品加工技术（high pressure processing，HPP），是在密闭的超高压容器内，用水作为介质对软包装食品等物料施以 $400 \sim 600MPa$ 的压力或用高级液压油施加以 $100 \sim 1000MPa$ 的压力并保压一定时间。在超高压处理条件下，生物体高分子立体结构中的氢键结合、疏水结合、离子结合等非共有结合发生变化，使蛋白质变性，淀粉糊化，酶失活，细胞膜破裂，菌体内成分泄漏，生命活动停止，微生物菌体破坏而死亡。

超高压处理容器内任何方向和位置的压力相等，液体体积被压缩变小，密度增加，液体被压缩时，储存压缩能，温度升高，溶液浓度增加，黏度提高，因此可杀死果蔬汁（浆）中几乎所有的细菌、霉菌和酵母菌，而不会造成果蔬汁（浆）营养成分破坏和风味变化，由于多在常温下操作，所以又称冷杀菌、非热加工。

近年来，在原果蔬汁保存方式上，无菌大袋保藏得到了快速发展。无菌大袋保藏又称为无菌大包装技术，是指将经过灭菌的果蔬汁在无菌的环境中包装，密封在经过灭菌处理的容器中，使其在不加防腐剂，无需冷藏的条件下最大限度保留食品中的营养成分和特有风味并得到较长的货架寿命，一般可保藏 12 个月以上。无菌大袋灌装机自带无菌室，在和外界隔离的条件下，利用机械手自动完成开盖、灌装、计量、关盖等过程，因此，无任何污染，特别适合果蔬原汁、果酱、饮料原浆等的无菌充填灌装。包装方式采用铝塑复合无菌袋，容量为 $5 \sim 220L$。

无菌大袋灌装设备具有代表性的生产商是美国 CHERRY－BURRELL 公司和 SCHOLL ECOR 公司，目前，该设备已经国产化。

二、　澄清果蔬汁加工特有工艺

澄清果蔬汁工艺流程如下：

果蔬原料 → 挑选 → 清洗 → 破碎 → 加热 → 榨汁 → 粗滤 → 调整 → 澄清 → 精滤 → 杀菌 → 灌装 → 成品

上述工艺中，从原料选择到成分调整的工艺，操作要点同本节第一部分。特有工序为澄清和精滤，操作要点如下。

（一）澄清

原果蔬汁是一个复杂的胶体系统，其混浊物主要包括果胶、淀粉、蛋白质、多酚和金属离子等，通过水合作用、聚合反应和络合作用，使果蔬汁成为复杂的多分散相系统，它还含有发育不完全的种子、果心、果皮和维管束等颗粒以及色粒，这些物质除色粒外，主要成分是纤维素、半纤维素、多糖、苦味物质和酶，这些粒子是果蔬汁混浊的原因，将影响果汁的品质和稳定性。在澄清果蔬汁的生产中，它们影响到产品的稳定性，必须加以除去。使用机械的方法或在果蔬汁中使用添加剂的方法从果蔬汁中分离出沉淀物的一切措施及过程即为澄清。

果蔬汁中的亲水胶体为带电体并能吸附水膜，胶体的吸附作用、离子化作用及能与其它胶体相互反应的性质，都可影响其稳定性。澄清的原理就是利用电荷中和、脱水和加热等方法，引起胶粒的聚集并沉淀，含有不同电荷的胶体溶液混合也会发生共同沉淀。根据这些原理，人们多采用静置、加热、冷冻、离心、超滤、添加澄清剂等方法澄清果蔬汁。常用方法如下。

1. 自然澄清

自然澄清又称静置澄清，是将果汁置于密闭容器中，经 15~20d 或更长时间静置，使悬浮物沉淀，与此同时，果胶质也逐渐水解，果蔬汁黏度降低，蛋白质和单宁也会逐渐形成沉淀，从而使果汁澄清。此法简便易行，但果蔬汁在长时间静置的过程中，容易发酵变质，必须加入适当的防腐剂，并且将果蔬汁置于低温阴凉处。

2. 加热澄清

加热澄清是指将果汁在 80~90s 内瞬间加热至 80~82℃，然后急速冷却至室温后灌装于密闭容器中静置。由于温度的剧变，果汁中蛋白质和其它胶体物质变性，凝固析出，从而达到澄清。但一般不能完全澄清，且由于加热，损失一部分芳香物质。

3. 冷冻澄清

冷冻澄清是指将果汁急速冷冻，使胶体浓缩脱水，改变胶体的性质，一部分胶体溶液完全或部分被破坏而变成不定型的沉淀，在解冻后过滤除去；另一部分保持胶体性质的可用其它方法除去。此法特别适用于雾状混浊的果蔬汁，苹果汁用该法澄清效果较好。葡萄汁、酸枣汁、沙棘汁和柑橘汁采用此法澄清也能取得较好效果。一般冷冻温度为−20~−18℃。

4. 加酶澄清

果胶物质是果蔬汁中主要的胶体物质，随果蔬种类不同，其含量在 70~4000mg/L 不等。果胶酶可以将其水解成水溶性的半乳糖醛酸，而果蔬汁中的悬浮颗粒一旦失去果胶胶体的保护，即极易沉降而澄清。酶法澄清是利用果胶酶制剂水解果蔬汁中的果胶物质，使果蔬汁中其它胶体失去果胶的保护作用而共同沉淀，以达到澄清的目的。酶制剂虽然可在榨出的新鲜果蔬汁中直接加入，但是以澄清为目的的还要在果蔬汁成分调整工序后加入。

通常所说的果胶酶是指分解果胶的多种酶的总称，包括了纤维素酶和微量淀粉酶。果胶酶的反应速度与反应温度有关，在 45~55℃，果胶酶的酶促反应随温度升高而加速；超过 55℃时，酶因高温作用而钝化，反应速度反而减缓。酶制剂澄清所需的时间，取决于温度、果蔬汁的种类、酶制剂的种类和数量，低温所需时间长，高温时间短。澄清果蔬汁时，酶制剂用量是根据果蔬汁的性质和果胶物质的含量及酶制剂的活力来决定的，一般用量是每吨果汁加干酶制剂 0.2~1kg，作用时间为 60~150min。生产上，果胶酶依其得到的方式不同和活力、理化特性不同，加入前需做预先试验。

5. 澄清剂澄清

澄清剂澄清就是向待处理果蔬汁中加入具有不同电荷性质的添加剂，使其发生电荷中和、凝聚等带动沉淀物下沉达到澄清的目的一种方法。常用的澄清剂有食用明胶、硅胶、单宁、膨润土（皂土）、PVPP（聚乙烯吡咯烷酮）、海藻酸钠、琼脂等。近年来，壳聚糖也被广泛应用于果蔬汁的澄清，此外，蜂蜜也作为澄清剂用于果蔬汁的澄清。

（1）明胶-单宁法　单宁和明胶或果胶、干酪素等蛋白质物质混合可形成明胶单宁酸盐的络合物而沉降，果蔬汁中的悬浮颗粒也会随着络合物的下沉而被缠绕沉淀。此外，果蔬汁中的果胶、纤维素、单宁及多缩戊糖等带有负电荷，酸介质中的明胶带正电荷，由于正、负电荷微粒的相互作用而凝集沉淀，也可使果蔬汁澄清。明胶的用量因果蔬汁的种类和明胶的种类而不同，一般每100L果汁需明胶10~12g、单宁5~10g。

使用时将所需明胶吸水膨胀，和单宁分别配成1%的溶液。按小试确定的需要量，先加单宁后加明胶，不断搅拌，缓慢加入果汁中。溶液加入后在10~15℃室温下静置4~8h，使胶体凝集、沉淀。此法用于梨汁、苹果汁等的澄清，效果较好。对于含单宁比较多的果蔬汁如山葡萄汁、蓝靛果汁、山梨汁等可直接加入明胶，即能达到澄清效果。

（2）膨润土（皂土）法　膨润土有Na-膨润土、Ca-膨润土和酸性膨润土三种，在果汁的pH范围内，呈负电荷，可以通过吸附作用和离子交换作用去除果汁中多余的蛋白质，防止由于使用过量明胶而引起混浊。它还可以去除酶类、鞣质、残留农药、生物胶、气味物质和滋味物质等，缺点为释放金属离子、吸附色素及有脱酸作用。果汁中的常用量为0.25~1g/L果汁，温度以40~50℃为宜。使用前，应用水将膨润土充分吸胀几小时，形成悬浮液。

（3）硅胶法　硅胶是胶体状的硅酸水溶液，呈乳浊状，二氧化硅含量29%~31%，pH9~10，硅胶粒子呈负电性，能与果蔬汁中的呈正电性的各类粒子如明胶粒子、蛋白质粒子和黏性物质结合而沉淀。硅胶使用温度为20~30℃，加入量为每100L果汁需硅胶20~30g，作用时间3~6h。

（4）其它澄清剂法　用1g/L果汁浓度的聚乙烯吡咯烷酮（PVPP）或2~5g/L果汁的聚酰胺处理2h可以有明显的澄清效果。用海藻酸钠和碳酸钙以1：1~1：7的比例混合，调成糊状，按果汁质量的0.05%~0.1%加入，混合均匀，低温处静置10~12h，可使某些果汁得以澄清。也可用琼脂代替海藻酸钠，有时可得到更满意的效果。黄血盐为葡萄酒的澄清剂，也可用于果汁澄清。向果汁内加入琼脂、活性炭、蜂蜜、壳聚糖等均有一定的澄清效果。

各种澄清剂还可以与酶制剂结合使用，如苹果汁的澄清，果蔬汁加酶制剂作用20~30min后加入明胶，在20℃下进行澄清，效果良好。

6. 离心澄清

离心澄清属于物理澄清，需用离心机完成分离，将果蔬汁送入离心机的转鼓后，转鼓高速旋转，一般转速在3000r/min以上，在离心力的作用下实现固液分离，达到澄清目的。对于含粒子不多的果蔬汁具有一定的澄清效果，多作为超滤澄清的预澄清。

7. 超滤澄清

超滤澄清为物理澄清法的一种，为现代膜技术在果蔬汁澄清的应用，采用超滤膜装置处理果蔬汁，超滤膜孔径0.0015~0.1μm，过滤范围在0.002~0.2μm，理论上只有直径小于0.002μm的粒子如水、糖、盐、芳香物质可滤过超滤膜，直径大于0.1μm的粒子如蛋白、果胶、脂肪等及所有微生物都不能通过超滤膜。常用的超滤膜为醋酸纤维膜、聚砜膜、陶瓷膜等，有管状膜、空心纤维膜及平板膜。

使用膜分离技术不但可澄清果蔬汁，同时，因在处理过程中无需加热，无相变现象，设备密封，减少了空气中氧的影响，对保留维生素C及一些热敏性物质是很有利的，另外，超滤还可除去一部分果蔬汁中微生物等。但是鉴于现有的技术水平，超滤在果蔬汁加工方面的应用还有一定的限制。目前，普遍采用预澄清来提高超滤膜的效率。

（二）精滤

澄清处理后必须经过精密过滤，将混浊或沉淀物除去得到澄清透明且稳定的果蔬汁。常用的过滤介质有石棉、硅藻土等，过滤介质的选择随过滤方法和设备而异。常用的过滤方法有压滤、离心分离、真空过滤等，最常用的是压滤和真空过滤。

1. 压滤

压滤是将待过滤果蔬汁流经一定的过滤介质，形成滤饼，并通过机械压力使汁液从滤饼流出，与果肉微粒和絮凝物分离。常用的过滤设备有硅藻土过滤机和板框式压滤机（图4-8）。硅藻土过滤以硅藻土作为助滤剂，过滤时将硅藻土添加到混浊果汁中，经过反复回流，使硅藻土沉积在滤板上的厚度达2~3mm，形成滤饼层，一般情况下，40cm×40cm的板框需用1.5kg硅藻土，苹果汁过滤需1~2kg/1 000L，葡萄汁过滤约需3kg/1 000L。硅藻土过滤可用于预过滤。板框式过滤机采用固定的石棉等纤维作过滤层，可根据果汁不同，选用不同的过滤材料。当过滤速度明显变慢时，要更换过滤介质。

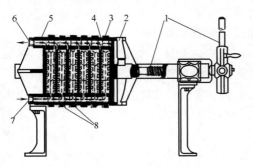

图4-8　板框压滤机示意图

1—压紧装置　2—可动头　3—滤框　4—滤板
5—固定头　6—滤液出口　7—滤浆进口　8—滤布（棉）

2. 真空过滤

真空过滤法是过滤滚筒内产生一定的真空度，一般在84.6kPa左右，利用压力差使果蔬汁渗过助滤剂，得到澄清果蔬汁。过滤前在真空过滤器的滤筛上涂一层厚6~7cm的硅藻土，滤筛部分浸没在果蔬汁中。过滤器以一定的速度转动，均一地把果蔬汁带入整个过滤筛表面。过滤器内的真空使过滤器顶部和底部果蔬汁有效地渗过助滤剂，损失很少。

（三）过滤之后的杀菌、灌装等工艺操作

同果蔬汁通用生产工艺。

三、混浊果蔬汁加工特有工艺

混浊果蔬汁工艺流程如下：

果蔬原料→挑选→清洗→破碎→加热→榨汁→粗滤→调整→均质→脱气→杀菌→灌装→成品

上述工艺中从原料选择到成分调整的工艺，操作要点同本节第一部分。特有工序为均质和脱气，操作要点如下。

（一）均质

生产带肉果蔬汁或者混浊果蔬汁时，由于果汁中含有大量果肉微粒，为了防止果肉微粒与汁液分离影响产品外观，提高果肉微粒的均匀性、细度和口感，需要进行均质处理，特别是透明瓶装产品必须均质处理。均质是将果蔬汁通过均质设备，使制品中的细小颗粒进一步破碎，使粒子大小均匀，使果胶物质和果蔬汁亲和，保持制品的均一混浊状态。混浊果蔬汁一般先行成分调整，再行均质脱气，但也可在成分调整前进行均质。

常用的均质设备是高压均质机。物料在高压均质机的均质阀中发生细化和均匀混合过程，可以使物料微粒细化到$0.1\sim0.2\mu m$。胶体磨也是具有均质细化作用的果蔬汁加工机械。胶体磨可使颗粒细化度达到$2\sim10\mu m$。一般在加工过程，可先将果蔬粗滤液和果蔬浆经过胶体磨处理后，再由高压均质机进行进一步微细化（见图4-9）。

图4-9　高压均质工作原理示意图

胶体磨也常用作均质机械，它是一种磨制胶体或近似胶体物料的超微粉碎设备。胶体磨按结构和安装方式不同可分为立式和卧式两种。立式胶体磨基本工作原理如图4-10所示，电动机带动转齿（或称为转子）与相配的定齿（或称为定子）作相对的高速旋转，被加工物料通过本身的重力或外部压力（可由泵产生）加压产生向下的螺旋冲击力，透过定、转齿之间的间隙（间隙大小可调至$10\sim30\mu m$）时受到强大的剪切力、摩擦力、高频振动等物理作用，使物料被有效地乳化、分散和粉碎，达到物料超细粉碎及乳化目的，具有与均质机相近的效果。

超声波均质机是近年发展的一种新型均质设备，其作用原理是利用强大的空穴作用力，产生絮流、摩擦、冲击等而使粒子破碎。

（二）脱气

果蔬细胞间隙存在着大量的空气，在原料的破碎、取汁、均质、搅拌和输送等工序中又混入大量的空气，必须加以去除。脱气又称脱氧，其目的是：①脱除果蔬汁中的氧气，防止或减轻果蔬汁中的色素、维生素C、芳香成分和其它营养物质的氧化损失；②除去附着于产品悬浮颗粒表面的气体，防止装瓶后固体物上浮液面；③减少装罐（瓶）和瞬时杀菌时的起泡；④减少金属罐的内壁腐蚀。常用脱气方法如下。

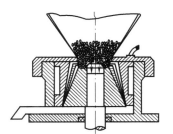

图4-10　立式胶体磨基本工作原理示意图

1. 真空脱气法

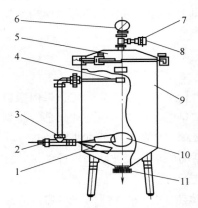

图 4-11 真空脱气示意图
1—浮子 2—进料管 3—三通阀
4—喷头 5—顶盖 6—真空表
7—单向阀 8—真空阀 9—脱气室
10—视孔 11—放液口

采用真空脱气机进行脱气时，将果汁引入真空锅内，然后被喷成雾状或分散成液膜，使果汁中的气体迅速逸出（图4-11）。真空脱气机的喷头有喷雾式、离心式和薄膜式三种，无论哪种形式，目的在于增加果蔬汁的表面积，提高脱气效果。真空度越高，物料的沸点越低，在能够达到的高真空度条件下，选择温度以低于沸点3~5℃为宜。一般在真空度为0.08~0.093MPa和40℃左右时进行脱气，可脱除果蔬汁中90%的空气。真空脱气过程中，果蔬汁中的芳香成分和部分水分被脱除，香气损失较严重。为了减少香气损失，可以安装香气回收装置，将回收的冷凝液回加到果汁中。

2. 氮气交换法

氮气交换法是在果蔬汁中压入氮气，使果蔬汁在氮气泡沫流的强烈冲击下失去所带的氧气，最后剩下的几乎全是氮气。

3. 抗氧化法

抗氧化法是果蔬汁灌装时加入少量抗坏血酸等抗氧化剂，以除去容器顶隙中氧的方法。1g抗坏血酸约能去除1mL空气中的氧。

4. 酶法脱气法

用葡萄糖氧化酶和过氧化氢酶以除去果蔬汁中的氧。葡萄糖氧化酶是一种典型的需氧脱氢酶，可使葡萄糖氧化而生成葡萄糖酸及过氧化氢。过氧化氢酶可使过氧化氢分解为水及氧气，氧气又消耗在葡萄糖氧化成葡萄糖酸的过程中，因此，具有脱氧作用。

（三）脱气之后的杀菌、灌装等工艺操作

同果蔬汁通用生产工艺。

四、 浓缩果蔬汁加工特有工艺

浓缩果蔬汁加工工艺流程如下：

果蔬原料→ 挑选 → 清洗 → 破碎 → 加热 → 榨汁 → 过滤 → 调整 → 浓缩 → 杀菌 → 灌装 →成品

上述工艺中，从原料选择到成分调整的工艺，操作要点同本节第一部分。特有工序为浓缩，操作要点如下。

（一）果蔬汁浓缩

浓缩果蔬汁是在澄清汁或混浊汁的基础上脱除大量水分，使果蔬汁体积缩小、固形物浓度提高到40%~65%，酸度也随之增加到相应的倍数。由于浓缩后的果蔬汁，提高了糖度和酸度，所以在不加任何防腐剂情况下也能长期保藏，果蔬汁的品质更加一致，便于贮运。理想的浓缩果蔬汁，在稀释和复原后，应和原果蔬汁的风味、色泽、混浊度等相似。世界果汁贸易也主要是浓缩汁贸易。生产上常用的浓缩方法如下。

1. 真空蒸发浓缩

真空蒸发浓缩是目前果蔬汁生产中广泛使用的一种浓缩方式，其原理是通过负压降低果蔬汁的沸点，使果蔬汁中的水分在较低温度下快速蒸发，由此提高了浓缩的效率，减少了热敏性成分的损失，提高了产品的品质。

真空浓缩设备由蒸发器、真空冷凝器和附属设备组成。蒸发器由加热器、蒸发分离器和果汁气液分离器组成。真空冷凝器由冷凝器和真空泵组成。常见的果蔬汁浓缩装置有薄膜式、强制循环式、离心薄膜式和膨胀流动式等。在加热浓缩过程中，果蔬汁中部分芳香成分会随着水分的蒸发而逸出，从而使浓缩汁失去原有的天然风味。因此，芳香物质的回收是各种真空浓缩汁生产中不可缺少的工艺环节，通过香气回收装置将这些逸出的芳香物质进行回收，加入到浓缩汁或稀释复原的果蔬汁中。

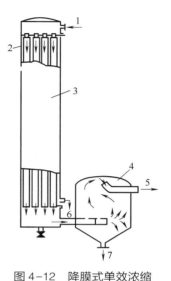

图 4-12　降膜式单效浓缩
装置的示意图
1—料液进口　2—蒸汽进口
3—加热器　4—分离器
5—二次蒸气出口　6—冷凝水出口
7—浓缩液出口

薄膜式浓缩在浓缩果汁生产中应用较广泛，果蔬汁浓缩时，果汁在加热管内壁成膜状流动，包括升膜式浓缩和降膜式浓缩，前者是果蔬汁从加热器底部进入管内，经蒸汽加热沸腾迅速汽化，所产生的二次蒸汽高速上升，带动果蔬汁沿管内壁成膜状上升，不断被加热蒸发；后者是果蔬汁由加热器顶部进入，经料液分步器均匀地分布于管道中，在重力作用下，以薄膜形式沿管壁自上向下流动而得到蒸发浓缩。薄膜式浓缩传热效率高，果蔬受热时间短，浓缩度高，尤其适用于浓缩黏稠度高的果蔬汁。目前，在果蔬汁加工工业中广泛应用的浓缩设备是降膜式浓缩设备（见图 4-12）。

蒸发和冷凝都需要能量，单效蒸发器耗能很高，为提高浓缩效率，有效利用热能，一般将几个蒸发器串联在一起成多效蒸发器，一级蒸发器产生的水蒸气是下一级蒸发器的加热介质，热介质只进入第一级蒸发器，最后一级蒸发器产生的水蒸气才进入冷凝器，最多可达五效，一般为两效或三效。目前，应用较多的为三效降膜式浓缩蒸发器。

2. 冷冻浓缩

果蔬汁的冷冻浓缩是应用冰晶与水溶液的固-液相平衡原理，将果蔬汁中的水分以冰晶体形式排除。当水溶液中所含溶质浓度低于共溶浓度时，溶液被冷却至冰点后，其中的水部分变成冰晶析出，剩余溶液的溶质浓度则由于冰晶数量和冷冻次数的增加而大大提高。其过程包括如下三步：结晶（冰晶的形成）、重结晶（冰晶的成长）、分离（冰晶与液相分开）。

冷冻浓缩避免了热力及真空的作用，没有热变性，挥发性芳香物质损失少，产品质量高，特别适用于热敏性果蔬汁的浓缩。由于把水变成冰所消耗的热量远低于蒸发水所消耗的能量，因此能耗较低。但冷冻浓缩效率不高，不能把果蔬汁浓缩到 55% 以上，且除去冰晶时会带走部分果蔬汁而造成损失。此外，冷冻浓缩时不能破坏微生物和酶的活力，浓缩汁还必须再经杀菌处理或冷冻保藏。

3. 反渗透浓缩

反渗透技术是一种膜分离技术，借助压力差将溶质与溶剂分离（其分离原理详见水处理一章），广泛应用于海水的淡化和纯净水的生产。在果蔬汁工业上用于果蔬汁的预浓缩，与蒸发浓缩相比，反渗透浓缩优点是：不需加热，常温下浓缩不发生相变，挥发性芳香成分损失少，在密闭管道中进行不受氧气的影响，节能。反渗透需要与超滤和真空浓缩结合起来才能达到较为理想的效果。其过程为：

果蔬汁 → 澄清 → 超滤 → 反渗透 → 真空浓缩 → 浓缩汁

（二）浓缩之后的杀菌、灌装等工艺操作

同果蔬汁通用生产工艺。

五、 NFC 果汁生产工艺

NFC 是英文 Not From Concentrate 的简称，意为非浓缩还原。NFC 果汁即非浓缩还原果汁，是将新鲜水果经清洗、破碎、压榨得到果汁，巴氏杀菌后直接灌装，由于是在低温环境中加工而成，完全保留了水果原有的营养和新鲜风味，低温（0~4℃）冷藏条件下，保质期一般为 20~40d。NFC 果汁不同于"浓缩汁还原"的原果汁，其特点是新鲜压榨，多为混浊果汁，与传统果汁相比，NFC 果汁更营养、更健康。随着超高压杀菌技术在 NFC 果汁中的应用，也使 NFC 果汁品质得到进一步提升，成为名副其实的冷压榨果汁。

过去，由于这种果汁需要低温保存和冷链运输，保质期相对较短，所以成本较高，影响了 NFC 果汁产业的发展。近年来，我国冷链技术与设备的发展推动了 NFC 果汁发展，2015年以来进入快速发展期，市场占有率较高的 NFC 果汁品牌有十余个。随着更多 NFC 果汁加工技术和装备的发展和推广，我国 NFC 果汁产业的发展具有广阔的前景。

（一）NFC 果汁加工工艺

原产地收购 → 分选 → 清洗 → 破碎（防褐变处理） → 榨汁 → 粗滤 → 巴氏杀菌 → 热灌装

NFC 果汁是在果汁通用加工工艺上采用特有的操作而实现的。一是破碎榨汁工序，通常采用防褐变处理直接榨汁；二是粗滤工序可通过密闭过滤或离心等方式；三是杀菌灌装，采用巴氏杀菌，一般在 80~85℃杀菌 1~5min，热灌装密封。

若采用超高压杀菌则果汁在粗滤或离心后灌装入软包装容器中，置于超高压容器内，施加 300~600MPa 的压力并保压 10min 以上。

（二）NFC 果汁加工设备

NFC 果汁加工设备在工序设备上与果汁通用加工设备基本相同，由于其强调的是生产中的洁净、新鲜、无污染，故要求产品加工中工序设备应做到连续、密闭、安全卫生。国家农产品加工技术装备研发分中心根据我国果蔬汁加工业特别是 NFC 果汁产业的发展需要，组织相关部门研制了果蔬原汁加工设备。

六、 果蔬汁饮料加工工艺

果蔬汁饮料是以前述的果蔬原汁、原浆或浓缩汁为主要原料，添加糖或食盐、酸、香

料、色素、稳定剂等经调配、均质或过滤、杀菌等工艺得到的可直接饮用的饮品。按照《饮料通则》GB10789—2007 规定，果蔬汁饮料应含原果蔬汁 10%～40%。目前，市场上较多的是含原汁 10%、20%～30%的果蔬汁饮料。

（一）果蔬汁饮料的常用辅料

（1）甜味剂　白砂糖、果葡糖浆、冰糖、红糖等。

（2）非糖甜味剂　甜叶菊苷、木糖醇、蛋白糖、甜蜜素、安赛蜜、天门冬酰苯丙氨酸甲酯等。

（3）酸味剂　柠檬酸、苹果酸、酒石酸、乳酸、醋酸、磷酸等。

（4）防腐剂　苯甲酸钠、山梨酸钾、乳酸链球菌素等。

（5）增稠剂　果胶、卡拉胶、黄原胶、CMC、海藻酸钠等。

（6）香精　水溶性的各种水果香精、光谱增香剂麦芽酚、天然水果香精油等。

（7）色素　水溶性的各种红色素、黄色素、绿色素等合成色素，各种色泽的天然色素等。

（8）品质改良剂　柠檬酸钠、三聚磷酸钠、焦磷酸钠等。

（9）抗氧化剂　抗坏血酸、异抗坏血酸钠等。

（10）软化水　经离子交换和反渗透等处理的总硬度在 100mg/L（以 $CaCO_3$ 计）的软化水。

所有添加剂必须严格按照《食品添加剂使用标准》GB 2760—2011 执行。

（二）果蔬汁饮料的工艺流程

原果蔬汁（浆）或浓缩果蔬汁┐
白砂糖（食盐）及食品添加剂├→调配→过滤或均质→杀菌→灌装→密封→杀菌→成品
软化水　　　　　　　　　　┘

（三）果蔬汁饮料的工艺要点

1. 确定果蔬原汁含量和糖酸比

根据所要制造的果蔬汁饮料的种类确定果蔬原汁的最低含量，确定原果蔬汁含量指标，然后确定糖酸比，绝大多数果汁的糖酸比为 20∶1～40∶1，果蔬汁饮料的糖酸比一般大于果蔬汁的糖酸比，适宜的糖酸比来源于市场调查。

2. 调配

调配是果蔬汁饮料生产的关键工艺。调配果蔬汁饮料一般是先将白砂糖溶解，配成 55%～65%的浓糖浆贮存备用，再依次按照配方加入预先配制成一定浓度的防腐剂、甜味剂、原果汁、稳定剂、柠檬酸、品质改良剂、色素、香精等添加剂，蔬菜汁饮料一般需用食盐、味精调配。最后用软化水定容。

3. 过滤或均质

生产澄清型果蔬汁饮料需进行精密过滤，而生产混浊果蔬汁饮料则需均质、脱气。具体参见果蔬汁中相关工艺。

4. 杀菌灌装

玻璃瓶和易拉罐等耐热容器包装的采用二次杀菌方式，第一次杀菌多采用高温瞬时杀菌，灌装温度不低于 70℃，封口后在 80℃下杀菌 20min，冷却即为成品。耐热 PET 及纸盒包装的采用一次杀菌方式，多采用超高温瞬时杀菌无菌灌装，灌装温度一般在 85℃以上，封口后冷却即为成品。

第二节　果蔬汁生产中常见质量问题及控制

一、　果蔬汁的败坏

（一）微生物败坏

1. 细菌

细菌败坏主要是乳酸菌、醋酸菌、丁酸菌等败坏苹果、梨、柑橘、葡萄等果汁。它们能在厌氧条件下迅速繁殖，对低酸性果汁具有极大的危害性，常引起混浊、絮状沉淀、变味等。

2. 酵母菌

酵母菌是引起果汁败坏的主要微生物，可引起果汁发酵产生大量二氧化碳，糖度降低使酸味凸显增大，发生胀罐，甚至会使容器破裂。

3. 霉菌

丝衣霉属的某些子囊孢子热稳定性很高，可导致果蔬汁霉变。红曲霉、拟青霉等会破坏果胶，改变果蔬汁原有酸味并产生新的酸而导致风味劣变。

因此，在果蔬汁加工中要严格原料、车间、设备、管道、容器、工具及人员的清洁卫生，防止半成品积压等。

（二）化学败坏

化学败坏主要是果蔬中各种化学成分之间或果蔬化学成分与其接触的包装容器的成分之间发生的氧化、还原、化合、分解等各种化学反应所引起，也有的果蔬汁中各种酶的化学反应引起的品质劣变。如酸性果汁中的酸与马口铁罐盖的铁的反应等造成腐蚀作用并产生氢气而胀罐和泄露。维生素 C 被氧化减少，绿色素遇酸褪色等都是化学反应的结果。

（三）物理败坏

物理败坏主要是温度、压力、光等物理因素引起的果蔬汁品质变化，如果蔬汁受冻引起沉淀和风味变化，受热引起营养素的损失等；果蔬汁成品受挤压变形，受大气压的变化引起的胀罐和瘪罐等；透明包装的果蔬汁产品受光线直射引起的变色等，这些都是物理性败坏。由于光会引起温度变化，而温度会引起化学反应变化，因此物理败坏与化学败坏有着密切的联系。

二、　果蔬汁的褐变

果蔬汁出现的变色主要是酶促褐变和非酶褐变引起的，还有就是在存放过程中果蔬汁本身所含色素的改变引起变色。

(一) 果蔬汁的酶促褐变

在果蔬组织内含有多种酚类物质和多酚氧化酶 (polyphenol oxidase，PPO)，在加工过程中，由于组织破坏与空气接触，使酚类物质被多酚氧化酶氧化，生成褐色的醌类物质，如苹果汁、梨汁和芦笋汁等，色泽会由浅变深，甚至为黑褐色。

防止酶促褐变一是工序中的加热处理，采用 70～80℃、3～5min 或 95～98℃、30～60s 加热钝化多酚氧化酶活力；二是在破碎等工序添加抗氧化剂如维生素 C 和异维生素 C，用量 0.03%～0.04%，对低酸果汁还可添加有机酸，如 0.5～1g/L 柠檬酸处理，抑制酶的活力；三是包装前充分脱气，包装隔绝氧气，生产过程减少与空气的接触，杀菌时做到彻底杀菌。

(二) 果蔬汁的非酶褐变

果蔬汁的非酶褐变是指果汁中的还原糖和氨基酸之间发生美拉德反应，在浓缩汁中这种褐变尤其突出。常用的控制方法包括：有效控制 pH 在 3.3 或以下；防止过度的热力杀菌；制品贮藏在较低温度下，10℃ 或更低温度。

(三) 果蔬本身所含色素的改变

果蔬色素常见的有叶绿素、类胡萝卜素、花青素等，这些色素对光、热、pH 等敏感，在加工和产品贮运过程中容易发生颜色变化。如叶绿素在酸性条件下，色素中的镁离子被氢离子取代，生成脱镁叶绿素，变成褐色；富含黄酮色素的果汁在光照下很快会变成褐色或褪色；花青素在光照和加热过程中也发生褪色，颜色逐渐消失。控制方法主要有在果蔬汁加工过程中避免与重金属离子接触；尽量减少饮料的受热时间，避光贮存；控制 pH 在 3.2 以下。也可以从护色角度进行控制，如将清洗后绿色蔬菜在稀碱液中浸泡 30min 或用 1g/L 碳酸氢钠沸腾溶液烫漂 2min，从而达到护绿效果。

三、　果蔬汁的变味

果蔬汁的变味主要是由于微生物生长繁殖引起，个别类型的果汁还可能与加工工艺有关，如柑橘汁的变苦等。

(1) 微生物引起的变味　微生物引起的变味如细菌中的枯草杆菌繁殖引起的馊味；乳酸菌和醋酸菌发酵引起的各种酸味；丁酸菌发酵引起的臭味；酵母或霉菌引起的各种霉变味。微生物引起的变味，主要应着重注意各个工艺环节的清洁卫生和杀菌的彻底性。

(2) 柑橘汁的变味　柑橘汁加工处理不当，会产生变味儿：一是煮熟味儿，由于柑橘为热敏性很强的果汁，杀菌过度或采用 100℃ 以上温度杀菌，都易生成羟甲基糠醛形成煮熟味儿；二是苦味儿，柑橘果实中的白皮层、种子、中心柱含有糖苷主要是柠碱类物质，形成的后苦味物质掺和在柑橘汁中；三是萜烯味，即在柑橘加工的过程中，外果皮的芳香油过多的带入，尤其是 d-苧烯在柠檬酸的氧化下可生成萜品醇，而产生松节油味。克服柑橘汁的变味应注意，采用适宜的杀菌方法和温度，以瞬时杀菌方法为好；在加工中应提高柑橘采收成熟度；选择含苦味物质少的品种；先取芳香油，再进行榨汁；榨汁时避免压破白皮层、种子、中心柱等组织；采用柚皮苷酶和柠碱前体脱氢酶处理以水解苦味物质，减轻苦味；采用聚乙烯吡咯烷酮、尼龙-66 等吸附剂吸附苦味物质；添加 β-环状糊精等物质提高苦味阀值，起到隐蔽苦味的作用。

四、 果蔬汁的沉淀和混浊

澄清果蔬汁要求产品澄清透明，出现后混浊（after-haze）现象主要是由于澄清处理不彻底，少数是微生物因素。澄清处理不彻底主要是果蔬汁中的果胶、淀粉、明胶、酚类物质、蛋白质、助滤剂、微生物等在澄清和过滤工艺中未能彻底去除。杀菌不彻底，微生物在后续存放的过程中也会大量繁殖而导致混浊与沉淀。在生产中应采用乙醇进行果胶检验，然后对症采取相应的措施。

混浊果蔬汁和带肉饮料要求产品均匀，混浊一致，若产生分层与沉淀，主要是稳定性处理和均质不足所致的果肉沉淀引起。果肉颗粒沉淀与颗粒的体积、果蔬汁的黏度、果肉颗粒和液体之间的密度差等有关，因此，在生产过程中主要通过均质处理细化果蔬汁中悬浮粒子，或添加一些增稠剂提高产品的黏度，彻底脱气，减小果肉颗粒和液体之间的密度差等措施，保证产品的稳定性。

五、 果蔬汁的掺假

果蔬汁掺假是指生产企业为了降低生产成本，在果蔬汁或果蔬汁饮料产品中人为降低果蔬汁含量而没有达到规定的标准，为了弥补其中各种成分不足而添加一些相应的化学成分使其达到规定含量。国外已经对果蔬汁的掺假问题进行了多年研究，并制定了一些果蔬汁的标准成分和特征性指标的含量，通过分析果蔬汁及饮料样品的相关指标的含量，并与标准参考值进行比较，来判断果蔬汁及饮料产品是否掺假。如利用特征脯氨酸、特征氨基酸的含量与比例作为柑橘汁掺假的检测指标。果蔬汁的掺假在我国还没有得到应有的重视，很多企业的产品中果蔬汁含量没有达到 100% 也称天然果蔬汁，甚至把果蔬带肉饮料或混浊果蔬汁饮料称为 100% 果蔬汁。

六、 果蔬汁的农药残留

农药残留是果蔬汁国际贸易中非常重视的一个问题，并日益引起消费者的关注。农药的主要来源是果蔬原料自身，是由于果园或田间管理不善，滥用农药或违禁使用一些剧毒、高残留农药造成的。通过实施《良好农业规范》，加强果园或田间的管理，减少或不使用化学农药，生产绿色或有机食品，完全可以避免农药残留的发生。此外，果蔬原料在清洗时，也应该根据所使用农药的特性，选择一些适宜的酸性或碱性洗涤剂，这些都有助于降低农药残留。

第三节　果蔬汁类产品相关标准

果蔬汁类产品的标准是生产合格果汁产品的依据，也是果汁在市场上流通时抽检判断其是否合格的重要依据。果蔬汁类标准按内容分为通用分类标准、卫生标准、试验方法标准、产品质量标准等，按发布部门分为国家标准、部颁标准与行业标准、地方标准和企业标准等。

一、国　家　标　准

国家标准由中华人民共和国国家质量监督检验检疫总局、中国国家标准化管理委员会、国家卫生和计划生育委员会、农业部、国家食品药品监督管理总局等部门发布，主要有 GB/T 10789—2015《饮料通则》和 GB/T 31121—2014《果蔬汁类及其饮料》，2019 年 10 月实施上述两个标准的第 1 号修改单（XG1—2018）；其他如 GB 23200.14—2016 食品安全国家标准《果蔬汁和果酒中 512 种农药及相关化学品残留量的测定　液相色谱-质谱法》、GB/T 18963—2012《浓缩苹果汁》、GB/T 19416—2003《山楂汁及其饮料中果汁含量的测定》、GB/T 27305—2008《食品安全管理体系　果汁和蔬菜汁类生产企业要求》、GB/T 23585—2009《预防和降低苹果汁及其他饮料的苹果汁配料中展青霉素污染的操作规范》等，相关标准有 GB/T 31326—2014《植物饮料》。

二、部颁标准与行业标准

部颁标准由农业部、国家质量监督检验检疫总局、工业和信息化部、中华人民共和国国内贸易部、水利部、中国生物发酵产业协会等部门发布，主要有 NT/T 81—1998《果汁饮料总则》、NY/T 434—2016《绿色食品　果蔬汁饮料》、QB/T 13842017《果汁类罐头》、SB—T 10197—1993《原果汁通用技术条件》、SB/T 10203—1994《果汁通用试验方法》、NY 82.1—1988《果汁测定方法　取样》、NY 82.2—1988《果汁测定方法　感官检验》、NY 82.6—1988《果汁测定方法　颜色的测定》、NY 82.10—1988《果汁测定方法　甲醛值的测定》、NY/T 82.13—1988《果汁测定方法　脯氨酸的测定》、NY 82.17—1988《果汁测定方法　总磷量的测定》、SL 353—2006《沙棘原果汁》、SN/T 2803—2011《进出口果蔬汁（浆）检验规程》、SN/T 3632—2013《出口果蔬汁中环状脂肪酸芽孢杆菌检测方法》、NY/T 101—1981《山楂汁》、NY/T 291—1995《绿色食品番石榴果汁饮料》、QB/T 5323—2018《植物酵素》、T/CB-FIA 08003—2017《食用植物酵素》等。

三、地方标准与企业标准

《中华人民共和国标准化法》中规定："对没有国家标准和行业标准而又需要在省、自治区、直辖市范围内统一的工业产品的安全、卫生要求，可以制定地方标准"。地方标准由省、自治区、直辖市标准化行政主管部门统一编制计划、组织制定、审批、编号和发布，并报国务院标准化行政主管部门和国务院有关行政主管部门备案。

果蔬汁类及其饮料的地方标准多是具有本地特色的产品和新产品的产品标准、检验标准及安全标准等，如浙江 DB/33533—2005《现榨果蔬汁卫生标准及规范》、北京 DB11/T 674—2009《清洁生产标准　果蔬汁及果蔬汁饮料制造》、海南 DB46/T 117—2008《鲜榨果蔬汁卫生标准》、陕西 DB61/T 411—2007《浓缩苹果汁中耐热耐酸菌检验方法》、黑龙江 DBS23/002—2014《食品安全地方标准　蓝莓果汁饮料》、山东 DB37/T 873—2007《蔬菜汁及蔬菜汁饮料生产企业 HACCP 应用指南》、DB37/T 908—2007《蔬菜汁及蔬菜汁饮料生产质量安全控制》、DB37/T 874—2007《果汁生产企业 HACCP 应用指南》、DB37/T 909—2007《果汁生产质量安全控制》等。

由于我国果蔬汁类及其饮料品种众多，产品地域性强，且果蔬汁含量不同，因此少有国家标准、部颁标准、行业标准和地方标准，目前市场上的果蔬汁类及其饮料产品标准大多执行企业标准，企业标准由企业组织相关技术人员制定，报当地卫计委标准主管部门审批备案即可实施。

第四节　典型果蔬汁的生产实例

一、葡　萄　汁

葡萄汁代表了蓝莓、黑穗醋栗（黑加仑）、沙棘、红树莓等浆果类果汁的生产，多为直接榨汁。葡萄汁主要用于制造澄清果汁，加工果汁的葡萄以红葡萄为宜。

（一）工艺流程

红葡萄→ 选择 → 清洗 → 破碎去梗 → 加热 → 压榨 → 过滤 → 调整 → 澄清 →
加热 → 灌装 → 杀菌 →冷却

（二）操作要点

1. 原料葡萄

美洲种葡萄以康克为最好，果实含丰富的酸，风味显著而独特，色泽鲜丽。其果汁在透光下呈深红色，在反射光下呈紫红色，加热杀菌和贮藏过程都不容易变色、沉淀或产生煮熟味。其它常用品种还有玫瑰露、渥太华、奈格拉、玫瑰香等。制汁的原料要求果实新鲜良好、完全成熟、色泽自然、无腐烂及病虫害。

2. 选择清洗

剔除不合格原料，摘除未熟果、裂果、霉烂果等。用 0.3g/L 的高锰酸钾溶液浸果 3min，再用流动水漂洗干净。

3. 去梗破碎

葡萄果梗含单宁物质 1%~2.5%，含酸 0.5%~1.5%，此外，还含有苦味物质而使果汁带有涩味和不良的果梗味。所以用破碎除梗机完成去梗及破碎处理。

4. 加热

红葡萄破碎后加热至 60~70℃，保持 15min，使果皮中色素充分溶入汁液中。这是红葡萄汁增色的重要工序，同时钝化果汁中的酶。

5. 压榨过滤

用压榨机取汁。压榨时可加入 0.2%果胶酶和 0.5%的精制木质纤维，以提高出汁率。榨出的果汁要经过滤除渣。

6. 调整成分

用糖液将果汁糖度调至 16%，然后在果汁中添加偏酒石酸溶液，每 100kg 果汁加 2% 偏酒石酸溶液 3kg（2% 偏酒石酸液的制备方法是：偏酒石酸 1kg，加水 49kg，浸泡 2h 并经常搅拌，加热煮沸 5min，充分搅拌使其溶解，用绒布过滤，调整至总质量为 50kg，放在冰水中迅速冷却），以防止果汁中酒石结晶析出。

冷冻法也可防止酒石沉淀。新榨出的果汁，经瞬间加热至 80~85℃，迅速冷却到 0℃左右，在 -5~-2℃ 条件下，静置贮藏 1 个月，使酒石沉淀析出。或急速冷却至 -18℃，保存 4~5 个月，再移至室温中解冻，使酒石沉淀。

7. 澄清

澄清可采用明胶-单宁法。根据果汁自身所含果胶及单宁的情况，一般在 100kg 果汁中加入 4~6g 单宁，8h 后再加入 6~10g 明胶。澄清温度以 8~12℃ 为宜。

8. 灌装及密封

将澄清后的葡萄汁加热到 80℃，然后装入预先已消过毒的容器中，封口。

9. 杀菌及冷却

热水杀菌，温度 85℃，时间 15min，分段冷却至 35℃。

10. 制品质量要求

产品呈紫红色或浅紫红色，具有葡萄鲜果酯香味，酸甜适口，无异味。清澈透明，长期静置后允许有少量沉淀和酒石结晶析出。可溶性固形物含量（以折光计）为 15%~18%，总酸度（以酒石酸计）为 0.4%~1%。

二、 胡 萝 卜 汁

胡萝卜汁代表了打浆榨汁的一类果蔬汁的生产，如草莓、番茄、香蕉、芒果等，适宜生产带肉果蔬汁饮料（果茶）和混浊型果蔬汁饮料。

(一) 工艺流程

原料选择 → 清洗 → 去皮 → 修整、切丝 → 预煮 → 打浆 → 酶处理 → 原浆调整 →
标准化 → 均质 → 脱气 → 灌装封盖 → 杀菌 → 冷却 → 质检 → 成品

(二) 操作要点

1. 原料选择

选用胡萝卜素含量高的秋季成熟的品种，肉质根应新鲜肥大，无须根分杈、冻伤及机械损伤，要有一定含糖量，颜色为鲜红色。

2. 洗涤

用拨动式洗涤机清洗胡萝卜表面，去除泥沙及其它污物，同时使附着在其表面的微生物原始数量减少。

3. 去皮

30~40g/L 碱液加热至 95~100℃，将胡萝卜投入其中 2~3min。碱液处理后，立即用流动清水冲洗 2~3 次，以清洗掉被碱液腐蚀的表面组织及残留的碱液，并使物料得到冷却。

4. 修整、切丝

手工去除胡萝卜的头尾、残留的后生表皮、黑斑、须根，以免其中的苦味物质影响产品的风味。随后在切丝机上切丝。

5. 预煮

在 3~5g/L 柠檬酸溶液中预煮 5min，预煮温度：90~95℃。

6. 打浆

预煮后进行打浆操作，然后将原浆泵入酶解罐。

7. 酶处理

打浆后的物料冷却至 40~55℃，将 pH 控制在 4.0~5.0，根据小样试验结果加入含果胶酶和纤维素酶的复合酶制剂 0.08%，保温 2.5~3.0h。

8. 调整

在调配罐中，向胡萝卜浆中加入白砂糖、果葡糖浆、三聚磷酸钠、柠檬酸等进行成分调整。使用 85℃ 左右的软化水在化糖罐中将上述原料充分溶解，保温 15min，然后冷却到 40℃ 左右，通过 5μm 膜过滤，泵入调配罐。

9. 均质

为使原辅料得到均匀混合，在搅拌机中将其搅拌 15min 并进行检测和微调整，达到标准化目的。采用高压均质机均质，使胡萝卜汁均质细腻，增强稳定性。均质压力：20~25MPa。

10. 脱气

为了防止因氧化引起的营养成分的损失和变色现象的发生，均质后的物料用真空脱气器脱除空气。在 40~50℃、真空度为 99kPa 条件下脱气 3min。

11. 杀菌灌装

将胡萝卜汁加热到 80℃ 灌装至消毒的容器内，密封。杀菌温度：95℃，杀菌时间：30min。

12. 制品质量要求

色泽：淡红色或橙红色；滋气味：具有胡萝卜特殊风味，无异味；口感：口感细腻、均匀；稳定性：无沉淀和上浮现象。酸度：1.5~2.0g/L（以柠檬酸计）；糖度：9.5%~10.0%。

三、 浓缩苹果汁

浓缩苹果汁是果蔬浓缩汁的典型代表，因为苹果既适合于制取澄清果汁，也用于制带肉果汁，极少量用于生产普通的混浊果汁。

大多数中晚熟苹果品种均可制汁，以小国光、红豆、醇露、君袖、元帅、金冠等品种为优。

（一）工艺流程

原料选择 → 清洗和分选 → 破碎 → 加热 → 酶解 → 压榨 → 粗滤 → 澄清 → 精滤 →
糖酸调整 → 浓缩 → 杀菌 → 灌装 → 成品

（二）操作要点

1. 原料选择

选择成熟、健康、优质的苹果原料，才能制造出优质苹果浓缩汁，腐败的原料不能用来加工苹果汁。通常以散装或大筐包装形式进货，利用内部仓库进行中间贮存。

2. 清洗和挑选

在加工前，苹果原料必须清洗和挑选，以清除污物和腐烂果实。一般采用水流输送槽进行苹果的预清洗作业，在垂直或水平螺旋输送机用喷射水流完成。刷式水果清洗机也能很好地清洗苹果。清洗前或清洗后由人工在输送带上进行挑选。

3. 破碎和果浆处理

破碎应符合所采用的榨汁工艺要求，一般采用锥盘式或锤式破碎机，破碎果浆粒度以2~6mm为佳。果浆不进行中间贮存而直接送管式换热器加热，以钝化多酚氧化酶及果胶酶，促使热凝固物质凝固并杀菌。苹果浆采用75℃、20min处理。

酶处理是将果浆迅速冷却到40~45℃，在容器中搅拌15~20min，通风（预氧化），添加0.02%~0.03%高活性复合果胶酶，在45℃处理3~4h并间歇缓慢搅拌。用酶处理果浆制取苹果汁出汁率明显提高。

4. 榨汁

适合苹果的榨汁机类型很多，榨汁机中果浆是运动的，因而制得的苹果汁含有大量的高聚物。苹果含有1.5%~5%的水溶性物质，理论上出汁可以达到95%~98.5%，但用裹包式榨汁机或带式榨汁机压榨的方法，苹果的平均出汁率能达到78%~81%。榨汁后，通常用离心分离方法去除苹果汁中较大的果肉颗粒。

5. 澄清与过滤

苹果汁的澄清工艺十分重要，处理不当，在成品中很容易出现混浊和沉淀。采用果胶酶和澄清剂联合处理工艺来进行苹果汁澄清效果好，在澄清阶段，苹果汁常用的澄清剂有明胶和明胶-硅胶-膨润土复合澄清剂，使用量一般为明胶：硅胶：膨润土＝1：10：5。澄清处理时，首先添加明胶溶液，混合均匀并沉淀1~2h后再添加硅胶溶液。

苹果汁的澄清还必须考虑苹果汁中是否含有淀粉，在澄清前苹果汁加热到60~65℃以上，就会降低淀粉对澄清的影响。使用具有一定淀粉酶活力的果胶分解酶可能分解果汁中的水溶性淀粉，若用专门的淀粉酶制剂添加量为2~3g/100L果汁。果汁的淀粉酶处理温度不宜超过35℃，可同时使用淀粉酶和果胶酶。酶处理6~12h可完全分解果汁中的淀粉。澄清后的果汁，用板框式过滤机或硅藻土过滤机过滤。

6. 成分调整

主要是糖和酸的调整。用一般果实制成的果汁糖酸比为15：1~20：1。但实际生产中，由于采用的原料不同，糖酸比有差异。只有通过成分调节才能得到满意风味。一般成品含糖量12%，酸度0.35%，并添加适量香料，但成分调整必须符合有关食品法规。

7. 浓缩

苹果汁浓缩的主要方法是真空浓缩，真空浓缩设备的蒸发时间通常为几秒钟或几分钟，蒸发温度通常为55~60℃，有些浓缩设备的蒸发温度低到30℃。在这样短的时间和这样低的蒸发温度下，不会产生使产品成分和感官质量出现不利的变化。如果浓缩设备的蒸发时间过长或蒸发温度过高，苹果浓缩汁会因蔗糖焦化和其他反应产物的出现而变色和变味。苹果汁浓缩到原果汁体积的1/7~1/5，糖度达到65%~68%，果胶、糖和酸共存会形成一部分凝胶，所以浓缩倍数不宜过高。

浓缩过程中进行芳香物质回收，将果汁除去混浊物，经热交换器加热后泵入芳香物质回收装置中，芳香物质随水分蒸发一同逸出。在一般情况下，芳香物质回收时以果汁水分蒸发量为 15%，苹果芳香物质浓缩液的浓度为 1:150 时为最佳。苹果芳香物质浓缩液的主要成分是羰基化合物，如乙烯醛和乙醛，在 1:150 的浓缩液中，其含量为 520~1500mg/L，而酯含量仅为 190~890mg/L，游离酸含量仅为 70~620mg/L。优质的芳香物质浓缩液的乙醇含量≤2.5%。

8. 灌装与贮存

从浓缩设备中流出的苹果浓缩汁应为迅速冷却到 10℃ 以下后灌装。如果采用低温蒸发浓缩设备进行浓缩，需要用板式热交换器把浓缩汁加热到 80℃，保温几十秒钟后热灌装到钢塑桶或马口铁罐中，封口后迅速冷却。尽管浓缩汁已能抵制微生物的污染，但是为了防止出现质量变化，灌装后的浓缩汁应该在 0~4℃ 下冷藏。

四、橙　汁

橙汁代表了柑橘类水果的榨汁工艺，世界上以橙汁产量最大。国外常用茯苓夏橙、哈母林橙、帕森布朗橙、菠萝橙等品种，国内主要有锦橙、先锋橙、晚生橙、化州橙等品种。橙汁一般为典型的混浊果汁。

（一）工艺流程

原料→ 清洗分选 → 压榨果汁 → 过滤 → 调整 → 均质脱气 → 去油 → 杀菌 → 灌装 → 冷却 →成品

（二）操作要点

1. 原料

选择成熟、优质的甜橙果实，要求含糖量高，风味好。

2. 清洗分级

一般采用喷水冲洗或流动水冲洗，对于农药残留较多的果实可浸入含洗涤剂的水中，再用水喷洗，洗涤后再检验一次果实，再将病虫害果、未成熟果、枯果、受伤果剔除。

3. 榨汁

柑橘类果实的外表中含有精油、芋萜、萜品类物质而产生萜品臭。果皮、内果皮和种子中存在大量的以柚皮苷为代表的黄酮类化合物和以柠碱为代表的柠烯类化合物，加热后，这些化合物由不溶性变为可溶性，使果汁变苦。榨汁时必须设法避免这些物质进入果汁。因此，不宜采用破碎压榨取汁。橙子果实经分级后用布朗锥汁机取汁，或者安迪生特殊压榨机取汁。

4. 过滤

榨出的橙汁中含有一些悬浮物，不仅影响果汁的外观和风味，而且还会使果汁变质损坏。橙汁经 0.3mm 筛孔过滤机过滤，要求果汁含果浆为 3%~5%。果浆太少，色泽浅，风味淡；果浆太多，则浓缩时会产生焦糊味。

5. 成分调整

过滤后的果汁按成品标准调整，一般可溶性固形物 13%~17%，含酸 0.8%~1.2%。

6. 均质、脱气、脱油

均质是柑橘汁的必须工艺，高压均质机要求在 10~20MPa 完成。柑橘汁经脱气后应保持精油含量在 0.025%~0.15%，脱油和脱气可在同一设备中进行。

7. 杀菌灌装

一般为巴氏杀菌，条件为在 15~20s 内升温至 93~95℃，保持 15~20s，降温至 90℃，趁热保温在 85℃以上，灌装于预先消毒的容器中。柑橘原汁可装于马口铁铁罐中，它具有价格低廉和防止产品变黑的功能。装罐（瓶）后的产品应迅速冷却至 38℃。

橙汁常加工成冷冻浓缩汁，采用低温降膜式蒸发器时，需将果汁用热交换器在 93.3℃，2~15s 条件下进行巴氏杀菌，以降低微生物含量和钝化酶活力。为改善品质，常先浓缩至 50%~55%，再将新鲜果汁回加到浓缩产品中，浓度降至 42%。浓缩橙汁在 −18℃ 以下冷冻贮藏。

五、山 楂 汁

山楂汁代表了山楂、大枣等果实含水量低，需要加水浸提取汁的一类果蔬汁生产。

山楂营养丰富，果肉较致密，含水量少，酸度大，是优良的果汁和果浆生产原料，符合中国人的消费习惯。东部山区野生的山里红也可用来加工果汁及果浆。

（一）山楂汁

1. 工艺流程

原料选择 → 洗涤 → 加热 → 浸提 → 榨汁 → 澄清 → 过滤 → 调整 → 杀菌 → 灌装 →
封口 → 冷却

2. 操作要点

（1）原料选择　选择完全成熟的山楂，各品种山楂均可，但以大山楂为佳，可提高出汁率。山楂要新鲜，色泽鲜艳，无腐烂、虫蛀及病斑。

（2）洗涤　选好的果实用清水刷洗、冲洗至干净。

（3）加热　一般在夹层锅中进行，果实加入 2 倍重量的水，加热至 60~90℃ 保温浸提，时间 1~2h，至果实软化为止。

（4）榨汁　将软化的果肉浆入榨汁机进行榨汁，多采用裹包式榨汁机。一次榨汁后的果渣加 1 倍重的水，加热 60℃ 以上，保温浸提 1~2h，压榨出二次汁，如此可压榨出三次汁，将各次果汁合并。

（5）澄清及精滤　澄清采用加酶澄清方法，向果汁中加入 0.05% 的果胶酶制剂，保持温度 45℃，时间 4~5h，静置后吸取上清液用板框过滤机精滤。

（6）果汁调整　按糖度 8%、含酸 0.8% 调整果汁成分。

（7）杀菌及灌装　先将果汁加温至 80℃ 以上，灌装入瓶，密封后投入 90℃ 的热水中，保持 10min，分段快速冷却至 40℃ 以下。

（二）山楂果浆

1. 工艺流程

原料选择 → 清洗 → 压破 → 加热软化 → 打浆 → 调整 → 精磨 → 脱气 → 杀菌 → 灌装 →
密封 → 冷却

2. 操作要点

（1）原料选择　同山楂汁加工要求。

（2）洗涤及压破　山楂清洗干净后用碾压破、压扁果实即可，不要压破种子，量少时可手工捏破或不破碎。

（3）加热软化　压破的果实入夹层锅，加水后通蒸汽加热，山楂与水的比例为 1∶3，一般加热至 90℃ 以上，软化浸渗 30min。

（4）打浆　软化后的果实立即上打浆机进行打浆，用刮板式打浆机，先用 1.5mm 孔径去除果皮和种子等不溶性固形物，再用 0.5mm 孔径进行细化。一次打浆的果渣可加少量水进行二次打浆，合并果浆汁。

（5）调整　按糖度 10%、酸度 0.8% 调整果浆成分。

（6）精磨及脱气　将果浆入胶体磨进行预均质，使果浆得到进一步细化，然后进行脱气，常用氮交换法或真空脱气机脱气。

（7）杀菌及罐装　用管式换热器将果浆加温至 85℃ 以上，保持 10min，灌入复合袋或桶中，密封，冷却后冷冻保藏。

🔍 思考题

1. 果蔬汁是如何进行分类的？
2. 简述果蔬汁对原料品质的基本要求。
3. 为什么某些果蔬汁在取汁前要进行加热处理和酶处理？
4. 试述原果蔬汁的加工工艺流程及操作要点。
5. 试述澄清汁、混浊汁和浓缩汁的加工工艺流程及操作要点。
6. 果蔬汁有哪些灌装方法？各有什么优缺点？
7. 果蔬汁澄清的方法有哪些，它们依靠什么原理？
8. 怎样保持混浊果蔬汁的均匀稳定？
9. 简述果蔬汁加工中常见的质量问题及处理方法。
10. 以当地一两种主产水果、蔬菜为例，设计果蔬汁加工工艺流程，并说明操作要点。

第五章

CHAPTER

5

果蔬糖制

教学目标

通过本章学习，熟悉果蔬糖制的基本原理；掌握食糖的加工特性和果胶的凝胶作用机理；掌握果蔬糖制品加工的基本工艺；掌握果蔬糖制品常见质量问题的控制技术；了解果蔬糖制品主要种类及相关标准。

果蔬糖制是利用高浓度糖液的渗透脱水作用，将果品蔬菜加工成糖制品的加工技术，是我国古老的加工方法之一。果蔬糖制品具有高糖、高酸等特点，这不仅改善了原料的食用品质，赋予产品良好的色泽和风味，而且提高了产品在保藏和贮运期的品质和期限。

果蔬糖制在我国起步早，加工企业众多，可采用的原料丰富，加工方法多样，成品种类繁多，特点有：①一般具有高糖（蜜饯类）或高糖高酸（果酱类）的特点，所以才具有良好的保藏性。②不仅改善了原料的食用品质，赋予产品良好的色泽和风味，更丰富了食品的花色品种。③对原料的要求不严。除正品果蔬外，各种果蔬的级外品，甚至落果、野生果（酸涩苦的）等都可利用加工。④具有一定的生理药理功能（山楂的开胃和软化血管作用，橄榄的败火等）⑤生产工艺相对简单。这样投资少，见效快，是果农和山区农民增收的好途径。果蔬糖制品一般按加工方法和产品形态分为蜜饯和果酱两大类。

一、 果脯蜜饯类

果脯蜜饯类指果蔬经过整理、硬化等处理，加糖煮制而成，制品保持一定形态的高糖产品，含糖量 60%~70%。

（一）按产品形态及风味分类

1. 湿态蜜饯

果蔬原料糖制后，按罐藏原理保存于高浓度糖液中，果形完整，饱满，质地细软，味美，呈半透明。如蜜饯海棠、蜜饯樱桃、糖青梅、蜜金橘等。

2. 干态蜜饯

糖制后晾干或烘干，不粘手，外干内湿，半透明，有些产品表面裹一层半透明糖衣或结晶糖粉。如橘饼、蜜李子、蜜桃子、冬瓜条、糖藕片等。

3. 凉果及甘草制品

凉果及甘草制品指用咸果坯为主要原料、甘草等为辅料制成的糖制品。果品经盐腌、脱盐、晒干，加配调料蜜制，再干制而成。制品含糖量不超过35%，属低糖制品，外观保持原果形；表面干燥，皱缩，有的品种表面有层盐霜，味甘美，酸甜，略咸，有原果风味。如陈皮梅、话梅、橄榄制品等。

4. 果脯类

糖制后晾干或烘干，外干内湿，呈琥珀色半透明状，不粘手的制品。如杏脯、桃脯、梨脯、苹果脯等。

（二）按产品传统加工方法分类

1. 京式蜜饯

主要代表产品是北京果脯，又称"北蜜""北脯"。状态厚实，口感甜香，色泽鲜丽，工艺考究。如各种果脯、山楂糕、果丹皮等。

2. 苏式蜜饯

主产地苏州，又称"南蜜"。选料讲究，制作精细，形态别致，色泽鲜艳，风味清雅，是我国江南一大名特产。代表产品有两类：

（1）糖渍蜜饯类　表面微有糖液，色鲜肉脆，清甜爽口，原果风味浓郁。如糖青梅、雕梅、糖佛手、糖渍无花果、蜜渍金橘等。

（2）返砂蜜饯类　制品表面干燥，微有糖霜，色泽清新，形态别致，酥松味甜。如天香枣、白糖杨梅、苏式话梅、苏州橘饼等。

3. 广式蜜饯

以凉果和糖衣蜜饯为代表产品称为广式蜜饯，又称"潮蜜"。主产地广州、潮州、汕头。已有1 000多年的历史。

（1）凉果　甘草制品，味甜、酸、咸适口，回味悠长。如陈皮梅、奶油话梅、甘草杨梅、香草芒果等。

（2）糖衣蜜饯　产品表面干燥，有糖霜，原果风味浓。如冬瓜条、糖莲子、糖明姜、蜜菠萝等。

4. 闽式蜜饯

闽式蜜饯主产地福建漳州、泉州、福州，已有1 000多年的历史，以橄榄制品为主产品。制品肉质细腻致密，添加香味突出，爽口而有回味。如大福果、丁香橄榄、加应子、蜜桃片、盐金橘等。

5. 川式蜜饯

川式蜜饯以四川内江地区为主产区，始于明朝，有名传中外的橘红蜜饯、川瓜糖、蜜辣椒、蜜苦瓜等。

二、果　酱　类

果酱制品无须保持原来的形状，但应具有原有的风味，一般多为高糖高酸制品。按其制法和成品性质，可分为以下几类。

1. 果酱

果蔬原料经处理后，打碎或切成块状，加糖（含酸及果胶量低的原料可适量加酸和果胶）浓缩的凝胶制品。制品含糖55%以上，含酸1%左右。如草莓酱、杏酱、苹果酱、番茄酱等。

2. 果泥

果泥一般是将单种或数种水果混合，经软化打浆或筛滤除渣后得到细腻的果肉浆液，加入适量砂糖（或不加糖）和其它配料，经加热浓缩成稠厚泥状，口感细腻。如枣泥、苹果泥、山楂泥、什锦果泥、胡萝卜泥等。

3. 果冻

果冻是用含果胶丰富的果品为原料，果实软化、压榨取汁，加糖、酸以及适量果胶，经加热浓缩后而制得的凝胶制品。该制品应具光滑透明的形状，切割时有弹性，切面柔滑而有光泽。如山楂冻、苹果冻等。

4. 果糕

将果实软化后，取其果肉浆液，加糖、酸、果胶浓缩，倒入盘中摊成薄层，再于50~60℃烘干至不粘手，切块，用玻璃纸包装。如山楂糕等。

5. 马茉兰

一般采用柑橘类原料生产，制造方法与果冻相同，但配料中要适量加入用柑橘类外果皮切成的块状或条状薄片，均匀分布于果冻中，有柑橘类特有的风味。如柑橘马茉兰。

6. 果丹皮

果丹皮是将制取的果泥经摊平（刮片）、烘干、制成的柔软薄片。如山楂果丹皮、柿子果丹皮等。

第一节　果蔬糖制的基本原理

一、　原料糖的种类及特性

（一）原料糖的种类

适用于果蔬糖制的糖种类较多，不同的原料糖的特性和功能不尽相同。

1. 白砂糖

白砂糖是加工糖制品的主要用糖，为粒状晶体，根据晶粒大小可分为粗砂、中砂和细砂三种。蔗糖含量高于99%。因其有纯度高、风味好、色泽淡、取用方便、溶解性好和保藏作用强等优点，在糖制上广泛应用。糖制时，要求白砂糖的色值低，不溶于水的杂质少，以选用优质白砂糖和一级白砂糖为宜。

2. 饴糖

饴糖又称麦芽糖浆，是用谷物作原料，经淀粉酶或大麦芽的作用，淀粉水解为糊精、麦芽糖及少量葡萄糖得到的产品。饴糖色泽淡黄而透明，能代替部分白砂糖使用，可起到防止晶析的作用。麦芽糖含量决定饴糖的甜味，糊精含量决定饴糖的黏稠度。淀粉水解越彻底，麦芽糖生成量越多，则甜味越强；反之，淀粉水解不完全，糊精偏多，黏稠度大而甜味小。饴糖在糖制时一般不单独使用，常与白砂糖结合使用。使用饴糖可减少白砂糖的用量，降低生产成本，同时，饴糖还有防止糖制品晶析的作用。

3. 淀粉糖浆

淀粉糖浆又称葡萄糖浆。它是将淀粉经糖化、中和、过滤、脱色、浓缩等工艺而得到的无色透明、具有黏稠性的糖液。甜度是蔗糖的 50%~80%，由于淀粉糖浆中的糊精含量高，可利用它防止糖制品返砂。淀粉糖浆主要成分是葡萄糖、糊精、果糖、麦芽糖等物。其甜味是由成分中的葡萄糖、果糖与麦芽糖组合而显示的。加工方法不同，产品的特性差异很大，工业生产产品有葡萄糖值（又称 DE 值，即糖浆中还原糖含量占总糖含量的百分数）为 42、53 及 63 三种，其中以葡萄糖值为 42 的最多。

4. 蜂蜜

蜂蜜一般称为蜜糖，蜂蜜主要成分是果糖和葡萄糖，两者占总量的 66%~77%，其次还含有 0.03%~0.4%的蔗糖和 0.4%~2.9%的糊精，甜度与糖相近，蜂蜜吸湿性很强，易使制品发黏。在糖制加工中，常用蜂蜜为辅助糖料，防止制品晶析。

我国蜂蜜品种繁多，习惯上按蜜源花种划分，如刺槐蜜、枣花蜜等，但以浅白色质量最好。

（二）原料糖与果蔬糖制有关的特性

果蔬糖制加工中所用食糖的特性是指与之有关的化学和物理的性质而言。化学方面的特性包括糖的甜味和风味，蔗糖的转化、凝胶等；物理特性包括渗透压、结晶、溶解度、吸湿性、热力学性质、黏度、稠度、晶粒大小、导热性等。其中在果蔬糖制上较为重要的有糖的溶解度与晶析、蔗糖的转化、糖的吸湿性、甜度、沸点及凝胶特性等。

1. 糖的甜度

食糖是食品的主要甜味剂，食糖的甜度影响着制品的甜度和风味。甜度是以口感判断，即以能感觉到甜味的最低含糖量——"味感阈值"来表示，味感阈值越小，甜度越高，如果糖的味感阈值为 0.25%，蔗糖为 0.38%，葡萄糖为 0.55%。若以蔗糖的甜度为基础，其它糖的相对甜度顺序：果糖最甜，转化糖次之，而蔗糖甜于葡萄糖、麦芽糖和淀粉糖浆。以蔗糖与转化糖作比较，当糖浓度低于 10%时，蔗糖甜于转化糖，高于 10%时，转化糖甜于蔗糖。

温度对甜味有一定影响。以 10%的糖液为例，低于 50℃时，果糖甜于蔗糖，高于 50℃时，蔗糖甜于果糖。这是因不同温度下，果糖异构物间的相对比例不同，温度较低时，较甜的异构体比例较大。

葡萄糖有二味，先甜后苦、涩带酸。蔗糖风味纯正，能迅速达到最大甜度。蔗糖与食盐共用时，能降低甜咸味，而产生新的特有风味，这也是南方凉果制品的独特风格。在番茄酱的加工中，也往往加入少量的食盐，使制品的总体风味得到改善。

2. 糖的晶析

糖的饱和浓度随温度的升高而逐渐增大（见表 5-1）。不同温度下，不同种类的糖饱和浓度不同。

表 5-1 不同温度下食糖的饱和浓度

种类	温度/℃									
	0	10	20	30	40	50	60	70	80	90
蔗糖	64.2	65.6	67.1	68.7	70.4	72.2	74.2	76.2	78.4	80.6
葡萄糖	35.0	41.6	47.7	54.6	61.8	70.9	74.7	78.0	81.3	84.7
果糖	—	—	78.9	81.5	84.3	86.9	—	—	—	—
转化糖	—	56.6	62.6	69.7	74.8	81.9	—	—	—	—

当糖制品中液态部分的糖在某一温度下浓度达到过饱和时，即可呈现结晶现象，称为晶析，又称返砂。一般地讲，返砂降低了糖的保藏作用，有损于制品的品质和外观。但果脯蜜饯加工也有利用这一性质，适当地控制过饱和率，给有些干态蜜饯上糖衣。

糖制加工中，为防止蔗糖的返砂，常加入部分饴糖、蜂蜜或淀粉糖浆。因为这些食糖和蜂蜜中含有多量的转化糖、麦芽糖和糊精，这些物质在蔗糖结晶过程中，有抑制晶核的生长，降低结晶速度和增加糖液饱和度的作用。此外，糖制时加入少量果胶、蛋清等非糖物质，也同样有效。因为这些物质能增大糖液的黏度，抑制煎糖的结晶过程，增加糖液的饱和度。另外，也可在糖制过程中促使蔗糖转化，防止制品结晶。

3. 糖的转化

蔗糖、麦芽糖等双糖在稀酸与热或酶的作用下，可以水解为等量的葡萄糖和果糖，称为转化糖。糖适当的转化可以提高糖溶液的饱和度，增加制品含糖数量；抑制晶析，防止返砂。溶液中转化糖含量达 30%～40% 时，即不会返砂。糖的转化还可增加渗透压，减少水分活度，提高制品的保藏性，增加风味与甜度。但一定要防止过度转化而增加制品的吸湿性，致回潮变软，甚至返砂。糖液中有机酸含量 0.3%～0.5% 时，足以使糖部分转化。

酸度越大（pH 越低），温度越高，作用时间越长，糖转化量也越多（见表 5-2）。各种酸对蔗糖的转化量不同。

表 5-2 各种酸对蔗糖的转化能力（25℃，以盐酸转化能力为 100 计）

种类	转化能力	种类	转化能力
硫酸	53.60	柠檬酸	1.72
亚硫酸	30.40	苹果酸	1.27
磷酸	6.20	乳酸	1.07
酒石酸	3.08	醋酸	0.40

蔗糖转化的意义和作用是：①适当的转化可以提高蔗糖溶液的饱和度，增加制品的含糖量；②抑制蔗糖溶液晶析，防止返砂。当溶液中转化糖含量达 30%～40% 时，糖液冷却后不会返砂；③增大渗透压，减小水分活度，提高制品的保藏性；④增加制品的甜度，改善风味。对缺乏酸的果蔬，在糖制时可加入适量的酸（用柠檬酸），以促进糖的转化。

糖转化不宜过度，否则会增加制品的吸湿性，回潮变软，甚至使糖制品表面发黏，削弱保藏性，影响品质。糖长时间处于酸性介质和高温下，它的水解产物会生成少量羟甲基呋喃甲醛，使制品轻度褐变。转化糖与氨基酸反应也易引起制品褐变，生成黑蛋白素。所以，制作浅色糖制品时，要控制条件，勿使蔗糖过度转化。

4. 糖的吸湿性

糖具有吸湿性，糖制品吸湿以后，降低了糖浓度和渗透压，因而削弱了糖的保藏作用，引起制品的败坏变质。糖的吸湿性各不相同，以果糖的吸湿性最强，其次是葡萄糖和蔗糖（见表5-3）。利用果糖、葡萄糖吸湿性强的特点，糖制品中含有适量的转化糖有利于防止制品返砂；量过高又会使制品吸湿回软，造成霉烂变质。

表 5-3　　　　　　　　　　　　　糖类在 25℃ 下 7d 的吸湿量

种类	空气相对湿度/%		
	62.7	81.8	91.8
蔗糖	0.05	0.05	13.53
葡萄糖	0.04	5.19	15.02
麦芽糖	9.77	9.8	11.11
果糖	2.61	18.58	30.74

果糖的吸湿性最强，其次是葡萄糖和麦芽糖，蔗糖为最小。各种结晶糖的吸湿量与环境中相对湿度呈正相关，相对湿度越大，吸湿量越大，当各种结晶糖吸水达15%以后，便开始失去晶状而成液态。含有一定数量转化糖的糖制品，必须用防潮纸或玻璃纸包装，否则吸湿回软，产品发黏、结块，甚至霉烂变质。

5. 糖液的沸点

糖液的沸点随糖液浓度的增加而升高，随海拔高度的增加而降低（见表5-4）。此外，浓度相同种类不同的糖液，沸点也不相同。通常在糖制果蔬过程中，需利用糖液沸点的高低，掌握糖制品所含的可溶性固形物的含量，判断煮制浓缩的终点，以控制时间的长短。

由于果蔬在糖制过程中，蔗糖部分被转化，加之果蔬所含的可溶性固形物也较复杂，其溶液的沸点并不能完全代表制品中的含糖量，只大致表示可溶性固形物的多少。因此，在生产之前要做必要的实验。

糖制品糖煮时常用沸点估测糖浓度或可溶性固形物含量，确定熬煮终点。如干态蜜饯出锅时的糖液沸点达 104~105℃，其可溶性固形物在 62%~66%，含糖量约为60%。

表 5-4　　　　　　　　　　　不同海拔高度下蔗糖液的沸点

可溶性固形物含量/%	沸点温度/℃			
	海平面	305m	610m	915m
50	102.2	101.2	100.1	99.1
60	103.7	102.7	101.6	100.6
64	104.6	103.6	102.5	101.4
65	104.8	103.8	102.6	101.7
66	105.1	104.1	102.7	101.8
70	106.4	105.4	104.3	103.3

二、　果胶凝胶机理

果胶是一种多糖类物质，是碳水化合物的衍生物，是一种高分子的聚合物，相对分子质量在50 000~300 000。其基本结构是 D-吡喃半乳糖醛酸，以 α-1,4 糖苷键链连接成的长链。果胶物质常以原果胶、果胶和果胶酸三种形态存在于果蔬组织中。原果胶在酸或酶的作用下能分解为果胶，果胶进一步水解变成果胶酸。果胶具有凝胶特性，而果胶酸的部分羧基与钙、镁等金属离子结合时，也形成不溶性果胶酸钙（或镁）的凝胶。

果糕、果冻以及凝胶态的果酱、果泥等，都是利用果胶的凝胶作用来制取的。根据果胶制备的方法和使用的材料不同，可将它分为高甲氧基果胶和低甲氧基果胶。

通常将甲氧基含量高于7%的果胶称为高甲氧基果胶，低于7%的称为低甲氧基果胶。果胶形成的凝胶类型有两种：①一种是高甲氧基果胶的果胶-糖-酸凝胶，果品所含的果胶是高甲氧基果胶，用果汁或果肉浆液加糖浓缩制成的果冻、果糕等属于前一种凝胶。②另一种是低甲氧基果胶的离子结合型凝胶。蔬菜中主要含低甲氧基果胶，与钙盐结合制成的凝胶制品，属于后一种凝胶。

（一）高甲氧基果胶的胶凝

高甲氧基果胶是在温度低于 50℃，加入糖使糖浓度达到 60%~70%，加入酸控制 pH 在 2~3.5 时，形成的凝胶。这种类型的果胶之所以能形成凝胶，其内因在于果胶物质的分子形状具有不对称性。加入的糖，利用其保水性起到脱水剂的作用，来除掉果胶质胶体的水化膜。pH 控制在 2~3.5 就抑制了果胶分子上羧基的解离，使电性中和。水化膜被铲除和电性的中和，使果胶质的胶体粒子先连成线状，又在分子间和分子内氢键及范德华力的作用下，线线交联成很不规则的立体网眼结构。果胶分子链上多半乳糖醛酸的 C2、C3 上羟基的反式构型，有利于形成氢键。同时，由于果胶分子未交连部分的水化作用和空间网状结构的毛细管凝聚作用，使水分子在网眼中与果胶物质形成均相，从而使果酱加工产品含有很高的水分。果胶胶凝过程是复杂的，受多种因素制约。

1. pH

pH 影响果胶所带的负电荷数，降低 pH，即增加氢离子浓度而减少果胶的负电荷，易使果胶分子氢键结合而胶凝。当电性中和时，凝胶的硬度最大。

胶凝时 pH 的适宜范围是 2.0~3.5，高于或低于这个范围值均不能胶凝。当 pH 为 3.1 左右时，凝胶硬度最大；pH 在 3.4 时，凝胶比较柔软；pH 为 3.6 时，果胶电性不能中和而相互排斥，就不能胶凝，此值即为果胶胶凝的临界 pH。因而决定果胶胶凝质量的关键因素之一是 pH 的大小。当溶液中没有酸存在时，即使溶液可溶性固形物大于 70%，果胶用量超过几倍，也不会形成凝胶；加入酸的用量增多，则胶凝化的速度加快。在实际生产中，所用有效酸为苹果酸、柠檬酸、酒石酸等有机酸。

2. 糖液浓度

果胶是亲水胶体，胶束带有水膜，食糖的作用使果胶脱水后发生氢键结合而胶凝。但只有糖量达 50% 以上才具有脱水效果，糖浓度大，脱水作用强，胶凝速度快。蔗糖、葡萄糖、果糖、麦糖等均能凝胶冻化，其中蔗糖的凝固力最强。糖的浓度保持在 60%~70% 较理想，具体地还要依甲酯化程度而定。酯化程度低于 55% 的果胶糖和酸的需要量很大，但浓度过高则虽很快凝胶，但存放一定时间后，便有糖的结晶产生。

3. 果胶含量

果胶的胶凝性强弱，取决于果胶含量、果胶分子质量以及果胶分子中甲氧基含量。果胶含量高易胶凝，果胶分子质量越大，多聚半乳糖醛酸的链越长，所含甲氧基比例越高，胶凝力则强，制成的果冻弹性越好。甜橙、柠檬、苹果等的果胶，均有较好的胶凝力。原料中果胶不足时，可加用适量果胶粉或琼脂，或其它含果胶丰富的原料。

4. 温度

当果胶、糖和酸的配比适当时，混合液能在较高的温度下胶凝。但在较低的温度下，胶凝速度加快。50℃以下，对胶凝强度影响不大，但高于50℃则胶凝强度下降，这是因高温破坏了果胶分子中的氢键。

果胶凝胶适宜条件是在50℃条件下，果胶含量1%左右，糖浓度50%或以上，pH控制在2~3.5，诸因素相互配合得当，是形成良好胶凝体的必要条件。

（二）低甲氧基果胶的胶凝

低甲氧基果胶是依赖果胶分子链上的羟基与多价金属离子相结合而串联起来，形成网状的凝胶结构。高价金属离子能把果胶分子交联起来，如 Ca^{2+} 起的桥梁作用进而形成的网络结构。这种结构非常稳定，甲酯化程度越低，则—COOH数越多，对金属离子就越敏感，形成的键就多。影响这种凝胶的因素，主要有金属离子的浓度、pH和温度。

1. 金属离子的浓度

生产上多用氯化钙为原料，因此，金属离子的浓度多指 Ca^{2+} 的浓度而言。Ca^{2+} 的浓度是影响低甲氧基果胶胶凝的主要因素，Ca^{2+} 用量随果胶的羟基数量而定，一般用酶法制成的低甲氧基果胶，每克果胶的钙离子用量为4~10mg；碱法制取的果胶，每克果胶用量为30~60mg。

2. pH

pH对果胶的胶凝有一定影响，一般pH在2.5~6.5都能胶凝，以pH 3.0或5.0时胶凝的强度最大，pH 4.0时，强度最小。

3. 温度

温度对低甲氧基果胶胶凝强度影响很大，在0~58℃范围内，温度越低，强度越大，58℃强度为0，0℃时强度最大，30℃为胶凝的临界点。因此，为获得良好的凝胶状态，温度需低于30℃，一般以不超过25℃为宜。

低甲氧基果胶的胶凝与糖用量无关，即使在1%以下或不加糖的情况下仍可胶凝，生产中加用30%左右的糖仅是为了改善风味，使制品有适当甜味。

三、食糖的保藏作用

果蔬糖制是以食糖的防腐保藏作用为基础的加工方法，糖制品要做到较长时间的保藏，必须使制品的含糖量达到一定的浓度。食糖本身对微生物无毒害作用，低浓度糖还能促进微生物的生长发育。高浓度糖对制品的保藏作用主要有以下几个方面。

（一）高渗透压

糖溶液都具有一定的渗透压，糖液的渗透压与其浓度和分子质量有关，浓度越高，渗透压越大。糖制品一般含有60%~70%的糖，按蔗糖计，可产生相当于4.265~4.965MPa的渗透压，而大多数微生物细胞的渗透压只有0.355~1.692MPa。糖液的渗透压远超过微生物的渗透压。当微生物处于高浓度的糖液中，其细胞里的水分就会通过细胞膜向外流出，形成反渗透现象，微生物则会因缺水而出现生理干燥，失水严重时可出现质壁分离现象，从而抑制了微生物的发育。

（二）降低糖制品的水分活度

食品的水分活度（Aw），表示食品中能够被微生物、酶及化学反应所能利用的水的数量（大体接近于游离水的含量）。大部分微生物要求适宜生长的 Aw 在 0.9 以上。当食品经糖制时，可溶性固形物含量增加，游离水的含量则减少，即 Aw 变小（低于 0.9），微生物就会因游离水的减少而受到抑制。如干态蜜饯的 Aw 在 0.65 以下时，几乎抑制了一切微生物的活动，果酱类和湿态蜜饯的 Aw 在 0.80~0.75，霉菌和一般酵母菌的活动被阻止，但对耐渗透压的酵母菌，需配合有良好的包装（如减少空气或真空包装等）才能被抑制。

（三）抗氧化作用

氧在糖液中溶解度小于在水中的溶解度，糖浓度越高，氧的溶解度越低。如浓度为 60% 的蔗糖溶液，在 20℃ 时，氧的溶解度仅为纯水含氧量的 1/6。由于糖液中氧含量的降低，有利于抑制好氧型微生物的活动，也利于制品色泽、风味和维生素等品质和营养成分的保持。

第二节　果蔬糖制工艺与设备

一、蜜饯类加工

（一）工艺流程

原料→前处理→漂洗→预煮
- →蜜制→配料→烘干→凉果
- →糖制→装罐→封罐→杀菌→冷却→湿态蜜饯
- →糖制→烘干→上糖衣→干态蜜饯

（二）操作要点

1. 原料的选择

糖制品质量主要取决于外观、风味、质地及营养成分。选择优质原料是制成优质产品的关键之一。原料质量优劣主要在于品种、成熟度和新鲜度等几个方面。

（1）原料的种类和品种　原料的品种不同而加工效果不一样；或者是同一品种的原料，但因为是产地不同而加工出的产品质量也不同。蜜饯类因需保持果实或果块形态，则要求原料肉质紧密，耐煮性强的品种。如生产青梅类制品的原料，宜选鲜绿质脆、果形完整、果核小的品种；生产蜜枣类的原料，要求果大核小，含糖较高，耐煮性强的品种；生产杏脯的原料，要求用色泽鲜艳、风味浓郁、离核、耐煮性强的品种；适用于生产红参脯的胡萝卜原料，要求果心呈黄色，果肉红色，含纤维素较少的品种。

（2）原料的成熟度 蜜饯、果脯要求具有一定的块形状态，所以一般要求果实的生理成熟度在75%~85%，另外，还应考虑果蔬的形态、色泽、糖酸含量等因素，用来糖制的果蔬要求形态美观、色泽一致、糖酸含量高等特点。一般在绿熟–坚熟时采收，但是，对成熟度高低的要求，取决于加工什么样的产品。

（3）原料的新鲜度 要求原料新鲜完整、表面洁净、无病虫害。病烂变质的果蔬，不能当作原料。

2. 原料处理

（1）选别及分级 原料选别，根据制品对原料的要求，选择新鲜、完整、成熟一致的原料，其次是剔除不合格的原料，如霉烂、腐败、变质、病虫害严重、过生或过熟的原料。选别的方法是以人工拣别为主。原料分级，一般以大小或成熟度为依据的。分级时的大小标准，以原料的实际情况或对成品的要求决定。

（2）清洗 原料的洗涤主要去除原料表面黏附的尘土、泥沙、污物、残留药剂及部分微生物。洗涤的方法可用化学或机械等方法。

（3）去皮、去心（核）、切分、划缝、刺孔 糖制加工果蔬的去皮，因果蔬类型或加工品要求不同而异，有擦皮、削皮、刮皮、剥皮及化学去皮法等多种方法。剔除不能食用的种子、果核，大形果需适当切分，切分的形态有块、条、丝、丁、对开或四开等。枣、李、杏等小形果不便去皮和切分，常在果面划缝或刺孔，划切时，可以用手工或用划纹机，要求划纹纹络均匀，深度一致。

（4）盐腌 盐坯腌渍包括盐腌、曝晒、回软和复晒四个过程。盐腌有干盐和盐水两种。干盐法适用于果汁较多或成熟度较高的原料，用盐量依种类和贮存期长短而异，一般为原料重的14%~18%。腌制时，分批拌盐，拌匀，分层入池，铺平压紧，下层用盐较少，由下而上逐层加多，表面用盐覆盖隔绝空气，便能保存不坏。盐水腌制法适用于果汁稀少或未熟果或酸涩苦味浓的原料，将原料直接浸泡到一定浓度的腌制液中腌制。盐腌结束，可作水坯保存，或经晒制成干坯长期保藏，腌渍程度以果实呈半透明为度。果蔬盐腌后，延长了加工期限，同时对改善某些果蔬的加工品质，减轻苦、涩、酸等不良风味有一定的作用。但是，盐腌在脱去大量水分的同时，会造成果蔬可溶性物质的大量流失，降低果蔬的营养价值。

（5）保脆与硬化 为提高原料耐煮性和酥脆性，在糖制前对某些原料需进行硬化处理，将原料浸泡于石灰（CaO）或氯化钙（$CaCl_2$）、明矾、亚硫酸氢钙等稀溶液中，使钙、镁离子与原料中的果胶物质生成不溶性盐类，细胞间相互黏结在一起，提高硬度和耐煮性。用0.1%的氯化钙与0.2%~0.3%的亚硫酸氢钠混合液浸泡30~60min，起着护色兼硬化的双重作用。对不耐贮运易腐烂的草莓、樱桃用含有0.75%~1.0%二氧化硫的亚硫酸与0.4%~0.6%的消石灰［$Ca(OH)_2$］混合液浸泡，可防腐烂并兼起硬化、护色作用。明矾具有触媒作用，能提高樱桃、草莓、青梅等制品的染色效果，使制品透明硬化剂的选用、用量及处理时间必须适当，过量会生成过多钙盐或导致部分纤维素钙化，使产品质地粗糙，品质劣化。经硬化处理后的原料，糖制前需经漂洗除去残余的硬化剂。

（6）硫处理 为了使糖制品色泽明亮，常在糖煮之前进行硫处理，既可防止制品氧化变色，又能促进原料对糖液的渗透。使用方法有两种，一种是用按原料质量的0.1%~0.2%的硫磺，在密闭的容器或房间内点燃硫磺进行熏蒸处理。熏硫后的果肉变软，色泽变淡、变亮，核窝内有水珠出现，果肉内含 SO_2 的量不低于 0.1%。另一种是预先配好含有效 SO_2 为 0.1%~0.15%的亚硫酸盐溶液，将处理好的原料投入亚硫酸盐溶液中浸泡数分钟即可。常用的亚硫酸盐有亚硫酸钠、亚硫酸氢钠、焦亚硫酸钠等。经硫处理的原料，在糖煮前应充分漂洗，以除去剩余的亚硫酸溶液。用马口铁罐包装的制品，脱硫必须充分，因过量的 SO_2 会引起铁皮的腐蚀，产生氢胀。

（7）染色　为避免具有鲜明的色泽的樱桃、草莓等原料在加工过程为中常失去原有的色泽，常用染色剂进行着色处理，以增进制品的感官品质。常用的染色剂有人工色素和天然色素两大类，天然色素如姜黄、胡萝卜素、叶绿素等，是无毒、安全的色素，但染色效果和稳定性较差。人工色素有苋菜红、胭脂红、赤藓红、新红、柠檬黄、日落黄、亮蓝、靛蓝 8 种。人工色素具有着色效果好、稳定性强等优点，但不得超过《食品添加剂使用标准》GB 2760—2011 规定的最大使用量。染色方法是将原料浸于色素液中着色，或将色素溶于稀糖液中，在糖煮的同时完成染色。为增进染色效果，常用明矾为媒染剂。

（8）预煮（热烫）　凡经亚硫酸盐保藏、盐腌、染色及硬化处理的原料，在糖制前均需漂洗或预煮，除去残留的 SO_2、食盐、染色剂、石灰或明矾，避免对制品外观和风味产生不良影响。另外，预煮可以软化果实组织，有利于糖在煮制时渗入，对一些酸涩、具有苦味的原料，预煮可起到脱苦、脱涩作用。预煮可以钝化果蔬组织中的酶，防止氧化变色。预煮时间一般为 8~15min，温度不低于 90℃，热烫后捞起，立即用冷水冷却，以停止热处理的作用。

3. 糖制

糖制是蜜饯类加工的主要工艺。糖制过程是果蔬原料排水吸糖过程，糖液中糖分通过扩散作用进入组织细胞间隙，再经过渗透作用进入细胞内，最终达到要求的含糖量。

糖制方法有蜜制（冷制）和煮制（热制）两种。蜜制适用于皮薄多汁、质地柔软的原料；煮制适用于质地紧密、耐煮性强的原料。

（1）蜜制　蜜制是指用糖液进行糖渍，使制品达到要求的糖度。糖杨梅、糖青梅、樱桃蜜饯、无花果蜜饯以及多数凉果，由于含水量高、不耐煮制，均采用此方法。在未加热的蜜制过程中，原料组织保持一定的膨压，当与糖液接触时，由于细胞内外渗透压存在差异而发生内外渗透现象，使组织中水分向外扩散排出，糖分向内扩散渗入。但糖浓度过高时，糖制时会出现失水过快、过多，使其组织膨压下降而收缩，影响制品饱满度和产量。此法的基本特点在于分次加糖，不用加热，能很好保存产品的色泽、风味、营养价值和应有的形态。为保持果块具有一定的饱满形态并加快扩散速度，一般采用以下几种蜜制方法：

① 分次加糖法：首先将原料投入到 40%的糖液中，剩余的糖分 2~3 次加入，每次提高糖浓度 10%~15%，直到糖制品浓度达 60%以上时出锅。

② 一次加糖多次浓缩法：每次糖渍后，将糖液倒出，加热浓缩提高糖浓度，然后，再将原料加入到热糖液中继续糖制，利用温差和糖浓度差的双重作用，加速糖的扩散速度。效果优于分次加糖法。首先将原料投放到约 30%的糖液中浸渍，之后，滤出糖液，将其浓缩至浓度达 45%，再将原料投入到热糖液中糖渍。反复 3~4 次，糖制品浓度 60%以上出锅。

③ 减压蜜制法：果蔬在真空锅内抽空，使果蔬内部蒸气压降低，然后破坏锅内的真空，因外压大，可以促进糖分快速渗入果内。将原料浸入到含 30%糖液的真空锅中，抽空 40~60min 后，消压，浸渍 8h，然后将原料取出，放入到含 45%糖液的真空锅中，抽空 40~60min

后，消压，浸渍 8h，再在 60% 的糖液中抽空、浸渍至终点。

（2）煮制 一般耐煮的果蔬原料采用煮制法可以迅速完成加工过程，只是色、香、味、维生素有所损失。煮制法分为敞煮法和真空煮两法。在生产实践中，具体地分下列几种煮制方法：

① 逐次糖煮法：逐次糖煮法是在开始糖煮时，采用浓度为 30% 的糖液。糖煮沸腾几分钟后，添加少量冷糖液，如此中途添加冷糖液几次。逐次糖煮法的优点是制品组织比较细致紧密，透糖较好，缺点是时间延长，易引起颜色加深，维生素 C 损失大。

② 多次煮制法：把果蔬组织与糖液煮沸短时间后，停止加热放置一段时间使组织内外的糖液浓度有较长时间来达到扩散平衡，然后又加热沸腾，使糖液达到一定浓度后又停止加热，放置一段时间，达到此浓度梯度的平衡之后，再煮沸蒸发，再提高糖液浓度，重复放置。如此反复几次，前后完成糖煮。其优点是透糖可有充分平衡时间，又可以利用工作间隙处理。缺点是加工时间太长。

③ 快速煮制法：利用温差悬殊的环境，使组织受到冷热交替的变化。由组织内压力差的变化，迫使糖液透入组织，加快组织内外糖液的平衡速度，缩短了煮制时间。此法制品质量很好，只是较为复杂，生产上比较少用。

④ 减压煮制法：减压糖煮法常用的设备有真空锅或真空罐。基本操作程序是：将经过预处理的原料放入糖煮容器中，加入 30%~40% 浓度的糖液，然后将容器密封，通入蒸汽加热，至 60℃ 后即开始抽真空减压，使糖液沸腾（同时进行搅拌），沸腾约 5min 后，可改变真空度，使果蔬组织内的蒸汽分压也反复随之改变，从而一边使组织内外浓度加速平衡，一边促使糖液蒸发，以便迅速透糖。当糖液蒸发到所需浓度（60%~65%）时，即可解除真空，完成减压糖煮全过程。

⑤ 扩散煮制法：是在真空糖制的基础上进行的一种连续化糖制方法，机械化程度高，糖制效果好。原料在一组扩散器内，用浓度逐步提高的几种糖液，对原料连续多次浸渍。先将原料密闭在真空扩散器内，抽空排除原料组织中的空气，而后加入 95℃ 的热糖液，待糖分扩散渗透后，将糖液顺序转入另一扩散器内，再将原来的扩散器内加入较高浓度的热糖液，如此连续进行几次，制品即达要求的糖浓度。

4. 烘晒与上糖衣

除糖渍蜜饯外，多数制品在糖制后需进行烘晒，将果实从浸渍的糖液中捞出，沥干糖液，铺散在竹算或烘盘中，送入 50~60℃ 的烘房内烘干，使表面不粘手，利于保藏。烘房内温度不宜超过 65℃，以防糖分结块或焦化。烘干后的蜜饯，要求保持完整、饱满、不皱缩、不结晶，质地柔软，含水量在 18%~22%，含糖量达 60%~65%。

制糖衣蜜饯时，可在干燥后上一层糖衣。用过饱和糖液浸泡一下，取出冷却，使糖液在制品表面上凝结成一层晶亮的糖衣薄膜。糖衣蜜饯保藏性强，可减少保存期间的吸湿、黏结等不良现象。上糖衣用的过饱和糖液，常以三份蔗糖、一份淀粉糖浆和两份水配合而成，将混合浆液加热至 113~114.5℃，然后冷却到 93℃，即可使用。

在干燥快结束的蜜饯表面，撒结晶糖粉或白砂糖，拌匀，筛去多余糖粉，即得晶糖蜜饯。

5. 整理、包装与贮存

蜜饯在干燥过程中往往由于收缩而变形，甚至破裂，干燥后需加以整理或整形，以获得良好的商品外观。如杏脯、蜜枣、橘饼等产品，干燥后经整理，使外观整齐一致，便于包装。干态蜜饯的包装以防潮、防霉为主，常用阻湿隔气性好的包装材料，如复合塑料薄膜袋、铁听等。湿态蜜饯以罐头食品包装为宜。糖液量为成品总净重的 45%～55%。然后密封，在 90℃下杀菌 20～40min，然后冷却。对于不杀菌的蜜饯制品，要求其可溶性固形物应达 70%～75%，糖分不低于 65%。真空或充气包装则会更有利于制品保存和品质保持。蜜饯贮存的库房要清洁、干燥、通风，尤其是干态蜜饯，库房墙壁要用防湿材料，库温控制在 12～15℃，贮藏时糖制品若出现轻度吸潮，可重新进行烘干处理，冷却后再包装。库房需防虫、防鼠、防霉、防尘、防湿、防臭。

二、 果酱类加工

果酱是以果蔬的汁、浆加糖及配料经煮制浓缩而成的果蔬制品。其形态呈黏糊状、冻状或胶体状，属高糖、高酸食品。果酱分泥状及块状两种。

（一）工艺流程

原料处理 → 加热软化 → 配料 → 浓缩 → 装罐、密封 → 杀菌 → 冷却 → 果酱

　　　　　　　　　　　　　　　　　　　　倒盘 → 冷却成型 → 果丹皮、果糕

取汁过滤 → 配料 → 浓缩 → 冷却成型 → 果冻、马茉兰

（二）操作要点

1. 原料选择及前处理

生产果酱类制品的原料要求果胶及酸含量多，芳香味浓，成熟度适宜。对于含果胶及酸量少的果蔬，制酱时需外加果胶及酸，或与富含该种成分的其它果蔬混制。原料需先剔除霉烂变质、病虫害严重、成熟度低等不合格果，必要时按成熟度分级，再按不同种类的产品要求，分别经过清洗、去皮（或不去皮）、去核（芯）（或不去核）。切块（莓果类及全果糖制品等原料要保持全果浓缩）、修整（彻底修除斑点、虫害等部分）等处理。去皮、切分后的原料若需护色，应进行护色处理，并尽快进行加热软化。

2. 加热软化

加热软化的目的是破坏酶的活力，防止变色和果胶水解；软化果肉组织，便于打浆或糖液渗透；促使果肉组织中果胶的溶出，有利于凝胶的形成；蒸发一部分水分，缩短浓缩时间；排除原料组织中的气体，以得到无气泡的酱体。软化前先将夹层锅洗净，放入清水（或稀糖液）和一定量的果肉。一般软化用水为果肉质量的 20%～50%。若用糖水软化，糖水浓度为 10%～30%。开始软化时，升温要快，蒸气压为 0.2～0.3MPa，沸腾后可降至 0.1～0.2MPa，不断搅拌，使上下层果块软化均匀，果胶充分溶出。软化时间依品种而异，一般为 10～20min。软化操作正确与否，直接影响果酱的胶凝程度。如块状酱软化不足，果肉内溶出的果胶较少，制品胶凝不良，仍有不透明的硬块，影响风味和外观。如软化过度，果肉中的果胶因水解而损失，同时，果肉经长时间加热，使色泽变深，风味变差。制作泥状酱，果块软化后要及时打浆。

3. 取汁过滤

生产果冻、马茉兰等半透明或透明糖制品时，果蔬原料加热软化后，用压榨机压榨取

汁。对于汁液丰富的浆果类果实压榨前不用加水，直接取汁，而对肉质较坚硬致密的果实如山楂、胡萝卜等软化时，加适量的水，以便压榨取汁。压榨后的果渣为了使可溶性物质和果胶更多地溶出，应再加一定量的水软化，再行一次压榨取汁。大多数果冻类产品取汁后不用澄清、精滤，而一些要求完全透明的产品则需用澄清的果汁。常用的澄清方法有自然澄清、酶法澄清、热凝聚澄清等。

4. 配料

按原料的种类和产品要求而异，一般要求果肉（果浆）占总配料量的 40%~55%，砂糖占 45%~60%（其中允许使用淀粉糖浆，用量占总糖量的 20% 以下）。这样，果肉与加糖量的比例为 1：1~1：1.2。为使果胶、糖、酸形成恰当的比例，有利于凝胶的形成，可根据原料所含果胶及酸的多少，必要时添加适量柠檬酸、果胶或琼脂。柠檬酸补加量一般以控制成品含酸量 0.5%~1% 为宜。果胶补加量，以控制成品含果胶量 0.4%~0.9% 较好。配料时，应将砂糖配制成 70%~75% 的浓糖液，柠檬酸配成 45%~50% 的溶液，并过滤。果胶按料重加入 2~4 倍砂糖，充分混合均匀，再按料重加水 10~15 倍，加热溶解。琼脂用 50℃ 的温水浸泡软化，洗净杂质，加水，为琼脂重量的 19~24 倍，充分溶解后过滤。果肉加热软化后，在浓缩时分次加入浓糖液，临近终点时，依次加入果胶液或琼脂液、柠檬酸或糖浆，充分搅拌均匀。

5. 浓缩

当各种配料准备齐全，果肉经加热软化或取汁以后，就要进行加糖浓缩。其目的在于通过加热，排除果肉中大部分水分，使砂糖、酸、果胶等配料与果肉煮至渗透均匀，提高浓度，改善酱体的组织形态及风味。加热浓缩还能杀灭有害微生物，破坏酶的活力，有利于制品的保藏。加热浓缩的方法，目前主要采用常压浓缩和真空浓缩两种方法。

（1）常压浓缩　将原料置于夹层锅内，在常压下加热浓缩。浓缩过程中，糖液应分次加入。这样有利于水分蒸发，缩短浓缩时间，避免糖色变深而影响制品品质。糖液加入后应不断搅拌，防止锅底焦化，促进水分蒸发，使锅内各部分温度均匀一致。开始加热蒸汽压力为 0.3~0.4MPa，浓缩后期，压力应降至 0.2MPa。浓缩初期，由于物料中含有大量空气，在浓缩时会产生大量泡沫，为防止外溢，可加入少量冷水或植物油，以消除泡沫，保证正常蒸发。浓缩时间要恰当掌握，不宜过长或过短。过长直接影响果酱的色、香、味，造成转化糖含量高，以致发生焦糖化和美拉德反应；过短转化糖生成量不足，在贮藏期间易产生蔗糖的结晶现象，且酱体凝胶不良。浓缩时通过火力大小或其它措施控制浓缩时间。需添加柠檬酸、果胶或淀粉糖浆的制品，当浓缩到可溶性固形物为 60% 以上时再加入。

（2）真空浓缩　真空浓缩优于常压浓缩法，在浓缩过程中，由于是低温蒸发水分，既能提高其浓度，又能保持产品原有的色、香、味等成分。真空浓缩时，待真空度达到 53.32kPa 以上，开启进料阀，浓缩的物料靠锅内的真空吸力进入锅内。浓缩时，真空度保持在 86.66~96.00kPa，料温 60℃ 左右，浓缩过程应保持物料超过加热面，以防焦糊。待果酱升温至 90~95℃ 时，即可出料。果酱类熬制终点的测定可采用下述方法。

① 折光仪测定：当可溶性固形物达 66%~69% 时即可出锅。

② 温度计测定：当溶液的温度达 103~105℃ 时，熬煮结束。

③ 挂片法：是生产上常用的一种简便方法。用搅拌的木片从锅中挑起浆液少许，横置，若浆液呈现片状脱落，即为终点。

6. 装罐密封（制盘）

果酱、果泥等糖制品含酸量高，多以玻璃罐或抗酸涂料铁罐为容器。装罐前应彻底清洗容器，并消毒。果酱出锅后应迅速装罐，一般要求每锅酱体分装完毕不超过 30min。密封时，酱体温度在 80~90℃。果糕、果丹皮等糖制品浓缩后，将黏稠液趁热倒入钢化玻璃、搪瓷盘等容器中，并铺平，进入烘房烘制，然后切割成型，并及时包装。

7. 杀菌冷却

加热浓缩过程中，酱体中的微生物绝大部分被杀死。而且由于果酱是高糖、高酸制品，一般装罐密封后残留的微生物是不易繁殖的。在生产卫生条件好的情况下，果酱密封后，只要倒罐数分钟，进行罐盖消毒即可。但也发现一些果酱罐头有生霉和发酵现象出现。为安全起见，果酱罐头密封后，进行杀菌是必要的。杀菌方法，可采用沸水或蒸汽杀菌。杀菌温度及时间依品种及罐型等不同，一般以 100℃温度下杀菌 5~10min 为度。杀菌后冷却至 38~40℃，擦干罐身的水分，贴标装箱。

三、 低糖蜜饯及果酱加工

传统果蔬糖制品含糖量高，渗透力强，产品饱满，然而由于煮制时间长，芳香物质损失多，风味较差，且容易造成食糖的过多摄入，对人体的健康不利。随着人民生活水平的提高，出于健康和营养的目的，对低糖果蔬糖制品的研究及开发正在成为蜜饯与果酱发展的主流方向。

（一）工艺流程

原料→ 前处理 → 漂洗 → 预煮 → 渗糖处理（真空/微波/超声）→ 烘干 →低糖蜜饯

原料处理 → 加热软化 → 配料 → 真空浓缩 → 装罐、密封 → 杀菌 → 冷却 →低糖果酱

（二）操作要点

1. 采用复合甜味剂代替蔗糖

低糖蜜饯一般是以新鲜水果为原材料，经过前处理、渗糖、干燥和包装杀菌等工艺，对比传统蜜饯含糖量普遍高于 60% 的情况，其含糖量在 40%~55%，含水量在 18%~22%，因此需要甜味剂来替代大量的蔗糖，降低成本，或降低热能，或增加甜味以及满足特殊人群的需要等。糖精钠、甜蜜素、安赛蜜、阿斯巴甜、纽甜等高倍甜味剂常应用于低糖制品中，在蜜饯及果酱生产中的实际应用也已相当普遍。

2. 添加填充剂提高饱满度

低糖蜜饯在渗糖阶段添加亲水性填充剂，使之渗入组织内部填充果肉组织，既可控制蔗糖的渗入量，又增加蜜饯的饱满度，可解决低糖蜜饯透明度低、饱满度差、果型干瘪的问题。果胶、羧甲基纤维素钠、黄原胶、海藻酸钠、明胶、魔芋胶、麦芽糊精、变性淀粉等胶体物质，都可作为低糖蜜饯的填充剂。

传统的果酱制品利用的是原料中所含的高甲氧基果胶的凝胶特性，即只要有高含糖量（60%~65%）、高酸（pH 2~3）和高甲氧基果胶存在时即可形成稳定的凝胶。因此，要求原料含有较丰富的高甲氧基果胶，例如苹果、番茄、草莓、猕猴桃、杏等。而低糖果酱的凝胶

状态的获得并不依赖高甲氧基果胶，利用的是添加的各种增稠剂，如海藻酸钠、黄原胶、羧甲基纤维素钠、低甲氧基果胶、琼脂等，因此对原料的选择性降低。

3. 新型渗糖工艺缩短渗糖时间

真空渗糖技术利用抽真空并使物料在真空状态下维持一定时间，将果蔬组织内的气体抽出，为糖液扩散打开了通道，使果肉内外产生渗透压差，促使糖液迅速渗入；另外真空释放时产生的内外压力差也起到促使糖液渗入物料组织的作用。在负压条件下，降低了环境中的氧气浓度，真空浸渍时可以在不使用抗氧化剂的情况下有效地防止褐变，还可以有效抑制细菌的生长，使果脯的卫生安全更有保障；真空浸渍处理的操作温度较低，可有效保护原料的颜色、风味以及热敏性营养成分，减少物料受热塌陷和细胞破裂，降低物料在后续干燥过程中的汁液损失。

微波是指频率为 300～300000MHz 的电磁波。由于加工时间短，应用微波处理食品能够较好地保护食品中原有的色、香、味、形及维生素等营养成分。微波渗糖处理 40～50min，即可得到色泽透明、饱满、有光泽、酸甜适口、风味浓郁的低糖蜜饯制品。

超声波可在液体中产生"空穴作用"，这为在较低的糖煮温度下大幅度提高果蔬的渗糖效率提供了可能，同时由于超声波只是在瞬间击穿细胞膜，对果蔬组织的结构和细胞外形并不产生破坏作用，因此通过超声波辅助渗糖生产蜜饯，其果蔬组织原有的结构和外形会得到很好的保持。

第三节　果蔬糖制品常见质量问题及控制

糖制后的果蔬制品，尤其是蜜饯类，由于采用的原料种类和品种不同，或加工操作方法不当，可能会出现返砂、流汤、煮烂、皱缩、褐变等质量问题。

一、　返砂与流汤

一般质量达到标准的果蔬糖制品，要求质地柔软，光亮透明。但在生产中，如果条件掌握不当，成品表面或内部易出现返砂或流汤现象。返砂即糖制品经糖制、冷却后，成品表面或内部出现晶体颗粒的现象，使其口感变粗，外观质量下降；流汤即蜜饯类产品在包装、贮存、销售过程中容易吸潮，表面发黏等现象，尤其是在高温、潮湿季节。

果蔬糖制品出现的返砂和流汤现象，主要是因成品中煎糖和转化糖之间的比例不合适造成的。若一般成品中含水量达 17%～19%，总糖量为 68%～72%，转化糖含量在 30%，即占总糖含量的 50% 以下时，都将出现不同程度的返砂现象。转化糖越少，返砂越重；相反，若转化糖越多，蔗糖越少，流汤越重。当转化糖含量达 40%～45%，即占总糖含量的 60% 以上时，在低温、低湿条件下保藏，一般不返砂。因此，防止糖制品返砂和流汤，最有效的办法是控制原料在糖制时煎糖转化糖之间的比例。影响转化的因素是糖液的 pH 及温度。pH 2.0～2.5，加热时就可以促使蔗糖转化，提高转化糖含量。杏脯很少出现返砂，原因是杏原料中含有较多的有机酸，煮制时溶解在糖液中，降低了 pH，利于蔗糖的转化。

对于含酸量较少的苹果、梨等，为防止制品返砂，煮制时常加入一些煮过杏脯的糖液，

可以避免返砂。目前，生产上多采用加柠檬酸或盐酸来调节糖液的 pH。调整好糖液的 pH
（2.0~2.5），对于初次煮制是适合的，但工厂连续生产，糖液是循环使用的，糖液的 pH 以
及煎糖与转化糖的相互比例时有改变，因此，应在煮制过程中绝大部分砂糖加完并溶解后，
检验糖液中总糖和转化糖含量。按正规操作方法，这时糖液中总糖量为 54%~60%，若转化
糖已达 25% 以上（占总糖量的 43%~45%），即可以认为符合要求，烘干后的成品不致返砂
和流汤。

二、　煮烂与皱缩

煮烂与皱缩是果脯生产中常出现的问题。例如，煮制蜜枣时，由于划皮太深，划纹相互
交错，成熟度太高等，经煮制后易开裂破损。苹果脯的软烂除与果实品种有关外，成熟度也
是重要影响因素，过生、过熟都比较容易煮烂。因此，采用成熟度适当的果实为原料，是保
证果脯质量的前提。此外，采用经过前处理的果实，不立即用浓糖液煮制，先放入煮沸的清
水或 1% 的食盐溶液中热烫几分钟，再按工艺煮制。也可在煮制时用氯化钙溶液浸泡果实，
也有一定的作用。

另外，煮制温度过高或煮制时间过长也是导致蜜饯类产品煮烂的一个重要原因。因此，
糖制时应延长浸糖的时间，缩短煮制时间和降低煮制温度，对于一些易煮烂的产品，最好采
用真空渗糖或多次煮制等方法。

果脯的皱缩主要是"吃糖"不足，干燥后容易出现皱缩干瘪。若糖制时，开始煮制的糖
液浓度过高，会造成果肉外部组织极度失水收缩，降低了糖液向果肉内渗透的速度，破坏了
扩散平衡。另外，煮制后浸渍时间不够，也会出现"吃糖"不足的问题。克服的方法，应在
糖制过程中掌握分次加糖，使糖液浓度逐渐提高，延长浸渍时间。真空渗糖无疑是重要的措
施之一。

三、　成品颜色褐变

果蔬糖制品颜色褐变的原因是果蔬在糖制过程中发生非酶褐变和酶褐变反应，导致成品
色泽加深。非酶褐变包括羰氨反应和焦糖化反应，另外，还有少量维生素 C 的热褐变。这些
反应主要发生在糖制品的煮制和烘烤过程中，尤其是在高温条件下煮制和烘烤最易发生，致
使产品色泽加深。在糖制和干燥过程中，适当降低温度，缩短时间，可有效阻止非酶褐变，
采用低温真空糖制就是一种最有效的技术措施。

酶褐变主要是果蔬组织中酚类物质在多酚氧化酶的作用下氧化褐变，一般发生在加热糖
制前。使用热烫和护色等处理方法，抑制引起褐变的酶活力，可有效抑制由酶引起的褐变
反应。

四、　糖制品贮存中的不良变化

糖制品贮存中的不良变化，以变色、结晶返砂和吸湿回潮最为常见。除了在加工过程中
注意蔗糖转化适度外，贮藏温度低和相对湿度大，上述现象越严重。因此，在糖制品的贮存
上多采取 12~15℃ 贮藏为宜，避免贮温过低引起煎糖等的晶析。贮藏环境的相对湿度不宜太
高，一般控制在 70% 左右。否则因糖制品吸湿回潮，不仅有损于外观，而且因局部糖浓度的
下降，可能引起生霉变质。改进包装，加强防潮措施，无疑对糖制品的保存是有益的。果酱

类制品和糖渍蜜饯在保存期间，靠近容器顶端的部位，常发生变色或者生霉。前者是由于花青素的氧化和氧化糖分变质（生成羟甲基呋喃甲醛）所致；后者往往因为装罐时酱体装的不满，冷却后顶隙中残留空气较多，加之罐盖未经消毒等引起的。贮藏期间温度越高，贮期越长，就会加剧制品变色或生霉。

采取真空煮制和加用抗氧化剂的制品，在同样的贮存条件下，可以减轻或抑制此种变色反应。据绪方邦安〔日〕等研究，果酱类制品无论是贮藏温度的升高，还是抗坏血酸含量的减少，都会加速褐变。例如，夏橙马茉兰在 5℃ 下贮藏 6 个月，抗坏血酸尚能保存 90%，而且制品外观良好，颜色无变化。但贮藏在 40℃ 的高温下 2~3 周，即发生明显的褐变。此外，草莓酱的花青素，在贮藏温度高时损失较多，在 40℃ 下贮藏 2 周的损失量约等于 5℃ 下贮藏 4 个月的损失量。

第四节　果蔬糖制类产品相关标准

一、蜜饯类标准

（一）蜜饯通则

国家质检总局、国家标准委批准发布了 GB/T 10782—2006《蜜饯通则》国家标准，于 2007 年 1 月 1 日起实施。该标准规定了蜜饯的产品分类、技术要求、试验方法、检验规则和标签要求等内容，适用于蜜饯的生产和销售。该标准将蜜饯定义为以果蔬等为主要原料，添加（或不添加）食品添加剂和其他辅料，经糖或蜂蜜或食盐腌制（或不腌制）等工艺制成的制品，分成糖渍类、糖霜类、果脯类、凉果类、话化类、果糕类、其他类。从原料、感官、净含量、理化指标、卫生指标、食品添加剂方面对蜜饯产品的技术要求进行了规定，并规定了感官检验、净含量、总糖、氯化钠含量测定的试验方法。

糖渍类：原料经糖（或蜂蜜）熬煮或浸渍、干燥（或不干燥）等工艺制成的带有湿润糖液面或浸渍在浓糖液中的制品，如糖青梅、蜜樱桃、蜜金橘、红绿瓜、糖桂花、糖玫瑰、炒红果等。

糖霜类：原料经加糖熬煮、干燥等工艺制成的表面附有白色糖霜的制品，如糖冬瓜条、糖橘饼、红绿丝、金橘饼、姜片等。

果脯类：原料经糖渍、干燥等工艺制成的略有透明感，表面无糖霜析出的制品，如杏脯、桃脯、苹果脯、梨脯、枣脯、海棠脯、地瓜脯、胡萝卜脯、番茄脯等。

凉果类：原料经盐渍、糖渍、干燥等工艺制成的半干态制品，如加应子、西梅、黄梅、雪花梅、陈皮梅、八珍梅、丁香榄、福果、丁香李等。

话化类：原料经盐渍、糖渍（或不糖渍）、干燥等工艺制成的制品，分为不加糖和加糖两类，如话梅、话李、话杏、九制陈皮、甘草榄、甘草金橘、相思梅、杨梅干、佛手果、芒果干、陈皮丹、盐津葡萄等。

果糕类：原料加工成酱状，经成型、干燥（或不干燥）等工艺制成的制品，分为糕类、条类和片类，如山楂糕、山楂条、果丹皮、山楂片、陈皮糕、酸枣糕等。

其他类：上述六类以外的蜜饯产品。

其中：糖渍类：水分≤35%，总糖（以葡萄糖计）≤70%，氯化钠≤4%；糖霜类：水分≤20%，总糖（以葡萄糖计）≤85%；果脯类：水分≤35%，总糖（以葡萄糖计）≤85%；凉果类：水分≤35%，总糖（以葡萄糖计）≤70%，氯化钠≤8%。

话化类：

不加糖类：水分≤30%，总糖（以葡萄糖计）≤6%，氯化钠≤35%。

加糖类：水分≤35%，总糖（以葡萄糖计）≤60%，氯化钠≤15%。

果糕类：

糕类：水分≤55%，总糖（以葡萄糖计）≤75%。

条（果丹皮）类：水分≤30%，总糖（以葡萄糖计）≤70%。

片类：水分≤20%，总糖（以葡萄糖计）≤80%。

（二）蜜饯

国家卫计委、国家食药监局批准发布了 GB 14884—2016《蜜饯》食品安全国家标准，于2017 年 6 月 23 日起实施。本标准适用于各类蜜饯产品。该标准规定了蜜饯的定义、原料要求、感官要求、污染物限量和真菌毒素限量、微生物限量、食品添加剂、农药残留限量。其中，污染物限量应符合 GB 2762 的规定，真菌毒素限量应符合 GB 2761 的规定。微生物限量中致病菌限量应符合 GB 29921 中即食果蔬制品类的规定，微生物限量还应符合表 5-5 的规定。食品添加剂的使用应符合 GB 2760 的规定，农药残留限量应符合 GB 2763 的规定。

表 5-5　　　　　　　　　　　　微生物限量

项　目	采样方案[*] 及限量				检验方法
	n	c	m	M	
菌落总数/（CFU/g）	5	2	10^3	10^4	GB 4789.2
大肠菌群/（CFU/g）	5	2	10	10^2	GB 4789.
霉菌/（CFU/g）≤	50				GB 4789.15

注：* 样品的分析及处理按 GB 4789.1 和 GB/T 4789.24 执行。

（三）蜜饯生产卫生规范

国家卫计委、国家食药监局批准发布了 GB 8956—2016《蜜饯生产卫生规范》食品安全国家标准，于 2017 年 12 月 23 日起实施。该标准规定了蜜饯生产过程中原料采购、加工、包装、贮存和运输等环节的场所、设施、人员的基本要求和管理准则，适用于蜜饯的生产，果坯的生产应符合相应条款的规定。

二、果酱类标准

国家质检总局、国家标准委批准发布了 GB/T 22474—2008《果酱》国家标准，于 2009年 1 月 1 日起实施。该标准规定了果酱的相关术语和定义、产品分类、要求、检验方法和检验规则以及标识标签要求。该标准定义果酱为以水果、果汁或果浆和糖等为主要原料，经预处理、煮制、打浆（或破碎）、配料、浓缩、包装等工序制成的酱状产品。定义果味酱/果味果酱为加入或不加入水果、果汁或果浆，使用增稠剂、食用香精、着色剂等食品添加剂，加糖（或不加糖），经配料、煮制、浓缩、包装等工序加工制成的酱状产品。从原辅料和包装材料、感官要求、理化指标、微生物指标、食品添加剂、净含量进行了技术要求，规定了感官、理化（总糖、可溶性固形物、铅、总砷、锡）、微生物及净含量的检验方法。

国家工业和信息化部批准发布了 QB/T 1386—2017《果酱类罐头》轻工行业标准，于2018 年 4 月 1 日起实施。该标准规定了果酱类罐头的相关术语和定义、产品分类、要求、试验方法、检验规则，以及标签、包装、运输、贮运。该标准适用于以新鲜或经速冻冷藏的一种或几种水果为原料，经预处理、打浆（切片）、调配、浓缩、装罐、密封、杀菌、冷却等制成的罐藏食品，主要包括杏酱罐头、菠萝酱罐头、苹果酱罐头、西瓜酱罐头、猕猴桃酱罐头、桃酱罐头、草莓酱罐头、什锦果酱罐头等。其中从原辅料、感官、净含量、可溶性固形物及食品安全进行了要求，可溶性固形物含量（20℃）以开罐时按折光计不应小于 45%，食品安全应符合 GB 7098 的要求。

第五节　典型果蔬糖制品的生产实例

一、蜜　饯　类

（一）蜜枣

蜜枣是用鲜枣加工而成的干态蜜饯。由于其表现带有许多细纹，因此又称金丝蜜枣。

1. 工艺流程

原料选择 → 切缝 → （熏硫） → 糖制 → 烘干 → 整形 → 分级 → 包装 → 成品

2. 操作要点

（1）原料选择　一般宜选用个大、核小、肉质疏松、皮薄而韧、汁液较少的品种。果实成熟度以开始退去绿色而呈乳白色时采收。

（2）分级　除去畸形枣、病虫的枣、过熟和破损枣。按枣果的大小进行分级，100~120 个/kg 最佳。

（3）切缝　为了便于糖分渗透和压偏成型，通常在果面上切缝，把枣果投入切枣机（划缝机）的孔道内切缝，切缝深度以达到果肉厚度一半为宜。缝过深易破碎，过浅糖液不易渗透，没有切缝机时，也可人工切缝。一般要求每个枣划 80~100 条缝。划缝时要求纹路均匀，两端不要切断。

（4）熏硫　北方蜜枣在切缝后一般要进行硫处理，将枣装筐，入熏硫室处理 30~40min，硫磺用量为果重的 0.3%。将划缝后的鲜枣硫处理后（南方蜜枣不进行硫处理），用清水冲洗干净。

（5）糖制　使用不锈钢夹层锅或紫铜锅煮枣，使用白糖量为枣重 0.8 倍，如煮 25kg 原料则需要用白糖 20kg，并须分次加入白糖。先用 10kg 清水溶解白糖 10kg，用旺火熬煮，并不断翻拌，捞出浮起的糖泡沫，继续加入余下白糖并加热。煮制糖液浓度不断提高，煮到锅边出现砂糖结晶，糖液沸点温度 105℃以上，原料已接近返砂，这时火力要小，不断翻动，可直接在锅内煮到白糖返砂，或者把枣果铲起，进行吹风冷却，在振动动机上滚动可使砂粒均匀。煮制时间 1~1.5h。

（6）烘干　把透糖后的蜜枣滤去糖液后，置于 65℃条件下干燥到含水量 20%左右，几乎是半干半湿程度。

（7）整形　用压枣机或人工把蜜枣加压成形（扁腰形、元宝形或长圆形），增进产品的美观度。

（8）干燥　55~60℃再次干燥到成品含水量为 16%为止。

（9）分级　拣出破枣，把合格的蜜枣按大小分级。

（10）包装　分级后的成品用纸盒或塑料薄膜食品袋分 0.5kg、1kg 进行小盒或小袋包装，再装入纸箱，每箱装 25kg。

3. 产品质量指标

橘红色或橙红色，晶莹透亮；糖味纯正，甜性足，肉厚，入口松而不僵硬；干燥不粘连；刀纹均匀整齐，颗粒大小均匀。外干内湿，软硬适度。

（二）话梅

话梅属凉果类糖制品，是一种能够帮助消化和解暑的旅行食品，各地加工方法基本相同，配料和风味略有差异。

1. 工艺流程

原料选择 → 腌渍 → 烘干 → 果坯脱盐 → 烘制 → 浸液制备 → 浸坯处理 →

烘制 → 成品包装

2. 操作要点

（1）原料选择　选择八九成熟的新鲜梅果，除去枝叶和霉变、虫害果。

（2）腌渍　每 100kg 鲜梅果加入食盐 18~22kg、明矾 0.2kg，一层梅果一层盐入缸盐渍 7~10d，每隔 2d 倒缸 1 次，以使盐分渗透均匀。

（3）烘干　梅果腌透后将梅坯捞出沥干，放入烘箱，55~60℃烘干至水分含量 15%左右。

（4）果坯脱盐　把干燥的梅坯按照三浸三换水的方法（第一次 4h 换水一次，第二次 6h 换水一次，第三次 3h 换水一次），使盐坯脱盐，残留量在 1%~2%，果坯近核部略感咸味为宜。

（5）烘制　脱盐梅坯沥干水分，用烘干机或日晒干燥到半干状态。用手指轻压胚肉尚觉稍软为度，不可烘或晒到干硬状态。

（6）料液制备　每 100kg 半干梅坯的浸液用量如下：

水 60kg，甘草 3kg，糖 15kg，甜蜜素 0.5kg，柠檬酸 0.5kg，食盐适量。先把甘草洗净后，用 60kg 水煮沸并浓缩到 55kg，过滤取甘草汁，然后加入盐、柠檬酸、甜蜜素等各种配料制成甘草浸渍液。

（7）浸坯　把甘草香料浸液加热到 80~90℃，趁热加入半干果坯，缓慢翻动，使之吸收浸渍液。让半干果坯吸收均匀，不断翻动到果坯吸完甘草料液为止。

（8）烘制　把吸完甘草液的果坯移入烘盘摊开，以60~70℃烘到含水量18%左右。

（9）成品包装　在话梅上均匀喷洒香草香精，装入聚乙烯塑料薄膜食品袋，再装入纸箱，干燥处存放。

3. 产品质量指标

黄褐色或棕色；果形完整，大小基本一致，果皮有皱纹，表面略干；甜、酸、咸适宜，有甘草或添加的香料味，回味久留；水分18%~20%。

（三）低糖板栗果脯

通过淀粉酶糖化处理，将淀粉部分水解，解决了板栗加工产品中淀粉易回生和老化的问题。通过无菌包装，解决了低糖果脯保质期问题，降低了果脯含糖量。

1. 工艺流程

板栗→挑选→脱壳→预煮→漂洗→酶处理→真空浸糖→常压浸糖→

烘干→包装

2. 操作要点

（1）板栗脱壳　用板栗脱壳机脱壳，要求脱出的鲜板栗仁无锈斑，色泽鲜黄色。

（2）预煮　板栗在护色液中微沸20min，以护色液淹没板栗仁3~4cm为好。护色液为0.1%柠檬酸溶液。

（3）漂洗　用60~70℃清水漂洗10min，挑拣出破碎、变色、带斑点等不合格果。

（4）酶处理　加淀粉酶处理，用酶量视果品的品种而定，pH和温度视所用酶的特性而定，时间以果实变软为宜。

（5）真空浸糖　糖液浓度30%，浸没经酶处理后果块。真空度0.053~0.093MPa，抽气时间25~30min。停止抽气后，继续浸泡10~20min。

（6）常压浸糖　糖液浓度为45%左右，煮沸，微沸30min，浸泡至栗实糖液浓度为40%以上为宜。

（7）烘干　先将浸糖后的果块沥干糖液，用80~90℃热风干燥，再烘至水分8%~10%。

（8）包装　采用无菌包装。

3. 产品质量指标

呈均匀棕黄色；整料或分瓣果，无破碎果，在规定的存放条件下，在规定时间内不返砂、不流汤；产品不发硬，稍有韧性，有板栗的特有风味，甜而不腻，口感好。总含糖量40%~50%，水分8%~12%。

二、果　酱　类

（一）草莓酱

1. 工艺流程

原料选择→清洗→配制→加热浓缩→装罐→密封→杀菌→冷却→成品

2. 操作要点

（1）原料选择　选取果皮表面浅红色或红色，风味正常，果胶及果酸含量高，果实八分成熟，没有霉烂的鲜果作为果酱加工原料。

（2）清洗 把原料装入筐中，在大水池中经流水冲洗 3~5min，洗净泥沙等杂质，随即除去果梗、萼片及不适宜加工果实并沥去水滴。

（3）配制 按草莓 40kg、砂糖 40kg、柠檬酸 120g 的比例配料后加热。

（4）加热浓缩 将草莓放入夹层锅内，并加入一半的砂糖，加热软化，注意要勤搅拌以免锅底焦糊。拌匀后，再加入剩下的砂糖和柠檬酸，继续加热至可溶性固形物达 65% 以上，酱温达 98~102℃ 时，停止加热，取一滴果酱至平板玻璃上，不流散开为出锅标准，在搅拌下分装入罐。

（5）装罐密封 将以上熬制果酱装入经消毒的 454g 装的玻璃罐中，分装时应搅拌均匀，每锅酱应尽快装完。趁热旋紧罐盖每罐酱温不低于 85℃。

（6）杀菌、冷却 封口后的玻璃罐，应于沸水中煮沸 5~10min，然后立即分段冷却至30℃ 以下。整个加工过程中，不得使物料与铁铜等金属直接接触。

3. 产品质量指标

酱体呈紫红色或红褐色，颜色均匀，有光泽度；总糖量不低于 57%，可溶性固形物不低于 65%（以折光度计）；酱体黏稠状，保持部分果块，徐徐流散，无糖的结晶，无果梗及萼片；具有草莓罐头应有的风味，无焦糊味及异味。

（二）苹果酱

1. 工艺流程

原料选择 → 清洗 → 去皮、去芯 → 破碎 → 预煮 → 加糖浓缩 → 装瓶 → 密封 →

杀菌 → 冷却 → 成品

2. 操作要点

（1）原料选择 对原料要求不十分严格，可充分利用残、次果，削去不可食部分。但必须是新鲜，成熟适度，含果胶及酸多，芳香味浓的苹果。

（2）破碎 苹果清洗去皮后，用不锈钢刀切成对开，挖去果芯，并及时利用 1%~2% 的食盐水溶液进行护色，然后切分成 0.3~0.5cm³ 的小块，或用打浆机打成果浆。

（3）预煮 将果块放入锅中，加入原料质量 1/5~1/4 的清水，预煮至果块半透明状（如已打成浆状，可直接入锅煮制）。

（4）加糖浓缩 称取与果肉等量的蔗糖，将蔗糖分 2~3 次加入，进行煮制浓缩。煮制过程中，注意搅拌，防止焦糊，影响成品质量。当含糖量达 65% 或温度达 103~105℃ 时，加入约 0.1% 柠檬酸（先用少量水溶解），搅拌均匀，停止加热。

（5）装瓶（罐） 将煮制成的苹果酱，趁热装入已消毒过的玻璃瓶（罐）中，封罐时，酱体温度不低于 85℃。

（6）杀菌、冷却 置沸水中杀菌 15~20min，分段冷却至 38℃，然后将玻璃瓶（罐）擦干。

3. 产品质量指标

酱体为红褐色或琥珀色，均匀一致；具有苹果酱应有的良好风味，无焦糊味及其它异味；果皮、果梗及籽巢，块状酱保持果块，泥状酱无果块，酱体呈胶黏状，不流散，不分泌汁液，无糖的结晶；总含糖量不低于60%（以还原糖计）；可溶性固形物不低于68%。

（三）山楂糕

1. 工艺流程

原料选择 → 去花萼、果梗 → 清洗 → 软化 → 打浆 → 过筛 → 调配（加糖浓缩）→ 入盘 → 凝糕 → 切块 → 包装 → 成品

2. 操作要点

（1）原料的选择　选用新鲜、成熟、无病虫害的山楂。

（2）清洗、软化　用小刀刮去花萼，剪去果梗，用清水将果实洗净后，倒入锅内，加入果实重50%的水，加热至沸，煮到果实软烂为止，约需20min。

（3）打浆、过筛　将软化后的山楂放入打浆机（生产上用筛板孔径为0.5~0.8mm）中进行打浆，再用60目筛子擦滤，即得山楂泥。

（4）加糖浓缩、凝糕　山楂泥入锅后加糖，一般用量为楂泥：蔗糖=1:0.8~1.0。先将山楂泥进行加热浓缩，蒸发掉山楂泥中的一部分水分，然后趁热将蔗糖分2~3次加入，进行加糖浓缩，并不断搅拌，浓缩到可溶性固形物达60%左右（取一些山楂泥滴入凉水中，呈块状下沉而不溶化，即可倒入搪瓷盘中冷凝）。

（5）切块、包装　将凝固成块的山楂糕用刀切成小方块，用玻璃纸或食品塑料袋包装。

3. 产品质量指标

赭红色或浅红色，色泽一致，略有透明感及光泽；具有山楂糕应有的良好风味，山楂香味浓郁，酸甜适口，无异味；块形完整，表面光滑，无流糖现象，组织细腻均匀，软硬适宜，略有弹性；总酸0.8%~1.2%（以苹果酸计）；总含糖量>55%（以还原糖计）；水分含量<40%。

（四）果冻

1. 工艺流程

原料 → 清洗 → 破碎 → 预煮 → 过滤、取汁 → 浓缩 → 装罐 → 密封 → 杀菌 → 冷却 → 成品

2. 操作要点

（1）原料选择　选择成熟度适宜，含果胶、酸多、芳香味浓的山楂，不宜选用充分成熟果。

（2）预处理　将选好的山楂用清水洗干净，并适当切分。

（3）加热软化　将山楂放入锅中，加入等量的水，加热煮沸30min左右并不断搅拌，使果实中糖、酸、果胶及其它营养素充分溶解出来，以果实煮软便于取汁为标准。为提高可溶物质提取量，可将山楂果煮制2~3次，每次加水适量，最后将各次汁液混合在一起。加热软化可以破坏酶活力，防止变色和果胶水解，便于榨汁。

（4）取汁　软化的果实用榨汁机或细布袋揉压取汁。

（5）加糖浓缩　果汁与白糖的混合比例为1:（0.6~0.8），再加入果汁和白砂糖总量的0.5%~1.0%研细的明矾。先将白砂糖配成75%的糖液过滤。将糖液和果汁一起倒入锅中加

热浓缩，要不断搅拌，浓缩至终点，加入明矾搅匀，然后倒入消毒过的盘中，静置冷凝。

（6）终点判断 折光仪测定可溶性固形物含量达66%～69%时即可出锅；温度计测定溶液的沸点达103～105℃时，浓缩结束；用搅拌的竹棒从锅中挑起浆液少许，横置，若浆液呈现片状脱落，即为终点。

3. 成品质量标准

色泽呈玫瑰红色或山楂红色，半透明，有弹性，块形完整，切面光滑，组织细腻均匀，软硬适宜，酸甜适口；可溶性固形物含量≥65%。

🔍 **思考题**

1. 简述糖制品的种类及特点。
2. 试述糖制保藏的基本原理。
3. 简述果胶的凝胶机理。
4. 试述果脯蜜饯类制品的加工工艺及技术要点。
5. 试述果酱类加工工艺流程及技术要点。
6. 果蔬糖制品常见的质量问题有哪些，如何预防？

第六章

蔬菜腌制

教学目标

通过本章学习，掌握蔬菜腌制的基本原理；掌握蔬菜腌制品色、香、味形成的机理；掌握各种腌制品加工的基本工艺；了解蔬菜腌制品主要种类及相关标准。

蔬菜腌制品为以新鲜蔬菜为主要原料，经淘洗、腌制、脱盐、切分、调味、分装、密封、杀菌等工序，采用不同腌渍工艺制作而成的各种蔬菜制品的统称，又称酱腌菜。据不完全统计，目前，我国已知的常见蔬菜有 130 多种，是世界上蔬菜资源最丰富的国家，如此丰富的蔬菜资源，为我国人民加工贮藏蔬菜提供了极为有利的条件。1971 年在湖南长沙马王堆西汉古墓出土的大量殉葬品中有豆豉姜，这是我国迄今为止发现的最早的蔬菜腌制品实物证据，据此推断，我国蔬菜腌制应当起源于2100年前。我国蔬菜腌制品产地甚多，遍及全国各地，四川、重庆、浙江等地的榨菜、四川大足酱菜、四川新繁泡菜、镇江、扬州酱菜、北京六必居酱菜、潮汕地区的橄榄菜等，都是富有特色、驰名中外的产品。目前，一些生产厂家在保持传统蔬菜腌制品品种的同时，又开发出符合现代人口味的低盐、低糖、清淡、营养型的产品。在包装上，也向多元化发展，逐步开发出真空袋装、不同规格瓶装、马口铁罐装以及易拉罐礼品包装产品。

从保藏作用的机理出发，根据产品在生产过程中是否有显著的发酵过程，酱腌菜产品可以分为发酵性酱腌菜（腌制品或腌渍品）和非发酵性酱腌菜（腌制品或腌渍品）两大类。发酵性腌渍品的特点是腌渍时食盐用量较低，在腌渍过程中有显著的乳酸发酵现象，利用发酵所产生的乳酸、添加的食盐和香辛料等的综合防腐作用，来保藏蔬菜并增进风味。这类产品一般都具有较明显的酸味，如酸菜、泡菜。非发酵性腌渍品的特点是腌制时食盐用量较高，使乳酸发酵完全受到抑制或只能极轻微地进行，其间加入香辛料，主要利用较高浓度的食盐、食糖及其他调味品的综合防腐作用，来保藏和增进其风味，如咸菜、酱菜、糖渍菜。

按工艺及辅料不同，中华人民共和国行业标准《酱腌菜的分类》SB/T 10297—1999 中将酱腌菜分为酱渍菜类、糖醋渍菜类、盐渍菜类、盐水渍菜类、清水渍菜类等十一大类。

一、 按保藏作用的机理分类

从保藏作用的机理出发，根据产品在生产过程中是否有显著的发酵过程，酱腌菜产品可以分为发酵性酱腌菜（腌制品或腌渍品）和非发酵性酱腌菜（腌制品或腌渍品）两大类。

（1）发酵性蔬菜腌渍品　发酵性腌渍品的特点是腌渍时食盐用量较低，在腌渍过程中有显著的乳酸发酵现象，利用发酵所产生的乳酸、添加的食盐和香辛料等的综合防腐作用，来保藏蔬菜并增进风味。这类产品一般都具有较明显的酸味，如酸菜、泡菜。

（2）非发酵性蔬菜腌渍品　非发酵性腌渍品的特点是腌制时食盐用量较高，使乳酸发酵完全受到抑制或只能极轻微地进行，其间加入香辛料，主要利用较高浓度的食盐、食糖及其它调味品的综合防腐作用，来保藏和增进其风味，如咸菜、酱菜、糖渍菜。

二、　按工艺与辅料的不同分类

根据《酱腌菜分类》SB/T 10297—1999 标准，酱腌菜产品可以分为以下 11 类。

（一）酱渍菜类

酱渍菜是以蔬菜为主要原料，经盐腌或盐渍成蔬菜咸坯后，再经酱渍而成的蔬菜制品，如酱菜瓜、酱黄瓜、酱什锦菜、酱八宝菜等。

1. 酱曲醅菜

酱曲醅菜是蔬菜咸坯经甜酱曲醅制成的蔬菜制品。

2. 甜面酱渍菜

甜面酱渍菜是蔬菜咸坯经脱盐、脱水后，再经甜面酱酱渍而成的蔬菜制品。

3. 黄酱渍菜

黄酱渍菜是蔬菜咸坯经脱盐、脱水后，再经黄酱酱渍而成的蔬菜制品。

4. 甜面酱、黄酱渍菜

甜面酱、黄酱渍菜是蔬菜咸坯经脱盐、脱水后，再经黄酱和甜面酱酱渍而成的蔬菜制品。

5. 甜面酱、酱油渍菜

甜面酱、酱油渍菜是蔬菜咸坯经脱盐、脱水后，用甜面酱和酱油混合酱渍而成的蔬菜制品。

6. 黄酱、酱油渍菜

黄酱、酱油渍菜是蔬菜咸坯经脱盐、脱水后，用黄酱和酱油混合酱渍而成的蔬菜制品。

7. 酱汁渍菜

酱汁渍菜是蔬菜咸坯经脱盐、脱水后，用甜面酱汁或黄酱酱汁浸渍而成的蔬菜制品。

（二）糖醋渍菜类

糖醋渍菜是蔬菜咸坯经脱盐、脱水后，用糖渍、醋渍、糖醋渍制作而成的蔬菜制品。如糖大蒜、糖醋萝卜、蜂蜜蒜米。

1. 糖渍菜

糖渍菜是蔬菜咸坯经脱盐、脱水后，采用糖渍或先糖渍后蜜渍制作而成的蔬菜制品。

2. 醋渍菜

醋渍菜是蔬菜咸坯用食醋浸渍而成的蔬菜制品。

3. 糖醋渍菜

糖醋渍菜是以新鲜蔬菜为原料，经盐腌或盐渍成咸坯后，经脱盐、脱水后，用糖醋液浸渍而成的蔬菜制品。

（三）虾油渍菜类

虾油渍菜是以蔬菜为主要原料，先经盐渍，再用虾油浸渍而成的蔬菜制品。

（四）糟渍菜类

糟渍菜是以新鲜蔬菜为原料，经盐腌或盐渍成咸坯后，再经黄酒糟或醪糟腌渍而成的蔬菜制品，如糟瓜、贵州独山盐酸菜。

1. 酒糟渍菜

酒糟渍菜是蔬菜咸坯用新鲜酒糟与白酒、食盐、助鲜剂及辛香料混合糟渍而成的蔬菜制品。

2. 醪糟渍菜

醪糟渍菜是蔬菜咸坯用醪糟与调味料、辛香料混合糟渍而成的蔬菜制品。

（五）糠渍菜类

糠渍菜是以新鲜蔬菜为原料，经盐腌或盐渍成咸坯后，再用稻糠或粟糠与调味料、辛香料混合糠渍而成的蔬菜制品，如米糠萝卜。

（六）酱油渍菜类

酱油渍菜类是以新鲜蔬菜为原料，经盐腌或盐渍成咸坯后，先降低含盐量，再用酱油与调味料、香辛料混合浸渍而成的蔬菜制品，如北京辣菜、榨菜萝卜、面条萝卜。

（七）清水渍菜类

清水渍菜是以叶菜为原料，经过清水熟渍或生渍而制成的具有酸味的蔬菜制品，如北方酸菜。

（八）盐水渍菜类

盐水渍菜是将蔬菜用盐水及辛香料混合生渍或熟渍而成的蔬菜制品，如泡菜、酸黄瓜等。

（九）盐渍菜类

盐渍菜是以蔬菜为原料，用食盐腌渍而成的湿态、半干态、干态的蔬菜制品。湿态盐渍菜是成品不与菜卤分开，如泡菜、酸黄瓜等；半干态盐渍菜是成品与菜卤分开，如榨菜、大头菜、萝卜干等；干态盐渍菜是盐渍后再经干燥的制品，如干菜笋、咸香椿芽等。

（十）菜脯类

菜脯是以蔬菜为原料，采用果脯工艺制作而成的蔬菜制品，如安徽糖冰姜、湖北苦瓜脯、刀豆脯及全国各地的糖藕等。

（十一）菜酱类

菜酱是以蔬菜为原料经预处理后，再拌和调味料、辛香料制作而成的糊状蔬菜制品，如辣椒酱、番茄酱等。

第一节　蔬菜腌制的基本原理

蔬菜腌制的原理主要是利用食盐的防腐保藏作用、微生物的发酵作用、蛋白质的分解作用以及其它生物化学作用，抑制有害微生物活动和增加产品的色、香、味。

一、食盐的保藏作用

（一）食盐的防腐保藏作用

有害微生物在蔬菜上的大量繁殖和酶的作用，是造成蔬菜腐烂变质的主要原因，也是导致蔬菜腌制品品质败坏的主要因素。食盐的防腐保藏作用，主要是它具有脱水、抗氧化、降低水分活度、离子毒害和抑制酶活力等作用之故。

1. 脱水作用

食盐溶液具有很高的渗透压，1%的食盐溶液可产生618kPa的渗透压，而大多数微生物细胞的渗透压为304~608kPa。蔬菜腌制的食盐用量大多在4%~15%，可产生2 472~9 270 kPa的渗透压，远超过了微生物细胞的渗透压。由于这种渗透压的差异，必然导致微生物细胞内的水分外渗，造成质壁分离，导致微生物细胞脱水失活，发生生理干燥而被抑制甚至死亡。

不同种类的微生物，具有不同的耐盐能力。一般来说，对腌制有害的微生物对食盐的抵抗力较弱。表6-1列出了几种微生物在中性溶液中能耐受的最大食盐浓度。

表 6-1　　　　　　　　　　　　几种微生物能耐受的最大食盐浓度

菌种名称	食盐浓度/%
植物乳杆菌（Lactobacillus plantarum）	13
短乳酸杆菌（L. brevis）	8
甘蓝酸化菌（Bacterium brassicae fermentati）	12
丁酸菌（B. amylobacter）	8
大肠杆菌（E. coli）	6
肉毒梭状芽孢杆菌（Clostridium botulinum）	6
普通变形杆菌（Proteus vulgaris）	10
酵母菌（Mycoderma）	25
产生乳酸的一种杆菌（Oidium lactis）	20
霉菌（Moulds）	20
酵母菌（Yeasts）	25

从表6-1可见，霉菌和酵母菌对食盐的耐受力比细菌大得多，酵母的耐盐力最强。例如，大肠杆菌和变形杆菌（致腐细菌）在6%~10%的食盐溶液中就可以受到抑制，而霉菌

和酵母菌则要 20%～25% 的食盐溶液才能抑制。这是指在 pH7 的中性溶液中的耐受力，如果溶液呈酸性，则上表所列微生物的耐盐力就会降低。蔬菜腌制品，尤其是发酵性蔬菜腌制品，其 pH 均小于 7，pH 越低，微生物的耐盐力越弱，如酵母菌在 pH 为 7 时，对食盐的最大耐受浓度为 25%，但当 pH 降到 2.5 时，只要 14% 的食盐就可抑制其活动。

2. 抗氧化作用

盐腌会使蔬菜组织中的水分渗透出来，提高了可溶性固形物的含量，组织内食盐浓度增加。由于氧气很难溶于盐水中，组织内部的溶解氧就会排出，从而形成缺氧环境，抑制好氧性微生物活动。

3. 降低水分活度

食盐溶解后离解，在离解后的离子周围聚集水分子，形成水合离子。水合离子周围水分子的聚集量占水分总量的比例随食盐浓度的增加而提高，相应地溶液中的自由水分就减少，其水分活度就下降。微生物在饱和食盐溶液中不能生长，一般认为是由于微生物得不到自由水分。

4. 毒性作用

微生物对钠很敏感。Winslow 和 Falk 发现少量 Na^+ 对微生物有刺激生长的作用，但当达到足够高的浓度时，就会产生抑制作用。它们认为，Na^+ 能和细胞原生质中的阴离子结合，从而对微生物产生毒害作用。pH 降低能加强 Na^+ 的毒害作用。

食盐对微生物的毒害作用也可能来自 Cl^-，因为 NaCl 离解时放出的 Cl^- 会与微生物细胞原生质结合，从而促使微生物死亡。

5. 对酶活力的影响

微生物分泌出来的酶常在低浓度盐液中就遭到破坏，盐液浓度仅为 3% 时，变形菌（Proteus）就会失去分解血清的能力。斯莫罗金茨认为盐分和酶蛋白分子中肽键结合，破坏了微生物酶分解蛋白质的能力。

（二）加盐量的确定

食盐的防腐作用随食盐浓度的提高而增强。从理论上讲，在蔬菜腌制过程中食盐浓度达 10% 左右就比较安全。如果浓度进一步增加，虽然防腐作用增强，但也延缓了有关的生物化学反应速度。如含盐量超过 12%，不但使成品的咸味太重、风味不佳，也使制品的后熟期相应延长。因此，在蔬菜腌制过程中的用盐量必须恰当掌握，并结合按紧压实、隔绝空气等措施来防止微生物败坏，才能制成品质良好的蔬菜腌制品。

（1）加盐量与蔬菜质地的关系　蔬菜腌制时的加盐量，应该依据蔬菜的质地和可溶性物质含量的不同来确定。一般情况下，组织较细嫩、含水量较大、可溶性物质含量较少的，加盐量应该少些；反之，加盐量应该较多。例如，同样是非发酵性腌制品，腌制含水量较大、组织较细嫩的雪里红时，所用盐液浓度为 8%；而腌制组织致密、可溶性物质含量高的芥菜头，所用的食盐溶液浓度为 12%～15%；腌制小辣椒的食盐溶液浓度则为 15%～20%。

（2）加盐量与腌制方法的关系　蔬菜腌制时，其腌制的方法不同，加盐量也不同。

① 发酵性腌制品：对于泡菜、酸黄瓜和酸甘蓝等湿态发酵性腌制品，由于发酵过程产生较多的乳酸，具有良好的防腐作用，因此加盐量较少，一般用食盐液的浓度为 6%～8%。而对于半干态发酵性腌制品如榨菜、冬菜等，在腌制过程中进行缓慢发酵，并且时间较长，因

而盐的用量较大，一般为 8%~10%。

② 非发酵性腌制品：非发酵性腌制品如咸菜，在腌制过程中不进行发酵，不产生具有防腐作用的酸类，主要依靠食盐的防腐作用，因而所用食盐液的浓度应比发酵性腌制品高，一般为 12%~15%。如果需要度过炎热夏季，进行较长时间贮存的酱腌菜半成品（咸菜坯），所用的食盐溶液浓度则应该更高些，一般多使用饱和的或接近饱和的食盐溶液，才可起到长期保存的作用。

二、 微生物的发酵作用

在蔬菜腌制过程中，正常的发酵作用不但能抑制有害微生物的活动而起到防腐保藏作用，还能使制品产生酸味和香味。这类发酵作用以乳酸发酵为主，辅以轻度的酒精发酵和极轻微的醋酸发酵。

（一）乳酸发酵

从应用科学角度讲，凡是能产生乳酸的微生物都可称为乳酸菌。其种类繁多，形状多为杆状、球状，属兼性厌氧菌或厌氧菌，在 10~45℃ 能生长，最适温度 25~32℃。泡菜自然发酵过程中的乳酸菌主要是肠膜明串珠菌、植物乳杆菌和短乳杆菌，此外还有粪链球菌、啤酒片球菌和弯曲乳杆菌。这些乳酸菌常附着于蔬菜上，与植物关系密切，虽经洗涤也不被除去，利用的养料主要是蔬菜的可溶性物质。

乳酸菌将蔬菜中的糖分，主要是六碳糖或双糖甚至五碳糖发酵成乳酸及其它产物。不同的乳酸菌发酵产物也不同，根据发酵产物不同可分为同型乳酸发酵和异型乳酸发酵。

1. 同型乳酸发酵

同型乳酸发酵又称正型乳酸发酵，主要是乳酸链球菌和一些乳酸杆菌。葡萄糖按照 EMP 途径糖酵解，生成两分子丙酮酸，再经乳酸脱氢酶催化，还原生成乳酸，不产生气体。

正型乳酸发酵只生成乳酸，产酸量高。参与正型乳酸发酵的有植物乳杆菌和小片球菌。除对葡萄糖能发酵外，还能将蔗糖等水解成葡萄糖后发酵生成乳酸。发酵的中后期以正型乳酸发酵为主。

2. 异型乳酸发酵

异型乳酸发酵主要是明串珠菌属（*Leuconostoc*）的乳酸菌，以及一些乳杆菌，如肠膜状明串珠菌（*Leuconostoc mesenteroides*）、短乳杆菌（*Lactobacillus brevis*）、甘露醇乳杆菌（*Lacmantitopoeum*）以及根霉。葡萄糖先经过 EMP 途径生成乙酰磷酸和 3-磷酸甘油酸，前者还原生成乙酸和乙醇，后者通过 EMP 途径生成乳酸。1 分子的葡萄糖生成 1 分子乳酸、1 分子乙醇和 1 分子 CO_2。

异型乳酸发酵发酵六碳糖除产生乳酸外，还有其它产物及气体放出。如：

肠膜明串珠菌将葡萄糖、蔗糖等发酵生成乳酸外，还生成乙醇及 CO_2。肠膜明串珠菌菌落黏滑，灰白色，常出现在发酵初期，产酸量低，不耐酸。如黏附于蔬菜表面，会引起蔬菜组织变软，影响品质。

短乳杆菌由于没有乙醇脱氢酶，不能使乙酰磷酸还原为乙醇，而是将其水解成乙酸。它将葡萄糖发酵生成乳酸外，主要生成乙酸、二氧化碳和甘露醇。

在蔬菜乳酸发酵初期，大肠杆菌也常参与活动，将葡萄糖发酵产生乳酸、醋酸、琥珀酸、乙醇、二氧化碳与氢等产物，也属异型乳酸发酵。

发酵的前期以异型乳酸发酵为主，除了产生乳酸，还能产生一些乙醇和二氧化碳。异型乳酸发酵菌一般不能耐酸，随着泡菜酸度增加，异型乳酸发酵结束，进入同型乳酸发酵。异型乳酸发酵多在泡酸菜乳酸发酵初期活跃，可利用其抑制其它杂菌的繁殖；虽产酸不高，但其产物乙醇、醋酸等微生成，对腌制品的风味有增进作用；产生二氧化碳放出，同时将蔬菜组织和水中的溶解氧带出，造成缺氧条件，促进正型乳酸发酵菌活跃。

3. 影响乳酸发酵的因素

影响乳酸发酵过程的因素有食盐浓度、酸度、温度、气体成分、香料、原料含糖量、质地和腌制卫生条件等。

（1）食盐浓度　对食盐的耐受力因微生物的种类而异，一般有害微生物的耐盐力差。如肉毒梭状芽孢杆菌和大肠杆菌耐盐力为6%，丁酸菌（酪酸菌）为8%，变形菌（腐败菌）为10%，而乳酸菌耐盐力为12%~13%，因此，10%的食盐溶液就可以使有害菌受到抑制，达到防腐的目的。

虽然食盐的防腐作用与食盐的浓度成正比，但过高并不好，食盐浓度在10%以上时，乳酸发酵大为减弱，生成的乳酸也少；盐浓度在15%以上时，乳酸发酵作用几乎停止。反之，食盐浓度过低，则杂菌丛生，产品易于腐败变质，更为重要的是，食盐浓度过低，乳酸发酵开始越早，结束也越早，因此，产品风味不佳。在实际生产中，对发酵性腌制品，其用盐量一般在5%~10%，有些可低至3%~5%。

（2）酸度　各种微生物的活动均受pH的影响。控制pH不仅可以保证乳酸菌的良好生长，还可以防止在蔬菜腌制过程中的有害微生物的生长繁殖。有关微生物的生长pH范围见表6-2。从表6-2可知，乳酸菌能耐受强酸性环境，而细菌类均不能在低pH中生存。酵母菌和霉菌虽较乳酸菌更能耐酸，但因其为好氧生长，在乳酸发酵时不能活动。此外，乳酸在pH 5.2时能有效地破坏沙门菌，pH 4.27时可抑制葡萄球菌的生长。pH 2.43的乳酸具有杀菌作用，pH 2.94有抑菌作用。因此，发酵初期控制较低的pH，使乳酸菌迅速繁殖产生大量的乳酸，使环境中的pH进一步下降，能有效地达到抑制有害微生物生长的目的。

表6-2　　　　　　　　　　　　微生物活动的最低pH和最适pH

微生物种类	最低pH	最适pH
腐败菌	4.4~5.0	6.5~7.5
酪酸菌	4.5	—
大肠杆菌	5.0~5.5	—
乳酸菌	3.0~4.4	4.9~6.0
酵母菌	2.5~3.0	3.0~6.0
霉菌	1.2~3.0	3.0~6.0

（3）温度　一切微生物的生长繁殖都必须在一定的温度范围内，乳酸菌的生长适温为20~30℃，在此温度下，乳酸发酵快、产酸多，生产周期短。在30~35℃，其它有害微生物也易生长繁殖，反而造成产品质量下降，同时若腌制温度在35℃以上，容易使产品褐变、脆度下降。

需要注意的是，温度与含盐量相互制约，当发酵温度偏高时，所有微生物均繁殖迅速，我们利用乳酸菌耐盐性强的特点，提高发酵环境中的食盐浓度。而在发酵温度偏低时，各种微生物繁殖缓慢，又可适当降低食盐浓度，这样既能达到缩短周期，又能保证质量。

（4）气体成分　乳酸菌在厌气状况下能正常进行发酵作用。而腌渍过程中，酵母菌及霉菌等有害微生物均为好气菌，可通过隔绝氧气来抑制其活动。蔬菜腌制过程中由于酒精发酵以及蔬菜本身呼吸作用会产生大量 CO_2，部分 CO_2 溶解于腌渍液中，对抑制霉菌的活动与防止维生素 C 的损失都有良好作用。

如泡菜制作过程中，无论是在发酵还是在发酵完成后，始终应使蔬菜处于空气尽可能少的环境中，厌氧状态为乳酸菌完成乳酸发酵所必须。一般在氧气充足时，会造成泡菜迅速失去鲜艳的颜色，维生素 C 大量损失，同时利于霉菌、酵母菌等好氧菌生长，造成泡菜风味变劣、表皮腐烂、质地疲软、品质下降。所以保持缺氧条件是保证乳酸发酵得以正常进行，确保泡菜质量的重要因素。

创造缺氧条件依赖于发酵容器。泡菜坛是一种陶瓷坛，坛口下方有一沟槽，槽沿齐坛口，槽内盛清水，上覆以盖，盖口在水内形成水封口。

（5）香料　腌制蔬菜常加入一些香辛料与调味品，这一方面改进风味，另一方面也不同程度地增加了防腐保藏作用，如芥子油、大蒜油等具极强的防腐力。此外，还有改善腌制品色泽的作用。

（6）原料含糖量与质地　含糖量在1%时，植物乳杆菌与发酵乳杆菌的产酸量明显受到限制，而肠膜明串珠菌与小片球菌已能满足其需要；含糖量在2%以上时，各菌株的产酸量均不再明显增加。供腌制用蔬菜的含糖量应以 1.5%～3.0% 为宜，偏低可适量补加食糖，同时还应采取揉搓、切分等方法使蔬菜表皮组织与质地适度破坏，促进可溶性物质外渗，从而加速发酵作用进行。

（7）腌制卫生条件　原料菜应经洗涤，腌制容器要消毒，盐液要杀菌，腌制场所要保持清洁卫生。此外，供腌制的原料蔬菜种类、品种应符合腌制要求，腌制用水应呈微碱性，硬度 12～16°dH，以利于腌制品质地嫩脆和绿色保持。总之，只有采用综合配套措施，科学地控制影响腌制的各种因素，才能获得优质的蔬菜制品。

（二）酒精发酵

在蔬菜腌制过程中，除乳酸发酵外，还伴随着微弱的酒精发酵。这主要是由蔬菜表面附着的酵母菌（如鲁氏酵母、圆酵母、隐球酵母等）引起的。它们在厌氧条件下将蔬菜中的糖分解成酒精和 CO_2，还能生成异丁醇、戊醇等高级醇。另外，腌制初期发生的异型乳酸菌如肠膜明串珠菌、大肠杆菌、荚膜黏化细菌等进行异型乳酸发酵中也能形成部分酒精。蔬菜在被卤水淹没时所引起的无氧呼吸也可产生微量乙醇。少量酒精的产生，对腌菜并无不良影响，反而有助于改善腌制品的品质风味。这是由于在酸性条件下，乙醇可与有机酸发生酯化反应，产生酯香味。酒精发酵中和其它作用中生成的酒精及高级醇，对腌制后熟期中品质的改善及芳香物质形成起重要作用。

（三）醋酸发酵

在腌制过程中，除乳酸和酒精发酵外，通常还伴有微量的醋酸发酵。腌制品中醋酸主要来源于好气性的醋酸菌氧化乙醇而生成，这一作用称为醋酸发酵。除醋酸菌外，某些细菌的活动，如大肠杆菌、戊糖醋酸杆菌等，也能将糖转化为醋酸和乳酸等。极少量的醋酸不但无损于腌制品的品质，反而对产品的保藏是有利的。但含量过多时，会使产品具有醋酸的刺激味。醋酸菌仅在空气存在的条件下，才可能将乙醇氧化，因此，为防止过多醋酸的产生对产品风味的影响，腌制品要及时装坛封口，隔离空气，避免醋酸产生。

三、 蛋白质的分解及其它生化作用

供腌制用的蔬菜除含糖分外，还含有一定量的蛋白质和氨基酸。各种蔬菜所含蛋白质及氨基酸的总量和种类是各不相同的。在腌制和后熟期中，蛋白质受微生物的作用和蔬菜原料本身所含蛋白质水解酶的作用而逐渐被分解为氨基酸，氨基酸本身就具有一定的鲜味、甜味、苦味和酸味。氨基酸进一步与其它化合物作用可形成更复杂的产物。蔬菜腌制品色、香、味的形成过程既与氨基酸的变化有关，也与其它一系列生化变化和腌制品辅料或腌制剂的扩散、渗透和吸附有关。

(一) 鲜味的形成

由蛋白质水解所生成的各种氨基酸都具有一定的鲜味，但蔬菜腌制品的鲜味来源主要是由谷氨酸和食盐作用生成谷氨酸钠。蔬菜腌制品中不只含有谷氨酸钠，还含有其它多种氨基酸，如天冬氨酸。这些氨基酸均可生成相应的盐，此外，乳酸发酵作用中及某些氨基酸（如氨基丙酸）水解生成的微量乳酸，其本身也能赋予产品一定的鲜味。由此可见，蔬菜腌制品的鲜味形成是由多种呈味物质综合的结果。

(二) 香气的形成

腌制品香气的形成是多方面的，也是比较复杂而缓慢的生物化学过程，其香气的成因主要有以下几方面。

1. 原料成分及加工过程中形成的香气

蔬菜腌制可以使用多种蔬菜原料，腌制品的风味和原料种类有密切关系。各种蔬菜的特征味不同，是因为其含有不同种类的芳香物质。腌制品产生的香气可由原料及辅料中多种挥发性香味物质在风味酶或热的作用下经水解或裂解而产生的。所谓风味酶就是使香味发生分解产生挥发性香气物质的酶类。如芥菜类是腌制品的主要原料，它含有的黑芥子苷（硫代葡萄糖苷）较多，使其常具有刺鼻的苦辣味。当原料在腌制时，搓揉或挤压使细胞破裂，硫代葡萄糖苷在硫代葡萄糖酶作用下水解，生成异硫氰酸酯类和二甲基三硫等芳香物质，称为"菜香"，为腌咸菜的主体香。

2. 发酵作用产生的香气

蔬菜腌制时，原料中的蛋白质、糖和脂肪等成分大多数在微生物的发酵作用下产生许多风味物质，如乳酸及其它有机酸类和醇类等。这些产物中，乳酸本身就具有鲜味，可以使产品增添爽口的酸味，乙醇则带有酒的醇香。另外，原料本身所含及发酵过程中所产生的乳酸、氨基酸或其它有机酸与醇类物质发生酯化反应，可以产生乳酸乙酯、乙酸乙酯、氨基丙酸乙酯、琥珀酸乙酯等芳香酯类物质。

3. 吸附作用产生的香气

蔬菜腌制过程中可以加入多种香辛料，各种香辛料有各自的特征风味成分，这些呈味组分不但起着增加香味、祛除异味的作用，还具有一定的杀菌作用。例如，花椒含有大量的芳香油和花椒素成分，使花椒具有一种特殊的香味和麻辣味，具有去腥、解腻、除膻的作用。桂皮含有桂皮醛、乙酸桂皮醋、乙酸苯丙酯，用于调味，有去腥膻、增香气的作用。茴香含挥发油，主要成分为茴香醚、右旋小茴香酮、茴香醛等，用于调味，有提香、增味的作用。料酒的种类很多，主要化学成分有糖、糊精、醇类、醋类、甘油、有机酸、氨基酸、维生素等。料酒中的酒精浓度在15%以下，在烹调中，料酒有去腥、增香的作用。

由于腌制品的辅料呈香、呈味的化学成分各不同，因而不同产品表现出不同的风味特点。在腌制加工中依靠扩散和吸附作用，使腌制品从辅料中获得外来的香气。通常，腌制过程中采用多种调味配料，使产品吸附各种香气，构成复合的风味物质。产品通过吸附作用产生的风味，与腌制品本身的质量以及吸附的量有直接的关系。一般，可以通过采取一定的措施来保证产品的质量，如加工腌制剂的浓度、增加扩散面积和控制腌制温度。

（三）色泽的形成

在蔬菜腌制加工过程中，色泽的变化和形成主要由三方面因素引起。

1. 叶绿素的变化

蔬菜的绿色是由于绿色蔬菜细胞内含有大量的叶绿素所致。叶绿素 a 呈蓝绿色，叶绿素 b 呈黄绿色。它们在绿色植物中大约以 3∶1 的比值存在，蔬菜的绿色越浓，则叶绿素 a 越多，蔬菜中的叶绿素在阳光照射下极易分解而失去绿色。蔬菜在正常生长的情况下，由于蔬菜细胞中的叶绿素的合成大于分解，因此，在感官上很难看出它们在色泽上的变异，一旦收割后，蔬菜细胞中的合成基本消失，如果在氧和阳光的作用下，叶绿素就会迅速分解使蔬菜失去绿色。叶绿素不溶于水，在酸性环境中很不稳定，而在碱性溶液中则比较稳定。

叶绿素在酸性环境中，其分子式中的镁离子常被酸的氢离子置换掉，变成脱镁叶绿素，这种物质称为植物黑质，使原来的绿色变成褐色或绿褐色。在上述变化中，原来呈绿色的共轭体系遭到了破坏，变成新的共轭体，由绿色变成褐色。原来被绿色素掩盖的类胡萝卜素的颜色就呈现出来，如黄瓜、绿色豆角、雪里红等绿色蔬菜经过泡渍后，常失去绿色而变成黄绿色。

2. 褐变引起色泽变化

褐变是食品比较普遍的一种变色现象，尤其是蔬菜原料进行贮藏加工受到机械损伤后，容易使原来的色泽变暗或变成褐色，这种现象称为褐变。根据褐变的产生是否由酶的催化引起的，可把褐变分为酶促褐变和非酶促褐变两大类。

（1）酶促褐变　酶促褐变是一个十分复杂的变化过程，主要涉及多酚氧化酶和酪氨酸酶引起的酶促褐变。前者是由于蔬菜中的酚类和单宁物质，在多酚氧化酶的作用下，被空气中的氧气所氧化，先生成醌类，再由醌类经过一系列变化，最后生成一种褐色的产物，称为黑色素，如茄子、藕、葛笋、洋姜等，当加工切碎或受了机械伤以后，在伤口或刀口处特别容易发生褐变。后者是蔬菜腌制品在其发酵后熟期中，由蛋白质水解所生成的酪氨酸在微生物或原料组织中所含的酪氨酸酶的作用下，经过一系列的氧化作用，最后生成一种深黄褐色或黑褐色的黑色素，又称黑蛋白。此反应中，氧的来源主要依靠戊糖还原为丙二醛时所放出的氧。所以蔬菜腌制品装坛后虽然装得坚实缺少氧气，但腌制品的色泽依然可以由于氧化而逐渐变黑。促使酪氨酸氧化为黑色素的变化是极为缓慢而复杂的过程。

（2）非酶促褐变　非酶促褐变是不需要酶催化的褐变。在蔬菜制品中发生的非酶促褐变是由于产品中的还原糖与氨基酸、蛋白质发生化学反应引起的。这类反应又称美拉德反应。美拉德反应是蔬菜盐制加工时最主要的非酶促褐变，其反应过程非常复杂，即第一步是由含羰基的还原糖（如葡萄糖）与含氨基的氨基化合物（如氨基酸）在中性或微碱性条件下发生缩合反应，所以美拉德反应又称"羰氨缩合反应"。羰氨反应生成的葡萄糖胺再经过一系列的变化，其反应产物又与氨基化合物经过缩合与聚合反应，最终生成含氮的复杂化合物黑色素。由非酶褐变形成的这种黑色物质不但色黑而且具有香气。一般来说，腌制品装坛后的后熟时间越长，温度越高，则黑色素的形成越多越快，所以保存时间长的咸菜（如梅干菜、冬菜），其色泽和香气，都比刚腌制成的咸菜色泽深、香气浓。

3. 由辅料的色素所引起的色泽变化

外来色素渗入蔬菜内部是一种物理的吸附作用。由于盐渍液的食盐浓度较高，使得氧气的溶解度大幅下降，蔬菜细胞缺乏正常的氧气，发生窒息作用而失去活性，细胞死亡，原生质膜遭到破坏，半透性膜的性质消失而成了全透性膜，蔬菜细胞就能吸附其它辅料中的色素而改变原来的色泽。如酱菜吸附了酱的色泽而变为棕黄色。泡制过程中加入的辣椒、花椒、八角、桂皮、小茴香等香辛料，既能赋予成品香味，又使色泽加深。还有些酱腌制品需要着色，常用的染料有姜黄、辣椒及红花等，如萝卜用姜黄染成黄色，榨菜用辣椒染成红色。

第二节　蔬菜腌制工艺

一、　盐渍菜类制品加工技术

（一）工艺流程

原料 → 选择 → 整理 → 洗涤 → 腌制 → 倒缸 → 封缸

（二）操作要点

1. 原料选择

制作腌菜时，首先应针对蔬菜的品种、成熟度、形态和新鲜度等选择加工原料。一般对原料的要求应为产量高、肉质肥厚、紧密、固形物含量高、质地脆嫩、粗纤维少、加工适性良好的蔬菜种类。如根菜类应选择肉质坚实而致密、含水量少的品种，茎菜类应选择肉质脆嫩、含粗纤维少的品种。原料的成熟度应为七八成熟而且新鲜。

2. 原料处理

原料处理包括原料的整理、清洗和晾晒。

整理即根据各类蔬菜的特点进行削根、去皮，摘除老叶、黄叶或叶丛（如大蒜的叶丛）等不可食用的部分，剔除有病虫害、机械伤、畸形及腐烂变质等不合格原料。

清洗应根据各种蔬菜被污染的程度、耐压耐磨强度和表面状态，以及生产规模，选用不同的洗涤方法，如洗涤水槽（池）适用于各类蔬菜，其设备简易，但劳动强度大，功效低，耗水量大。振动喷洗机洗涤方法生产效率较高，适宜于大规模生产应用。滚筒式洗涤机适用于质地较硬和表面能耐机械磨损的原料。

根据制品工艺的要求，有的蔬菜在腌制前进行晾晒，以脱除一部分水分，使菜体萎蔫柔软，在腌制处理时不致折断，食盐用量也可相对减少，又可防止盐腌时菜体内营养物质的流失。

3. 盐腌

新鲜蔬菜原料经过处理后，必须及时按配比添加食盐进行腌渍，才可以制成盐渍成品。在腌渍的过程中，由于盐卤高渗透压力的作用，可对原料菜的品质进行固定和保鲜，制得质地脆嫩、风味良好的盐渍品。对有些蔬菜则可制成咸菜坯，长期保存，作为加工半成品。

利用食盐对蔬菜进行腌渍的方法，主要有干腌法和湿腌法两种。

（1）干腌法　干腌法就是在腌制时只加食盐不用加水，这种方法适用于含水量较多的蔬菜，如萝卜等。干腌法又可分为加压干腌法和不加压干腌法。

① 加压干腌法：这种盐腌方法的具体操作是将鲜菜洗净后，把菜与食盐按一定的配比，一层菜一层盐，逐层装入缸（池）中，底层盐要比上一层盐少一些（一般中部以下放盐量为40%，中部以上放盐量为60%），菜顶层再撒一层封缸（池）盐，最上面加盖木排，再压上石头或其它重物即可。这种腌制方法是利用了重石的压力和盐的渗透作用，使蔬菜部分水分外渗，将食盐溶解形成盐卤，逐步淹没菜体，使之充分吸收盐分。由于这种方法在腌制过程中只加食盐不加水，可使菜坯保藏在蔬菜的原汁盐卤中，所腌制的成品可保持浓厚的蔬菜原有鲜味，而且省工。

② 不加压干腌法：这种腌制方法与加压干腌法的区别在于腌菜时不用重物进行压菜。这种腌制方法由于加盐次数不同，又有双腌法和三腌法之分，即分为两次和三次加盐。比如对水分含量较高的黄瓜腌制时，可先用少量食盐腌 1~3d，待蔬菜渗出大部分水分后，将菜坯捞出，沥去苦卤，也可以说是先卤一次，再第二次或第三次添加食盐进行腌制。这种腌制方法的特点是能使制成的咸菜坯基本上保持舒展、饱满、鲜嫩的外观与质地。对这些菜如一次加入高浓度的食盐，则会造成蔬菜组织中的水分骤然大量流失，从而导致菜体严重皱缩。

（2）湿腌法　湿腌法就是蔬菜腌制时，在加盐的同时，添加适量的清水或盐水。这种方法适用于含水量较少，蔬菜个体较大的蔬菜品种，如芥菜、苤蓝等。其又分为浮腌法和泡腌法。

① 浮腌法：是我国古老的蔬菜腌制方法，具体做法是：使用咸菜老汤年年添加大盐腌渍新菜，使菜漂浮在盐液中，并定时进行倒缸。菜汤经较长时间被太阳照射，水分蒸发菜卤浓缩，这样年复一年，咸菜坯和盐卤逐渐变为红色，便形成了一种老腌咸菜。这种咸菜浸在盐卤中用时取之，腌制的咸菜香味浓郁、口感清脆。

② 泡腌法：这种腌制方法是先将经过预处理好的蔬菜原料放入池内，然后再加入预先溶解好的食盐水（浓度为18°Bé左右），经 1~2d 后，由于菜体水分的渗出会使盐水浓度降低，所以用泵把盐卤水抽出，在原卤水中添加食盐，使盐水浓度调至 18°Bé 左右，再将调制后的卤水打入池中，如此反复循环 7~15d，将菜坯浸没于盐卤中进行腌制。这种腌制方法适用于肉质致密、质地坚实、干物质含量高、含水量少的蔬菜，如芥菜头等的大规模生产。

4. 倒缸（池）

倒缸（池）就是使腌制品在腌制容器中上下翻动，或者是盐水在池中上下循环。倒缸是蔬菜在腌制过程中必不可少的工序。通过倒缸，可以使呼吸作用产生的大量积聚热随着菜体的翻动和盐水的循环而散发，防止蔬菜因伤热而败坏；可使食盐与菜体及渗出的水分接触面积增大，促进食盐的溶化，而且能使蔬菜吸收的盐分均匀一致；蔬菜在腌制初期，由于高浓度食盐溶液产生较高的渗透压，使菜体内部水分渗出，蔬菜中的苦涩、辛辣等物质也随之渗出，通过倒缸（池）则可以散发不良气味。

倒缸（池）的方法主要有两种：一是用缸腌制时，可在每排腌菜缸的一端留一口空缸，倒缸时可将后面缸中的菜体与盐卤依次向前面空缸中进行翻倒。通过倒缸可使菜坯在缸中的位置上下进行倒换。二是当用菜池腌制时，可在池角先放一个篾制的长筒（又称锹子），用水泵抽取筒内的盐水，再淋浇于池中的菜体上，使盐水在池中进行上下循环。这种方法又称回淋，也能起到倒缸的作用，同时可以大幅减轻劳动强度。

5. 封缸（池）

盐渍时间因菜种和用途而异，一般需 30d 左右即可成熟。如果暂时不食用或加工，则可进行封缸（池）保藏，具体做法又有封缸和封池之别。

（1）封缸　封缸就是将腌好的咸菜或半成品咸菜坯，如同倒缸一样，一缸一缸的倒入空缸中，而后每缸压紧，菜面距缸口需留 10~13cm 的空隙，盖上竹篾盖，压上石块，然后把原有的盐水经澄清后，再灌进缸内。盐水浓度要达到 18~20°Bé，并使盐水淹没竹篾盖 7~10cm，最后盖上缸罩或缸篷，即可保存。

（2）封池　当用菜池腌制时，可将菜坯一层层踩紧，最上面盖上竹篾或竹席，而后压上石块、木檩或其它重物，用泵灌入经过澄清的原有盐水，并使盐水淹没过席面 10cm 左右进行封池保存。

无论是封缸或封池，都要经常检查保持盐水浓度达到 20°Bé 以上，并要防止脱卤或生水浸入而引起的败坏。

二、 酱渍菜类制品加工技术

（一）工艺流程

咸菜坯→ 切分 → 脱盐（拔淡） → 沥水 → 酱制 →成品

（二）操作要点

1. 咸菜坯

咸菜坯是蔬菜经过盐腌制成的酱菜半成品原料。盐腌咸菜坯的原料选择和盐腌方法等与前述盐渍菜的制作方法基本相同。

2. 切分

咸菜坯在酱制前应根据蔬菜品种特点、工艺要求和酱制品质量标准要求，进行适当的切分。咸菜坯经切分，有利于其脱盐、脱水，以及对酱和酱油色、香、味的吸收与渗透。切分工序可以手工操作，也可以采用不同型号的切菜机械来完成。机械切分则因不同型号切菜机的机械性能不同，可切分为薄片、丝、条、段、块以及兰花等形状，适用于大批量生产。

3. 脱盐

脱盐又称拔淡。经盐腌后的咸菜坯（半成品），一般含盐量较高，有的高达 18%~20%。

含盐量很高的菜坯不易吸收酱汁，而且带有苦味。为了使菜坯能很好地吸收酱或酱油的优良风味，在酱制前应脱除菜坯内过高的盐分和苦卤。使菜坯内细胞液的浓度低于酱制料液的浓度，而有利于酱汁的渗入。

脱盐方法根据菜坯品种的不同和含盐量多少而定。一般是将菜坯浸泡在清水中，加水量与菜坯的比例为 1∶1，水要淹没菜坯。浸泡时间依加工季节、菜坯切分的大小以及含盐量的多少而有所不同。一般浸泡 1~3d。夏季浸泡时间可短些，8~24h 即可；冬季浸泡时间可长一些，需要 2~3d。为使菜坯脱盐比较均匀，浸泡时中间要换水 1~3 次。浸泡脱盐不能过度，否则菜坯的含盐量过少，易被微生物侵染，发生腐败变质。一般，脱盐后菜坯的含盐量在 10% 左右为宜。

经过浸泡脱盐的菜坯，捞出后要沥去表面的水分，还要脱除菜坯内部所含的部分水分，即为"脱水"。脱水的方法因菜坯的品种而异。对于压榨后容易还原的菜坯，如芥菜丝和萝卜丝可采用压榨机压榨脱水的方法。而对于那些压榨后不易还原的菜坯如黄瓜等，则可采用装入竹箩或布袋内，将箩与箩或袋与袋重叠码放，靠自身的重量和压力脱除菜坯内的水分。

4. 酱制（渍）

酱制（渍）是影响酱菜质量优劣的关键工序。咸菜坯经过脱盐后，放入酱或酱油中浸渍，由于脱盐后的菜坯内所含溶液浓度低于料液（酱或酱油）的浓度，所以，菜坯很易吸收料液中的各种成分，从而具有了酱汁和料液的色泽与风味。同时，由于料液的渗入，也可以使菜坯具有饱满的形态。

酱制的方法可分为酱渍和酱油渍两种。

（1）酱渍

① 直接酱制法：将脱盐、脱水后的菜坯直接浸没在豆酱或甜面酱中进行酱制的方法。一般体形较大或韧性较强的菜坯品种，多采用此法进行酱制。如酱萝卜、酱黄瓜和酱芥菜等。菜坯与酱的比例为 1∶0.7~1。酱制过程中，每天必须打耙 2~3 次。打耙时将酱耙在酱缸中上下搅动，使缸内的菜坯随着酱耙的搅动不断更换位置，直至缸内最上层的酱色，由深褐色变成浅褐色时为止，即为打耙一次。打耙可以使菜坯吸酱均匀，色、香、味表里一致。

② 袋酱法：把经脱盐、脱水的菜坯装入布袋中，然后再用酱淹没覆盖布袋进行酱制。这种方法适用于体形较小、质地脆嫩、容易折断损伤或经切分成片、块、条、丝等形状的菜坯。这类菜坯若用直接酱制法，会因菜坯个体小，与酱混合后难以取出。袋酱法所用的布袋最好选用粗纱布或棉布缝制，其大小一般以每袋装菜坯 2.5~3kg 为宜。酱的用量一般与菜坯的质量相等。

酱渍过程中，在菜坯吸附酱色和酱味的同时，菜坯中的水分也会逐渐渗出，使酱的浓度不断降低。为了获得品质更为优良的酱菜，可以采用连续三次更换新酱的酱渍方法。

（2）酱油酱渍法　将经过切分、脱盐、脱水处理的咸菜坯放入经调味的酱油料液中，菜坯吸附酱油料液的色泽和风味，制成酱油渍制品。用不同配方配制的调味料液浸渍咸菜坯，则可制成各具特色的酱油渍小菜。

酱油渍制品的浸渍时间长短，应根据菜坯种类及气温高低具体掌握。一般切分细碎的菜坯酱渍 3~7d；块形较大的菜坯浸渍时间可延长至 7~15d。酱油渍过程中也应注意打耙，以使菜坯浸汁均匀，保证酱菜制品具有良好的色泽和风味，且品质一致。

三、 泡酸菜类制品加工技术

（一）工艺流程

原料选择 → 预处理 → 装坛 → 发酵 →成品

（二）操作要点

1. 原料选择

适于制作泡菜的蔬菜很多，茎根菜、叶菜、果菜、花菜等均可作为泡菜原料，但以肉质肥厚、组织紧密、质地脆嫩、不易软化者为佳。要求原料新鲜，鲜嫩适度，无破碎、霉烂及病虫害现象。根菜类如萝卜、胡萝卜，茎菜类如莴苣、蒜薹，叶菜类如大白菜、甘蓝、油菜、芹菜、雪里红，果菜类如嫩茄子、青椒、青番茄、嫩黄瓜、嫩冬瓜、嫩南瓜、四季豆等。

2. 原料预处理

原料在泡制前要进行适宜的整理，摘去老黄叶，切去厚皮及粗根等不可食用及病虫腐烂部分。然后用清水进行洗涤，对一些个体大的蔬菜种类，如萝卜、胡萝卜、莴苣及一些果菜类等可切成厚 0.6cm、长 3cm 的长条；辣椒整个泡制；黄瓜、冬瓜等剖开去瓤，然后切成长条状；大白菜、芥菜剥片后切成长条。蔬菜整理好后略加晾晒，通过晾晒去掉原料表面的明水后即可入坛泡制；也可晾晒时间长一些，使原料的表面萎蔫后再入坛泡制。

在工业化生产泡菜时，一般在原料的表面清洗后要进行腌坯，又称出坯，"出坯"工序为泡头道菜之意，其目的是利用食盐渗透压除去菜中的部分水分，浸入盐味和防止腐败菌的滋生，同时能保持正式泡制时盐水浓度。腌坯一般是用 10% 左右的食盐将原料腌制几小时或几天，去掉原料中过多的水分，也去掉原料中的异味，此外，绿叶类蔬菜含有较浓的色素，预处理后可去掉部分色素，有利于定色、保色。但出坯时，除脱水外，也会使原料中的可溶性固形物有些流失，尤其是出坯时间长时，原料中养分的损失更大。由于蔬菜的生长季节、条件、品种和可食部分不同，质地上也存在差别。因此，选料及掌握好出坯时间、咸度，对泡菜的质量影响极大。如青菜头、葛笋、黄秧白（大白菜）等，组织细嫩、含水量高、盐易渗透，同时这类蔬菜通常仅适合边泡边吃，不宜久贮。所以，出坯时，咸度应稍低一些；而辣椒、洋葱等，用于泡制的一般质地较老，含水量低，食盐渗透较缓慢，加之此类蔬菜适合长期贮藏，因此出坯时咸度则应稍高些。家庭制作泡菜时，出坯这道工序可以省去。可直接将经过适当晾晒的蔬菜直接放入泡菜水内泡制。

3. 泡菜盐水的配制

（1）泡菜盐水的种类及配制方法　泡菜盐水分为以下几种，"洗澡盐水"、新盐水、老盐水、新老混合盐水。现将各种盐水的特征及配制方法分述如下。

①"洗澡盐水"："洗澡盐水"是指需要一边泡一边取食的蔬菜使用的泡菜水。它的配制方法是：取冷却的沸水 100kg，加食盐 8kg 搅拌溶解，再加入老盐水 25～30kg 搅匀，用以调味，并接种发酵菌种。再根据所泡制的蔬菜数量酌加佐料、香料，调节 pH 至 4.5 左右。用此法泡制蔬菜，发酵速度快，断生即可食用，所需时间为 3～5d。

②新盐水：新盐水是指新配制的盐水，其配制方法是：取冷却的沸水 100kg，加食盐

25kg，再掺入老盐水 30kg，并根据所泡蔬菜酌加佐料、香料。调节 pH 至 4.7。

新盐水与"洗澡盐水"的配制方法基本相同，所不同的是：前者是随泡随食，分次泡制；而后者是每泡制一批蔬菜就需新配制二批泡菜水，即分批泡制。

③ 老盐水：老盐水是指使用两年以上的泡菜盐水，pH 为 3.7 左右。它多用于接种。将其与新盐水配合后，即称母子盐水。该盐水内应常泡一些蒜薹、辣椒、陈年青菜与萝卜等，并酌加香料、作料，使其色、香、味俱佳。但由于配制、管理诸方面的原因，老盐水质量也有优劣之别，其鉴别方法如表 6-3。

表 6-3　　　　　　　　　　　　　　　　　老泡菜水的等级

盐水等级	鉴别方法
一等	色、香、味均佳
二等	曾一度轻微变质，但尚未影响盐水的色、得、味，经救治而变好者
三等	不同类别等级的盐水混合在一起者
四等	盐水变质，经救治后其色、香、味仍不好者，这种盐水应该丢弃

用于接种的盐水，一般宜取一等老盐水，或人工接种乳酸菌或加入品质良好的酒曲。含糖分较少的原料还可以加入少量的葡萄糖以加快乳酸发酵。

④ 新老混合盐水：新老混合盐水是将新、老盐水按各占 50%的比例，配合而成的盐水，其 pH 为 4.2。

第一次开始制作泡菜时，可能找不到老盐水或乳酸菌。在这种情况下，可按要求配制新盐水，以制作泡菜。但头几次泡制的泡菜，口味较差，随着时间推移和精心调理，泡菜盐水会达到满意的要求和风味。

（2）泡菜盐水配制时的注意事项　腌制泡菜的盐水要求使用硬度在 5.7mol/L 以上的硬水，一般使用井水或自来水。塘水、湖水由于硬度低且水质也较差，一般不宜作泡菜用水。若无硬水，也可在普通水中加入 0.05%~0.1%的氯化钙或用 0.3%的澄清石灰水浸泡原料，然后用此水来配制盐水。食盐以精制井盐为佳，腌制泡菜的盐水含盐量一般为 6%~8%，使用的食盐一般为精盐，而且要求食盐中的苦味物质极少，海盐、湖盐含镁离子较多，经焙炒去镁方可使用。在确定食盐的使用浓度时还应考虑原料是否出过坯，出过坯的原料的用盐量要相对减少，其用盐量以最后产品与泡菜液中食盐的平衡浓度在 4%为准。为了加速乳酸发酵，可在泡制时加入 3%~5%的浓度为 20%~30%优质陈泡菜水（老盐水、老酸水）或人工纯种扩大的乳酸菌液以增加乳酸菌数量。老泡菜水系指经过多次泡制，色泽橙黄、清晰，味道芳香醇正，咸酸适度，未长膜生花，含有大量优良乳酸菌群的优质泡菜水。可按盐水量的 3%~5%接种，静置培养 3d 后即可用于泡制出坯菜料。人工纯种乳酸菌培养液制备，可选用植物乳杆菌、发酵乳杆菌和肠膜明串珠菌作为原菌种，用马铃薯培养基进行扩大培养，使用时将三种扩大培养菌液按 5：3：2 混合均匀后，再按盐水量的 3%~5%接种到发酵容器中，即可用于出坯菜料泡制。

（3）调料的搭配

① 作料：一般包括：白酒、料酒、甘蔗、醪糟汁（或糯米酒）、红糖和干红辣椒。

蔬菜入坛泡制时，白酒、料酒、醪糟汁对它起辅助渗透盐味、保嫩脆、杀菌等作用；甘蔗起吸异味、防变质等作用；红糖、干红辣椒则起调和诸味、增添鲜味等作用。

通常作料与泡菜盐水的比例是：盐水 100g，白酒 1~2g，料酒 2~5g，红糖 3~5g，醪糟汁 2~5g，干红辣椒 5~10g。因蔬菜品种取味的不同，作料与泡菜盐水的比例，也应随需要而灵活掌握增减。

若遇蔬菜需要保色，不宜使用红糖，可取饴糖、白糖代用。使用醪糟时，只取汁液，不要糟粕。

泡菜所需作料，有的直接在盐水内搅匀即可分散均匀（如白酒、料酒、醪糟汁），有的要先溶化后再加入坛内并搅拌均匀（如红糖或饴糖、白糖），有的则应在蔬菜装坛时进行合理放置（如甘蔗、干红辣椒）。这样才能充分发挥它们的作用。

② 香料：一般包括：白菌、排草、八角、山柰、草果、花椒、胡椒。

香料在泡菜盐水内起着增香味、除异味、去腥味的功效。但其中山柰只是为保持泡菜鲜色，不宜使用八角、草果时采用，它的分量一般为八角的 1/2；而胡椒也仅是泡鱼辣椒时，用它除去腥臭气味。

通常，香料与泡菜盐水的比例是：盐水 100g，八角 0.1~0.2g，花椒 0.2~0.3g，白菌 1g，排草 0.1~0.2g。使用时，将排草切成 3cm 左右的短节，白菌洗去泥沙，草果、八角放入清水内过一下，除掉灰尘，然后将各料装入纱布袋中，扎好香料包口，便可入坛，放在已盛泡菜的坛内中间层。过一段时间（根据需要确定时间）取出，把袋上盐水轻轻地挤在坛内，迅速搅匀。然后将香料袋变换位置再次放入。密封储存或不便搅动的泡菜，在取食前需经搅动，以使香味均匀散布，避免出现"死角"情况。开坛检查中，如发现泡菜香味过浓，应立即将香料包（不挤盐水）取出；如香味过淡，则应添加香料，予以调剂。

此外，除上述香料外，还有诸如小茴香、丁香、桂皮、橘皮等均可用来制作泡菜，仅随不同地区的口味而异。

4. 装坛

将预处理的原料装入坛中。装坛方法大致可分为干装坛、间隔装坛、盐水装坛三种。

（1）干装坛 某些蔬菜，因本身浮力较大，泡制时间较长（如泡辣椒类），适合干装坛。方法是：将泡菜坛洗净、拭干；把所要泡制的蔬菜装至半坛，放上香料包，接着又装至八成满。用竹片卡紧；将佐料放入盐水内搅均匀后，徐徐灌入坛中，待盐水淹过原料后，盖上坛盖，用清水添满坛沿。

（2）间隔装坛 为了使佐料的效果得到充分发挥，提高泡菜的质量，应采用间隔装坛。泡更豆、蒜薹等可采用此法。方法是：将泡菜坛洗净、拭干；把所要泡制的蔬菜与需用的作料（干红辣椒、小红辣椒等）间隔装至半坛，放上香料包；接着又装至九成满，用竹片卡紧；将其余作料放入盐水内搅匀后，徐徐灌入坛中，待淹过菜料后，盖上坛盖，用清水添满坛沿。

（3）盐水装坛 茎根类（萝卜、大葱等）蔬菜在泡制时能自行沉没，所以，可直接将它们放入预先装好泡菜盐水的坛内。方法是：将坛洗净、拭干，注入盐水，放作料入坛内搅匀后，装入所泡蔬菜至半坛时，放入香料包，接着又装至九成满（盐水应淹没原料），随即盖上坛盖，用清水添满坛沿。用盐水装坛必须注意以下各点：视蔬菜品种、季节、味道、食法、贮藏期长短和其它具体需要，在调配盐水时做到既按比例，又灵活掌握。蔬菜入坛泡制时，放置应有次序，切忌装得过满，坛中一定要留下 2~3cm 空隙，以防止坛内泡菜水的冒出。盐水必须淹没所泡原料，以免因原料氧化而腐败、变质。

5. 发酵

装好坛以后，即可将泡菜坛转入发酵室内进行发酵。发酵室应干燥通风、光线明亮，但不能被阳光直射。室内地面要高于室外地面30cm左右，门窗应安装防蝇和防尘设施，以免造成污染。墙角应装有通风机。泡菜坛不要紧靠墙壁，以利于空气流通。菜坛应顺门方向排列，四周留有通道，以便于操作。室温应保持稳定，不要时冷时热，以防坛沿中的水倒吸入坛内，引起盐水变质而影响制品质量。

（1）泡菜的乳酸发酵过程　泡菜在发酵期间，由于乳酸发酵的作用，不断累积乳酸，而逐渐达到成熟。在此期间可根据微生物活动情况和乳酸积累量分为三个阶段。

① 发酵初期——异型乳酸发酵：蔬菜刚入坛时，其表面带入的微生物，主要以不抗酸的大肠杆菌、肠膜明串珠菌及酵母菌等较为活跃，进行异型乳酸发酵和微弱的酒精发酵，发酵产物为乳酸、乙醇、醋酸和二氧化碳等，由于有大量的二氧化碳气体产生，会从坛沿水槽内的水中间歇性地放出气泡，使坛内逐渐形成厌气状态。在此期间含酸量为0.3%～0.4%，是泡菜初熟阶段，其菜质咸而不酸、有生味。

② 发酵中期——同型乳酸发酵：由于初期乳酸发酵，使乳酸不断积累。pH下降以及厌气状态的形成，使乳酸杆菌大量活跃，进行同型乳酸发酵。这时乳酸的积累量可达到0.6%～0.8%，pH为3.5～3.8，大肠杆菌、腐败菌、酵母菌和霉菌的活动受到抑制。这一期间为泡菜完熟阶段，菜体酸味清香。

③ 发酵后期：在此期间，继续进行同型乳酸发酵，乳酸积累量继续增加，可达1.0%以上。当乳酸含量达到1.2%以上时，乳酸杆菌的活性也受到抑制，发酵速度逐渐缓慢甚至停止。此阶段菜质酸度过高，风味不协调。

经过以上三个阶段的发酵作用，从积累的乳酸含量、泡菜的风味品质来看，在初期发酵的末尾和中期发酵阶段，泡菜的乳酸含量为0.4%～0.8%，风味品质最佳，因此，常以这个阶段作为泡菜的成熟期。

泡菜的成熟期受原料种类、盐水种类及气温的影响。如在夏季气温较高时，用新盐水泡制叶菜类，其成熟期一般为3～5d，根菜类5～7d，而大蒜则需要半月以上。到冬天气温降低，泡菜达到成熟期所需时间则需要延长一倍左右。另外，用陈泡菜水泡制时，泡菜成熟期可大幅缩短，而且用优质的陈泡菜水泡制的产品比新盐水泡制的产品色、香、味更好。

（2）泡制期的管理　泡制期间要加强坛沿水的管理。坛沿水一般用清洁的饮用水或10%的盐水。在发酵后期，易造成坛内部分真空，使坛沿水被倒吸入坛内。虽然坛沿水为清洁的水，但因暴露于空气中，易感染杂菌，如果被带入坛内，一方面会带入杂菌，同时也会降低坛内盐水浓度，所以坛沿水以盐水为好。若使用清水，应注意经常更换，在发酵期间每天要轻轻揭盖1～2次，以防止坛沿水被吸入坛内。使用盐水时，发酵时间如果较长坛沿水易挥发，此时应适当补加坛沿水，以保证盖下部能浸没在坛沿水中，保持坛内良好的密封状态。

泡菜泡制好后，取食时开盖要轻，以防止将坛沿水带入坛内。取食用的夹子、筷子应清洁卫生，严防将油脂带入坛内。

泡菜成熟后要及时取食，不宜长期贮存，因长期贮存过程中一般会使其酸度增加，组织变软，品质下降。由于生产中某些环节的放松，泡菜也会产生劣变，如盐水变质、杂菌大量繁殖、盐水变浊变黑、起花长膜等。

泡菜成熟取出后，适当加盐补充盐水，含盐量达6%～8%，又可加新的菜坯泡制，泡制的次数越多，泡菜的风味越好；多种蔬菜混泡或交叉泡制，其风味更佳。若不及时加新菜泡制，则应加盐提高其含盐量至 10% 以上，并适量加入大蒜梗、紫苏藤等富含抗生素的原料，盖上坛盖，保持坛沿水不干，以防止泡菜盐水变坏，称"养坛"，以后可随时加新菜泡制。

四、 糖醋渍菜类制品的制作技术

（一）工艺流程

原料选择 → 预处理 → 盐腌 → 倒缸 → 脱盐 → 糖醋渍 → 成品

（二）操作要点

1. 原料选择与处理

糖醋制品多选用肉质肥厚、致密、质地鲜嫩的蔬菜为原料，如大蒜、蒜薹、黄瓜、姜和萝卜等。剔除成熟度过老、外皮、毛根、老叶和病虫害等不可食用部分，并用清水冲洗干净。

2. 盐腌

将经处理的原料加盐腌制。盐腌既可以除去原料中辛辣等不良气味，又能增强原料组织细胞膜的透性，有利于糖醋料液的渗透。盐腌时的用盐量为 13%～15%，盐腌过程中应定期倒缸。

3. 脱盐

将经盐腌的菜坯用清水浸泡漂洗，脱除咸菜坯中的部分盐分和不良气味。脱盐后应沥干水分。

4. 糖醋渍

（1）配制糖醋渍液　根据不同糖醋制品的质量标准要求和特点，按配方配制糖醋渍料液。料液配制后，一般应进行加热灭菌，冷却后备用。

（2）糖醋渍　将经脱盐的菜坯坚实地装入缸或坛内，然后灌入糖醋料液，并使料液淹没过菜坯，而后再放入竹排将菜坯压紧，以防上浮。最后用塑料薄膜将缸（或坛）口扎严，加盖密封。放置于适宜的条件下，经 1～2 月即可成熟。

五、 半干态酱腌菜类制品制作技术

半干态酱腌菜制作的工艺技术，与其它类型酱腌菜的主要区别是：原料都需要进行脱水，其脱水次数可达两次或三次，因产品而异。再经过腌制、调味或发酵等工序加工而成。

（一）工艺流程

原料选择 → 整理 → 清洗 → 切分 → 脱水 → 调味 → 腌制（或发酵）→ 成品

（二）操作要点

1. 预处理

预处理主要包括原料选择、整理、清洗和切分等工序。半干态酱腌菜加工预处理的具体要求和操作方法基本上与盐渍菜相同。

2. 脱水

脱水是半干态酱腌菜加工中的重要工序。在半干态酱腌菜加工中,脱水有利于菜坯充分吸附和渗透调味料的风味,可使制品质地具有韧性,筋脆,不软烂;同时,降低原料的水分,可提高制品固形物含量,利于保藏。

目前,在酱腌菜生产中,所采取的脱水方法,因不同产品的工艺要求和设备状态而异。目前,生产中常用的脱水方法主要有晾晒脱水法和压榨脱水法。

(1)晾晒脱水法 晾晒脱水法就是将原料置于阳光下,或通风干燥处进行晾晒,使其脱除水分。因具体操作方法不同,又分为串晒和摊晒。串晒是将原料用绳子穿成串,吊挂在阳光下或通风干燥处进行晾晒,达到脱水的目的。摊晒是将原料切分后,摊放在竹帘或苇席上,置于阳光下或通风干燥处进行晾晒,脱除水分。

晾晒脱水法是我国传统的工艺技术,可以较好地保存原料中的营养物质和风味,而且设备简易、投资少。目前,在许多菜种的腌制加工中仍有应用。但因占地面积较大,劳动强度高,工作效率低,且易受气候条件的影响,在应用时也受到了一定的限制。

(2)压榨脱水法 压榨脱水法就是先将原料进行盐腌,然后再将腌制的咸菜坯切分,经脱盐或不脱盐,再进行压榨脱水。因压榨设备不同,又分为机械压榨脱水和围囤压榨脱水。

① 机械压榨脱水:机械压榨脱水就是将切分的菜坯,用杠杆式木制压榨机、螺旋式压榨机或水压式压榨机进行压榨,脱除水分。

② 围囤压榨脱水:围囤压榨脱水就是将切分的菜坯,装在筐、竹篓或用竹席围成的囤内,再将筐或篓叠置,或在围囤中的菜坯上施加重物,依靠重力的作用进行压榨脱水。

压榨脱水法可以在短时间内,集中对大批量原料进行脱水,工作效率较高。所以在生产中被广泛地应用,但原料腌制时,可溶于水的物质易流失于盐卤中,会造成营养物质的流失。

3. 腌制

半干态酱腌菜的腌制,就是将蔬菜原料与食盐,按一定配比装入缸内或菜池内,进行盐渍。因蔬菜和产品种类不同,有的将原料在脱水前盐渍,腌制的具体操作方法,与盐渍菜的盐腌技术相同。

4. 调味

为使半干态酱腌菜制品具有独特的风味,在制作加工时,常需按产品规格的要求,添加适当配比的调味料(如食盐、酱油、辣椒和香辛料等),以调理菜坯的风味。调味料的添加方法,可将按配比准备好的调味料,直接掺拌于菜坯中,混合均匀;也可以将调味料先配制成调味液,再倒入菜坯内,翻拌均匀。通过后熟使菜坯吸附、渗透调味料的风味。

5. 装缸、封口

将经调味的菜坯装入缸(或坛)内,封好缸(或坛)口,置于通风、洁净的阴凉处,进行发酵或后熟。在发酵或后熟过程中,食盐和香料等调味料会继续渗透和扩散于菜体内,并进行一系列的生物化学变化,使菜坯的生味消失,鲜味和醇香逐渐形成,呈现制品特有的色、香、味。装缸或坛时,应边装边压实,减少空气的存在,特别是需进行发酵的制品,更应注意创造良好的厌氧条件,以利于乳酸发酵的进行。

第三节　蔬菜腌制品常见质量问题及控制

一、保　脆

　　质地嫩脆是蔬菜腌制品的主要指标之一，腌制过程如处理不当，就会使腌制品变软。蔬菜的脆性主要与细胞的膨压和细胞壁的原果胶变化有密切关系。腌制时虽然蔬菜失水萎蔫，致使细胞膨压降低，脆性减弱，但在腌制过程中，由于盐液与细胞液间的渗透平衡，又能够恢复和保持腌菜细胞一定的膨胀压，因而不致造成脆性的显著下降。蔬菜软化的另一个主要原因是果胶物质的水解，保持原果胶不被溶解，是保存蔬菜脆性的物质基础。如果原果胶受到酶的作用而水解为水溶性果胶，或由水溶性果胶进一步水解为果胶酸和甲醇等产物时，就会使细胞彼此分离，使蔬菜组织脆度下降，组织变软，易于腐烂，严重影响腌制品的质量。

　　引起果胶水解的原因，一方面由于过熟以及受损伤的蔬菜，其原果胶被蔬菜本身含有的酶水解，使蔬菜在腌制前就变软；另一方面，在腌制过程中一些有害微生物的活动所分泌的果胶酶类将原果胶逐步水解。根据上述原因，供腌制的蔬菜要成熟适度，不受损伤，同时在腌制前将原料短时间放入澄清石灰水中浸泡，石灰水中的钙离子能与果胶酸作用生成果胶酸钙的凝胶。一般用钙盐作保脆剂，如氯化钙、碳酸钙等，其用量以菜重的 0.05% 为宜。

　　具体的保脆处理的办法有：

　　（1）把蔬菜放在铝盐和钙盐的水溶液中进行短期浸泡，然后取出再进行初渍，或者直接往初渍的盐卤中加入一定量的钙盐或铝盐，加入量一般为蔬菜原料的 0.05%~0.1%。如果加入过量的钙盐，反而会使蔬菜组织过硬，口感不良。

　　（2）在初渍液中加入明矾或石灰，这是我国民间常用的保脆措施，明矾的使用量为蔬菜的 0.1% 左右，石灰的使用量为蔬菜的 0.05%~0.1%，但明矾属于酸性物质，在绿色蔬菜渍制中使用不利于绿色的保持，而且有苦涩味，所以一般不采用。

　　（3）用碱性的井水浸泡。井水中含有氯化钙、硫酸钙等多种钙盐，钙盐有保脆作用，所以用井水浸泡有保脆的效果。

　　（4）调整渍制液的 pH 可以保持泡菜的脆性，果胶在 pH 为 4.3~4.9 时水解度最小，pH <4.3 或 >4.9 时，水解就增大，菜质就容易变软。另外，果胶在浓度大的泡制液中溶解度小，菜质不容易软化，据此性质，合理地掌握泡渍液的 pH 和泡渍液的浓度，对保持泡菜的脆性很重要。

二、护　绿

　　蔬菜腌制过程中，会逐渐失去绿色，变成黄绿色或灰绿色，甚至黄褐色，从而大大降低产品的品质，这种色泽的变化失绿，是由叶绿素本身的性质所决定的。在氧和阳光的作用下，叶绿素会迅速分解，使蔬菜失去绿色。叶绿素不溶于水，在酸性环境，其分子式中的镁离子常被酸的氢离子置换掉，变成脱镁叶绿素，这种物质称为植物黑质，使原来的绿色变成褐色或绿褐色。而在碱性溶液中则比较稳定。

为保持其绿色，常进行护绿。可采用以下方法：

1. 倒菜

倒菜就是在腌制过程中及时地进行翻缸。在腌制初期，由于大批的蔬菜放在一起，呼吸作用加强，散发大量的水分和热量，如不及时排除，会使温度升高，从而加快乳酸发酵，而使绿色蔬菜处于酸性环境中，引起叶绿素的分解，使菜失去绿色。倒菜可以排除腌制初期蔬菜产生的呼吸热，同时可以使菜体均匀地接触浸渍液，加快渗透速度。

2. 适当掌握用盐量

腌制过程中要适当掌握用盐量，浓度10%～22%的食盐溶液，既能抑制微生物的生长繁殖，又能抑制蔬菜的呼吸作用。用盐量过高，虽能保持绿色，但会影响制品的质量和出品率。

3. 用碱水浸泡蔬菜

在腌制前，先用微碱性（pH7.4～8.3）水溶液浸泡，然后再用盐腌制。碱性物质能将叶绿素的酯基碱化，生成叶绿酸盐，所生成的叶绿酸盐仍保持绿色。

4. 热处理

在腌制前，对绿色蔬菜进行烫漂，烫漂可使叶绿素水解酶失去活性来保持绿色。烫漂用水最好呈微碱性，这样更有利于蔬菜保持绿色。

5. 护绿剂处理

在用碱水浸泡蔬菜或烫漂蔬菜时，可在浸泡液或烫漂液中加入适量的护绿剂，如硫酸铜、硫酸锌、醋酸锌、叶绿素铜钠等。

6. 低温和避光

腌制品在低温和避光下流通和贮存可避免叶绿素在高温和光照下分解，可更好地保持绿色。

三、 败坏的控制

蔬菜表皮组织受到昆虫的刺伤或其它机械损伤时，其表皮外覆盖的一层具有防止微生物侵入作用的蜡质状物质即遭到破坏。即使是我们肉眼觉察不到的极为微小的损伤，微生物会从此侵入并进行繁殖，从而促使蔬菜溃烂变质。

蔬菜在腌制时出现长膜、生霉、腐烂、变味等现象，其主要原因也是由于这些微生物生长繁殖的结果，引起蔬菜变质的有害微生物主要是霉菌、酵母菌和其它细菌。

霉菌类中主要是青霉类菌，在加工过程中，由于青霉的作用常使制品出现生霉现象。当霉菌侵入蔬菜组织后，细胞壁的纤维素首先被破坏，进而分解蔬菜细胞内的果胶、蛋白质、淀粉、有机酸、糖类，使之成为更简单的物质。它不仅使蔬菜质地变软，而且使细菌开始繁殖。霉菌生长的部位大部分都在盐液表面或菜缸、菜池上层，因为它们的生长繁殖都需要氧气。它们能耐很高的渗透压，抗盐能力很强，因此，制品极易被污染。

细菌类中危害最大的是腐败菌。在加工过程中，如果食盐溶液浓度较低，就会导致腐败细菌的生长繁殖，使蔬菜组织蛋白质及含氮物质遭到破坏，生成吲哚、甲基吲哚、硫醇、硫化氢和胺等，产生恶臭味，造成制品的腐烂变质。有时还可生成一些有毒物质，如胺可以和亚硝酸盐生成亚硝胺，而亚硝胺是强烈的致癌物质。

有害酵母菌中，最主要的是几种伪酵母，如产膜酵母和红色酵母。产膜酵母到处可见，是蔬菜泡制中最难对付的一种微生物。在泡菜过程中，盐液表面形成一层白色粉状并有皱纹的薄膜（菌层），它容易破碎，稍微一动就可散开，但过一些时候又会布满液面，这就是普通说的"生花"。此菌具有强大的氧化能力，若仅在盐液表面生长时，对制品的质量影响不大。但若在制品菜体上生长，就会大量消耗蔬菜组织内的有机物质，分解乳酸、糖和乙醇，造成制品质量下降，降低保藏性。

控制措施如下。

1. 原料的选择

要使用新鲜脆嫩，成熟度适宜，无损伤且无病虫害的原料；腌制前将原料进行认真的清洗，以减少原料的带菌量。

2. 容器、器具的选择

使用的容器、器具必须清洁卫生，同时要搞好环境卫生，尽量减少腌制前的微生物含量。供制作腌菜的容器应便于封闭以隔离空气，便于洗涤、杀菌消毒，对制品无不良影响并无毒无害。

3. 腌制用水、用盐的选择

腌制用水必须符合国家生活饮用水的卫生标准，不洁的水会使腌制环境中微生物的数量大大增加，而且会使腌制品的硝酸盐、亚硝酸盐含量过高，严重影响产品的安全性。用于腌制的食盐，应符合国家食用盐的卫生标准，最好用精制盐。不纯的食盐不仅会影响腌制品的品质，使制品发苦，组织硬化或产生斑点，而且还可能因含有对人体健康有害的化学物质如砷、铅等而降低腌制品的安全性。

4. 腌制条件的控制

在腌制过程中要严格控制腌制小环境，促进有益菌的活动，抑制有害菌的繁殖。对有害的酵母和霉菌主要利用隔绝氧气的措施加以控制；对于耐高温又耐酸、不耐盐的腐败菌如大肠杆菌、丁酸菌等则利用较高的酸度以及控制较低的腌制温度或是提高盐液浓度来加以控制。

5. 防腐剂的使用

为了弥补低盐腌制带来的自然防腐不足的问题，在规模生产时常会使用一些食品防腐剂以保证制品的卫生安全。目前，我国允许在蔬菜腌制品中使用的食品防腐剂主要有山梨酸钾、苯甲酸钠、脱氢醋酸钠等，其使用量一般在 0.05%～0.3%。

四、 亚硝基化合物的控制

世界上氮肥使用量的增加，使蔬菜中含有较多的硝酸盐和亚硝酸盐。特别是我国，随着农业的大力发展，这种情况更为严重。在对蔬菜进行加工处理（如腌制）和贮藏过程中，蔬菜中的硝酸盐可被细菌还原成亚硝酸盐，亚硝酸盐可与体内血红蛋白结合形成高铁血红蛋白，使血红蛋白失去携氧功能而引起中毒。同时由于微生物和酶对蔬菜、肉类等食物中蛋白质、氨基酸的降解作用，致使食物中存在一定量的胺类物质，这些胺类物质与亚硝酸盐在一定条件下会合成具有致癌性的 N-亚硝基化合物。

亚硝基化合物虽会对人体健康造成很大威胁，但可通过如下措施减少或阻断亚硝胺前体物质的形成，减少亚硝基化合物的摄入量。

（1）选用新鲜蔬菜，腌制前经清水洗涤，适度晾晒脱水，减少腐败菌的带入。

（2）严格控制腌制条件，在腌制过程中注意容器的卫生，防止腐败菌的污染，尤其不要在田间就地挖坑制作腌菜；在腌制过程中，容器内应当装满、压实，隔绝空气，防止好气性有害菌的生长。

（3）在腌制时按照 1kg 蔬菜加入 400mg 维生素 C，可以减少或阻止亚硝胺的产生。或在腌制前期按照 1kg 蔬菜加入 50mg 的苯甲酸钠，可抑制腐败菌的活动。

（4）避开亚硝胺高峰期食用。

第四节　蔬菜腌制类产品相关标准

目前，我国已颁布且现行有效的蔬菜腌制类产品标准按发布部门可以分为国家标准、部颁标准、行业标准、地方标准。内容涵盖酱腌菜的分类、名词术语、食品安全标准、加工技术规程、检验规则和方法等。

一、 酱腌菜的分类

《酱腌菜的分类》SB/T 10297—1999 规定，按工艺及辅料不同，酱腌菜分为 11 大类，分别是：

（一）酱渍菜类

酱渍菜是以蔬菜为主要原料，经盐腌或盐渍成蔬菜咸坯后，再经酱渍而成的蔬菜制品，如酱菜瓜、酱黄瓜、酱什锦菜、酱八宝菜等。

（二）糖醋渍菜类

糖醋渍菜是蔬菜咸坯，经脱盐、脱水后，用糖渍、醋渍、糖醋渍制作而成的蔬菜制品，如糖大蒜、糖醋萝卜、蜂蜜蒜米。

（三）虾油渍菜类

虾油渍菜是以蔬菜为主要原料，先经盐渍，再用虾油浸渍而成的蔬菜制品。

（四）糟渍菜类

糟渍菜是以新鲜蔬菜为原料，经盐腌或盐渍成咸坯后，再经黄酒糟或醪糟腌渍而成的蔬菜制品，如糟瓜、贵州独山盐酸菜。

（五）糠渍菜类

糠渍菜是以新鲜蔬菜为原料，经盐腌或盐渍成咸坯后，再用稻糠或粟糠与调味料、辛香料混合糠渍而成的蔬菜制品，如米糠萝卜。

（六）酱油渍菜类

酱油渍菜类是以新鲜蔬菜为原料，经盐腌或盐渍成咸坯后，先降低含盐量，再用酱油与调味料，香辛料混合浸渍而成的蔬菜制品，如北京辣菜、榨菜萝卜、面条萝卜。

（七）清水渍菜类

清水渍菜是以叶菜为原料，经过清水熟渍或生渍而制成的具有酸味的蔬菜制品，如北方酸白菜。

（八）盐水渍菜类

盐水渍菜是将蔬菜用盐水及辛香料混合生渍或熟渍而成的蔬菜制品，如泡菜、酸黄瓜等。

（九）盐渍菜类

盐渍菜是以蔬菜为原料，用食盐腌渍而成的湿态、半干态、干态的蔬菜制品。湿态盐渍菜是成品不与菜卤分开，如泡菜、酸黄瓜等；半干态盐渍菜是成品与菜卤分开，如榨菜、大头菜、萝卜干等；干态盐渍菜是盐渍后再经干燥的制品，如干菜笋、咸香椿芽等。

（十）菜脯类

菜脯是以蔬菜为原料，采用果脯工艺制作而成的蔬菜制品，如安徽糖冰姜、湖北苦瓜脯、刀豆脯及全国各地的糖藕等。

（十一）菜酱类

菜酱是以蔬菜为原料经预处理后，再拌和调味料、辛香料制作而成的糊状蔬菜制品，如辣椒酱、番茄酱等。

二、 食品安全标准

《食品安全国家标准 酱腌菜》GB 2714—2015 对酱腌菜的术语和定义、技术要求进行了规定。其中，定义酱腌菜为以新鲜蔬菜为主要原料，经腌渍或酱渍加工而成的各种蔬菜制品，如酱渍菜、盐渍菜、酱油渍菜、糖渍菜、醋渍菜、糖醋渍菜、虾油渍菜、发酵酸菜和糟渍菜等；从原料要求、感官要求、污染物限量、微生物限量、食品添加剂方面对酱腌菜技术要求进行了规定。

三、 加工技术规程

《叶用芥菜腌制加工技术规程》NY/T 3340—2018 规定了叶用芥菜的术语和定义、原料采收时间和质量要求、预脱水、腌制、加工、运输、储存、产品质量要求、其他要求、检验方法、检验规则等要求。该标准适用于叶用芥菜的留卤腌制、倒置腌制及加工。其中，从感官、污染物限量、农药最大残留量方面对原料质量要求进行了规定；从留卤腌制的腌制发酵容器（设施）要求、排菜、撒盐与压菜、发酵与腌坯质量要求，以及倒置腌制的压黄、分拣、切菜、清洗、脱水、加盐搅拌、装料、发酵与腌坯质量要求方面对腌制技术规程进行了规定；从预处理、调味、分装、杀菌、冷却、包装要求方面对腌制后的加工技术规程进行了规定；从感官、固形物含量、污染物限量、微生物指标、净含量方面对产品质量要求进行了规定；对生产过程卫生要求、食用盐、食品添加剂、接触材料、包装与标识的要求进行了规定，并规定了亚硝酸盐、pH、感官要求、固形物含量、污染物限量、微生物指标、净含量的检验方法及出厂检验、型式检验的检验规则。

四、　检验规则和方法

《酱腌菜卫生标准的分析方法》GB/T 5009.54—2003 规定了酱腌菜卫生指标的分析方法，规定感官检查要符合 GB 2714 的规定，理化指标中水分按 GB/T 5009.3 中直接干燥法操作，砷按 GB/T 5009.11 操作，铅按 GB/T 5009.12 操作，防腐剂按 GB/T 5009.29 操作，甜味剂按 GB/T 5009.28 操作，着色剂按 GB/T 5009.35 操作，食盐按 GB/T 5009.51—2003 中 4.8 操作，总酸按 GB/T 5009.51—2003 中 4.6 操作，氨基酸态氮按 GB/T 5009.39—2003 中 4.2 操作，亚硝酸盐按 GB/T 5009.33 操作。

五、　产品标准

《酱腌菜》SB/T 10439—2007 规定了酱渍菜、盐渍菜、酱油渍菜、糖渍菜、醋渍菜、糖醋渍菜、虾油渍菜、盐水渍菜和糟渍菜的术语和定义、主料和辅料要求、感官特性要求、理化指标（水分、食盐、总酸、氨基酸态氮、还原糖）含量要求、食品添加剂质量、品种和使用量要求，以及卫生指标、净含量和生产加工过程的卫生要求，并规定了检验方法、检验规则及标签、包装、运输和贮存要求。中华人民共和国农业行业标准《绿色食品　酱腌菜》NY/T 437—2012 则从绿色食品角度规定了绿色食品酱腌菜的术语和定义、要求、检验规则、标志和标签、包装、运输和贮存，适用于绿色食品预包装的酱腌菜产品。

第五节　典型蔬菜腌制类产品生产实例

一、　四　川　榨　菜

（一）原料的选择

1. 主要原料

青菜头（茎用芥菜）为加工榨菜的主要原料。一般以质地细嫩紧密，纤维质少，皮薄，菜头突起物圆钝，整体呈圆形或椭圆形，单个重150g 以上，含水量低于94%，可溶性固形物含量5%以上，无病虫害、空心、抽薹者为佳。以立春前后至雨水采收的青菜头品质好，成品率高。

2. 辅料

食盐、辣椒面、花椒、混合香料面（其中：八角55%、山奈10%、甘草5%、沙头4%、肉桂8%、白胡椒3%、干姜15%）。

（二）工艺流程

青菜头 → 脱水 → 头道盐腌 → 二道盐腌 → 修剪除筋 → 淘洗上囤 → 拌料装坛 → 后熟清口 → 封口装篓 → 成品

（三）操作要点

1. 脱水

（1）搭架 架地选择河谷或山脊，风力风向好，地势平坦宽敞的碛坝，务必使菜架全部能受到风力吹透。架子一般用棕木、脊绳等材料搭成"八"字形。

（2）晾晒 采收后的青菜头应及时进行晾晒。先去其叶片及基部的老梗，对切（大者可一切为四），切时应注意均匀，老嫩兼备，青白齐全，切面朝外，青面朝里，将切好的菜头用长 2m 左右的竹丝或聚丙烯塑料丝从切块两侧穿过，称排块穿菜。穿满一串，两头竹丝回穿于菜块上锁牢，每串 4~5kg，要使菜块易干不易腐，受风均匀，又保本色。一般风脱水 7~10d，用手捏感其周身柔软无硬心，晒干后的菜块要求无腐烂、无黑麻斑点、无空花及棉花包或发梗，有则除之，并进行整理后再进行下一步生产。

2. 腌制

晒干后的菜块下架后应立即进行腌制。在生产上一般分为三个步骤，其用盐量是决定品质的关键。一般 100kg 干菜块用盐 13~16kg。

第一次腌制：100kg 干菜块可用盐 3.5~4.0kg，以一层菜一层盐的顺序下池（下层宜少用盐）用人工或机械将菜压紧，经过 2~3d，起出上囤去明水（实际上是利用盐水边淘洗、边起池，边上囤），第一次腌制后称为半熟菜块。

第二次腌制：将池内的盐水引入贮盐水池，把半熟菜仍按 100kg 半熟菜块加 7~8kg 盐，一层菜一层盐放入池内，用机械或人工压紧，经 7~14d 腌制后，淘洗、上囤，上囤 24h 后，称为毛熟菜块。

第三次加盐是装坛时进行的。

3. 修剪除筋

用剪刀仔细剔净毛熟菜块上的飞皮、叶梗基部虚边，再用小刀削去老皮、黑斑烂点，抽去硬筋，以不损伤青皮、菜心和菜块形态为原则。

4. 整形分级

按菜块标准认真挑选，按大菜块、小菜块、碎菜块分别堆放。

5. 淘洗上囤

将分级的菜块用澄清的盐水或新配制的含盐量为 8% 的盐水人工或机械淘洗，除去菜块上的泥沙污物，随即上囤踩紧，24h 后流尽表面盐水，即成为净熟菜块。

6. 拌料装坛

按净熟菜块质量配好调味料。食盐按大、小、碎菜块分别为 6%、5%、4%，红辣椒面（即辣椒末）1.1%，整形花椒 0.03% 及混合香料末 0.12%。混合香料末的配料比例为八角 45%、白芷 3%、山奈 15%、桂皮 8%、干姜 15%、甘草 5%、沙头 4%、白胡椒 5%，事先在大菜盆内充分拌和均匀，再撒在菜块上均匀拌和，务必使每一菜块都能均匀粘满上述配料，随即进行装坛。每次拌和的菜不宜太多，以 200kg 为宜。太多了，装坛来不及，食盐会溶化，反而不利于装坛。因装坛又加入了食盐，因此称为第三道加盐腌制。若制作方便榨菜，因后续工艺中需要切分后脱盐，则可只添加食盐，而不拌和其它辅料。

盛装榨菜的坛子必须两面上釉无砂眼，坛子应先检查不漏气，再用沸水消毒抹干，将已拌好的毛熟菜块装入坛内，要层层压紧。一般装坛时地面要先挖有装坛窝，形状似坛的下半部，但要大一点，深约坛的 3/4，放入空坛时，四周围要放入稻草，将坛放平放稳，以使装坛时不摇晃，装入菜时用擂棒等木制工具压紧，一坛菜分3~5次装，压紧以排除空气，装至坛颈为止，撒红盐层每坛0.1~0.15kg(红盐：100kg盐中加入红辣椒面2.5kg混合而成)。在红盐上交错盖上2~3层玉米皮，再用干萝卜叶覆盖，扎紧封严坛口，即可存放后熟。

7. 后熟清口

刚装坛的菜块还是生的，鲜味和香气还未形成，经存放在阴凉干燥处后熟一段时间，生味消失，色泽变蜡黄，鲜味及清香气开始显现。后熟期一般至少需要两月以上，时间延长，品质会更好。后熟期中会出现"翻水"现象，即坛口菜叶逐渐被上升的盐水浸湿，进而有黄褐色的盐水由坛口溢出坛外，这是正常现象，是由坛内发酵作用产生气体或口温升高菜水，体积膨胀所致。每次翻水后取出菜叶并擦净坛口及周围菜水，换上干菜叶扎紧坛口，这一操作称为"清口"。一般清口两次，直到不再翻水时即可封口。

8. 封口装篓

封口有水泥沙浆（水泥：河沙＝2：1），加水拌和后涂敷坛口，中心打一小孔，以利气体排出。此时榨菜已初步完成后熟，可在坛外标明毛重、净重、等级、厂名和出厂日期，外套竹篓以保护陶坛，出厂运销。

二、酱　黄　瓜

（一）原辅料配比

鲜黄瓜100kg，粗盐8kg，甜面酱80kg。

（二）工艺流程

黄瓜→　盐腌　→　脱盐　→　酱渍　→成品

（三）操作要点

1. 原料选择

选用瓜条顺直、顶花带刺、新鲜无籽的黄瓜为原料，也可采用秋季拉秧的小黄瓜为原料进行酱制。

2. 盐腌

将黄瓜与食盐按配料比例，一层黄瓜一层盐装缸盐渍。装缸时应层层压紧，顶层撒满一层盐，然后压上石块，进行盐腌。每天倒缸两次，连续倒缸3~4d，使盐分充分渗入黄瓜内部。

3. 脱盐

当黄瓜的瓜条由挺拔变软时，将其从缸中捞出，用清水淘洗两遍，沥干水分备用。

4. 酱渍

酱渍方法有直接酱渍和装袋酱渍两种方式。

（1）直接酱渍　将沥干水分的黄瓜条倒入干净的缸内，按配料比例加入甜面酱，翻拌均匀、盖好缸盖，酱制10~15d即可食用。

（2）装袋酱渍　将淘洗干净、沥干水分的咸黄瓜条装入酱袋内，扎好袋口。每袋装咸黄瓜条 2.5~3kg。然后放入酱缸内进行酱渍。每天翻动 2~3 次，每隔 5d 把酱袋从酱缸中捞出，解开袋口，将黄瓜倒在容器里翻动，同时，还要把酱袋清洗干净，再把黄瓜装入袋内，重新放入酱缸继续酱渍，20d 左右即为成品（夏天一般 15d，冬季一般 20d）。

成品外部为暗绿色，瓜肉棕红色，质地脆嫩，酱味浓厚并带有清香味。

这种酱渍方法也适用于以咸黄瓜菜坯为原料，经过脱盐后进行酱渍。

三、糖醋大蒜

大蒜收获后，选择鲜茎整齐、肥大色白、质地鲜嫩的蒜头。切去根部和假茎，剥去包在外部的粗老蒜皮，洗净沥干水分，进行盐腌。

腌制时，按每 100kg 鲜蒜头用盐 10kg，分层腌入缸中，一层蒜头一层盐，装到半缸或大半缸时为止。腌后每天早晚各翻缸一次，连续 10d 即成咸蒜头。

把腌好的咸蒜头从缸内捞出，沥干卤水，摊铺在晒席上晾晒，每天翻动一两次，晒到 100kg 咸蒜头减重至 70kg 左右为宜。按晒后重每 100kg 用食醋 70kg、红糖 18kg、糖蜜素 60g。先将醋加热至 80℃，加入红糖令其溶解，稍凉片刻后加入糖蜜素，即成糖醋液。将晒过的咸蒜头先装入坛内，只装 3/4 坛并轻轻摇晃，使其紧实后灌入糖醋液至近坛口，将坛口密封保存。1 月后即可食用。在密封的状态下可供长期贮藏。糖醋渍时间长些，制品品质会更好一些。

四、四川泡菜

（一）原辅料配比

嫩豇豆	5kg	胡萝卜	5kg
白菜	5kg	大蒜	5kg
圆白菜	5kg	苦瓜	5kg
鲜姜	5kg	芥菜梗	5kg
芹菜	5kg	黄瓜	5kg
鲜青、红辣椒	5kg	粗盐	600g
白酒	250g	干辣椒	30g
花椒	30g	凉开水	3~3.5kg

（二）工艺流程

制泡菜液 → 原料处理 → 泡制 → 成品

（三）操作要点

1. 制泡菜液

将盐、干辣椒、花椒放入泡菜坛中，加入白酒和冷开水，搅匀至盐溶化（可根据口味加入适量白糖）。

2. 原料处理

将菜料洗净晾干，用手掰成各种小块或小段。黄瓜、圆白菜可焯一下，晒去水分入坛。

3. 泡制

将菜料放入泡菜坛内，搅拌均匀，使泡卤浸没菜料，盖严后用水密封。泡菜坛翻口处的水不宜过满，以防止生水滴入坛中。夏天泡 1~2d，冬天泡 3~4d 即可食用。

五、北方酸菜

（一）原料配比

大白菜或甘蓝 100kg、清水或 2%~3% 的食盐水适量。

（二）工艺流程

原料→ 晾晒 → 清理 → 热烫 → 冷却 → 入缸 → 注入清水或盐水 → 压紧 →

密封 → 后熟

（三）操作要点

原料采收后晾晒 1~2d，去掉老叶、菜根，株形大的将其划 1~2 刀，洗净后放在沸水中烫 1~2min，热烫时先烫叶帮，然后将整株菜放入，烫完后捞出，冷却或不冷却，放入缸内，层层压紧，放满后加压重石，并灌入凉水或 2%~3% 的盐水，使菜完全浸在水中，自然发酵 1~2 个月后成熟。成品菜帮呈乳白色，叶肉黄色，存放在冷凉处，其保存期可达半年左右。

🔍 思考题

1. 发酵性腌渍品与非发酵性腌渍品的保藏机理分别是什么？

2. 根据《酱腌菜分类》SB/T 10297—1999 标准，酱腌菜产品可以分为哪几类，各自的特点是什么？

3. 简述食盐的防腐保藏作用。

4. 简述腌制品鲜味、香气和色泽的形成机理。

5. 阐述微生物的发酵作用与蔬菜腌制品品质的关系。

6. 阐述各类蔬菜腌制品的生产工艺流程及操作要点。

7. 阐述蔬菜腌制品容易出现的质量问题有哪些，如何控制。

第七章　　CHAPTER

果蔬干制品加工

7

教学目标

　　通过本章学习，掌握果蔬干制的基本原理；了解影响果蔬干燥过程的因素；了解果蔬在干制过程中的各种物理和化学变化；掌握自然干燥和人工干燥的方法技术；了解人工干制各种设备的结构特点及干制原理；了解果蔬干制类产品相关标准。

　　水分是果蔬组织中重要的组成成分之一，其质量分数超过其它物质的总和。一般依据果蔬种类和品种的不同，水分含量在 70%~90%。水分一方面对果蔬的风味、品质的保持起着重要作用，另一方面也给微生物的活动、酶的作用、氧化作用提供了条件，因而易于引起果蔬品质的劣变。因此，对于以干燥为保藏手段的果蔬干制品，必须充分考虑水分的影响，并通过各种方法加以控制。

　　果蔬干制是指在自然或人工控制的条件下促使新鲜果蔬原料水分蒸发脱除的工艺过程。

第一节　果蔬干制原理

一、　果蔬中水分的存在形式

　　新鲜果蔬中含有大量水分，一般水果含水量为 70%~90%，蔬菜为 75%~95%，各种果蔬含水量见表 7-1。果蔬中的水分按其存在形式可以分为游离水、结合水和化合水三类。

　　1. 游离水

　　游离水又称自由水（free water）或机械结合水，指充满在果蔬组织内毛细管中的和附着在果蔬外表面的湿润水。果蔬中游离水含量很高，可占总含水量的 65%~80%。游离水主要包括细胞内可自由流动的水分，细胞组织结构中的毛细管水分，生物细胞器、膜所阻留的滞化水。游离水借渗透和毛细管的虹吸作用可以自由地向外或向里移动，所以干制时容易蒸发排出。游离水的特点是可作为溶剂溶解糖、酸等有机物质，流动性大，能被微生物、酶和化学反应所利用。

表 7-1　　　　　　　　　　　水果蔬菜的含水量

果蔬种类	含水量/%	果蔬种类	含水量/%
苹果	83.4~90.8	马铃薯	79.8
梨	83.6~91.0	胡萝卜	87.4~89.2
桃	85.3~92.2	白萝卜	88.0~93.0
杏	89.4~89.9	大蒜头	66.6
柑橘	88.1~89.5	香椿（尖）	85.2
香蕉	75.8	芹菜	89.4~94.2
荔枝	81.9	莲藕	80.5
猕猴桃	83.4	洋葱	89.2

2. 结合水

结合水又称胶体结合水或物理化学结合水，指果蔬中亲水基团、带电粒子与水分发生水合作用，使水分子受到一定的束缚，这部分被束缚的水分称为结合水（bound water）。结合水可以与细胞内的蛋白质、糖类、淀粉等亲水性官能团（如—OH、—NH$_2$、—CONH$_2$、—COOH等）结合，形成氢键，或者与某些离子官能团产生静电引力而发生水合作用。所以，结合水的特点是不具备溶剂的性质，低温下不易结冰，干制过程中难以排除，很难被微生物、酶和化学反应所利用。

3. 化合水

化合水又称化学结合水，指按定量比例与果蔬组织中某些化学物质呈化学状态结合的水，如乳糖、柠檬酸结晶中的结晶水。其结合力最强，性质极其稳定，不会因干制作用而变化。化合水的解离一般不应看作是干燥过程。

果蔬干制过程中除去的水分主要是游离水和一部分的结合水。在干制过程中，最先排出的是结合力最弱的游离水，然后是部分结合力较弱的结合水，最后是结合力较强的结合水。

二、　水分活度和贮藏性

（一）果蔬中水分的表示方法

根据水分在果蔬中的结构、性质和对果蔬贮藏性能的影响，一般分为水分含量和水分活度两种表示方法。

1. 果蔬的水分含量（平衡水分）

在一定的干燥条件下，果蔬原科和一定温度与湿度的干燥介质相接触，当果蔬排出水分与吸收水分相等时，果蔬的含水量保持一定的数值，这一数值即为该干燥条件下此种果蔬的平衡含水量或平衡水分，一般用百分数来表示。只要干燥介质的温度、湿度不变，原料的平衡水分就是该原料可以干燥的极限。

2. 水分活度（A_w）

果蔬中的水溶液与纯水性质不同。因果蔬中多种成分的吸附，果蔬中水的蒸气压比同温度下纯水的蒸气压低，汽化后逸出的能力也降低，导致水在果蔬组织内部扩散移动能力降低。为了定量说明水分子在果蔬中受束缚的程度，通常用水分活度（A_W）表示。水分活度是指溶液中水的逸度和同温度下纯水逸度之比，又指溶液中能够自由运动的水分子与纯水中自由水分子之比。水分活度表示水与食品的结合程度，A_W值越小，结合程度越高，脱水越难。

$$A_W = f/f_0 \tag{7-1}$$

式中　f——食品中水的逸度

　　　f_0——纯水的逸度

因为水分逃逸的趋势通常可以近似地用水的蒸气压来表示，水分活度也可定义为食品中水蒸气的压力与同温度条件下纯水的蒸气压的比值。在低压或室温时，f/f_0 和 P/P_0 之差非常小（<1），可用 P/P_0 来定义 A_W 值，其计算公式如下：

$$A_W = P/P_0 = ERH/100 \tag{7-2}$$

式中　P——食品中水蒸气分压，mmHg

　　　P_0——纯水的蒸气压（相同温度下纯水的饱和蒸气压），mmHg

　　　ERH——平衡相对湿度，即物料既不吸湿也不散湿时的大气相对湿度来定义 A_W 值

水分活度大小取决于：水存在的量、温度、水中溶质的浓度、食品成分、水与非水部分结合的强度。水分活度值一般在 0~1，纯水的 $A_W = 1$。食品中有一部分水分是以结合水的形式存在，而结合水的蒸气压远低于纯水的蒸气压，因此食品的水分活度一般小于 1。食品中结合水分含量越高，水分活度越低。

（二）水分活度与保藏性

1. 低水分活度对微生物的抑制作用

在不同的水分活度下，微生物的生长发育存在明显差异。各种微生物生长繁殖都有一个适应范围和最低水分活度，这取决于微生物的种类、食品的种类、湿度、pH 等因素。低水分活度会抑制微生物的生命活动。表 7-2 列举了抑制微生物生长繁殖的最低 A_W。水分活度降低时，首先抑制细菌生长，其次是酵母菌，然后才是霉菌。革兰阴性菌对水分活度的要求比革兰阳性菌高。绝大多数腐败细菌在水分活度低于 0.91 时就无法生长，而霉菌在水分活度低至 0.8 时均能生长。

一般把水分活度 0.70~0.75 作为微生物生长的下限值，但微生物对低水分活度的耐受性还与果蔬种类、贮藏温度和湿度等因素有关。一般而言，环境条件越差（如营养物质、pH、氧气分压、二氧化碳浓度及温度等），微生物能够生长繁殖的最低水分活度越高；反之亦然，如金黄色葡萄球菌在正常条件下，水分活度低于 0.86 就难以生长；若在缺氧状态，水分活度则需大于 0.90 才能生长繁殖。

果蔬干制过程并不是杀菌过程，而是降低原料水分活度，使微生物的生命活动受到影响，进入休眠状态。一旦环境条件改善（温暖潮湿气候），果蔬物料吸湿，微生物也会重新恢复活动，引起制品变质。因此，干制过程中需加强卫生管理，减少微生物污染，并进行必要的包装，以增强干制品的贮藏性能。

表 7-2　　　　　　　　　　　各种微生物生长繁殖的最低 A_w 值

微生物类群	最低 A_w	微生物类群	最低 A_w
大多数细菌	0.94~0.99	嗜热性细菌和嗜盐菌	0.75
大多数酵母菌	0.88~0.94	嗜渗透压酵母菌	0.66
大多数霉菌	0.73~0.94	嗜干燥霉菌	0.65
革兰阴性菌	0.95~1.00	任何微生物都不生长	<0.60
一部分细菌孢子			
某些酵母菌			

2. 低水分活度对酶活力的抑制作用

酶是由生物的活细胞生产的、具有催化活性和高度特异性的蛋白质。酶对食品成分有催化作用，使其发生降解反应，导致食品质量的稳定性下降。酶活力与很多因素有关，如温度、水分活度、pH、底物浓度等，其中水分活度的影响非常显著。水分活度降低时，酶的活力也降低。果蔬干制时，水分减少，酶的活力下降，但酶和底物的浓度同时增加，酶促反应又有加速的可能。所以，干制前应对物料进行湿热或化学处理，使物料中的酶钝化失活，控制干制品中酶的活力。

每种酶都有一个最低水分活度，比如多酚氧化酶引起儿茶酚的褐变，反应体系的最低水分活度为 0.25，即水分活度低于 0.25，褐变反应不会进行。酶的最低水分活度与酶的种类有关。另外，酶的热稳定性也与水分活度有一定关系。酶在较高水分活度环境中更容易发生热失活。如果干制品吸湿回潮，酶的活动可能引起果蔬品质恶化或变质。当水分含量降至 1% 以下时，酶的活力完全钝化。蔬菜干制后的水分活度是 0.10~0.35，水果干制后的水分活度为 0.60~0.65。

3. 水对玻璃化转变温度的影响

玻璃化转变是指非晶态的高聚物（包括晶态高聚物中的非晶部分）从玻璃态到高弹态的转变或者从高弹态到玻璃态的转变。发生玻璃化转变时聚合物的温度称为玻璃化转变温度，用 Tg 表示。当聚合物温度小于玻璃化转变温度时，聚合物所处的状态称为玻璃态，此时分子运动能量低，体系黏度很高，体系相对稳定。当聚合物温度高于玻璃化转变温度时，聚合物所处的状态为高弹态，此时体系黏度降低，自由体积增大，各种受分子扩散运动控制的变化反应加快。因此，玻璃态食品常被认为是稳定的。

水在体系中引入了自由体积，并且使聚合物链间氢键被破坏，因此对无定形物质具有增塑作用，降低了聚合物的 Tg。由于水所具有增塑作用，所以玻璃化转变温度受制品的水分含量影响很大。水分含量较低的干燥食品，其加工贮藏中的物理性质受水分的增塑性影响更显著。这类食品其 Tg 值随着水分含量的增加而下降，从而影响制品的品质。如冻干食品由于具有疏松多孔的结构，制品极易吸湿，随着制品水分含量的增加，Tg 值不断下降，制品由相对稳定的玻璃态转化为不稳定的同弹态，其黏度下降，多孔结构不能支撑自身重力而出现皱缩、塌陷等现象。

综上所述，水分活度是影响果蔬干制品贮藏稳定性的重要因素。降低水分活度就能有效地抑制微生物的生长发育，减缓或抑制酶促反应，防止氧化作用和非酶褐变的发生，提高干制品的贮藏稳定性。

三、干制机理

在干制过程中，果蔬水分的蒸发主要依赖于两种作用，即水分外扩散作用和内扩散作用。果蔬干制时所需除去的水分，是游离水和部分胶体结合水。当干燥介质的温度上升时，原料表面先升温，水分随即蒸发，这种作用称为水分外扩散。干燥初期，水分蒸发主要是外扩散（水分的转移是从多的部位向少的部位移动）。由于外扩散的结果，造成原料表面和内部水分之间的水蒸气分压差，促使果品蔬菜组织内部的水分在湿度梯度的作用下向外渗透扩散，以求得原料各部分的平衡，这种作用称为水分内扩散。水分的内扩散作用是借助于内、外层的湿度梯度，使水分由含水量高的部位向含水量低的部位转移。湿度梯度越大，水分内扩散的速度就越大。

此外，由于干燥时食品各部分的温度不同，导致出现温差现象，产生了与水分内扩散方向相反的水分的热扩散，其方向是从温度高处向温度低处转移，即由四周移向中央。但因干制时的内、外温差较小，热扩散作用进行得较少，主要是水分从内层移向外层的作用。

水分的内部扩散和外部扩散是同时进行的，但在不同干燥过程的不同时期，影响干燥速率的机制不同，这与物料的结构、性质、温度等条件有关。干燥过程中，某些物料水分表面汽化的速率小于内部扩散速率，而另一些物料则情况相反，因此，速率较慢的环节是控制的关键。前一种情况称为表面汽化控制，后一种情况称为内部扩散控制。

干燥时，水分的表面汽化和内部扩散同时进行，二者的速度随果蔬的种类、品种、原料的状态及干燥介质的不同而异。枣、柿子等可溶性固形物含量高、个体较大的果实或蔬菜，物料水分内部扩散速度小于表面汽化的速度，属于内部扩散控制型干燥。这时干燥速度主要取决于水分的内扩散。此类果蔬干燥时，为了加快干燥速率，必须采用如抛物线式升温的方式，对果实进行热处理，以加快物料内部水分扩散速度。如果单纯降低相对湿度、提高干燥温度，特别是干燥初期，将导致表面汽化速度过快，水分外扩散远超过内扩散，则原料表面会过度干燥而形成硬壳（称为硬壳现象），它的形成隔断了水分内扩散的通道，阻碍水分的继续蒸发，反而延长干燥时间。由于此时内部含水量高，蒸气压力高，当这种压力超过果蔬所能忍受的压力时，就会使组织被压破，并使结壳的原料发生开裂，汁液流失，降低制品品质。黄花菜、苹果片和萝卜片等可溶性固形物含量低、干燥时切片薄的果蔬，物料内部水分扩散速度大于表面水分的汽化速度，属于表面汽化控制型干燥。这时干燥速度取决于水分的外扩散。此类果蔬内部水分扩散比较快，只要提高环境温度、降低湿度就能加快干制速度。所以，干制时需将水分的表面汽化和内部扩散相互衔接，合理使用，才能缩短干燥时间、提高干制品质量。

四、干燥过程

按照水分干燥速度可将干燥过程分为两个阶段，即恒速干燥和降速干燥阶段。在两个阶段交界点的水分称为临界水分，这是每一种原料在一定干燥条件下的特性。

果蔬干制时，干燥时原料的温度、绝对水分含量与干燥时间的关系可以利用干燥曲线、干燥速度曲线以及温度曲线（见图7-1）组合在一起来进行分析描述。

干燥曲线是干燥过程中果蔬物料的水分含量和干燥时间之间关系的曲线（图7-1曲线

1），说明果蔬含水量随干燥时间而变化
的规律。在干燥初期很短时间内（A→
B），果蔬含水量基本不变，经短暂平衡
后，由于游离水较高又易于挥发，所以
出现直线式的快速下降（B→C），当达
到 C 点即临界点时，干燥速度减慢（C
→D），随后达到平衡水分（D→E），干
燥过程即停止。

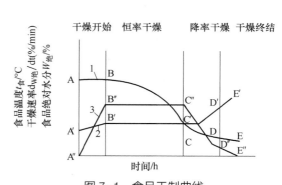

图 7-1　食品干制曲线

1—干燥曲线　2—食品温度曲线　3—干燥速度曲线

干燥速度曲线是表示干燥过程中任
何时间的干燥速度与该时间的果蔬绝对
水分之间关系的曲线（图 7-1 曲线 2），
干燥速度指单位时间内绝对水分含量降低的百分数。随着热量的传递，干燥速度很快达到最
高值（A′→B′），然后进入恒速干燥阶段，即干燥速度稳定不变（B′→C′），此时水分从内部
快速转移到表面，从而可以维持表面水分含量的恒定，即水分从内部转移到表面的速率大于
或等于水分从表面蒸发到空气中的速率。当果蔬含水量降低到临界点时，干燥速度开始下
降，进入所谓的降速干燥阶段（C′→D′→E′）。由于在降速干燥阶段内的干燥速度的变化与
果蔬的结构、大小、水分与食品的结合形式及水分迁移的过程有关，所以不同的果蔬具有不
同的干燥速度曲线。

温度曲线是表示干燥过程中果蔬温度与含水量之间关系的曲线（图 7-1 曲线 3）。干燥
开始时，果蔬表面温度缓慢上升（A″→B″），而后进入恒速干燥阶段温度不变（B″→C″），即
因加热所获得的热量全部用于转水分蒸发。在降速干燥阶段，因水分扩散的速度低于水分蒸
发的速度，导致果蔬温度逐渐升至干燥介质温度（C″→D″→E″）。

五、 影响干燥速度的因素

干制过程中，干燥速度的快慢对于干制品品质的好坏起着重要作用。干燥速度受许多因
素的制约和影响，归纳起来可分为两方面：一是干燥环境条件如干燥介质温度、空气湿度、
空气流速等，二是原料本身性质和状态，如原料种类和原料干燥时的状态。

（一） 干制条件的影响

1. 干燥介质的温度

果蔬干制多采用预热空气作为干燥介质。干燥时，热空气与湿的物料接触，将所带热量
传递给被干燥物料，物料所吸收的热量使其含有的部分水分汽化，所以干燥介质的温度会下
降，而此时干燥介质是空气和水蒸气的混合物。如果要加快干燥速度，应提高空气和水蒸气
温度，增大干燥介质和果蔬间的温差，加快热量向果蔬传递速度，同时加快使水分外逸速
率。如果以空气作为干燥介质，温度、湿度和空气流速要保持平衡，此时温度变为次要因
素。因为物料内水分以水蒸气状态从它表面外逸时，其表面形成饱和水蒸气层，如果不及时
排出，将阻碍物料内水分的外移和蒸发，从而降低水分的蒸发速度。所以，温度的影响也将
因此而降低。

如果干燥介质的温度低，物料表面水分蒸发速度就慢，干燥速度慢，干制时间延长，可

能会造成干制品质量下降。如果干燥介质的温度高，物料表面水分蒸发速度快，当内部水分扩散速度小于表面水分蒸发速度时，水分蒸发就会从表面向内层深处转移。但是，果蔬干制时，特别是干制初期，一般不宜采用过高的温度。如果温度过高，会产生以下不良现象：第一，高温使果蔬组织中的汁液受热快速膨胀，致使细胞壁破裂，内容物质流失；第二，加快果蔬中的糖和其它有机物的分解或焦化，对制品的外观和风味造成损失；第三，因为果蔬含水量较高，干燥初期，由于温度梯度和湿度梯度的方向相反，阻碍水分由内向外的扩散，使外层温度继续上升，直至达到介质温度，在物料表面形成高温、低湿的情况，容易导致物料表面形成干膜或硬壳现象，进而收缩、龟裂，影响水分蒸发，降低干制品质量。因此，干制过程必须控制干燥介质的温度，选择适宜的干燥温度。

具体所用的干燥温度高低，应根据干制品的种类和性质来决定，一般在 40~90℃。含水量高的果蔬，干燥温度可以采用前期持续高温，后期适当降低温度的方法，使水分的内外扩散相适应。含水量低的果蔬干燥时通常用较低的温度，相对湿度不宜过低，避免形成硬壳、龟裂和焦化现象。

2. 干燥介质的湿度

果蔬干制时，作为干燥介质的空气相对湿度越小，水分蒸发的速度就越快，而相对湿度又受到温度的影响，空气温度升高，相对湿度将减小，果蔬表面与干燥空气之间的蒸气压差越大，传热速度加快，果蔬干燥速度也越快；反之，温度降低，相对湿度就会增大，导致果蔬干燥速度减慢。在温度不变的条件下，相对湿度越低，空气饱和差越大，干燥速度越快。

干制过程中，采用升高温度与降低相对湿度的方法可以缩短干燥的时间。空气的相对湿度不仅能够影响果蔬干燥的速度，而且决定了果蔬干制品的最终含水量。因为果蔬干制后能够达到的最小含水量与干燥空气的相对湿度相对应，相对湿度越低，果蔬干制品的含水量越低。例如，红枣干制后期，分别在两个 60℃ 的烤房中干制，一个烤房相对湿度为 65%，红枣干制后的水分含量为 47.2%，另一个烤房相对湿度 56%，则干制后的红枣含水量为 34.1%。甘蓝干燥后期，如果相对湿度为 30%，干制品含水量为 8.0%；相对湿度为 8%~10%，干制品的含水量可达 1.6%。

3. 空气的流动速度

空气的流动速度越快，果蔬的干燥速度也越快。因为加快空气流速，可以增加干燥空气与物料接触的频率，使原料表面蒸发出的、聚集在果蔬周围的饱和水蒸气层迅速带走，并及时补充未饱和的空气，使果蔬表面与其周围干燥介质始终保持较大的温差，从而促进水分的不断蒸发。同时，促进干燥介质将所携带热量迅速传递给果蔬原料，增大对流换热系数，以维持水分蒸发所需要的温度。因此，人工干制设备中，常用鼓风的办法增大空气流速，以缩短干燥时间。

4. 大气压力和真空度

温度不变时，大气压力降低，水的沸点随之降低，水分蒸发加快，真空加热干燥即是利用这一原理，在真空室内加热干燥，可以在较低的温度条件下进行，使果蔬内的水分以沸腾形式蒸发，同时提高产品的溶解性，较好地保存营养价值，延长产品的贮藏期。对于热敏感果蔬的脱水干燥，低温加热与缩短干燥时间对制品的品质极为重要。干制条件对果蔬干燥速率的影响见表 7-3。

表 7-3　　　　　　　　　　干制条件对果蔬干燥速率的影响

干制条件	恒速干燥阶段	降速干燥阶段
温度升高	干燥速率加快	干燥速率加快
相对湿度下降	干燥速率加快	无变化
空气流速加快	干燥速率加快	无变化
真空度上升	干燥速率加快	无变化

（二）原料性质和状态

原料因素主要包括原料的种类、预处理、装载量和装载厚度，对干燥速率影响也很明显。

1. 果蔬种类

不同种类的果蔬原料，由于所含各种化学成分的保水能力不同，其理化性质、组织结构也不同。即使在同样的干燥条件下，其干燥速度也不相同。一般来说，可溶性物质含量高、组织致密的产品干燥速度慢；反之，干燥速度快。物料呈片状或小颗粒状可以加速干燥过程。因为这种状态缩短了热量向物料中心传递和水分从物料中心向外扩散的距离，从而加速了水分的扩散和蒸发，缩短了干制时间。所以，具有较大表面积的叶菜类果蔬比根菜类或块茎类果蔬易干燥。另外，果蔬表皮具有保护作用，能阻止水分的蒸发，特别是果皮，组织致密且厚，表面包有蜡质的原料。因此，干制前必须进行适当除蜡质、去皮和分切等处理，以加速干燥过程。否则干燥时间过长，降低干制品质量。

2. 果蔬干制前的预处理

果蔬干制前的预处理包括去皮、切分、热烫、浸碱、熏硫等，对于干制均有促进作用。去皮使果蔬原料失去表皮的保护，有利于水分的蒸发。因为传热介质与果蔬的换热量及果蔬水分的蒸发量均与果蔬的表面积成正比，所以切分后的原料比表面积（表面积与体积之比）增大，增加了果蔬与传热介质的接触面积，而且缩短了热与质的传递距离，提高了蒸发速度，缩短了干燥时间。切分的越细、越薄，所需干燥时间越短。热烫和熏硫均能改变细胞壁的透性，降低细胞持水力，使水分容易移动和蒸发。如热烫处理的杏、桃等干燥所需时间比不进行热烫处理的缩短 30%～40%。葡萄等果面具有蜡质的果品，在干制前需用碱液处理去除蜡质，可以使干燥速度显著提高。如经浸碱处理的葡萄，完成全部干燥只需 12～15d，而未经浸碱处理的则需 22～23d。

3. 原料的装载量和装载厚度

原料的装载量和装载厚度对于果蔬的干燥速度影响也很大。干燥设备的单元装载量越大，厚度越大，越不利于空气流动和水分蒸发，干燥速度越慢。干燥过程中可以随原料体积的变化，改变其厚度，干燥初期宜薄些，后期再合并，加厚料层。自然气流干燥的宜薄，鼓风干燥的可以厚些。

此外，干制设备的类型及干制工艺也是影响干燥速度的主要因素。应该根据原料的特性，选择理想的干制设备，控制合理的工艺参数，提高干制效率，保证干制品的质量。

六、 果蔬干制过程中的变化

果蔬在干制过程中会产生一系列的物理变化和化学变化，主要表现在以下两个方面。

（一）物理变化

1. 体积缩小、质量减轻

体积缩小、质量减轻是果蔬干制后最明显的变化。新鲜果蔬物料在干制过程中，物料将随着水分消失均匀地进行线性收缩，使其质量减轻、体积缩小，有利于节省包装、贮藏和运输费用，并且便于携带。例如，果品干制后，体积为原料的 20%~35%，蔬菜约为 10%；果品干制后，质量为鲜重的 10%~20%，蔬菜为 5%~10%。实际生产中由于温度、湿度、空气流速等干制因素的不同，因此物料干燥时不一定均匀干缩。因食品物料的不同，干制过程中它们的干缩也各有差异。

原料种类、品种以及干制品的含水量不同，干燥前后产品质量差异很大，用干燥率（原料鲜重与干燥成品之比）来表示原料与成品间的比例关系。几种果品、蔬菜的干燥率见表 7-4。

表 7-4　　　　　　　　　　　　　几种果品、蔬菜的干燥率

名称	干燥率	名称	干燥率
杏	（4~7.5）:1	马铃薯	（5~7）:1
苹果	（6~8）:1	洋葱	（12~16）:1
梨	（4~8）:1	南瓜	（14~16）:1
桃	（3.5~7）:1	辣椒	（3~6）:1
李	（2.5~3.5）:1	甘蓝	（12~20）:1
荔枝	（3.5~4）:1	菠菜	（16~20）:1
香蕉	（7~12）:1	胡萝卜	（10~16）:1
柿	（3.5~4.5）:1	菜豆	（8~12）:1
枣	（3~4）:1	黄花菜	（5~8）:1

2. 干缩和干裂

干缩是指果蔬中具有充分弹性的细胞组织均匀而缓慢地失水时，产生均匀收缩，达到一定限度时，再也无法恢复到原来的形状。干缩的程度与果蔬种类、干燥方法及条件等有关。含水量多、组织脆嫩的果蔬干缩程度大，而含水量少、纤维质果蔬的干缩程度轻。热风干燥时，高温比低温所引起的干缩严重，缓慢干燥比快速干燥引起的干燥严重；冷冻干燥制品几乎不发生干缩。所以，用高温干燥或用烫热干燥方法后，细胞组织弹性都会失去一些弹性，产生永久变形，且易于出现干裂和破碎等现象。干裂是指高温快速干燥时，物料块片表层在中心干燥之前干硬，而中心收缩时就会脱离干硬壳膜而出现内裂、空隙和蜂窝状结构的现象。干缩和干裂是干制过程中最容易出现的问题。

3. 表面硬化

表面硬化是果蔬物料表面收缩和封闭的一种特殊现象，指干制品外表干燥而内部软湿的现象。如物料表面稳定性较高，就会因为内部水分未能及时转移至物料表面排除而迅速形成一层干燥膜，干燥膜的渗透性很低，以至于将大部分残留水分阻隔在食品内，同时还使干燥速率急剧下降。

有两种原因可造成表面硬化现象（又称硬壳）。一种原因是果蔬干燥时，物料表层收缩使深层受压，果蔬内部的溶质成分随水分同时穿过空隙、裂缝和毛细管，不断向表面迁移，不断积累在表面上形成结晶的硬化现象；另一种是由于果蔬的表面干燥过于强烈，水分汽化

很快，因而内部水分不能及时迁移扩散到表面，而表面迅速形成一层干硬膜的现象。产品表面硬化后，水分移动的毛细管断裂，水分移动受阻，大部分水分封闭在产品内部，致使干制速度急剧下降，进一步干制困难。第一种现象常见于含糖或含盐多的果蔬干燥；第二种现象与干燥条件有关，是人为可控制的。如果要获得好的干燥结果，必须控制好干燥条件，使物料温度在干燥初期温度低一些，保持在 50~55℃，以促进内部水分较快扩散和再分配。同时，使空气湿度大些，避免物料表层附近的湿度快速变化。

4. 物料内多孔性的形成

快速干燥时，物料表面硬化及其内部蒸气压的迅速建立会促使物料形成多孔性制品。膨化马铃薯、苹果、柑橘等正是利用内部大的蒸气压外逸促使其膨化。果蔬运用真空干燥会促使水分迅速蒸发并向外扩散，从而形成多孔性的产品。

目前，不少干燥技术或干燥前经预处理力求促使物料形成多孔性结构，加快水分的扩散，提高物料的干燥率。不论采取何种干燥技术，多孔性食品食用时主要的优点是能迅速复水和溶解，提高其食用的方便性，如方便面中的蔬菜包以及快餐食品等就有很好的复水性。多孔食品存在的问题是容易被氧化，贮藏性能较差，贮藏条件要求较高。

5. 热塑性

热塑性是指在干燥过程中，果蔬因温度升高而出现软化甚至有流动性，而冷却时会变硬的现象。糖分及果肉成分高的果蔬汁就属于这类食品，加热时更易软化变形，即热塑性强，这对于干制是十分不利的。果品干制后复水，往往很难恢复到原来的形状，即复原性差，而蔬菜的复原性较好。

6. 透明度的改变

新鲜果蔬细胞间隙中的空气，在干制时受热被排除，使优质的干制品呈半透明的状态（所谓"发亮"）。果蔬组织细胞间隙存在的空气排除的越彻底，干制品的透明度越高，质量越好。因此，干制前的热烫处理，一方面可以排除果蔬细胞内的空气，减少氧化作用，改善外观，另一方面可以钝化酶的活力，增强制品的贮藏性。

（二）化学变化

果蔬干制过程中，会发生一系列的化学变化，如营养成分、色泽、风味等均会不同程度地发生变化，这些变化的程度因果蔬种类、干燥方式而异。

1. 营养成分的变化

果蔬中的主要营养成分是碳水化合物、蛋白质、维生素和矿物质等。在干制过程中，果蔬失去水分，使单位质量干燥果蔬营养成分的含量相对增加（表7-5）。但与新鲜果蔬相比，干制品的营养价值有所下降。一般情况，糖分和维生素损失较多，矿物质和蛋白质较稳定。

表 7-5　　　　　　　　　　青豆干燥前后营养成分的比较　　　　　　　　　单位：%

干制时间	水分	蛋白质	脂肪	碳水化合物	灰分
干制前	80	7	1	11	1
干制后	5	25	3	65	2

（1）碳水化合物　碳水化合物普遍存在于果蔬中，是果蔬甜味的主要来源。其变化直接影响到果蔬干制品的质量。果蔬中含有的主要碳水化合物是葡萄糖、果糖和蔗糖。其中，葡

萄糖和果糖均不稳定，受热易分解。所以，在自然干制果蔬时，因干燥速度缓慢，酶的活力不能被很好地抑制，呼吸作用仍然要持续一段时间，从而消耗一部分碳水化合物和其它有机物质。干制时间越长，碳水化合物的损失越多，干制品的质量越差。人工干制果蔬时，能够快速抑制酶的活力和呼吸作用，干制时间短，可以减少碳水化合物的损失，但过高的干燥温度对碳水化合物的影响很大。碳水化合物的损失随温度的升高和时间的延长而增加，且温度过高易焦化变苦。

（2）蛋白质和脂肪　蛋白质和脂肪在果蔬中的含量较低，但对热都极其敏感。干燥过程中，果蔬中蛋白质受热变性。并且，在适宜的条件下，蛋白质和还原性糖会发生美拉德反应，降低溶解性和生物学价值，影响干制品品质。含脂肪的果蔬受热容易氧化，产生异味。

（3）维生素　果蔬中含有多种维生素。在干燥过程中及干制品的贮藏过程中，各种维生素均有不同程度的破坏和损失，其中维生素 C 最容易被氧化破坏，其破坏程度与干制条件中的含氧量、温度和抗坏血酸酶的含量及活力大小密切相关。氧化与高温的共同作用，往往会使维生素 C 全部被破坏，在阳光照射和碱性环境中也不稳定，但维生素 C 在避光、缺氧、酸性溶液或高浓度的糖溶液中则较稳定。因此，干制时原料的处理方法不同，维生素 C 的保存率也不同。

另外，其它维生素在干燥过程中也有不同程度的损失。如维生素 B_1（硫胺素）对热敏感，维生素 B_2（核黄素）对光敏感，胡萝卜素因氧化也有损失。

2. 色泽的变化

新鲜果蔬的色泽一般都比较鲜艳。干燥改变其物理和化学性质，其反射、散射、吸收和传递可见光的能力发生变化，使果蔬色泽发生变化。果蔬在干制过程中或干制品的贮藏中，如果处理不当会变成黄色、褐色或黑色等，一般统称为褐变。根据褐变发生的原因，可将其分为酶促褐变和非酶褐变。

（1）酶促褐变　酶促褐变是指在氧化酶和过氧化酶的作用下，果蔬中酚类物质（单宁、儿茶酚、绿原酸等）、酪氨酸等成分氧化变成黑色物质，呈现褐色变化的现象。如苹果、香蕉、梨等去皮后的变化。

影响果蔬酶促褐变的主要因素包括底物（单宁、酪氨酸）、酶活力（氧化酶和过氧化酶）和氧气，只要控制其中的一个，即可抑制酶促褐变。其中，单宁是果蔬褐变的主要基质，其含量因原料的种类、品种及成熟度而异。就果实而言，一般未成熟的果实单宁含量远多于同品种成熟果实。不同种类的果实单宁含量不同。因此，在果品干制时，应选择单宁少而成熟度高的原料。

在氧化酶和过氧化酶组成的氧化酶系统中，单宁完成氧化，产生褐变。如破坏氧化酶系统的一部分，即可终止氧化作用的进行。因此，干制前采用热烫的方法或二氧化硫处理来钝化酶的活力，抑制酶促褐变的发生。

氧气也是酶促反应的必备条件。使用亚硫酸溶液、盐水或清水浸泡能隔绝氧，防止酶促褐变。

此外，果蔬中含有氨基酸，尤其是酪氨酸在酪氨酸酶的催化下会产生黑色素，使产品变黑，如马铃薯变黑。

（2）非酶褐变　凡没有酶参与反应而发生的褐变均可称为非酶褐变。这种褐变在果蔬干制和干制品的贮藏中都有发生，比较难控制。非酶褐变的主要原因是果蔬中氨基酸游离氨基和还原糖的羰基作用，发生羰氨反应，生成复杂的黑色络合物而引起的。这种反应是1912年法国化学家 L. C. Maillard 发现的，故又称美拉德反应。

羰氨反应引起褐变的变色程度和快慢取决于氨基酸的含量与种类、糖的种类以及温度条件。氨基酸可与含有羰基的醛类化合物和还原糖起反应，分别形成相应的醛、氨、二氧化碳和羟基呋喃甲醛。其中，羟基甲醛与氨基酸及蛋白质化合物生成类黑色素。因此，类黑色素的形成与氨基酸含量的多少呈正相关，尤以赖氨酸、胱氨酸及苏氨酸等与糖的反应较强。糖类主要是还原糖，即具有醛基的糖。不同的还原糖对褐变影响不同，对褐变影响的大小顺序是：五碳糖约为六碳糖的10倍；五碳糖中核糖最大，其次阿拉伯糖、木糖最小；六碳糖中半乳糖影响最大，其次为葡萄糖，鼠李糖最小。类黑色素的形成与温度关系很大，提高温度能促使美拉德反应加强。非酶褐变的温度系数很高，温度上升10℃，褐变几率增加5~7倍。因此，低温贮藏干制品是控制非酶褐变的有效方法。

此外，重金属也会促进褐变，按促进作用由小到大排列为：锡、铁、铅、铜。如单宁与锡长时间加热生成玫瑰色的化合物，单宁与铁生成黑色的化合物，单宁与碱作用变黑。原料的硫处理对果蔬非酶褐变有抑制作用，因为二氧化硫与不饱和的糖反应生成磺酸，可减少类黑色素的形成。

3. 风味的变化

果蔬经过干制加工，由于高温加热干燥使其挥发性的芳香物质损失，失去原有风味。防止果蔬干燥过程中风味物质的损失具有一定难度。生产中可以从干燥设备中回收或冷凝处理外逸的蒸气，再回到干制品中，尽可能保持其原有风味。此外，可以通过添加该食品风味剂，或干燥前在液体原料中添加树胶等包埋物质，将风味物质微胶囊化，减少风味物质损失。

第二节　果蔬干制工艺与设备

果蔬原料种类繁多，干制的方法较多，干制品的品质要求也不尽相同，果蔬干制工艺流程可以简单归纳为：

原料选择、分级 → 原料预处理 → 干制 → 包装 → 贮藏

一、　果蔬干制工艺

（一）原料选择

果品、蔬菜原料品质的优劣对干制品的质量和产量影响都很大，必须对果蔬原料进行精心选择。选择适于干制的原料，能保证干制品质量，提高出品率，降低生产成本。干制时对果品的要求：干物质含量高、纤维素含量低、风味色泽好、肉质致密、核小皮薄、成熟度适宜。对蔬菜原料的要求：肉质厚密、组织致密、粗纤维少、新鲜饱满、废弃物少。

（二）原料的预处理

原料干制前的处理又称预处理，包括整理分级、清洗、去皮、去核、切分、护色等处理

步骤，以灭酶护色最为重要，可以防止果蔬在干燥和贮藏过程中变色和变质。常用的灭酶方法是热烫、硫处理或者二者兼用。

1. 热烫处理

热烫处理是指用一定温度或煮沸的清水，也可以用饱和蒸汽对原料进行的一种短时间的热处理过程。主要用于钝化原料中的酶活力，是抑制酶促褐变最常用和有效的方法，是果蔬干制时的一个重要工序。

热烫的主要目的是果蔬原料经过热烫后，使氧化酶钝化，减少氧化变色现象，保持色泽、营养、风味的稳定；增加原料组织细胞透性，排除细胞组织中的空气，利于干燥，并且易于复水，恢复原状；去除原料的苦、涩、辛辣味等不良风味；杀死原料表面的微生物和寄生虫虫卵。

热烫常用的方法是热水热烫法和蒸汽热烫法，温度90~100℃，处理3~5min即可。热烫后应迅速冷却，以防原料组织软烂，减少热力对原料的持续作用。此外，为增强护色效果，热烫时应根据原料的不同添加不同的食品添加剂，如氯化钙、碳酸氢钠等。

2. 硫处理

硫处理可以有效地防止酶促褐变和非酶褐变。除葱蒜类不宜用硫处理外，其它果蔬原料均可采用此方法进行灭酶护色。

硫处理的主要目的是使多酚氧化酶钝化，减少酚类物质氧化变色；延缓棕色色素的生成，防止变色；抑制杂菌生长或杀死杂菌。

硫处理常用的方法是熏硫法和浸硫法，熏硫法是直接用气态二氧化硫处理原料，对果蔬组织中的细胞膜产生一定的破坏作用，增强其通透性，有利于干燥，对维生素C的保护作用明显。浸硫法是用一定浓度的亚硫酸或亚硫酸盐溶液浸泡原料，其优点是便于操作使用。但要注意，处理时间不能过长，一般浸渍10~15min即可，防止残留超标。

3. 浸碱脱蜡

一般，果品（如李、葡萄）及果实类蔬菜外果皮都有蜡质层，干制前要进行浸碱处理，以除去附着在表面上的蜡质，以加速水分蒸发，提高干燥效率和产品质量。浸碱脱蜡常用的试剂有氢氧化钠、碳酸氢钠等。

（三）干制工艺条件

干制的工艺条件对干制品质量的影响很大，不同的干制方法决定了果蔬干制的不同工艺条件。用空气进行干制时，主要的工艺条件包括空气温度、相对湿度、空气流速和原料的温度等；用真空干燥时主要包括真空度、干燥温度等。无论选择哪种干燥方法，选择最佳工艺条件的原则是：最短的干制时间、最低的能量消耗、最高的干制品质量和最易控制的工艺条件。

果蔬干制工艺条件主要由干制过程中控制干燥速率、物料临界水分和干制果蔬品质等重要参数组成。例如，以热空气为干燥介质时，空气温度、相对湿度和原料的温度是它的主要工艺条件。具体工艺条件及过程详见"干制方法与设备"部分。

（四）干制品的包装

果蔬干制完成后，还要进行一系列的处理，包括分级、回软、压块和防虫等工艺环节才能进行包装，以提高干制品的质量，延长贮藏期。

1. 包装前的处理

（1）分级 分级的目的是使成品的质量合乎规格标准，便于包装。分级工作应在固定的分级台或附有振动筛等分级设备上进行。根据品质和大小分为不同等级，剔除块、片和颗粒大小不符合标准的产品以提高其质量。筛下物另作它用，碎屑物视作损耗。大小合格的产品还要进行进一步的筛选，剔除变色、残缺或不良成品及杂质，并经磁铁吸出金属杂质。

（2）回软 回软（equilibration）又称均湿、发汗或水分平衡。因果蔬干制后，产品内、外干燥程度往往均一度不一致，造成内干外湿的现象。所以，包装前要进行回软处理，其目的在于干制品内部与外部水分转移，使呈适宜的柔软状态，各部分的含水量均衡，便于后续处理。回软的方法是将筛选、分级处理后的干燥产品稍冷却后，立即堆积起来或放置于较大的密闭容器中，进行短暂贮藏，使水分在干制品内部及干制品之间相互扩散和重新分布。最终，达到均匀一致，水分平衡的要求。一般情况下，菜干 1~3d，果干 2~5d。回软操作一般适于菜叶类、丝、片状干制品，防止其在后期加工过程中因过于干脆而碎裂。

（3）压块 压块是将干燥后的样品进行压缩处理。干制后的果蔬，虽然质量轻，体积收缩，但容积大，较膨松，不利于包装和运输，因此，在包装前要压块。压块后，产品体积缩小至 1/7~1/3。压块与温度、湿度和压力密切相关。在不损害产品质量的前提下，温度越高、湿度越大、压力越高，则菜干压的越紧。几种果蔬干制品压块处理的工艺条件及效果见表 7-6。

压块可使用水压机、油压机或螺旋压榨机，机内都附有特制的压块模型。压块时，一般压力为 7MPa，维持 1~3min，水分含量低时要加大压力。

表 7-6 干制品压块处理工艺条件及效果

干制品	形状	水分含量/%	温度/℃	最高压力/MPa	加压时间/s	密度/（kg/m³）		体积缩减率/%
						压块前	压块后	
甘蓝	片	3.5	65.6	15.47	3	168	961	83
马铃薯	丁	14	65.6	5.46	3	368	801	54
桃	半块	10.7	24	2.02	30	577	1169	48

（4）防虫 果蔬干制品常有虫卵混杂其间，特别是自然干制的产品最易受到损害。一旦温度、湿度等条件适宜时，干制品中的虫卵就会生长，侵袭干制品，造成损失。因此，干制品防虫治虫是不容忽视的重要问题。常见的害虫有蛾类有印度谷蛾（*Plodia interpunctata*）、无花果螟蛾（*Ephestia cautella*）、甲类有锯谷盗（*Silvanus surinamenis*）、米扁虫（*Cathartus advena*）、菌甲（*Henoticus serratus*）等；壁虱类有糖壁虱（*Tyroglyphus siro* 及 *T. longior*）等。

防治害虫的方法有物理防治和化学防治。物理防治就是利用自然或人为的物理因子变化，扰乱害虫正常的生理代谢，从而达到抑制或杀死害虫的方法。常见的物理防治方法有：①低温杀虫：是利用冷空气对害虫的生理代谢、体内组织产生干扰破坏，加速害虫死亡。干制品最有效的杀菌温度是-15℃，但设备条件要求相对较高，费用昂贵。生产中一般用-8℃冷冻 7~8h 即可杀死 60% 的害虫。②高温杀虫：是利用自然或人为的高温作用于害虫，使其躯体结构、组织机能产生严重的干扰破坏，引起害虫死亡的方法。在不损害干制品质量的适宜高温下，一般加热几分钟，即可杀死其中隐藏的害虫。另外，日光曝晒也可杀虫。③气调杀虫：是人为的改变干制品贮藏环境的气体成分含量，造成不良的生态环境来防治害虫的方法。降低环境的氧气含量，提高二氧化碳含量，可直接影响害虫的生理代谢和生命。一般氧气含量为5%~7%，1~2周内可杀死害虫。2%以下的氧气浓度杀虫效果最为理想。采用充惰性气体、抽真空包装或充二氧化碳等方法可以降低氧气浓度。当二氧化碳浓度达到60%~80%时，有明显的杀虫效果，且二氧化碳浓度越高，杀虫效果越好，杀虫时间越短。气调杀虫无毒害残留，且便于操作，是一种新的杀虫技术，具有广阔的发展前景。④电离辐射杀虫：电离辐射可以引起生物有机体组织及生理过程发生各种变化，使新陈代谢和生命活动受到严重影响，从而导致机体死亡或停止生长发育。一般采用X射线、γ射线和阴极射线对果蔬材料进行辐射处理。其中γ射线杀虫效果最好，使用较多。

化学防治方法是利用有毒的化学物质直接杀灭害虫的方法。具有快速彻底、效率高的特点。既能在短时间内消灭大量害虫，又可预防害虫再次侵害，是目前应用最广泛的一种防治方法。但所用化学物质对人体毒性大，易造成污染，影响食品安全，应用时要谨慎。常用的是熏蒸药剂，如二硫化碳、二氧化硫、溴代甲烷等。

2. 干制品的包装

包装对干制品耐储性效果影响很大，因此，要求其包装时应达到以下要求：①防潮防湿，以避免干制品吸湿回潮引起发霉、结块。②避光和隔氧。③能密封，防止外界虫、鼠、微生物及灰尘等吸入。④符合食品卫生管理要求。⑤包装大小、形状和外观应有利于商品的推销，包装费用应做到低廉合理。

（1）包装容器　生产中常用木箱、纸箱、金属罐以及聚乙烯、聚丙烯等软包装复合材料作为包装材料。用纸箱或纸盒作为包装时，内衬有防潮纸或涂蜡纸以防潮。金属罐是包装干制品时较为理想的容器，具有防潮、密封、防虫和牢固耐用等特点，适合果汁粉、蔬菜粉等的包装。软包装类复合材料由于能够热合密封，用于抽真空和充气包装，但降解性差，易造成环境污染。

（2）包装方法　果蔬干制品的包装方法主要有普通包装法、充气包装法和真空包装法。

① 普通包装法是指在正常大气压下，将经过处理和分级的干制品按一定的量装入容器中。②充气包装法和真空包装法是将产品先进行充惰性气体或抽真空，然后进行包装的方法。这种方法降低了贮藏环境中的含氧量（一般降至2%），可以防止维生素的氧化破坏，增强制品的保藏性。真空包装和充气包装可分别在真空包装机或充气包装机上完成。

（五）干制品的储藏

合理包装的干制品受环境因素影响小，未经密封包装的干制品在不良环境条件下，容易发生变质现象。因此，良好的储藏环境是保证干制品耐藏性的重要保证。

1. 储藏条件

影响干制品储藏的环境条件主要有温度、湿度、光线和空气。

（1）温度　温度对于干制品储藏影响很大。以0~2℃储藏效果最好，既降低了储藏费用，同时又抑制了干制品的变质和生虫。一般不超过10~14℃。高温会导致干制品氧化变质，加速干制果蔬的褐变。所以，干制品的储藏尽量保持较低的温度。

（2）湿度　空气湿度对未经防潮包装的干制品影响很大。储藏环境的相对湿度最好在

65%以下，空气越干越好。湿度大，干制品易吸湿返潮，特别是含糖量高的制品。一般情况下，储藏果干的相对湿度不超过70%。

（3）光线和空气　光线和空气的存在也降低干制品的耐藏性。光线能促进色素分解，导致干制品变色并失去香味，还会引起维生素C的破坏。空气中的氧气能引起干制品变色和维生素的破坏，采用包装内附装除氧剂可以消除其危害。所以，干制品最好储藏在避光、缺氧的环境中。

2. 储藏方法

储藏果蔬干制品的库房要求清洁卫生，通风良好又能密封，具有防鼠措施。切忌储藏干制品的同时，存放潮湿物品。在储藏库内堆放箱装干制品时，总高度应在2.0~2.5m为宜，箱堆离墙壁30cm以上。对顶距离天花板至少80cm以上，保证充足的自由空间，利于空气流动。室内中应预留宽1.5~1.8m的过道。维持库内一定的温度、湿度、经常检查。防止害虫和鼠类危害的发生。

二、　干制方法及设备

根据干制时所使用的热量来源不同，果蔬干制方法可以分为自然干制和人工干制两种。自然干制法是利用太阳的辐射能量使物料中的水分蒸发而除去，或利用寒冷的空气使物料中的水分冻结，再通过冻融循环以除去水分。它仍是一些传统干制品干燥中常用的方法。人工干制法是利用特殊的装置来调节干燥工艺条件，使果蔬水分脱除的方法。

（一）自然干制

自然干制是在自然环境下，利用太阳辐射能量、热风等进行果蔬干制加工的方法。自然干制法可分为两种：一种是晒干或阳光干制，即原料直接受阳光曝晒；另一种是阴干或晾干，即原料在通风良好的室内、棚下以热风吹干。

晾干是选择空旷通风、地面平坦的地方，将果蔬直接置于晒盘或席箔上直接曝晒，直至晒干为止。阴干主要是采用干燥空气使果蔬脱水的方法。我国新疆吐鲁番地区生产葡萄干常采用此法。葡萄收获时，当地气候炎热干燥，将整串葡萄挂在多孔干燥室内，利用热风作用将葡萄吹干。自然干制的设备主要是晒场或凉房，用具如晒盘等。

自然干制法简便，设备简单，费用低廉，不受场地限制，干制过程中管理粗放，也能促使尚未成熟的原料在干燥过程中进一步成熟。因此，自然干燥是许多地方常用的方法。但自然干燥缓慢，干燥时间长；受气候条件影响大，产品质量变化大；易受灰尘、杂质、昆虫等污染和鸟类、鼠类等侵袭，制品的卫生安全性较难保证。

（二）人工干制

人工干制是指人为的控制和创造干制工艺的方法。可以缩短干制时间，获得高质量的产品。与自然干制相比，人工干制的设备复杂，并且投资高，操作技术复杂，成本高。但人工干制具有自然干制无法比拟的优势。

人工干制设备应具备下列条件：具有良好的加热装置及保温设施，以保证干制过程所需的较高而均匀的温度；具有完善的通风设施，可以及时排出蒸发出来的水分；具有良好的卫生条件和劳动条件，便于管理。现介绍几种生产中常用的有代表性的干制设备。

1. 烘房

烘房是一种较传统的，但目前仍然广泛使用的干制设备，适于大量生产，干制效果好，设备费用低。烘房是烟道气加热的热空气对流式干燥设备，其主要组成部分包括烘房主体结构、加热设备、通风排湿设备和装载设备。按升温方式的不同，烘房可以分为一炉一囱直火升温式烘房、一炉一囱回火升温式烘房、一炉两囱直火升温式烘房、一炉两囱回火升温式烘房、两炉两囱直火升温式烘房、两炉两囱回火升温式烘房、两炉一囱直火升温式烘房、两炉一囱回火升温式烘房和高温烤房等。实际生产中普遍应用的是两炉一囱回火升温式烘房，其优点是充分利用热能，保温性能好，烘房内温度均衡。此外，按房顶形式不同，烘房可以分为屋脊式烘房、平顶式烘房、窑洞式烘房；按烘房内烘架设置方式的不同，可分为固定烘架式烘房和活动烘架式烘房。

烘房干制不同品种的果蔬时，应采用不同的升温方式，一般可以分为以下三种：①干制期间：烘房温度按照"低→高→低"的方式进行温度控制，即初期为低温，中期为高温，后期为低温，直至结束。这种升温方式适于可溶性物质含量高的果蔬，或不切分的整个果蔬，如红枣、柿饼等的干制。该方式加工出来的产品质量好，成本低，成品率高。②升温方式：烘房温度按照"高→低"的方式进行温度控制，即干制初期急剧升温，之后逐渐降温至烘干结束。这种升温方式适于可溶性物质含量较低的果蔬，或切成薄片、细丝的果蔬，如辣椒、苹果等。③恒温完成干燥：在整个干燥期间，温度维持在 $55\sim60$℃ 的恒定水平，直至烘干完成，再逐步降温。这种升温方式适于大多数果蔬的干制。其操作容易，产品质量好，但能耗高，生产成本也高一些。

2. 隧道式干燥机

隧道式干燥机（tunnel drier）是指干燥室为狭长的隧道型，原料装载在运输载车上（地面需铺设铁道），经狭长的隧道，以一定的速度向前移动，并与流动的热空气接触，进行热湿交换而进行干燥，从隧道另一端出料，完成干燥。

根据原料与干燥介质的运动方向不同，隧道式干燥机可以分为顺流式（countercurrent）、逆流式（cocurrent）和混合式（mixed flow）。

（1）顺流式干燥机　顺流式干燥机是指载车的前进方向和空气流动的方向相同。原料从隧道高温低湿的热风端进入。开始时水分蒸发很快，但随着载车的前进，湿度增大，温度降低，干燥速度逐渐减慢，有时甚至不能将干制品的水分降至最低的标准含量。这种干燥机的开始温度为 $80\sim85$℃，终点温度为 $50\sim60$℃，适于干制含水量高的蔬菜。其特点是前期干燥强烈，后期干燥缓慢，且制品最终的水分含量较高，一般高于 10%。

（2）逆流式干燥机　逆流式干燥机是指载车的前进方向和空气流动的方向相反。原料从隧道低温高湿的热风端进入，由高温低湿的一端完成干燥过程出来。开始时温度较低，为 $40\sim50$℃，终点温度较高，为 $65\sim85$℃。这种干燥机适于含糖量高、汁液黏厚的果实，如桃、李、杏、梅、葡萄等。但也应注意，干燥后期温度不能太高，否则容易引起硬化和焦化，如桃、杏等干制时的最高温度不能超过 72℃，葡萄不宜超过 65℃。其特点是前期干燥缓慢，后期干燥强烈，制品最终的水分含量较低，一般不超过 5%。

（3）混合式干燥机　混合式干燥机又称对流式干燥机或中央排气式干燥机，混合式干燥机综合了上述两种干燥机的优点，克服了它们的缺点。混合式干燥机有两个鼓风机和两个加热器，分别设置在隧道的两端，热风由两端吹向中央，通过原料后，一部分热气从中部集中排出，一部分回流加热再利用（如图7-2）。干制时，果蔬原料首先进入顺流隧道，用高温和风速较大的热风吹向原料，加速原料水分的蒸发。载车前进过程中，温度不断下降，湿度逐渐增加，水分蒸发减缓，利于水分内部扩散，不易发生硬壳现象，待原料大部分水分蒸干后，载车再进入逆流式隧道，温度渐高，湿度降低。因此，混合式干燥处理的原料干燥比较彻底。其优点是能够连续生产，温度、湿度易于控制，生产效率高，产品质量好。

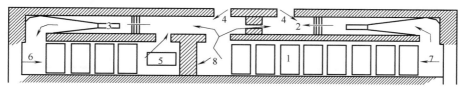

图7-2 混合式干燥机

1—运输车 2—加热器 3—电扇 4—空气入口 5—空气出口 6—新鲜品入口

7—干燥品出口 8—活动隔门

3. 带式干燥机

带式干燥机（conveyer or belt drier）是使用环带作为输送原料装置的干燥机。常用的输送带有橡胶带、帆布带、涂胶布带、钢带和钢丝网带等。将原料铺在带上，借助机械力向前转动，与干燥室干燥介质接触，排除水分，使原料干燥。图7-3所示为四层传送带式干燥机，能够连续转动。当上层温度达到70℃时，将原料从顶部入口定时装入，随着传送带的转动，原料最上层逐渐向下移动，至干燥完毕后，从最下层的一端出来。这种干燥机可用蒸汽加热，散热片装在每层传送网之间，新鲜空气由下层进入，经过加

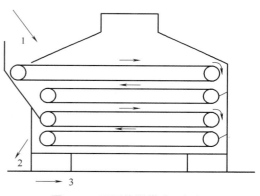

图7-3 四层传送带式干燥机

1—原料进口 2—原料出口 3—原料运动方向

热管变成热气，使原料水分蒸发，湿气由顶部出气口排出。带式干燥机适于单品种、整季节的大规模生产。例如，胡萝卜、马铃薯、洋葱和苹果都可以在带式干燥机上进行干燥。

4. 滚筒式干燥机

滚筒式干燥机（drum drier）是由一个或两个以上表面光滑的金属滚筒构成。滚筒是加热部分，其直径从20~200cm，中空并通有加热介质。这样，滚筒壁就成为被干燥产品接触的传热壁。干燥时，滚筒的一部分浸没在稠厚的浆状或泥状原料中，或者将稠厚的浆状及泥状原料洒到滚筒表面时，因滚筒的缓慢旋转使物料呈薄层状附着在滚筒外表面进行干燥。其干燥量与有效干燥面积成正比，也与转速有关，转速以每转一周使原料干燥为准。当旋转接近一周时，原料即可达到预期的干燥程度，由附带的刮料器刮下，收集起来，干燥可以连续进行。滚筒式干燥机主要用于苹果酱、甘薯泥、南瓜酱、香蕉和糊化淀粉等的干燥，但不适合热塑性物料的干燥。

5. 流化床式干燥机

流化床式干燥机（fluidized bed drier）上的流化床呈长方形或长槽形，其底部是金属丝

编织的网板或多孔性陶瓷板（见图7-4）。颗粒状原料经进料口散布于多孔板上，热空气由多孔板下方吹入，流经原料，对其加热干燥。当空气的流速适宜时，干燥床上的颗粒状原料呈流化状态，即保持缓慢沸腾状，显示出与液体相似的物理特性。流化作用将被干燥物料向出口方向推移。调节出口挡板高度，即可以保持物料在干燥床停留的时间和干制品的水分含量。流化床式干燥机多用于颗粒状物料的干制，可以连续化生产，其设备简单，物料颗粒和干燥介质紧密接触，不经搅拌就能达到干燥均匀的要求。

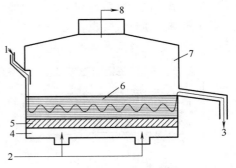

图7-4　流化床式干燥设备

1—物料入口　2—空气入口　3—出料口
4—强制通风室　5—多孔板　6—沸腾床
7—干燥室　8—排气窗

6. 喷雾式干燥机

喷雾式干燥机（spray drier）是采用雾化器将液态或浆质态的原料分散成雾状液滴，使之悬浮在热空气中进行脱水，完成干燥过程。喷雾式干燥机适于各种果蔬粉等粉体食品的生产。喷雾式干燥机的核心部件是喷雾系统和干燥系统，其中根据喷雾的原理不同，将喷雾式干燥机分为三种类型。

（1）气流式喷雾　气流式喷雾是采用高速气流（300m/s）从喷嘴喷出，利用高速气流与液膜之间的速度差所产生的摩擦力，将料液分离裂成雾状，所以又称双流体喷雾。其工作过程是：料液由供料泵送入喷雾器的中央喷管，形成速度较慢的流体。而高速气流从中央喷管周围的环隙中流过，在中央喷管出口处，高速气流与料液流之间存在很大的相对速度差，从而产生混合和摩擦，将料液撕裂成雾滴状而完成汽化。

（2）压力喷雾　利用高压泵对物料进行加压，当高压物料以旋转方式被强制通过喷嘴（直径0.5~1.5mm）时，压力转变为动能而高速喷出分散形成雾状。其工作过程是：液料在高压作用下沿导流沟槽进入旋流室进行旋转运动。因旋流室为锥形，越靠近喷嘴的位置，空间截面积越小，料液的旋流速度越快，而压力越低。旋流到达喷孔时，压力降至接近或低于大气压。此时，外界空气即可从喷孔中心进入旋流室形成空气心，物料则成为围绕空气心的环状薄膜从喷孔喷出。离开喷嘴后的环状薄膜在离心力的作用下，继续张开变薄，并与空气摩擦撕裂成细丝，断裂成小液滴，最终形成雾状。

（3）离心式喷雾　离心式喷雾是指料液在高速转盘5 000~20 000r/min或线速度为90~150m/s中受离心力作用从盘的边缘甩出而雾化。其雾化原理是将物料送到高速旋转的圆盘后，因离心力的作用扩展成液体薄膜，从盘缘的孔眼中甩出，同时受到周围空气的摩擦而碎裂成为雾滴。离心式喷雾系统的核心是转盘，常见的转盘形式有喷枪式和圆盘式。

（三）干制新技术

1. 真空冷冻干燥

真空冷冻干燥（freeze drying or lyophilization）又称冷冻升华干燥、升华干燥，简称"冻干"（FD）。它是将物料中的水分冷冻成冰后，在真空条件下，使其直接升华变成水蒸气逸出，从而使物料脱水获得冻干制品的过程，是一种适合热敏物质的干燥方法。该方法属于物理脱水，其过程可以用水的三相平衡理解。水有固态、液态和气态三种存在状态，三种状态之间可以相互转换也可以共存。当压力低于 610.5Pa 时或温度降到 0℃ 以下时，水的液态都不能存在，纯水形成的冰晶会直接升华成为水蒸气，真空冷冻干燥就是基于此原理。

真空冷冻干燥是先将温度降至 -30℃ 预冻，使物料中的水分在低温条件下冻结成冰晶，然后在高度真空条件下给冰晶提供升华热（但温度不能高到使冰融化），使冰直接汽化除去水分，达到使果蔬干燥的目的（见图 7-5）。

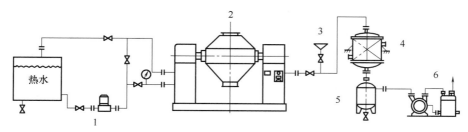

图 7-5　真空冷冻干燥机

1—管道泵　2—干燥机　3—过滤放空阀　4—冷凝器　5—缓冲罐　6—真空泵

真空冷冻干燥的优点是能够较好地保护产品的色、香、味和营养价值，且容易复水，复水后产品接近新鲜状态。同时，产品挥发物损失少，蛋白质不易变性，体积收缩小。但这种干燥方法所需设备投资和操作费用都比较高，因而生产成本高。

2. 远红外线干燥

远红外线干燥（far-infrared radiation drying）是利用远红外线辐射元件所发出的远红外线作为热源，直接照射在物料上使其升温，将光能变成热能实现干燥。远红外线干燥的原理是利用远红外线的穿透热效应，使物料深处的水分子产生剧烈运动，产生的热量使物料升温，在温度梯度、湿度和压差作用下，加快内部扩散控制，使表面汽化控制与内部扩散控制速度一致，达到理想的干燥速率。获得红外线的方式靠发射远红外线的物质，主要是氧化钴、氧化锆、氧化铁、氧化钛等氧化物及氮化物、硼化物、硫化物等。不同物质对远红外线的吸收强弱不同，果蔬组织中各种组分对红外线的吸收强弱也不同。果蔬内部成分对远红外辐射吸收占主导作用的是水、碳水化合物和蛋白质。

远红外线干燥的主要特点是：辐射效率高，传热效率高，干燥速率高，生产效率高。一般来说，适宜的红外线干燥时间为热风干燥时间的 1/10 左右；干制时间被缩短，节能效果明显，有效地避免了果蔬中营养物质的损失；设备尺寸小，建设费用低。目前，已被用于果蔬干制中。

3. 微波干燥

微波干燥（microwave drying）是利用微波发生器，将产生的频率为 $3 \times (10^2 \sim 10^5)$ kMHz，波长范围为 1mm～1m 的微波辐射到干燥物料上，利用微波的穿透特性使物料内部的水等极性分子随微波的频率做同步高速旋转，使物料内部瞬时产生摩擦热，导致物料表面和内部同时升温，从物料逸出大量的水分子，达到干燥的效果。因为微波辐射下，介质的热效应是内部整体加热的，即"无温度梯度加热"，介质内部没有热传导，所以属于均匀加热。

微波干燥的主要特点是：微波穿透性强，能很快深入物质内部；具有选择性加热的特性，物料中水对微波的吸收多于其它固形物，因此水分容易蒸发，其它固形物吸收热量小，营养物质及风味不宜被破坏；微波加热产生的热量是在被加热物料的内部产生，即使物料内部形状复杂，也是均匀加热，不会出现外焦内湿的现象。

因此，微波干燥具有自动热平衡特性，容易控制和调节，热效率高，干燥速度快，制品加热均匀，产品质量好等优点。其主要缺点是耗电量较大，干燥成本较高。

4. 膨化干燥

膨化干燥（explosion puffing drying）又称加压减压膨化干燥或压力膨化干燥，其干燥系统主要由一个体积比压力罐大 5~10 倍的真空罐组成。果蔬原料经预处理干燥后，干燥至水分含量为 15%~25%（不同果蔬原料的水分含量要求不同），然后将果蔬置于压力罐内，通过加热，使果蔬内部水分不断蒸发，罐内压力上升至 40~480kPa，物料温度大于 100℃，因而和大气压力下水蒸气的温度相比，它处于过热状态，随着迅速打开连接压力罐和真空罐的减压阀，由于压力瞬间降低，使物料内部水分

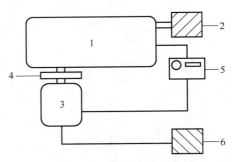

图 7-6 变温压差膨化干燥设备

1—真空罐 2—真空泵 3—膨化罐 4—泄压阀
5—控制面板 6—空气压缩机

迅速蒸发，导致果蔬表面形成均匀的蜂窝状结构。在负压状态下，维持加热脱水一段时间，直至达到所需的水分含量（3%~5%），停止加热，使加热罐冷却至外部温度时打破真空，打开盖，取出产品进行包装，即得到膨化果蔬脆片（见图 7-6）。

5. 真空油炸脱水

真空油炸脱水（vacuum frying）是利用减压条件下，物料中的水分汽化温度降低，能迅速脱水，实现在低温条件下，对产品油炸脱水。热油脂作为产品的脱水供热介质，还能起到膨化及改进产品风味的作用。真空油炸技术的关键在于原料的前处理及油炸时真空度和温度的控制，原料前处理包括清洗、切分、护色，还包括渗糖和冷冻处理。一般渗糖浓度为 30%~40%，冷冻要求在 −18℃ 左右的低温冷冻 16~20h。油炸时真空度一般控制在 92.0~98.7kPa，油温控制在 100℃ 以下。

目前，市售的真空油炸果品有苹果、柿子、香蕉等；蔬菜有胡萝卜、番茄、青椒、洋葱等。因其制品较好地保留原有风味及营养，松脆可口，所以市场前景广阔。

6. 联合干燥

联合干燥是指根据物料的特性，将两种或两种以上的干燥方式优势互补，分阶段进行的一种复合干燥技术。它是热风干燥、微波干燥、真空干燥、冷冻干燥、膨化干燥和喷雾干燥等各种干燥方式相结合的产物。可以分为以下 3 种组合方式。

（1）结合各种干燥方法的组合干燥装置　将两种或两种以上不同的干燥设备组合起来，利用第一种干燥设备使物料的含水量降低一定程度后，再经过第二干燥器，提高干燥效果，使物料水分及其它指标达到产品要求。

（2）结合多种热过程的联合干燥装置　把真空油炸脱水干燥、冷却等过程组合起来，实现一机多用和连续化生产。

（3）结合其它加工过程的联合干燥装置　如干燥器附带搅拌机和粉碎机的联合装置，可以大大改善干燥物料流的流体力学状态，利于破碎结块和消除粘壁现象，提高干燥速率。

第三节　果蔬脆片生产工艺与设备

一、　果蔬脆片的概念

果蔬脆片是利用真空低温油炸技术加工而成的一种脱水食品。在果蔬加工过程中，先将果蔬切成一定厚度的薄片，然后在真空低温条件下，将其油炸脱水而得，产生一种酥脆性的片状制品，所以称为果蔬脆片。

果蔬脆片制品具有色泽自然、口感松脆、口味宜人、纯天然、高营养、低热量、低脂肪的优点，以健康食品或绿色食品的形象，引起人们消费的热情，尤其在欧、日等健康概念和市场成熟的国家和地区，果蔬脆片十分受欢迎。我国果蔬资源十分丰富，进行果蔬脆片生产极具优势。

二、　果蔬脆片的加工方法

目前，果蔬脆片的生产工艺主要采用低温真空油炸膨化方式。低温真空油炸技术是在相对真空条件下，利用较低的温度，通过热油介质的传导使果蔬中的水分不断蒸发，由于强烈的汽化而产生较大的压强使细胞膨胀，在较短的时间内使水分蒸发，降低果蔬水分含量至3%~5%，经冷却后即呈酥松状。该技术不仅对果蔬的维生素等营养成分破坏少，而且较好地保持果蔬原有的色、香、味及形态。

（一）低温真空油炸干燥的原理

在真空度为700mmHg的真空系统中，水的汽化温度降低至40℃左右。此时，以植物油为传热介质，果蔬原料内部的自由水和部分结合水会急剧蒸发而喷出，短时间内迅速脱水干燥，同时，急剧喷出的汽化水使切片体积迅速增加，间隙膨胀，形成疏松多孔的结构组织，形成良好的膨化效果。油炸时多使用棕榈油，该油的抗氧化性能强，利于防止褐变。真空低温油炸的产品酥脆可口，富有脂肪香味。真空油炸干燥技术将脱水干燥和油炸有机地结合，利用较低的加工温度有效地避免了高温对果蔬营养物质的破坏和使油质腐败；在真空状态下减轻或避免脂肪酸败、酶促褐变或其它氧化作用对果蔬脆片制品的危害。

（二）果蔬脆片的生产工艺流程

原料→ 挑选 → 清洗 → 切分 → 热烫杀青 → 浸渍 → 沥干 → 冷冻 → 低温真空油炸 → 脱油 → 调味 → 称量 → 包装 → 检验 →成品

（三）果蔬脆片的加工工艺要点

1. 原料的选择

果蔬脆片要求原料须有完整的细胞结构，致密的组织，新鲜，无病虫害，无机械伤，无霉烂。适合加工果蔬脆片的水果主要有：苹果、柿子、哈密瓜、山楂、香蕉、菠萝、芒果等；蔬菜主要有胡萝卜、马铃薯、山药、芋头、洋葱、南瓜、黄豆、蚕豆等。

2. 预处理

（1）挑选、清洗　先对原料进行初选，去除有病、虫、机械伤及霉变的果蔬，按成熟度及等级分开，方便加工和保证产品质量。洗去果蔬表面的尘土、泥沙及部分微生物、残留农药等。对农药严重污染的果蔬原料应先用 0.5% ~ 1.0% 的盐酸浸泡 5min，再用冷水冲洗干净。

（2）整理、切分　有的果蔬需要先去皮、去核后再进行切分，优点可以直接进行切片，一般片厚在 2~4mm。

（3）热烫　根据不同的原料，采取不同的漂烫工艺，温度一般为 100℃，时间 15min。其主要作用是防止酶促褐变。

（4）浸渍、沥干　浸渍在果蔬脆片生产中又称前调味，通常用 30% ~ 40% 的葡萄糖溶液浸渍已热烫的物料，让葡萄糖渗入物料内部，达到改善口味的目的。同时，可以影响最终油炸产品的颜色。浸渍时可以采用真空浸渍，缩短浸渍时间，提高效率。浸渍后沥干时，一般采用振荡沥干或抽真空预冷来除去多余的水分。

（5）冷冻　油炸前进行冷冻处理利于脆片膨大酥松，变形小，脆片表面无起泡现象，增加产品的酥脆性。果蔬原料冷冻后，对油炸的温度、时间要求较高，应注意与油炸条件配合好。一般来讲，原料冻结速度越高，油炸脱水效果越好。

3. 真空低温油炸

将油脂先行预热，至 100~120℃ 时，迅速放入已冻结好的物料，关闭仓门。为防止物料融化，应立刻启动真空系统。当真空度达到要求时，启动油炸开关，物料被慢速浸入油脂中进行油炸，到达底部时，用相同的速度缓慢提起，升至最高点又缓慢下降。如此反复，直至油炸完毕，整个过程耗时约 15min。不同的原料采用的真空度、油温和时间不尽相同。

4. 脱油

油炸后的物料表面会残留有不少油脂，需采取措施进行分离脱油。一般选用离心甩油法。

5. 后处理

后处理包括调味、冷却、半成品分检、包装等工序。

（1）调味　调味又称后调味，脱油后的果蔬脆片应趁热喷以不同风味的调味料，简化处理工艺，使其具有不同风味，适合不同消费者的口味。

（2）冷却　一般采用冷风机使产品迅速冷却，便于进行半成品分检，重点是剔除夹杂物、焦黑或外观不合格的产品。

（3）包装　包装分销售小包装及运输大包装，小包装大都采用铝箔复合袋，抽真空充氮包装，并添加防潮剂及吸氧剂；大包装通常采用双层 PE 袋作内包装，瓦楞牛皮纸箱作外包装。

三、 真空油炸果蔬脆片的影响因素

真空油炸的效果与真空度、油温、油炸时间等因素有关。真空度越高，果蔬脆片中水分的沸点就越低，可以更好地保留脆片的颜色和营养。油温越高，所需油炸时间越短。但油炸温度越低，果蔬脆片中含油量越低。另外，不同的预处理对油炸效果影响显著。经过冷冻处理再油炸，可以加速冷冻细胞间热量的传递，并且在真空状态下，水分能迅速升温，直接汽化。苹果片在糖液中浸泡，随着糖液浓度的增加，油炸苹果片中水分含量增加，且褐变程度加深。糖液浓度低于40%，油炸温度高于96℃时，苹果片水分含量可以降到3%以下。经过糖液浸泡15min后，再于-30℃冷冻8~12h的苹果片，于100℃油炸20min的苹果片表面不萎缩，横断面上的孔均匀一致。

四、果蔬脆片加工的主要设备

果蔬脆片的生产设备包括前处理设备、真空低温油炸系统、后处理设备等。前处理设备有分选机、清洗机、提升机、切分机、沥水机、热烫或蒸煮设备、速冻设备等。后处理设备有撒料（调味）机，真空充氮包装机等。真空低温油炸系统由真空系统、冷凝系统、真空低温油炸脱油系统、油循环系统等组成，是果蔬脆片生产的关键设备，俗称主机。

有的果蔬脆片如马铃薯、玉米等也可采用挤压成型工艺生产，即用经熟化粉碎的原料，通过一个特殊设计的模具挤压成各种形状，其它处理则与直接切片成形的果蔬脆片相同。挤压成型果蔬脆片需增加拌料机、粉碎机、螺旋挤压成型机、烘干机等设备。

第四节　果蔬粉生产工艺与设备

新鲜果蔬直接加工成果蔬粉是近几年出现的一种新型加工方式。将新鲜果蔬加工成果蔬粉，其含水量低于6%，减少了因其腐烂造成的损失，而且其低含水量不易被微生物利用，同时抑制酶的活力，大大降低贮藏、运输、包装等方面的费用。果蔬制粉对原料的要求不高，可食性的皮、核均可利用，拓宽了果蔬原料的利用范围；果蔬粉具有保存和食用方便，可食性强及营养丰富等特点，保持了果蔬肉质、果蔬皮和核的营养成分，且不加任何添加剂和色素，已被用作很多食品的主料或配料，加工其它食品。

随着现代食品工业科技的发展，传统的果蔬粉生产工艺即先将果蔬干燥再粉碎的方法已经不能适应生产的需求。目前，粉碎工艺正朝着超微粉碎技术的方向发展。

一、超微粉碎技术概念及优点

超微粉碎技术是利用特殊的粉碎设备，对物料进行碾磨、冲击、剪切等，将颗粒直径在3mm以上的物料粉碎至直径为10~25μm的微细粉体，从而使产品具有界面活性，呈现出特殊的功能。美国、日本等国家出售的果味凉茶、冻干水果粉、超低温速冻龟鳖粉、海带粉、花粉和胎盘粉等，多是采用超微粉碎技术加工而制成的。利用超微粉碎技术生产的超微果蔬粉具有如下优点：表面吸附力及亲和力强，固香性、分散性和溶解性好；较好地保持了物料原有的生物活性和营养成分，利于人体消化和吸收；原来不能吸收或利用的原料得以重新利用，提高果蔬内营养成分的利用程度，增加利用率；因空隙增加，微粉孔径中容纳一定量的二氧化碳和氮气，可以延长制品的保质期；可配置和加工其它功能食品，增加食品的种类。

二、 超微粉碎的方法

在工业中，生产微超粉的方法有化学法和机械法两种。化学法能得到微米级、亚微米级甚至纳米级粉体，但因为其产量低，生产成本高，应用范围窄。所以，实际生产中采用成本低、产量大的机械粉碎法作为制备超微粉的主要手段，并已经大规模应用于食品工业生产中。根据物料的环境介质不同，机械法可以分为干式粉碎法和湿式粉碎法。根据粉碎过程中物料受力情况及机械的运动形式，机械粉碎法又可分为气流式、高频振动式、旋转球（棒）磨式和冲击式等几种；湿式粉碎法主要使用胶体磨和均质机。果蔬物料因含有水分、纤维、糖等多种成分，所以粉碎工艺比较复杂，采用干式粉碎法较多。近年来，针对果蔬原料具有韧性、黏性、热敏性和纤维类物料的特性，采用深冷冻超微粉碎方法取得了较好的效果。

三、 超微粉碎的设备

（一） 气流式超微粉碎设备

利用高速气流（300~500m/s）从压力喷嘴的喷射，使颗粒产生的剧烈碰撞、冲击、摩擦等作用实现对物料的超微粉碎。与普通机械式超微粉碎机相比，气流粉碎机的产品细度更好，可达 1~5μm，颗粒度更均匀，颗粒表面光滑、形状规整，具有纯度高、活性大和分散度好等特点。但该设备不适合于低熔点、热敏性物料的超微粉碎。食品工业上主要有扁平式气流磨、靶式气流磨、循环管式气流磨、对喷式气流磨和流化床对喷式气流磨等。

（二） 高频振动式超微粉碎设备

高频振动式超微粉碎是利用棒形或球形磨机作高频振动而产生的冲击、摩擦、剪切等作用力来实现对物料的超微粉碎。振动磨机使用弹簧支撑磨机体，由一个附有偏心块的主轴带动而达到使其振动的效果，磨机通常是圆柱形或槽形。振动磨的效率比普通磨高10~20倍。其振幅为 2~6mm，频率为 1 020~4 500r/min。

（三） 旋转球（棒）磨式超微粉碎设备

旋转球（棒）磨式超微粉碎是利用研磨介质对物料的摩擦和冲击进行研磨粉碎，如球磨机、棒磨机等。常规球磨机一直是细磨的主要设备，但缺点是效率低、能耗大、加工时间长。搅拌球磨机是超微粉碎机中能量利用率最高的一种超微粉碎设备，它主要由搅拌器、筒体、传动装置及机架组成。工作时，搅拌器以一定速度运转，带动研磨介质运动，物料在研磨介质中利用摩擦和少量冲击进行破碎。

（四） 冲击式超微粉碎设备

利用围绕水平轴或垂直轴高速旋转的转子上所附带的锤、叶片、棒等对物料进行撞击，并使其在转子与定子间、物料颗粒间产生高频度的强烈冲击、碰撞和剪切作用而粉碎的设备。其特点是结构简单、粉碎能力大、运转稳定性好、动力能耗低，适合于中等硬度物料粉碎。按转子的设置可以分为立式和卧式两种。该设备入料力度 3~5mm，产品粒度为10~40μm。

（五）胶体磨

胶体磨又称胶磨机、分散磨。主要由一个固定面和一个高速旋转面组成，两表面之间的间隙可以微调，一般为 50~150μm。物料通过空隙时，因旋转体的高速旋转，在固定体和旋转体之间形成很大的速度梯度，物料因受到强烈剪切而被破碎。其产品粒度能达到 2~50μm。我国生产的胶体磨可分为变速胶体磨、滚子胶体磨、多级胶体磨、砂轮胶体磨和卧式胶体磨等。

（六）超声波粉碎机

超声波粉碎的原理是利用超声空化效应。超声波是由超声波发射器和换能器所产生的，利用其传播时产生的疏密区，在介质的负压区产生许多空腔，这些空腔随振动的高压频率变化而膨胀、爆炸，真空爆炸时产生几千甚至几万个大气压的瞬间压力，将物料震碎。超声波粉碎机粉碎后的颗粒粒度在 4μm 以下，并且粒度分布均匀。

第五节　果蔬干制类产品相关标准

目前，我国已颁布且现行有效的果蔬干制品类产品标准按发布部门可以分为国家标准、行业标准、企业标准。主要包括干果、脱水蔬菜、果蔬粉、果蔬脆片等干制产品。内容涵盖干制产品食品安全标准、加工技术规程、检验规则和方法，标志标签包装，运输和贮存等。

一、干果制品

干果制品标准主要有《干果食品卫生标准》（GB 16325—2005）、《地理标志产品吐鲁番葡萄干标准》（GB/T 19586—2008）、《无核葡萄干标准》（NY/T 705—2003）等。《干果食品卫生标准》（GB 16325—2005）适用于以新鲜水果为原料，经曝晒、干燥等脱水工艺加工制成的干果食品，规定了干果食品的卫生指标和检验方法以及食品添加剂、生产加工过程、包装、标识、贮存、运输的卫生要求。《地理标志产品吐鲁番葡萄干标准》（GB/T 19586—2008）规定了吐鲁番葡萄干的术语和定义、地理标志产品保护范围、要求、试验方法、检验规则及标志、标签、包装、运输、贮存。《无核葡萄干标准》（NY/T 705—2003）适用于以无核葡萄为原料，经自然干燥或者人工干燥而制成的无核葡萄干，该标准规定了无核葡萄干的术语和定义、要求、试验方法、检验规则、标志、包装、运输和贮存。

二、脱水蔬菜制品

脱水蔬菜制品主要有《绿色食品脱水蔬菜农业行业标准》（NY/T 1045—2014）、《脱水蔬菜原料通用技术规范》（NY/T 1081—2006）、《金针菜热风干制品加工技术规程》（T/NTJGXH 005—2017）。《绿色食品脱水蔬菜农业行业标准》（NY/T 1045—2014）规定了绿色食品脱水蔬菜的术语和定义、要求、检验规则、标志和标签、包装、运输和贮存。该标准适用于绿色食品脱水蔬菜，也适用于绿色食品干制蔬菜；不适用于绿色食品干制食用菌、竹笋干和蔬菜粉。《脱水蔬菜原料通用技术规范》（NY/T 1081—2006）规定了脱水蔬菜生产用新鲜蔬菜原料的分类、检验方法、要求、检验规则、整理、运输及贮存，该标准适用于脱水蔬菜生产用新鲜蔬菜原料。《金针菜热风干制品加工技术规程》T/NTJGXH 005—2017 规定了金针菜热风干制品生产的原料要求、生产环境、生产过程、包装识别、重量检测、贮藏和记录，其适用于以新鲜金针菜花蕾为原料，经分级、清洗、烫漂、冷却和热风干燥加工为可复水金针菜干制品的生产。

三、 果蔬粉制品

现行果蔬粉标准有《藕粉》（GB/T 25733—2010）、《辣椒粉》（GB/T 23183—2009）、《番茄粉》（NY/T 957—2006）和《果蔬粉》（NY/T 1884—2010）。藕粉标准规定了藕粉的术语和定义、产品分类、技术要求、试验方法、检验规则、标志、标签、包装和贮藏。辣椒粉标准规定了辣椒粉的技术要求、试验方法、检验规则和标志、标签、包装、运输、贮存的要求。果蔬粉规定了果蔬粉的术语和定义、产品分类、要求、试验方法、检测原则、标志和标签、包装、运输和贮存。番茄粉规定了番茄粉的定义、要求、试验方法、检验规则、标签、包装、运输和贮存，该标准适用于以番茄或番茄酱为原料加工而成的番茄粉产品。

四、 果蔬脆片制品

对果蔬干制品的技术规程有《莲藕》（T/NTJGXH 008—2017）及《慈姑加工技术规程》（T/NTJGXH 009—2017）。《莲藕脆片加工技术规程》T/NTJGXH 008—2017 规定了莲藕脆片加工的术语、原辅料要求、生产环境、加工过程、包装标识、金属检测、贮藏及记录。该技术规程适用于以新鲜莲藕为原料，经清洗、切分、护色、烫漂、浸渍、冻结并采用组合干燥加工成莲藕脆片的生产。《慈姑加工技术规程》T/NTJGXH 009—2017 规定了慈姑脆片加工的术语、原辅料要求、生产环境、加工过程、包装标识、金属检测、贮藏和记录。其适用于以新鲜慈姑为原料、经清洗、去皮、切片、护色、烫漂和热风联合间歇微波加工干燥为慈姑脆片的生产。

通过制定技术规程和标准可规范企业生产工艺，保证产品质量稳定性，推进安全生产体系的建立，保障广大消费者切身权益，为生产、检验和销售提供依据。因此，规范果蔬加工制品品质评价标准体系和技术规程对推动果蔬干制品产业发展具有重要意义。

第六节 典型果蔬干制类产品生产实例

一、 红 枣 干 制

（一）概述

红枣为我国传统的干制果品，由鲜枣干制而成。它含有丰富的维生素 C、磷和糖等营养成分，为民间滋补食品。我国枣产区分布广泛，除东北严寒地区和西藏外均有栽培，尤以山东、河北、河南、山西和陕西等省为多。

（二）工艺流程

原料→ 除杂 → 热烫 → 晒制（或烘制） → 翻动 → 分级 → 包装 → 保藏

（三）操作要点

1. 原料

无论大枣、小枣均可干制。一般在枣果充分成熟、枣皮由乳黄转红色、开始失水微皱时采收。采后要剔除破损和病虫果，选择皮薄、肉厚致密、核小、糖分高的品种，用沸水热烫5~10min，冷却后干制。

2. 晒制

红枣晒制的方法比较简单，一般都以空旷的平地或平顶房的屋顶作晒场，上铺席箔，将枣子摊在席箔上曝晒。经常翻动，以加速干燥过程。晒5~6d，枣皮变红、发皱，再晒至枣色深红、肉色金黄或淡黄，手捏感到紧实、干爽而有弹性时为止。成品含水量25%~28%，干燥率3:1。

3. 烘制

采取人工烘制红枣，可以大大提高生产效率和制品品质。将经过大、小分级和热烫处理的枣子，均匀铺于烘盘上，置于烤房或干制机里。装载量为1~15kg/m²（约两层枣子）。干燥初温55℃左右，以后逐步升至65~68℃，不超过70℃。干燥过程相对湿度控制在55%~80%。干燥后期，枣中的水分大部分已蒸发，干燥速度减缓，温度宜降至55℃左右，维持8h，使枣子逐渐干透。干燥结束后，及时摊开散热、冷却，防止积热，造成霉烂损失。

4. 其他

干制好的红枣拣出破枣、绿枣，分级、包装和保藏。

二、柿子干制

（一）概述

柿干是用鲜柿经护色处理，然后烘干而成的干制品。其色泽、风味和透明度较好。成品柿干为杏黄色、半透亮，外表十分诱人。

（二）工艺流程

选果 → 去蒂、去皮 → 护色处理 → 烘干 → 回软 → 熏硫处理 → 包装

（三）操作要点

1. 选果

选个头中等、立桩或扁圆形、沟纹少、质地坚硬、致密、含糖量高、种子少（最好没有籽）的品种。宜选用50g左右的柿果，过大的果实要适当切分。

2. 去蒂、去皮、去萼片

先将柿子清洗干净后，晾干，然后用不锈钢刀去萼片，剪短果柄。以手工去皮为最好，并要求修整干净，不留残皮，去皮要薄而匀，以提高美观和出品率。

3. 护色处理

将削净皮的柿子立即投入 10g/L 食盐与 92g/L 柠檬酸的混合液中，然后，再浸于5g/L亚硫酸氢钠溶液中 30min，捞出后进行烘干。

4. 烘干

将经过护色处理过的果实排列在烘盘内，送入烘房烘干。温度控制在 60℃ 左右，时间控制在 36h 左右，注意排湿通风，至果肉含水量达 25% 为止。当干燥至果面皱缩时，进行揉捏、整形，使果实厚薄一致，形状整齐。

5. 回软

将烘干的柿子于通风处晾半天再装入塑料袋中，密封放在荫凉处 3~5d 进行回软，使果实内部水分均匀一致。

6. 涂膜

在柿干表面均匀涂布一层 2% 果胶溶液，保持柿干表面金黄透亮，防止在贮藏中吸水返潮出霜。涂膜后再烘干 2h，以表面不粘手为止。

7. 包装

涂膜烘干后，可按 500g/袋（盒）包装，密封，而后置冷凉仓库中贮存。

三、香蕉脆片

（一）概述

香蕉为芭蕉科芭蕉属植物。香蕉在我国栽培已有 2 000 余年历史，香蕉果肉含有多种营养成分，每 100g 果肉含碳水化合物20g、蛋白质1.2g、脂肪0.6g，此外，还含有灰分和多种维生素。香蕉性寒、味甘、无毒，果肉、汁等具有药用价值。香蕉有止烦渴、润肺肠、通血脉、填精髓的功效，适用于便秘、烦渴、酒醉、发热、热疖肿毒等病症的治疗。

（二）工艺流程

原料→切片→配料→烘干→油炸→分级包装

（三）操作要点

1. 切片

用于制作香蕉片的香蕉要充分成熟，无病虫、不腐烂。将香蕉洗净、去皮，切成 0.5~1cm薄片。

2. 配料

将奶粉与水混合，倒入香蕉片中，充分搅拌，使所有的香蕉片都能粘上奶粉。

3. 加热、脱水

将搅拌好的香蕉片放在烘干器中，升温至 80~100℃ 加热，使其脱水，香蕉片含水在16%~18%时，从容器中取出。为了便于从加热容器中取出，可在容器底部涂些植物油。

4. 油炸

经过烘烤的香蕉片，再放入 130~150℃ 素油中炸至茶色，出锅即成为松酥脆香的香蕉脆片。

5. 分级包装

将油炸过的香蕉脆片清除碎片，按色泽和大小分级包装。

四、 胡 萝 卜 粉

（一） 工艺流程

原料选择 → 清洗 → 去皮 → 修整 → 切碎 → 软化 → 打浆 → 滚筒干燥 → 冷却 →
过筛 → 包装

（二） 操作要点

1. 原料选择

选用没有霉烂、没有病虫害的优质胡萝卜，剔除残次品。

2. 清洗

将胡萝卜上的泥土和夹杂的菜叶及其它杂质用清水洗干净。

3. 去皮

将胡萝卜浸入 80~120g/L 的氢氧化钠碱液中去皮，碱液温度要在 95℃ 以上，浸泡时间不超过 3min。取出后用流动清水冲洗 3~4 遍，去掉残留的碱液，并使胡萝卜冷却。

4. 修整、切碎

切除胡萝卜根顶端的绿色叶簇部分及黑斑等。为便于软化、打浆，可将胡萝卜适当切碎。

5. 软化

采用沸水软化或蒸汽软化法对胡萝卜进行处理。①沸水软化：将胡萝卜称重，放进夹层锅，加入原料质量两倍的清水，并加入柠檬酸，调整 pH 至 5.5 左右，加热煮沸，时间为 20~30min；②蒸汽软化：将胡萝卜放进夹层锅，用常压蒸汽或加压蒸汽的热力蒸煮作用，使胡萝卜得以软化。

6. 打浆

通常采用刮板式打浆机，筛板孔径为 0.4~1.5mm。软化后的胡萝卜要趁热打浆 2~3 次，最后得到组织细腻的泥状浆料。

7. 滚筒干燥

滚筒干燥机可由一个表面光滑的金属滚筒组成，也可由两个规格大小相同，工作时呈逆向同步转动的两个滚筒组成。先将滚筒内部通入蒸汽，使滚筒表面温度达到 120~140℃，然后将胡萝卜物料定向而均匀地流淌到滚筒表面，在滚筒转动一周的短时间内完成对物料的干燥。用特别的刮料器将被干燥的物料由滚筒表面刮下。

8. 冷却、过筛

将被刮下的物料进行冷却，然后用 80~100 目的筛子过筛。

五、 淮山变温差压膨化干燥片

（一） 概述

淮山为薯蓣科多年生草本植物薯蓣的块根，冬季采挖。营养丰富，药用价值极高。功能主治：益气养阴，补脾肺肾，固精止带。用于脾虚食少，久泻不止，肺虚喘咳，肾虚遗精，带下，尿频，虚热消渴。

（二）工艺流程

淮山→清理、分选→清洗→削皮→切片→护色→干燥→分级→包装→成品

（三）操作要点

1. 原料选择

选用大小基本一致、无机械损伤的新鲜淮山。

2. 清洗

将淮山上的泥土及其他杂质用清水洗干净。

3. 削皮

将淮山浸入 8%~12% 的氢氧化钠碱液中去皮，碱液温度要在 95℃ 以上，浸泡时间不超过 3min。取出后用流动清水冲洗 3~4 遍，去掉残留的碱液，并使淮山冷却。

4. 修整、切片

去除淮山周围的根须，用刀将其切成 0.1cm 左右的薄片。

5. 护色

将切分好的淮山片放在 0.25% 的柠檬溶液中进行护色处理 30min，用钢筛沥干多余水分。

6. 干燥

将护色完成后的淮山片均匀的摆放在钢丝托盘里，然后放进加压罐内密封。打开电闸，启动蒸汽加热设备，设好膨化温度，打开蒸汽发生器和加压罐连接的闸门，待加压罐内达到 87℃ 后开启水环式真空泵开始对真空罐抽真空，在真空温度达到 -0.09MPa 时，启动罗茨泵使罐内的真空度达到 -0.1MPa；开启膨化阀门，连接加压罐与真空罐，使加压罐被瞬间抽真空，将原料与加压罐内的大部分水蒸气抽出。抽空干燥 138min，开始排潮，通入冷却水将温度降至室温，维持一段时间，打开通气阀，破坏罐内真空，使罐内恢复常温常压，打开加压罐，取出淮山片。

7. 分级

根据色泽、完整度、膨化度将产品进行分级，筛选出破碎、焦糊或者为干燥的产品，分级后，迅速称重包装。分级最好在低温、干燥环境中进行。

8. 包装

由于果蔬片不适宜含空气包装或真空包装，建议使用专用的真空充氮包装机进行充氮包装。可采用塑料软包装或金属罐密封包装。建议包装容器内加入适量的干燥剂防止稀释回潮。

六、 佛手瓜冷冻干燥果蔬片

（一）概述

佛手瓜是葫芦科梨瓜属多年生攀缘性宿根草本植物，以西南、华南地区栽种较为普遍。佛手瓜富含各种营养素，含有丰富的果胶，热量低，同时又是低钠食品，常食用可减轻心

脏、肾脏的负担，避免水肿病的发生，同时还可以减缓动脉硬化，是心脏病、高血压病患者的保健蔬菜。此外，佛手瓜还含有苷类、黄酮等活性物质。作为一种药食兼用的保健蔬菜，具有极高的加工开发价值。

（二）工艺流程

佛手瓜 → 分级 → 清洗 → 切片 → 护色 → 增味 → 硬化处理 → 预冻结 → 升华干燥 →

解析干燥 → 出仓 → 检验 → 包装 → 成品

（三）操作要点

1. 分级

采用目测法对佛手瓜进行分级，选择成熟度、颜色、大小基本一致的原料佛手瓜为一类，对于有机械损伤或病虫害的原料进行区分，另做处理。

2. 清洗、去皮

用清水清洗，去除表面灰尘等，并人工去皮。

3. 切片

纵向切分为厚度 2cm 左右的圆片。

4. 护色

将预先清洗去皮并切片的佛手瓜在含偏重亚硫酸钠（0.15%）、维生素 C（0.2%）和柠檬酸钠（0.3%）的护色液中浸泡护色，浸泡时间 30min。

5. 增味

将上述经过护色并晾干的佛手瓜片在含柠檬酸（0.5%）和蔗糖（15%）的增味溶液中浸泡，浸泡时间为 120min。

6. 硬化处理

将上述经过增味并晾干的佛手瓜片在含乳酸钙（0.05%）的硬化处理溶液中浸泡，浸泡时间为 45min。

7. 预冻结

将经过上述处理的佛手瓜片装盘，在-70℃下预冻结，使中心温度达-35℃，维持 2h。

8. 升华干燥

将预冻过的佛手瓜片进行升华干燥，调节真空度为 80~100Pa，温度调节至 40℃，当佛手瓜片中心温度达 0℃时维持 5h。

9. 解析干燥

调节真空度为 50~60Pa，解析温度 50℃，当佛手瓜片中心温度、板温和物料表面温度 3 条温度线相平行时，继续保持干燥温度 4h，干燥即结束。

10. 出仓

产品出仓以及检查分装的环境要按照相关制度保持高清洁度，出仓温度 22~25℃，相对湿度<40%。

11. 检验

经上述操作规范获得的产品要求如下：水分含量（3.0±0.2）%，复水性>99%，维生素

C 保持率>85%，粗蛋白保持率大于 85%，总糖保持率大于 85%。微生物检测达到国家相应标准，应符合：①GB 4789.2—2010《食品卫生微生物学检测 菌落总数测定》；②GB/T4789.3《食品卫生微生物学检测 大肠菌群计数的测定》，致病菌未检出。感官指标如下：冻干瓜肉部分色泽洁白，靠近瓜皮部分色泽浅绿，口感酥脆，酸甜适口。

12. 包装

在温度 22~25℃、相对湿度<35%的清洁环境中，将不合格、形状不规则的产品挑出来，采用铝箔袋进行抽真空包装。

七、 罗汉果超微粉

（一）概述

罗汉果为葫芦科植物，其性凉味甘，具有清热、润肺、滑肠通便的功效，传统上用于肺火燥咳，咽痛失音，肠燥便秘。此外，罗汉果还具有祛痰、镇咳、平喘、调节消化道运动，增强免疫，降血糖，抗氧化等作用。

（二）工艺流程

罗汉果→清洗→灭菌→破碎→预冻→升华干燥→粗粉碎→超微粉碎→包装→成品

（三）操作要点

1. 原料选择

剔除未成熟、破碎或变质腐烂的罗汉果。

2. 清洗

将果实表面清洗干净。

3. 灭菌

将洗净的罗汉果浸泡在消毒水（有效氯浓度为 500~50mg/kg 的氯水或臭氧浓度为 0.1~3mg/kg 的臭氧水）中 1~60min 后，用水洗净。

4. 破碎

将洗净的罗汉果用粉碎机破碎。

5. 预冻

将破碎好的罗汉果铺盘后预冻。

6. 升华干燥

将预冻好的罗汉果置于真空环境下在 40~120℃加热干燥，加热温度最好为 40~100℃，控制冻干好的产品水分含量<6%。

7. 粗粉碎

将干燥好的罗汉果放入粉碎机中进行粉碎，所得粉末粒径 10~40 目。

8. 超微粉碎

将罗汉果粗粉置于超微粉碎机中进行超微粉碎，所得粉末粒径小于 40μm。

9. 分级包装，成品

🔍思考题

1. 果蔬中水分的存在状态及其特性。
2. 简述水分活度与微生物之间的关系和水分活度与酶活力之间的关系。
3. 简述干制的机理及干燥过程。
4. 影响果蔬干制速度的因素有哪些？如何影响？
5. 果蔬在干制过程中有哪些物理和化学方面的变化？
6. 果蔬干制品的结壳现象是怎样发生的？如何防止？
7. 简述人工干制的设备主要有哪些？
8. 什么是回软处理？果蔬干制后为什么要进行回软？
9. 干制品的包装和贮藏有什么要求？

第八章

果酒酿造

教学目标

　　通过本章学习，了解果酒加工原、辅料种类及特性；掌握果酒酿造的基本理论、酿造工艺及操作要点；了解果酒酿造相关设备；了解果酒主要种类及相关标准；了解果酒常见病害。

　　果酒是利用新鲜的水果为原料，利用野生的或人工添加酵母菌来分解糖分，产生的色、香、味俱佳且营养丰富的含醇饮料。伴随着酒精和副产物的产生，果酒内部发生一系列复杂的生化反应，最终赋予果酒独特的风味及色泽。

　　果酒种类很多，分类方法各异。根据酿造方法和成品特点不同，一般将果酒分为四类。

　　（1）发酵果酒　用果汁或果浆经酒精发酵酿造而成，如葡萄酒、苹果酒、柑橘酒等。

　　（2）蒸馏果酒　果品经酒精发酵后，再通过蒸馏所得到的酒，如白兰地、水果白兰地。

　　（3）配制果酒　又称露酒，是指将果实或果皮、鲜花等用酒精或白酒浸泡取露，或用果汁加酒精，再加糖、香精、色素等食品添加剂调配而成的果酒。

　　（4）起泡果酒　酒中含有二氧化碳的果酒。以葡萄酒为酒基，再经后发酵酿制而成的香槟酒为其珍品。

　　以果品为原料制得的酒类，以葡萄酒的产量和类型最多，按照《葡萄酒》GB 15037—2006，葡萄酒是以新鲜葡萄或葡萄汁为原料，经全部或部分发酵酿制而成的，酒精度≥7.0%（体积分数）的发酵酒。

第一节　果酒酿造原理

一、酒精发酵

（一）酒精发酵的化学反应

　　酒精发酵是在无氧条件下，微生物（如酵母菌）分解葡萄糖等有机物，产生酒精、二氧化碳等不彻底氧化产物，同时释放出少量能量的过程。在高等植物中，存在酒精发酵和乳酸发酵，并习惯称为无氧呼吸。

酒精发酵是相当复杂的化学过程，有许多化学反应和中间产物生成，而且需要一系列酶的参与。在厌氧条件下，酵母可以通过酒精发酵和呼吸两条途径对糖进行分解，而且两条途径的起点都是糖酵解。

1. 糖酵解的 EMP 途径

糖酵解包括生物细胞将己糖转化为丙酮酸一系列反应。这些反应可在厌氧条件下进行（酒精发酵和乳酸发酵），也可在有氧条件下进行（呼吸），它们构成了糖的各种生化转化的起点。糖酵解的特点是，葡萄糖分子经转化成 1，6-二磷酸果糖后，在醛缩酶的催化下，裂解成两个三碳化合物分子，由此再转变成两分子的丙酮酸。在糖酵解中，由于葡萄糖被转化为 1，6-二磷酸果糖后开始裂解，因此又称双磷酸己糖（EMP）途径（见图8-1）。

在糖分子的裂解过程中，1 分子葡萄糖降解成 2 分子丙酮酸，消耗 2 分子 ATP，产生 4 分子 ATP，因此净得 2 分子 ATP。葡萄糖酵解的总反应式为：

$$葡萄糖+2Pi+2ADP+2NAD^+ \longrightarrow 2CH_3COCOOH+2ATP+2NADH+2H^++2H_2O$$

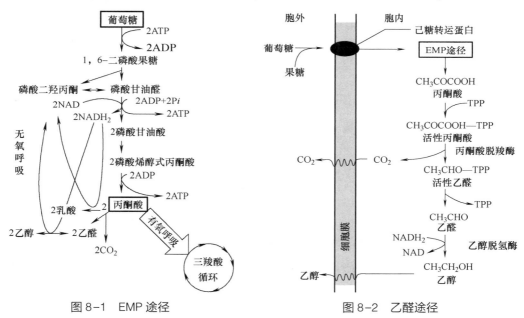

图8-1　EMP 途径　　　　　　　　　　图8-2　乙醛途径

这里需要说明的是，果糖进入酵解的途径是果糖在己糖激酶的催化下形成 6-磷酸果糖，接着进入酵解途径。酵母对蔗糖吸收利用以前，先把蔗糖水解为葡萄糖和果糖，水解得到的己糖再经过磷酸化，进入酵解途径。

2. 酒精发酵

在糖的厌氧发酵中，经 EMP 途径生成的丙酮酸，是通过乙醛途径被分解，形成乙醇的（见图8-2）。在乙醛途径中，经 EMP 途径生成的丙酮酸，经丙酮酸脱羧酶（PDC）催化生成乙醛，释放出 CO_2，乙醛在乙醇脱氢酶（ADH）作用下，最终生成乙醇。该过程消耗了 EMP 途径产生的 $NADH_2$。丙酮酸在厌氧条件下，经过异化作用生成酒精和二氧化碳，这一过程的生理作用是通过重新氧化，在糖酵解过程中形成的 $NADH_2$，维持细胞的氧化还原电位的平衡。而酵母在发酵作用中，糖酵解是生成 ATP 的唯一途径，该过程的中间产物是乙醛。

因此，在酵母菌的酒精发酵中，乙醛是最终的电子受体。

综上所述，葡萄糖进行酒精发酵的总反应式为：

$$葡萄糖+2Pi+2ADP+2H^+ \longrightarrow 2CH_3CH_2OH+2CO_2+2ATP+2H_2O$$

从能量角度来看，酒精发酵每分解 1mol 葡萄糖，会给酵母菌带来 2molATP，即 61kcal 的能量。而从热动力学的角度，1mol 葡萄糖分解为乙醇和 CO_2，可产生 167kcal 能量。两者之差（106kcal）就以热能的形式释放了。因此，酒精发酵是放热反应。

3. 甘油发酵

在酒精发酵开始时，参加 3-磷酸甘油醛转化为 3-磷酸甘油酸这一反应所必须的 NAD，是通过磷酸二羧丙酮的氧化作用（将 $NADH_2$ 氧化为 NAD）提供的。但这一氧化作用，要伴随着甘油的产生。

每当磷酸二羧丙酮氧化一分子 $NADH_2$，就形成一分子甘油，这一过程称为甘油发酵。在这一过程中，由于将乙醛还原为乙醇所需的两个氢原子（由 $NADH_2$ 提供）已被用于形成甘油，所以乙醛不能继续进行酒精发酵反应。因此，乙醛和丙酮酸形成其它的副产物（图 8-3）。

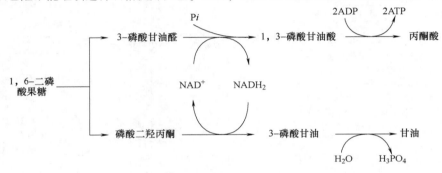

图 8-3　甘油发酵

实际上，在发酵开始时，酒精发酵和甘油发酵同时进行，而且甘油发酵占优势，随后，酒精发酵则逐渐加强并占绝对优势，甘油发酵减弱，但并不完全停止。因此，在酒精发酵过程中，除产生乙醇外，还产生很多其它的副产物。

4. 呼吸作用

在有氧条件下，由糖酵解产生的丙酮酸经过氧化脱羧形成乙酰 CoA：

$$丙酮酸+CoA+NAD^+ \longrightarrow 乙酰 CoA+CO_2+NADH_2$$

乙酰 CoA 进入三羧酸循环（TCA），经一系列氧化、脱羧，最终生成 CO_2 和 H_2O 并产生能量。三羧酸循环与呼吸链相偶联，为生物代谢提供能量：

$$乙酰 CoA+2NAD^++NAD（P^+）+FAD+GDP（ADP）+Pi+2H_2O \longrightarrow 2CO_2+NADH_2）$$
$$+FADH_2+NADH_2+CoA+GTP（ATP）$$

（二）酒精发酵的主要副产物

葡萄汁的成分除水外，还主要包括葡萄糖、果糖、酒石酸、苹果酸和游离氨基酸。此外，还含有少量的戊糖、氨离子、果胶、蛋白质和维生素等。在酵母酒精发酵过程中，由于发酵作用和其它代谢活动同时存在，酵母除了将葡萄汁（醪液）中92%～95%的糖发酵生成酒精、二氧化碳和热量外，酵母还能够利用另外5%～8%的糖产生一系列的其它化合物，称为酒精发酵副产物。酵母菌的代谢副产物不仅影响着葡萄酒的风味和口感（参与葡萄酒风味复杂性的形成），而且有些副产物，如辛酸和癸酸等，同时，还对酵母的生长具有抑制作用。

1. 甘油

甘油主要在发酵开始时由甘油发酵而形成。在葡萄酒中，其含量为6～10g/L。甘油具有甜味，一定含量的甘油可以提高葡萄酒的质量。它能使葡萄酒口感圆润，并增加口感复杂性。在葡萄酒酒精发酵过程中，甘油的生成量，除受代谢条件影响外，还主要取决于菌株间产甘油能力的差异和基质：一些菌种的产甘油能力强于其它菌种；基质中糖含量高、SO_2含量高，则葡萄酒甘油含量高。

2. 乙醛

乙醛是酒精发酵的副产物，由丙酮酸脱羧产生，也可在发酵以外由乙醇氧化而产生。在新发酵的葡萄酒中，乙醛含量一般在75mg/L以下。酒中乙醛大部分与SO_2结合，形成稳定的乙醛-亚硫酸化合物，这种物质不影响葡萄酒的质量。陈酿时由于氧化或产膜酵母的作用，乙醛含量逐渐增多，最高含量达500mg/L。乙醛是葡萄酒的香味成分之一，但过多的游离乙醛则使葡萄酒具氧化味，乙醛在纯水中的滋味阀值为1.3～1.5mg/L，而在佐餐酒中为100～125mg/L。

3. 醋酸

醋酸是构成葡萄酒挥发酸的主要物质。在正常发酵情况下，醋酸在果酒中的含量为0.2～0.3g/L，若超过1.5g/L，就会破坏果酒风味，感到明显的醋酸味。其来源一方面由乙醇被醋酸菌氧化而生成；另一方面由乙醛氧化而形成。《葡萄酒》GB 15037—2006规定，葡萄酒的挥发酸（以乙酸计）含量应≤1.1g/L。

4. 琥珀酸

琥珀酸味苦咸，它的乙酯是葡萄酒的重要香气成分之一，在葡萄酒中含量为0.2～0.5g/L，主要来源于酒精发酵和苹果酸-乳酸发酵。

5. 杂醇

果酒的杂醇主要有甲醇和高级醇。甲醇有毒害作用，含量高对品质不利。果酒中的甲醇主要来源于原料果实中的果胶，果胶脱甲氧基生成低甲氧基果胶时，即会形成甲醇。此外，甘氨酸脱羧也会产生甲醇。高级醇指比乙醇多一个或多个碳原子的一元醇。它溶于酒精，难溶于水，在酒度低时似油状，又称杂醇油。主要为异戊醇、异丁醇、活性戊醇、丁醇等。高级醇是构成果酒两类香气的主要成分，一般情况下含量很低，如含量过高，可使酒具有不愉快的粗糙感，且使人头痛致醉。高级醇主要从代谢过程中的氨基酸、六碳糖及低分子酸中生成。

6. 酯类

酯类赋予果酒独特香味，来自陈酿和发酵过程中的酯化反应和发酵过程中的生化反应（果酒发酵过程中，通过其代谢生成的酯类物质，它是通过酰基辅酶A与酸作用生成的）。酯类形成受温度，酸含量、pH、菌种及加工条件影响。如温度高，pH 低，促进酯化反应，酯的生成量就多；对于总酸在 0.5% 左右的葡萄酒来说，如欲通过加酸促进酯的生成，以乳酸易与乙醇化合成酯，柠檬酸次之，苹果酸又次之，琥珀酸较差，加酸量以0.1%~0.2%的有机酸为适当。此外，微生物细胞内所含的酯酶是导致生化反应而引起的酯化反应的主要原因。

7. 乳酸

乳酸一般低于 1.0g/L，主要来源于酒精发酵和苹果酸-乳酸发酵。

（三）果酒酿造的微生物

果酒酿造的成败及品质的好坏，与参与微生物的种类有最直接的关系。凡有霉菌类、细菌类等微生物参与时，酿酒必然失败或品质变劣。酵母菌虽是果酒发酵的主要微生物，但酵母菌的品种很多，生理特性各异，有的优良，有的益处不大甚至有害。所以果酒酿造过程中，必须防止或抑制霉菌类、细菌类等其它微生物的参与，选用与促进优良酵母菌进行酒精发酵。

1. 葡萄酒酵母（*Saccharomyces ellipsoideus*）

葡萄酒酵母又称椭圆酵母，附生在葡萄果皮上，在土壤中越冬，通过昆虫或灰尘传播，可由葡萄自然发酵，分离培养而制得。具有以下主要特点：

（1）发酵力强 所谓发酵力是指酵母菌将可发酵性糖类发酵生成酒精的最大能力。通常用酒精度表示，因此又称产酒力。葡萄酒酵母能发酵果汁（浆）中的蔗糖、葡萄糖、果糖、麦芽糖、半乳糖、1/3 棉籽糖等，但不能发酵乳糖、D-阿拉伯糖、D-木糖等。在富含可发酵性糖类的发酵液中，葡萄酒酵母能发酵到酒精含量12%~16%，最高达 17%。

（2）产酒率高 产酒率指产生酒精的效率。通常用每产生 1% 酒精所需糖的质量（以 g 计）表示。葡萄酒酵母在 1 000mL 发酵液中，只要含糖 17~18g，就能生成 1% 酒精，而巴氏或尖端酵母则需要糖 20~22g。

（3）抗逆性强 葡萄酒酵母可忍耐 250mg/L 以上的二氧化硫，而其它有害微生物在此二氧化硫浓度下全部被杀死。

（4）生香性强 葡萄酒酵母在果汁（浆）中，甚至在麦芽汁中，发酵后也会产生典型的葡萄酒香味。有人用葡萄酒酵母发酵麦芽汁，产生出葡萄酒香，再经蒸馏，得到类似白兰地的香气和滋味。

葡萄酒酵母在果酒酿造中占十分重要的地位，它将发酵液中的绝大部分糖转化为酒精。就其使用情况而言，它不仅是葡萄酒酿造的优良菌种，对于苹果酒、柑橘酒等其它果酒酿造也属较好的菌种，因此有果酒酵母之称。

2. 巴氏酵母（*Saccharomyces pastorianus*）

巴氏酵母又称卵形酵母，是附生在葡萄果实上的一类野生酵母。巴氏酵母的产酒力强，抗二氧化硫能力也强，但繁殖缓慢，产酒效率低，产生 1% 酒需要 20g/L 糖。这种酵母一般出现在发酵后期，进一步把残糖转化为酒精，也可引起甜葡萄酒的瓶内发酵。

3. 尖端酵母（*Saccharomyces apiculatus*）

尖端酵母又称柠檬形酵母，是从外形来区分的一大群酵母，其中有些明显的种类，能够形成孢子的称为汉逊孢子酵母或尖端（真）酵母，不生成孢子的称为克勒克酵母。这类酵母广泛存在于各种水果的果皮上，耐低温、耐高酸、繁殖快，但产酒力低，一般仅有生成4%~5%酒精，之后即被生成的酒精杀死。产酒效率也很低，转化1%酒精约需22g/L糖。形成的挥发酸也多，因此对发酵不利。但它对二氧化硫极为敏感，为了避免这类酵母的不利发酵，可以用二氧化硫处理的方式，将它除去。

4. 其它微生物

（1）醭酵母和醋酸菌　醭酵母是空气中的一大类产膜酵母，俗称酒花菌。在果酒发酵过程中，这两类微生物常侵入参与活动。它们常于果汁未发酵前或发酵势微弱时，在发酵液表面繁殖，生成一层灰白色或暗黄色的菌丝膜。它们有强大的氧化代谢力，将糖和乙醇分解为挥发酸、醛等物质，对酿酒危害极大。但它们的繁殖一般均需要充足的空气，且抗二氧化硫能力弱，果酒酿造中常采用减少空气、二氧化硫处理、接种大量优良果酒酵母等措施来消灭或抑制其活动。

（2）乳酸菌　乳酸菌在葡萄酒酿造中具双重作用，一是把苹果酸转化为乳酸，使新葡萄酒的酸涩、粗糙等缺点消失，而变得醇厚饱满，柔和协调，并且增加了生物稳定性。所以，苹果酸-乳酸发酵是酿造优质红葡萄酒的一个重要工艺过程。但乳酸菌在有糖存在时，也可把糖分解成乳酸、醋酸等，使酒的风味变坏，这是乳酸菌的不良作用。

（3）霉菌　霉菌对果酒酿造一般表现为不利影响，一般情况下用感染了霉菌的葡萄难以酿造出好的葡萄酒，这是众所周知的。但法国南部的索丹地区（Sauternes），用感染了灰葡萄孢（*Botrytis cinerea*）、产生了"贵腐"现象的葡萄，酿造出闻名于世的贵腐葡萄酒。

（四）影响果酒酵母和酒精发酵的因素

发酵的环境条件，直接影响果酒酵母的生存与作用，从而影响果酒的品质。

1. 温度

尽管酵母菌在低于10℃的条件下不能生长繁殖或繁殖很慢，但其孢子可以抵抗-200℃的低温。液态酵母菌活动的最适温度为20~30℃，20℃以上，繁殖速度随温度上升而加快，至30℃达最大值，34~35℃时，繁殖速度迅速下降，40℃时停止活动。在一般情况下，发酵危险温度区为32~35℃，这一温度称发酵临界温度。

需要指出的是，在控制和调节发酵温度时，应尽量避免温度进入危险区，不能在温度进入危险区以后才开始降温，因为这时酵母菌的活动能力和繁殖能力已经降低。

红葡萄酒发酵最佳温度为26~30℃，白葡萄酒和桃红葡萄酒发酵最佳温度为18~20℃。当温度≤35℃时，温度越高，开始发酵越快；温度越低，糖分转化越完全，生成的酒度越高。

2. pH

酵母菌在pH 2~7均可以生长，但以pH 4~6生长最好，发酵能力最强，可在这个pH范围内，某些细菌也能生长良好，给发酵安全带来威胁。实际生产中，将pH控制在3.3~3.5。此时细菌受到抑制，而酵母菌还能正常发酵。但如果pH太低，在3.0以下时，发酵速度则会明显降低。

3. 氧气

酵母菌在氧气充足时，大量繁殖酵母细胞，只产生极少量的乙醇；在缺氧时，繁殖缓慢，产生大量酒精。故果酒发酵初期，宜适当供给空气。一般情况下，果实在破碎、压榨、输送等过程中所溶解的氧，已足够酵母菌繁殖所需。只有当酵母菌繁殖缓慢或停止时，才适当供给空气。在生产中常用倒罐的方式保证酵母菌对氧的需要。

4. 压力

压力可以抑制 CO_2 的释放，从而影响酵母菌的活动，抑制酒精发酵。但即使 100MPa 的高压，也不能杀死酵母菌。当 CO_2 含量达 15g/L（约 71.71kPa）时，酵母菌停止生长，这就是充 CO_2 法贮存鲜葡萄汁的依据。

5. SO_2

葡萄酒酵母可耐 1g/L 的 SO_2，如果汁中含 10mg/L 的 SO_2，对酵母菌无明显作用，其它杂菌则被抑制。若 SO_2 含量增至 20~30mg/L 时，仅延迟发酵进程 6~10h。SO_2 含量达 50mg/L，延迟 18~20h，而其它微生物则完全被杀死。

6. 其它因素

（1）促进因素　酵母生长繁殖尚需要其它物质。与高等动物一样，酵母菌需要生物素、吡哆醇、硫胺素、泛酸、内消旋环己六醇、烟酰胺等，它还需要甾醇和长链脂肪酸。基质中糖的含量≥20g/L，促进酒精发酵。酵母繁殖还需供给氨、氨基酸、铵盐等氨态氮源。

（2）抑制因素　如果基质中糖的含量高于 30%，由于渗透压作用，酵母菌因失水而降低其活动能力。乙醇的抑制作用与酵母菌种类有关，有的酵母菌在酒精含量为 4% 时就停止活动，而优良的葡萄酒酵母则可抵抗 16%~17% 的酒精。此外，高浓度的乙醛、SO_2、CO_2 以及辛酸、癸酸等都是酒精发酵的抑制因素。

二、 苹果酸-乳酸发酵

（一） 苹果酸-乳酸发酵的性质

新酿成的葡萄酒在酒精发酵后的贮酒前期，有些酒中又出现 CO_2 逸出的现象，并伴随着新酒混浊，酒的色泽减退，有时还有不良风味出现，这一现象即苹果酸-乳酸发酵（malolactic fermentation，MLF）。原因是酒中的某些 MLF 乳酸菌（如酒明串珠菌）将苹果酸分解成乳酸和 CO_2 等。其主要反应机理为：

$$L\text{-苹果酸}\xrightarrow{\quad NAD \longrightarrow NAD_2H \quad}L\text{-乳酸}+CO_2$$

苹果酸-乳酸发酵是葡萄酒酿造过程中一个重要环节，应该与酒精发酵一样，同样受到重视。现代葡萄酿造的一条主要原则是红葡萄酒未经过两次发酵是未完成和不稳定的，酿造优质红葡萄酒应在糖分被酵母分解之后立即使苹果酸被乳酸菌分解，并尽快完成这一过程，当酒中不再含有糖和苹果酸时，应立即除去或杀死乳酸菌，以免影响品质。

经苹果酸-乳酸发酵后葡萄酒酸度降低，风味改进。风味的改进来自两个方面：一方面由于酸味尖锐的苹果酸被柔和的乳酸所代替，另一方面是 1g 苹果酸只生成 0.67g 乳酸。新酒失去酸涩粗糙风味的同时，香味也开始变化，果香味变为葡萄酒特有的醇香，红葡萄酒变得醇厚、柔和。

生产上，应该在新葡萄酒中很快完成这一发酵，以便较早得到生物稳定性好的葡萄酒。

一般应尽量让它在第一个冬季前完成，避免翌年春暖时，再出现第二次发酵。葡萄酒酿造中是否应用苹果酸–乳酸发酵，应根据以下因素来决定。

1. 葡萄酒种类

对于红葡萄酒、起泡酒应进行苹果酸–乳酸发酵，白葡萄酒大多不进行苹果酸–乳酸发酵，以免损坏其优雅的果香。桃红葡萄酒视色泽偏向而定，偏向于红葡萄酒的类型可采用，偏向于白葡萄酒的类型不需要，因经苹果酸–乳酸发酵后，鲜红的色泽会变为暗红色。甜型葡萄酒不进行苹果酸–乳酸发酵，因大量残糖会严重损害其品质。

总之，如希望获得醇厚、圆润、丰满、适于贮藏的葡萄酒，应进行苹果酸–乳酸发酵；如想获得清香、爽口、果香浓郁、尽早上市的葡萄酒，则应防止这一发酵。

2. 葡萄的含酸量

对于含酸量较高的葡萄和含酸量较高的年份或地区，可用苹果酸–乳酸发酵作为降酸手段；但在葡萄酸度太低时，则应抑制苹果酸–乳酸发酵。

3. 葡萄品种

对于果味过于浓郁的葡萄，经苹果酸–乳酸发酵可减少一部分果香，使葡萄酒的香气更加完美；对于果香不足的葡萄，则不能进行苹果酸–乳酸发酵。

（二）影响苹果酸–乳酸发酵的因素

1. MLF 乳酸菌的数量

当葡萄醪入池（罐）发酵时，乳酸菌与酵母菌同时发酵，但在发酵初期，酵母菌发育占优势，乳酸菌受到抑制，主发酵结束后，经过潜伏期的乳酸菌重新繁殖，当数量超过100 万个/mL时，才开始苹果酸–乳酸发酵。

2. pH

pH 3.1~4.0，pH 越高，发酵开始越快，pH<2.9 时，发酵不能正常进行。

3. 温度

在 14~20℃，苹果酸–乳酸发酵随温度升高而发生得越快，结束得也越早。低于 15℃ 或高于 30℃，发酵速度减慢。

4. 氧气和二氧化碳

增加氧气会对苹果酸–乳酸发酵产生抑制作用；二氧化碳对乳酸菌的生长有促进作用，所以主发酵结束后去除酒渣以保持二氧化碳含量，可促进苹果酸–乳酸发酵。

5. 酒精浓度

当酒精浓度超过 12% 时，苹果酸–乳酸发酵就很难诱发，而葡萄酒的酒精度通常在10%~12%。因此，酒精度对苹果酸–乳酸发酵影响不太大。但乳酸菌在酒精度低时生长更好。

6. SO_2 的影响

SO_2 在 50mg/L 以上时，可抑制苹果酸–乳酸发酵。

三、 果酒成熟和陈酿的化学反应

新酿成的葡萄酒混浊、辛辣、粗糙，不适宜饮用。必须经过一定时间的贮存，以消除酵母味、生酒味、苦涩味和二氧化碳刺激味等，使酒质清晰透明，醇和芳香。这一过程称为酒的老熟或陈酿。

（一）陈酿过程

1. 成熟阶段

葡萄酒经氧化还原等化学反应，以及聚合沉淀等物理化学反应，使其中不良风味物质减少，芳香物质增加，蛋白质、聚合度大的单宁、果胶、酒石酸等沉淀析出，风味改善，酒体变澄清，口味变醇和。这一过程为6~10月甚至更长。此过程中以氧化作用为主，因此应适当地接触空气，有利于酒的成熟。

2. 老化阶段

成熟阶段结束后一直到成品装瓶前，这个过程是在隔绝空气的条件下，即无氧状态下完成。随着酒中含氧量的减少，氧化还原电位也随之降低，经过还原作用，不但使葡萄酒增加芳香物质，同时也逐渐产生陈酒香气，使酒的滋味变得较柔和。

3. 衰老阶段

衰老阶段品质开始下降，特殊的果香成分减少，酒石酸和苹果酸相对减少，乳酸增加，使酒体在某种程度上受到一定的影响，因此，葡萄酒的贮存期不能一概而论。

（二）酯化反应

葡萄酒中含有有机酸和醇类，而有机酸和醇可以发生酯化反应，生成各种酯类化合物。葡萄酒中的酯类物质可分为两大类：第一类为生化酯类，它们是在发酵过程中形成的。其中最重要的为乙酸乙酯，是乙醇和乙酸经酯化反应形成的；第二类为化学酯类，它们是在陈酿过程中形成的，其含量可达 $1g/L$。化学酯类的种类很多，是构成葡萄酒三类香气的主要物质。酯类赋予果酒独特的香味，是葡萄酒芳香的重要来源之一。一般把葡萄酒的香气分为三大类：第一类是果香，它是葡萄果实本身具有的香气，又称一类香气；第二类是发酵过程中形成的香气，称为酒香，又称二类香气；第三类香气是葡萄酒在陈酿过程中形成的香气，称为陈酒香，又称三类香气。

（三）氧化还原反应

氧化还原作用是果酒加工中一个重要的反应，它直接影响到产品的品质。无论是在新酒还是老酒中，都存在痕量的游离状的溶解氧。果酒在加工中，由于表面接触、搅动、换桶、装瓶等操作会溶入一些氧。高温时氧的消耗快，SO_2 加速氧的消耗，氧化酶、铜、铁等也会加速氧的消耗。氧化还原作用可由氧化还原电位 EH 和氧化程度 RH 表示，氧化还原电位用 EH 表示，单位 mV。葡萄酒氧化越强烈，则氧化还原电位越高。

（1）酵母菌在氧气充足的条件下，大量繁殖细胞，而在缺氧时，产生大量酒精，因此说葡萄酒酵母的繁殖取决于酒液中的 RH，氧化还原电位的高低是刺激发酵或抑制发酵的因素之一。

（2）氧化还原作用与葡萄酒的芳香和风味关系密切。在有氧的条件下，如向葡萄酒中通入氧气，葡萄酒的芳香味就会逐渐减弱，强烈通氧的条件下会形成过氧化味和出现苦涩味。在无氧的条件下，葡萄酒形成和发展其芳香成分，即还原作用促进了香味物质的形成，最后香味的增强程度是由所达到的极限电位决定的。在果酒成熟阶段需要氧化作用，促进某些不良风味物质的氧化，使易氧化沉淀的物质尽早沉淀去除；而在果酒老化阶段，则要处于还原态为主，以促进酒的芳香成分在无氧条件下形成和发展。

（3）氧化还原作用还与酒破败病有关。葡萄酒暴露在空气中，常有混浊、沉淀、褪色等现象，即破败病。铁的破败病与 Fe^{2+} 浓度有关，被氧化成 Fe^{3+}，电位上升，同时也就出现了铁破败病。如果 Cu^{2+} 被还原成 Cu^+，电位下降，则产生铜破败病。所以要减少铁、铜的存在。

（四）聚合反应

聚合是稳定葡萄酒颜色的一个重要反应，由此可避免花色素分子氧化或发生其它化学反应。聚合使花色素对 SO_2、高 pH 更有抗性。当与单宁共价链接时，会有更多的花色苷呈色。聚合单宁呈黄橙色，收敛性小于水解性单宁。这一缩合物的呈色比游离花色苷更稳定，使葡萄酒在成熟过程中保持颜色稳定。

第二节　果酒酿造工艺

很多种类和品种的果品都可用于酿制果酒，但以葡萄酒为最大宗，本节主要介绍葡萄酒的酿造。

葡萄酒酿造就是将葡萄转化为葡萄酒。它包括两个阶段：第一阶段为物理化学或物理学阶段，即在酿造红葡萄酒时，葡萄浆果中的固体成分通过浸渍进入葡萄汁，在酿造白葡萄酒时，通过压榨获得葡萄汁；第二阶段为生物学阶段，即酒精发酵和苹果酸-乳酸发酵阶段。

葡萄原料中，20% 为固体成分，包括果梗、果皮和种子，80% 为液体部分，即葡萄汁。果梗主要含有水、矿物质、酸和单宁；种子富含脂肪和涩味单宁；果汁中则含有糖、酸、氨基酸等，即葡萄酒的非特有成分。而葡萄酒的特有成分则主要存在于果皮和果肉细胞的碎片中。从数量上讲，果汁和果皮之间也存在着很大的差异。果汁富含糖和酸，芳香物质含量很少，几乎不含单宁。而对于果皮，由于富含葡萄酒的特殊成分，则被认为是葡萄浆果的"高贵"部分。葡萄酒酿造的目标就是，实现对葡萄酒感官平衡及其风格至关重要的这些口感物质和芳香物质之间的平衡，然后保证发酵的正常进行。

优质红葡萄酒的酿造工艺如下：

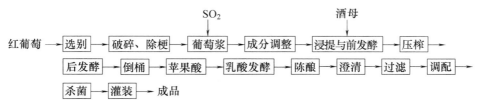

优质白葡萄酒的酿造工艺如下：

一、原料的选择

葡萄的酿酒适性好，任何葡萄都可以酿出葡萄酒，但只有适合酿酒要求和具有优良质量的葡萄才能酿出优质葡萄酒。因此，必须建立良种化、区域化的酒用葡萄生产基地（见表8-1）。

表 8-1   **主要适于酿酒的优良葡萄品种**

中文名称	外文名称	颜色	适用酿酒种类
蛇龙珠	Cabernet Gernischet	红	干红葡萄酒
赤霞珠（解百纳）	Cabernet Sauvignon	红	高级干红葡萄酒
黑皮诺	Pinot Noir	红	高级干红葡萄酒
梅鹿辄（梅露汁）	Merlot	红	干红葡萄酒
法国蓝（玛瑙红）	Bule French	红	干红葡萄酒
品丽珠	Cabernet France	红	干红葡萄酒
增芳德	Zinfandel	红	干红葡萄酒
佳丽酿（法国红）	Carignane	红	干红或干白葡萄酒
北塞魂	Petite Bouschet	红	红葡萄酒
魏天子	Verdot	红	红葡萄酒
佳美	Gamay	红	红葡萄酒
玫瑰香	Muscat Hambury	红	红或白葡萄酒
霞多丽	Chardonnay	白	白葡萄酒、香槟酒
雷司令（里斯林）	Riesling	白	白葡萄酒
灰皮诺（李将军）	Pinot Gris	白	白葡萄酒
意斯林（贵人香）	Italian Riesling	白	白葡萄酒
琼瑶浆	Gewüurztraminer	白	白葡萄酒
长相思	Sauvignon Blanc	白	白葡萄酒
白福儿	Folle Blanche	白	白葡萄酒
白羽	Ркацители	白	白葡萄酒、香槟
白雅	Баян-ширей	白	白葡萄酒
北醇		红	红或白葡萄酒
龙眼		淡红	干白或香槟

干红葡萄酒要求原料葡萄色泽深、风味浓郁、果香典型、糖分含量高（210g/L以上）、酸分适中（6~12g/L）、完全成熟，糖分、色素积累到最高而酸分适宜时采收。

干白葡萄酒要求果粒充分成熟，即将达完熟，具有较高的糖分和浓郁的香气，出汁率高。个别的白葡萄酒，如索丹类型的酒，残糖较高，对果汁含糖要求也严，因此，采用感染了葡萄灰霉病，并产生"贵腐"的干缩果粒为原料。

葡萄的成熟状态将影响葡萄酒的质量，甚至葡萄酒的类型。葡萄生长发育可分幼果期、转色期、成熟期和过熟期。随着果粒的不断增大，到了转色期，白色品种的果皮色泽变浅，有色品种果皮颜色逐渐加深，糖分含量不断上升。酸的含量到成熟期开始下降，单宁至成熟期时仍在增加，葡萄的香味也越来越浓。葡萄的成熟度可根据固酸比来判定，每一品种在特定区域都有较为固定的采收期，在采收季一个月内每周两次取样，测定固酸比，从而决定采收日期。采收期还受酿酒类型的影响，如白葡萄酒的原料比红葡萄酒的原料稍早采收，冰葡萄酒则要等葡萄在树上结冰后再摘下发酵。

二、发酵液的制备与调整

发酵液的制备与调整包括葡萄的选别、破碎、除梗、压榨、澄清和汁液改良等工序，是发酵前的一系列预处理工艺。为了提高酒质，进厂葡萄应首先进行选别，除去霉变、腐烂果粒；为了酿制不同等级的酒，还应进行分级。

（一）破碎与去梗

将果粒压碎，使果汁流出的操作称为破碎。破碎便于压榨取汁，增加酵母与果汁接触的机会，利于红葡萄酒色素的浸出，易于 SO_2 均匀地应用和物料的输送，同时氧的溶入增加。破碎时只要求破碎果肉，不伤及种子和果梗。因种子中含有大量单宁、油脂及糖苷，会增加果酒的苦涩味。破碎设备凡与果肉果汁接触的部件，不能使用铜、铁等材料制成，以免铜、铁溶入果汁中，增加金属离子含量，使酒发生铜或铁败坏病。

破碎后应立即将果浆与果梗分离，这一操作称为除梗。酿制红葡萄酒的原料要求除去果梗。除梗可在破碎前，也可在破碎后，或破碎去梗同时进行，可采用葡萄破碎去梗送浆联合机。除梗具有防止果梗中的青草味和苦涩物质溶出，减少发酵醪体积，便于输送，防止果梗固定色素而造成色素的损失等优点。酿制白葡萄酒的原料不宜去梗，破碎后立即压榨，利用果梗作助滤层，提高压滤速度。

破碎可手工，也可采用机械。手工法用手挤或木棒捣碎，也有用脚踏。破碎机有双辊式破碎机、鼓形刮板式破碎机、离心式破碎机等。现代生产常采用破碎与去梗同时进行。

（二）压榨与澄清

压榨是将葡萄汁或刚发酵完成的新酒通过压力分离的操作。红葡萄酒带渣发酵，当主发酵完成后及时压榨取出新酒。白葡萄酒取净汁发酵，因此破碎后应及时压榨取汁。在破碎后不加压力自行流出的葡萄汁称自流汁，加压之后流出的汁为压榨汁。前者占果汁的 50% ~ 55%，质量好，宜单独发酵制取优质酒。压榨分两次进行，第一次逐渐加压，尽可能压出果肉中的汁，而不压出果梗中的汁，然后将残渣疏松，加入或不加水作第二次压榨。第一次压榨汁占果汁的 25% ~ 35%，质量稍差，应分别酿制，也可与自流汁合并。第二次压榨汁占果汁的 10% ~ 15%，杂味重、质量差，宜作蒸馏酒或其它用途。压榨应尽量快速，以防止氧化和减少浸提。

澄清是酿制白葡萄酒特有工序，以便取得澄清果汁发酵。因压榨汁中的一些不溶性物质在发酵中会产生不良效果，给酒带来杂味。用澄清汁制取的白葡萄酒胶体稳定性高，对氧的作用不敏感，酒色淡，芳香稳定，酒质爽口。澄清有静置澄清、酶法澄清、皂土澄清和机械分离等多种方法。

（三）SO_2 处理

1. SO_2 的作用

（1）杀菌作用　在一定浓度范围内，SO_2 能抑制除酿酒酵母以外的其它微生物的生长，

即葡萄酒酵母抗 SO_2 能力较强，通过适量的 SO_2 的加入，能使葡萄酒酵母健康发育与正常发酵。

（2）抗氧化作用　SO_2 可预防果酒的氧化，尤其是阻止果汁中所含的氧化酶对单宁及色素的氧化作用，特别是对防止白葡萄酒的褐变有重要意义。SO_2 降低果酒的氧化还原电位，以果酒的香气和口味有特殊的影响，还可对维生素 C 起保护作用。

（3）溶解作用　由于 SO_2 的应用，生成的亚硫酸有利于果皮中色素、酒石、无机盐等成分的溶解，可增加浸出物的含量和酒的色度。

（4）澄清作用　SO_2 能抑制发酵微生物的活动，推迟发酵开始的时间，从而有利于发酵基质中悬浮物的沉淀，同时，它还能改变果汁或果酒的 pH，使原来以交替状态悬浮的氮化合物失去电荷沉淀。这一作用可用于白葡萄酒酿造过程中葡萄汁的澄清。

（5）增酸作用　主要是杀菌的溶解两个作用的结果。SO_2 可抑制以有机酸为发酵基质的细菌的活动，特别是乳酸菌的活动，从而抑制了苹果酸-乳酸发酵。另一方面，加入 SO_2 可提高发酵基质的酸度，并可杀死植物细胞，促进细胞中酸性可溶物质，特别是有机酸盐的溶解。

2. SO_2 的来源

使用的 SO_2 有气体 SO_2、液体亚硫酸及固体亚硫酸盐等。

（1）气体　直接燃烧硫磺生成 SO_2，是一种最古老的方法，目前，有些酒厂用此法来对贮酒室、发酵和贮酒容器进行杀菌。

（2）液体　将气体 SO_2 在加压或冷冻条件下形成液体，贮存于钢瓶中，可以直接使用，或间接将之溶于水中成亚硫酸后再使用，使用方便而准确。

（3）固体　常用偏重亚硫酸钾，加入酒中产生 SO_2。固体偏重亚硫酸钾中含二氧化硫约57.6%，常以50%计算。使用时将固体溶于水，配成10%溶液（含 SO_2 为5%左右）。

3. SO_2 的使用

SO_2 用量受很多因素影响，原料含糖量越高，结合 SO_2 的含量越高，从而降低活性 SO_2 的含量，用量略增；原料含酸量越高，pH 越低，活性 SO_2 含量越高，用量略减；温度越高，SO_2 越易与糖化合且易挥发，从而降低活性 SO_2 的含量，用量略增；原料带菌量越多，微生物种类越杂，果粒霉变严重，SO_2 用量越多；干白葡萄酒为了保持色泽，用量比红葡萄酒略增。但使用不当或用量过高，可使葡萄酒具怪味且对人体产生毒害，并可推迟葡萄酒成熟。常用的 SO_2 浓度见表8-2。

表8-2　　　　　　　　　　　　常见发酵基质中 SO_2 浓度　　　　　　　　　　单位：mg/L

原料状况	酒种类	
	红葡萄酒	白葡萄酒
无破损、霉变、含酸量高	30~50	60~80
无破损、霉变、含酸量低	50~100	80~100
破损、霉变	60~150	100~120

SO_2 在葡萄酒酿造过程中主要应用在两个方面。一是在发酵前使用，红葡萄酒应在破碎除梗后入发酵罐前加入，并且一边装罐一边加入 SO_2，装罐完毕后进行一次倒罐，以使 SO_2 与发酵基质混合均匀。切忌在破碎前或破碎除梗时对葡萄原料进行 SO_2 处理，否则 SO_2 不易与原料均匀混合，且挥发和固定而造成损失。白葡萄酒应在取汁后立即加入，以保护葡萄汁

在发酵以前不被氧化，在皮渣分离前加入会被皮渣固定部分 SO_2，并加重皮渣浸渍现象，破坏白葡萄酒的色泽。

SO_2 应用的另一个方面是在葡萄酒陈酿和贮藏时进行。在葡萄酒陈酿和贮藏过程中，为了防止氧化作用和微生物活动，以保证葡萄酒不变质，常将葡萄酒中的游离 SO_2 含量保持在一定水平上（表 8-3）。

表 8-3   不同情况下葡萄酒中游离 SO_2 需保持的浓度

SO_2 浓度类型	葡萄酒类型	游离 SO_2/(mg/L)
贮藏浓度	优质红葡萄酒	10～20
	普通红葡萄酒	20～30
	干白葡萄酒	30～40
	加强白葡萄酒	80～100
消费浓度	红葡萄酒	10～20
（瓶装葡萄酒）	干白葡萄酒	20～30
	加强白葡萄酒	50～60

（四）葡萄汁的成分调整

为了克服原料因品种、采收期和年份的差异，而造成原料中糖、酸及单宁等成分的含量与酿酒要求不相符，必须对发酵原料的成分进行调整，确保葡萄酒质量并促使发酵安全进行。

1. 糖分调整

糖是酒精生成的基质。根据乙醇生成反应式，理论上 1 分子葡萄糖生成 2 分子乙醇，即 1g 葡萄糖将生成 0.511g 或 0.64mL 的乙醇。或者说，要生成 1% 酒精需葡萄糖 1.56g 或蔗糖 1.475g。但实际上，酒精发酵除主要生成酒精、二氧化碳外，还有微量的甘油、琥珀酸等产物生成需消耗一部分糖，加之酵母菌生长繁殖也要消耗一部分糖。所以，实际生酒精度升高 1% 需 1.7g 葡萄糖或 1.6g 蔗糖。

一般，葡萄汁的含糖量在 140～200g/L，只能生成 8%～11.7% 的酒精。而成品酒的酒精度要求为 12%～13%，乃至 16%～18%。增高酒精度的方法，一是补加糖使生成足量浓度的酒精，二是发酵后补加同品种高浓度的蒸馏酒或经处理过的酒精。酿制优质葡萄酒须用补加糖的办法。补加酒精量以不超过原汁发酵的酒精量 10% 为宜。

补加糖的方法：

① 添加蔗糖：应补加的糖量，根据成品酒精度而定。如要求 13%，按 1.7g 糖生成 1% 酒精计，则每升果汁中的含糖量是 13×17 = 221g。如果葡萄汁的含糖量为 170g/L，则每升葡萄汁应加砂糖量为 221-170 = 51g。但实际上，加糖后并不能得到每升含糖 221g，而是比 221g 低。由于每千克砂糖溶于水后增加 625mL 的体积。因此，应按式(8-1)计算加糖量：

$$X = \frac{V(1.7A - B)}{100 - 1.7A \times 0.625} \tag{8-1}$$

式中　X——应加砂糖量，kg

　　　V——果汁总体积，mL

    1.7——产生 1% 酒精所需的糖量

     A——发酵要求的酒精度

     B——果汁含糖量，g/100mL

  0.625——单位质量砂糖溶解后的体积数

按式（8-1）计算，应加砂糖量为 59.2g。生产上为了简便，可用经验数字。如要求发酵生成 12%~13% 酒精，则用 230~240 减去果汁原有的糖量。果汁含糖量高时（150g/L 以上）可用 230，含糖量低时（150g/L 以下）则用 240。按上例果汁含糖170g/L，则每升加糖量为：230-170=60g。

加糖前应量出较准确的葡萄汁体积，一般每 200L 加一次糖；加糖时先将糖用葡萄汁溶解制成糖浆；用冷汁溶解，不要加热，更不要先用水将糖溶成糖浆；加糖后要充分搅拌，使其完全溶解；加糖的时间最好在酒精发酵刚开始的时候。

②添加浓缩葡萄汁：采用浓缩葡萄汁来提高糖分的方法，一般不在主发酵前期加入，因葡萄汁含糖太高易造成发酵困难。都采用在主酵后期添加。添加时要注意浓缩汁的酸度，因葡萄汁浓缩后酸度也同时提高。如加入量不影响汁酸度时，可不作任何处理；若酸度太高，需在浓缩汁中加入适量的碳酸钙中和，降酸后使用。

实例分析：已知浓缩葡萄汁的潜在酒精度为 50%（体积分数），5 000L 发酵葡萄汁的潜在酒精度 10%（体积分数），葡萄酒要求酒精度为 11.5%（体积分数），则可用交叉法求出需加入的浓缩汁量。

浓缩汁   50%   1.5

                        \   /

要求酒精度   11.5%

                       /   \

发酵用葡萄汁   10%   38.5

即要在 38.5L 的发酵用葡萄汁中加入 1.5L 的浓缩葡萄汁，才能使葡萄酒达到11.5%（体积分数）的酒精度。根据上述比例求得浓缩汁的添加量为：

$$1.5 \times 5\ 000/38.5 = 194.8\ （L）$$

2. 酸分调整

酸在葡萄酒发酵中起重要作用，它可抑制细菌繁殖，使发酵顺利进行；使红葡萄酒得到鲜明的颜色；使酒味清爽，并使酒具有柔软感；与醇生成酯，增加酒的芳香；增加酒的贮藏性和稳定性。

葡萄汁中的酸分以 8~12g/L 为适宜。此量既为酵母菌最适应，又能赋予成品酒浓厚的风味，增进色泽。若 pH 大于 3.6 或可滴定酸低于 0.65% 时，可添加酸度高的同类果汁，也可用酒石酸、柠檬酸对葡萄汁直接增酸，在实践中，一般每升葡萄汁中添加 1~3g 酒石酸，柠檬酸添加量最好不要超过 0.5g/L。

对于红葡萄酒，应在酒精发酵前补加酒石酸，这样有利于色素的浸提。若加柠檬酸，应在苹果酸-乳酸发酵后再加。白葡萄酒加酸可在发酵前或发酵后进行。柠檬酸主要用于稳定葡萄酒。但在经过苹果酸-乳酸发酵的葡萄酒中，柠檬酸容易被乳酸菌分解，提高挥发酸量，因此，应避免使用。

一般情况下不需要降低酸度，因为酸度稍高对发酵有好处。在贮存过程中，酸度会自然降低 30%~40%，主要以酒石酸盐析出。但酸度过高，必须降酸，降酸方法有：

（1）勾兑法降酸　与同种类的低酸度果汁混合。

（2）物理法降酸　所生产的果（酒）汁低温或冷冻贮存，促进酒石酸盐沉淀降酸。

（3）化学法降酸　通过添加中性酒石酸盐、碳酸钾盐或碳酸钙盐降酸。但化学降酸法最好在酒精发酵结束时进行。

（4）生物方法降酸　有苹果酸-乳酸发酵降酸和裂殖酵母降酸，主要是苹果酸-乳酸发酵。红葡萄酒一般进行苹果酸-乳酸发酵降酸，而白葡萄酒一般进行化学降酸。

三、 葡萄酒的发酵

（一）酵母添加

成分调整后，即使不添加酵母，酒精发酵也会自然地触发。但是，生产上，则需要加入人工培养酵母或活性干酵母。

1. 利用人工选择酵母制备葡萄酒酵母

我国所利用的人工选择酵母一般为试管斜面培养的酵母菌。利用这类酵母制备葡萄酒酵母需经几次扩大培养。

（1）液体试管培养　在葡萄开始压榨前 10d 左右，采摘完全成熟、无霉变的葡萄，经破碎和压榨过滤得到新鲜葡萄汁，分装入经干热灭菌的干净试管中，每管约 10mL，用 0.1MPa 的蒸汽灭菌 20min，放冷备用。在无菌条件下接入斜面试管活化培养的酵母，每支斜面可接入 10 支液体试管，25℃培养 1~2d，发酵旺盛时接入三角瓶。

（2）三角瓶培养　在清洁干热灭菌的 500mL 三角瓶中注入新鲜澄清的葡萄汁 250mL，用 0.1MPa 的蒸汽灭菌 20min，冷却后接入两支液体培养试管，25℃培养 24~30h，发酵旺盛时接入玻璃瓶。

（3）玻璃瓶（或卡氏罐）培养　在 10L 洁净消毒的卡氏罐或细口玻璃瓶中加入新鲜澄清的葡萄汁 6L，常压蒸煮（100℃）1h 以上，冷却后加入亚硫酸，使其二氧化硫含量达 80mg/L，经 4~8h 后接入两个发酵旺盛的三角瓶培养酵母，摇匀，换上发酵栓，于 20~25℃ 培养 2~3d，其间摇瓶数次，至发酵旺盛时接入酒母培养罐。

（4）酒母罐培养　可用两只 200~300L 带盖的木桶（或不锈钢）培养酒母。木桶洗净并经硫磺烟熏杀菌，过 4h 后往一桶中注入新鲜成熟的葡萄汁至 80% 的容量，加入 100~150mg/L 的亚硫酸，搅匀，静置过夜。吸取上层清液至另一桶中，随即添加 1~2 个玻璃瓶培养酵母，25℃培养，每天用酒精消毒过的木耙挑动 1~2 次，使葡萄汁接触空气，加速酵母的生长繁殖，经 2~3d 至发酵旺盛时即可使用。每次取培养量的 2/3，留下 1/3，然后再放入处理好的澄清葡萄汁继续培养。若卫生管理严格，可连续分批培养多次。

（5）酒母使用　培养好的酒母一般应在葡萄醪加二氧化硫后经 4~8h 再加入，以减小游离二氧化硫对酵母的影响。酒母用量为 1%~10%，视情况而定。

2. 利用活性干酵母制备葡萄酒酒母

活性干酵母为灰黄色的粉末，或呈颗粒状。它贮藏性好，使用方便。使用前需活化，活化方法为：所需酵母质量 10 倍左右的 35~40℃ 的糖水（5% 含糖量）或未加二氧化硫的稀葡萄汁，加入酵母，轻轻搅拌均匀，避免结块，经 20~30min，即可使用。

（二）红葡萄酒的发酵

红葡萄酒可带皮进行前发酵或纯汁发酵，后者产品口味较轻些。整个发酵期分为前发酵和后发酵两个阶段，发酵期分别为5~7d和30d。

前发酵有开放式（图8-4）及密闭式（图8-5）两种，目前多采用后者。前发酵期间，原始的搅拌方法是人工用木耙"压醪盖"，现多用泵将汁进行循环，喷淋到醪盖上。

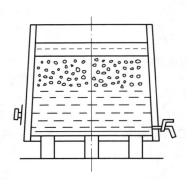 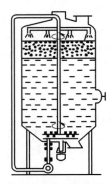

图8-4 带压板装置的开放式发酵池　　图8-5 新型密闭式的红葡萄酒发酵罐

1. 传统的发酵工艺

（1）入池　发酵容器清洗后，用亚硫酸杀菌（20mL/m³），装好压板、压杆。泵入葡萄浆，充满系数为75%~80%。按规定量添加SO_2，然后加盖封口。在葡萄浆入池几小时后，有害微生物已被SO_2杀伤。这时，在醪液循环流动状态下，将酒母加入。添加酵母最好使用人工培养的纯种酵母，或使用天然酵母，也可使用上一次的酒脚。人工酒母的相对密度为1.020~1.025。

（2）前发酵　前发酵主要目的是进行酒精发酵、浸提色素物质和芳香物质。前发酵进行的好坏是决定葡萄酒质量的关键。若葡萄浆的原始糖度低于成品酒酒度所要求的度数，应一次加入需加的糖量，或在前发酵旺盛时分两次添加，压板的缝约0.5cm，浸没深度为6~12cm。

① 前发酵的管理：a. 温度管理：红葡萄酒发酵的最适温度为26~30℃。温度过低，红葡萄皮中的单宁、色素不能充分溶解到酒里，影响成品酒的颜色和口味。发酵温度过高，葡萄的果香会受到损失，影响成品酒香气。入池后，每天早晚各测量1次品温，记录并画出温度变化曲线。若品温过高，须及时冷却降温；无冷却设备，可每天早晚循环倒汁各1次，每次约30min。b. 成分管理：每天测定糖分下降状况，并记录于表中，画出糖度变化曲线。按品温和糖度变化状况，通常可判断发酵是否正常。c. 观察发酵面：通常在入池后8h左右，液面即有发酵气泡。若入池后24h仍无发酵迹象，应分析原因，并采取相应措施。

② 发酵期的确定：一般当在酒液残糖量降至0.5%左右，发酵液面只有少量CO_2气泡，"酒盖"已经下沉，液面较平静，发酵温度接近室温，并且有明显酒香，此时表明前发酵结束。一般来讲，前发酵时间为4~6d。发酵后的酒液质量要求为：呈深红色或淡红色；混浊而含悬浮酵母；有酒精、CO_2和酵母味，但不得有霉、臭、酸味；酒精含量为9%~11%（体积分数）、残糖≤0.5%、挥发酸$CO_2$0.04%。

③ 前发酵过程的物理及化学变化：a. 葡萄浆中绝大部分糖在酵母作用下分解，生成酒精及其它副产物。葡萄皮的色素等成分逐渐溶解于酒中。b. 发酵开始时，有"吱吱"声，

响声由小变大。发酵旺盛时，产生大量的 CO_2，使酒液出现翻腾现象。旺盛过后，"吱吱"声逐渐变小。整个主发期间泡沫的多少和发酵激烈的程度是相应的；而泡沫的色泽往往是由浅变深的。c. CO_2 将皮和其它较轻的固状物质带至酒液表面，形成一层厚的醪盖。前发酵结束时，醪盖已下沉，应及时分离，否则将导致酵母自溶。

（3）酒醪固液分离　通常，在酒液相对密度降为 1.020 时进行皮渣分离。如果葡萄的糖度高达 22%~24%，且富含单宁及色素，则皮渣的浸提时间应适当缩短。有时在酒液相对密度降至 1.030~1.040 时，即可进行皮渣分离。如果生产要求色泽很深或单宁含量高的酒，应推迟除渣。使用质量较差的葡萄酿酒，则应提前除渣。

先将自流酒液从排出口放净，然后，清理出皮渣进行压榨，得压榨酒。前发酵结束后的醪液中各组分比例为，皮渣占 11.5%~15.5%，自流酒液占 52.9%~64.1%；压榨酒液占 10.3%~25.8%；酒脚占 8.9%~14.5%。自流酒液的成分与压榨酒液相差很大，若酿制高档酒，应将自流酒液单独贮存。

① 提取自流酒液：自流酒液通过金属网筛流入承接桶，由泵输入后发酵罐，称为"下酒"。生产红葡萄酒采用这种方法，可使新酒接触空气，以增强酵母的活力，并使酒中溶解 CO_2 得以逸出。但应注意不要溶入过多的空气。若酒液温度高于 33℃，则应先冷却。佐餐红葡萄酒要求有新鲜感，有明显的原果香，因此在下酒时应尽量使酒液隔绝空气，以免氧化，即酒液由出口直接经输酒管泵入后发酵罐。

② 出渣、压榨：通常在自流酒完全流出后 2~3h 进行出渣，也可在次日出渣。压榨时，应注意不能压榨过度，以免酒液味较重，并使皮上的肉质等带入酒中而不易澄清。

（4）后发酵

① 后发酵的目的：a. 继续发酵至残糖降为 0.2g/L 以下。b. 澄清作用：在低温缓慢的后发酵中，前发酵原酒中残留的部分酵母及其它果肉纤维等悬浮物逐渐沉降，形成酒泥，使酒逐步澄清。c. 排放溶解的 CO_2。d. 氧化还原及酯化作用。e. 苹果酸-乳酸发酵的降酸作用。

② 后发酵管理：a. 尽可能在 24h 之内下酒完毕。b. 酒液品温控制为 18~20℃。每天测量品温和酒精度 2~3 次，并做好记录。c. 定时检查水封状况，观察液面。注意气味是否正常，有无霉、酸、臭等异味，液面不应呈现杂菌膜及斑点。

若后发酵开始时逸出 CO_2 较多，或有"嘶嘶"声，则表明前发酵未完成，残糖过高。应泵回前发酵罐，在相应的温度下进行前发酵，待糖分降至规定含量后，再转入后发酵罐。若酒液一开始呈臭鸡蛋气味，可能是 SO_2 用量过多而产生 H_2S 所致，可进行倒罐，使酒液接触空气后，再进行后发酵。若品温过低而无轻微发酵迹象，应将品温提高到 18~20℃。若早期污染醋酸菌，则液面有不透明的污点。应及早倒桶并添加适量二氧化硫，并控制品温，以避免醋酸菌蔓延。若前发酵品温升到 35℃ 以上而酵母早衰，则很难完成后发酵。可采取如下补救措施：添加约 20% 发酵旺盛的酒液，其密度应与被补救的酒液相近。若至发酵季节终了，仍存在后发酵不完全的酒液，则应及时添加人工酒母进行补救。

2. 旋转罐法发酵工艺

旋转发酵罐是一种比较先进的红葡萄酒发酵设备。利用罐的旋转，能有效地浸提葡萄皮中含有的单宁和花色素。由于在罐内密闭发酵，发酵时产生的 CO_2 使罐保持一定的压力，起到防止氧化的作用，同时减少了酒精及芳香物质的挥发。罐内装有冷却管，可以控制发酵温度，不仅能提高质量，还能缩短发酵时间。

世界上目前使用的旋转罐有两种形式，一种为法国生产的 Vaslin 型旋转罐（见图 8-6），一种是罗马尼亚的 Seity 型旋转罐（见图 8-7）。

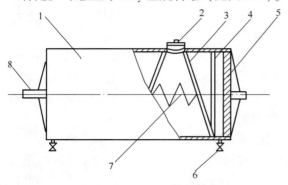

图 8-6 Vaslin 型旋转罐

1—罐体 2—进料排渣口 3—螺旋板 4—过滤网
5—封头 6—出汁阀门 7—冷却蛇管 8—罐体短轴

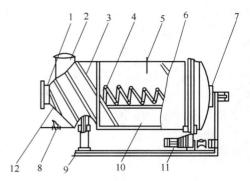

图 8-7 Seity 型旋转罐

1—出料口 2—进料口 3—螺旋板 4—冷却管
5—温度计 6—罐体 7—链龙 8—出汁阀门
9—滚轮装置 10—过滤网 11—电机
12—出料双螺旋

（1）Seity 型旋转罐发酵工艺葡萄破碎后，输入罐中。在罐内进行密闭、控温、隔氧并保持一定压力的条件下，浸提葡萄皮上的色素物质和芳香物质，当诱起发酵、色素物质含量不再增加时，即可进行分离皮渣，将果汁输入另一发酵罐中进行纯汁发酵。前期以浸提为主，后期以发酵为主。旋转罐的转动方式为正反交替进行，每次旋转 5min，转速为 5r/min，间隔时间为 25～55min。浸提时间因葡萄品种及温度等条件而异。

（2）Vaslin 型旋转罐发酵工艺葡萄浆在罐内进行色素及香气成分的浸提，同时进行酒精发酵，待残糖为 0.5g/L 左右时，压榨取酒，进入后发酵罐发酵。

3. CO_2 浸渍法生产工艺

CO_2 浸渍法（carbonic Maceration，CM）是把整粒葡萄放到一个密闭罐中，罐中充满 CO_2 气体。葡萄经受 CO_2 的浸渍后进行破碎、压榨，再按一般方法进行酒精发酵。CO_2 浸渍过程其实质是葡萄果粒厌氧代谢过程。浸提时果粒内部发生了一系列生化变化，如苹果酸减少，琥珀酸增加；总酯含量明显增加，双乙酰、乙醛、甘油的生成量提高等，因而酒体柔和，香气悦人。但它要求必须是新鲜无污染的葡萄，酒不能很好地经受陈酿，否则会失去特有的水果香味。我国目前葡萄原料的含酸量较高，采用该法对改善酒质具有重要现实意义。

4. 热浸提法工艺

热浸提法生产红葡萄酒是利用加热浆果，充分提取果皮和果肉的色素物质和香味物质，然后进行皮渣分离，进行纯汁酒精发酵。

该法分全部果浆加热、果浆分离出 40%～60% 冷汁后的果浆加热及整粒葡萄加热三种。加热工艺条件分两种：低温长时间加热，即 40～60℃，0.5～24h；高温短时间，即 60～80℃，5～30min。例如，意大利 Padovan 热浸提设备的工艺为：全部果浆在 50～52℃ 下浸提 1h；SO_2 用量为 80～100mg/L。再取自流汁及压榨汁进行前发酵。

5. 连续发酵法生产工艺

红葡萄酒的连续发酵是指连续供给原料，连续取出产品的一种发酵方法，连续发酵法的设备一般为金属立式罐形，容量为 $80 \sim 400 m^3$，一般安置在室外，设备下半部有一个葡萄浆进口，每日进料必须与酒、果渣、籽的排放相适应。酒的出口管可以调节高度，固定在果渣下面，通过过滤网使酒流出，残留固体物质。果渣螺旋机自动取出，罐底形状使部分籽易积累，每天可排出，以避免任何涩味，原因是定期减少单宁溶解，并配用一个洗涤系统。在罐外有一个喷水环，用来防止温度上升。通过改进进料与出酒的速度来决定果渣浸提。

连续发酵法的优点是可集中处理大量葡萄；空间和材料都较经济，产品成熟快，生产效率高。缺点是设备投资大；连续发酵投料量大，不适于单品种发酵；杂菌污染程度大。

（三）白葡萄酒的发酵

白葡萄酒的发酵进程及管理基本上与红葡萄酒相同。不同之处是取净汁在密闭式发酵容器中进行发酵。白葡萄汁一般缺乏单宁，在发酵前常按 100L 果汁加 $4 \sim 5g$ 单宁，有利于提高酒质量。

白葡萄酒发酵温度比红葡萄酒要低，在温度控制上比红葡萄酒要严地多。温度过高时，葡萄汁易于氧化，削弱了原葡萄品种的果香；低沸点芳香成分易于挥发，降低白葡萄酒的香气。白葡萄酒发酵温度一般在 $18 \sim 20 \, ℃$ 为宜，主发酵期为 15d 左右。白葡萄酒发酵目前常采用夹套冷却的钢罐。主发酵后，残糖降至 5g/L 以下，即可转入后发酵。后发酵温度一般控制在 15℃ 以下。在缓慢的后发酵中，葡萄酒香和味形成更为完善，残糖继续下降至 1g/L 以下。后发酵约持续 1 个月左右。

四、贮酒陈酿

葡萄酒在贮酒陈酿过程中发生一系列的物理的、化学的、生物化学的变化，以保持果香味和酒体醇厚，提高酒的稳定性。合理的葡萄酒贮存期，一般干白葡萄酒较短，为 $6 \sim 10$ 个月。红葡萄酒由于酒精含量较高，同时单宁和色素物质含量也较多，色泽较深，一般为 $3 \sim 5$ 年。

（一）贮藏环境要求

1. 温度

温度低而恒定，利于酒澄清，一般以 $12 \sim 15 ℃$ 为宜。具体来说，干酒适宜的贮温为 $10 \sim 15 ℃$，白葡萄酒 $8 \sim 11 ℃$，红葡萄酒 $12 \sim 15 ℃$，甜葡萄酒 $16 \sim 18 ℃$。温度过低，酒成熟慢，高温下成熟快，但利于杂菌繁殖。

2. 湿度

相对湿度 85% 较适宜。湿度过低使酒蒸发，过湿则水蒸气通过桶板渗透到酒中，造成酒度降低，味淡薄，同时霉菌等易繁殖，产生不良风味。湿度过高可采用通风排湿，过低可在地面洒水。

3. 通风卫生

室内有通风设施，并保持空气新鲜与清洁。

老式葡萄酒厂贮存过程是在传统的地下酒窖中进行，随着近代冷却技术的发展，葡萄酒厂的贮存已向地上和露天贮存方式发展。贮存容器通常有橡木桶、水泥池和金属罐等几种，当今除高档红葡萄酒及某些特种酒外，一般都是不锈钢罐贮存。

（二）贮存期的管理

1. 添桶

由于酒中二氧化碳释放、酒液的蒸发损失、温度的降低以及容器的吸收渗透等原因造成贮酒容器中液面下降现象，形成的空位利于醭酵母的活动，必须用同批葡萄酒添满。

2. 换桶

使已经澄清的葡萄酒与酒脚分开。因酒脚中含有酒石酸盐和各种微生物，与酒长期接触会影响酒的质量。同时，新酒可借助换桶放出二氧化碳，溶进部分氧气加速酒的成熟。红葡萄酒第一次换桶宜在空气中进行，第二次起宜在隔绝空气下进行。一般应在当年11~12月份进行第一次，第二次应在翌年2~3月，11月进行第三次，以后每年一次或两年一次。白葡萄酒换桶必须与空气隔绝，以防止氧化，保持酒的原果香。换桶次数取决于葡萄酒的品种、葡萄酒的内在质量和成分，没有固定的次数。

3. 下胶澄清

葡萄酒经长时间的贮存与多次换桶，一般均能达到澄清透明，若仍达不到要求，原因是酒中的悬浮物（色素粒、果胶、酵母、有机酸盐及果肉碎屑等）带有同性电荷，互相排斥，不能凝聚，且又受胶体溶液的阻力影响，悬浮物质难于沉淀。为了加速这些悬浮物质除去，常用下胶处理。

（1）下胶材料　用于下胶的材料有明胶、单宁、蛋清、鱼胶、皂土等。

① 明胶：从动物的皮、软骨、骨骼等加压经长时间熬制而成的。这种胶无臭、无色或略带黄色或褐色，呈透明或半透明状，有片状、粒状、粉状等。它具有良好的絮凝性和吸附力，在70~80℃的温水中能缓慢溶解成胶。

② 鱼胶：由鱼鳔制成，是白葡萄酒的高级澄清剂，它对酒中的组分消耗最少，又不会使酒受到污染，且速度慢，效果好，但价格昂贵。一般先用冷水浸泡2d左右，除去腥味。此后加蒸馏水，使溶液中干胶含量为5%~8%，在25℃水浴上加热，直至完全溶解。

③ 蛋清：一般是鸡蛋的蛋清，可制成粉状或干片。具有除单宁和色素的性能。它的澄清作用快，适于优质红葡萄酒的下胶，但由于加工不纯而带异味，因此用得较少。用时先将蛋清与蛋黄分开，强烈搅拌至起泡沫，然后与酒搅拌均匀。

④ 干酪素：从牛乳提取，呈黄色粉末，具在酸性中凝絮的特性，能去酒中不稳定的色素物质，是白葡萄酒的主要澄清剂。

⑤ 皂土：一种胶质粒子，吸附性强，澄清效果好。一般用于澄清蛋白质混浊或下胶过量的葡萄酒，效果很好。皂土常与明胶一起用，可提高澄清效果。

（2）影响下胶效果因素

① 单宁含量：当酒中单宁含量过低时，影响下胶效果。白葡萄酒因单宁含量少，常需添加。

② 盐的作用：下胶只有在无机物钙、镁、钾等盐存在下，效果较好。

③ 下胶温度：下胶温度过高或过低，影响下胶效果。温度越低，促进絮状体形成，加速澄清。温度高于25℃以上，澄清剂的凝聚性质降低，下胶后可能呈溶解状态留在酒中，当温度低或大气压低时，将会重新出现沉淀。

④ 蛋白质过多，难以澄清的葡萄酒，下胶前可加硅藻土、皂土，有利于提高澄清效果。

⑤ 下胶材料的用量：保证添加到葡萄酒中用于澄清的蛋白质在酒中完全沉降而无残留是

很关键的。下胶过量的葡萄酒，其澄清度是不稳定的。瓶装后，当温度变化时会发生混浊沉淀，危害极大。要检查是否下胶过量，当葡萄酒加入0.5g/L商品单宁，24h后，根据出现雾浊的程度，可判断出过量的多少。

4. 离心澄清

下胶澄清是老式厂家常用的方法，随着科技的发达，离心澄清已用来大规模处理葡萄汁和葡萄酒。当处理混浊的葡萄酒时，离心机可使杂质或微生物细胞在几分钟内沉降下来。有些设备能在操作的同时，把沉渣分离出来。进入离心机中的混浊酒液出来时已相当澄清。离心机有多种类型，可以用于不同目的。大致可分鼓式、自动出渣式和全封闭式等。

5. 冷热处理

自然陈酿的葡萄酒需要1~2年，甚至更长时间，为了缩短酒龄，提高稳定性，加速陈酿，可采取冷热处理。

（1）冷处理　冷处理可加速酒中胶体有酒石酸氢盐的沉淀，使酒液澄清透明，苦涩味减少。处理温度以高于酒的冰点0.5℃为宜。因各类葡萄酒的酒精含量和浸出物含量不同，其冰点也不同。下式可计算不同葡萄酒冰点：

$$T = -(0.04G + 0.02g + r) \tag{8-2}$$

式中　T——葡萄酒的冰点，℃

G——每升葡萄酒所含酒精的质量，g/L

g——每升葡萄酒所含浸出物质量，g/L

r——校正系数，酒精含量10%时为0.6，12%时为1.1，14%时1.6。

冷处理时间应根据冷冻方式和所采用的不同设备而定，一般在高于酒冰点0.5℃下冷处理5d左右。冷处理时，常采取快速冷却法，在较短的时间内（5~6d）达到所要求的温度，可使结晶的形成时间短，形成的晶体大，沉淀效果好。在同温下过滤，可将不溶性物质全部滤去，取得较好效果。若慢速冷却，虽能形成较大的晶体，但不完全稳定。冷处理过程中，在葡萄酒中溶解二氧化碳或填充一些惰性气体，可防氧化，尤其是白葡萄酒。

（2）热处理　热处理可促进酯化，加速蛋白凝固，提高果酒稳定性，并具杀菌、灭酶作用。但可加速氧化，对酿造鲜爽、清新型产品不适宜。

通过热处理的葡萄酒在贮藏保存期间是很稳定的，但是，如热处理措施不当，也会对酒的色、香、味产生不利的一面，如酒色变褐，果香新鲜感变弱，严重时会出现氧化味。因此，热处理宜在密闭容器中进行，以免酒精及芳香物质的挥发损失，一般将酒间接加热到65℃，15min或70℃，8min进行热处理。热处理完后，应及时冷却。

为了获得理想的处理效果，常把冷、热两种处理结合使用。

五、 调配、灌装、杀菌

（一）成品调配

为使同一品种的酒保持固有的特点，提高酒质或改良酒的缺点，常在酒已成熟而未出厂前，进行成品调配。主要包括勾对和调整两方面。勾对即原酒的选择与适当比例的混合，目的在于使不同优缺点的酒相互取长补短，最大限度提高酒的质量和经济效益。一般选择一种质量接近标准的原酒作基础酒，根据其缺点选一种或几种另外的酒作勾对酒，按一定比例加入后再进行感官和理化分析，从而确定调整比例。调整则是根据产品质量标准对勾对酒的某些成分进行调整。葡萄酒的调整主要是以下指标：

① 酒精度：用同品种酒度高的调配，也可用同品种葡萄蒸馏酒或精制酒调配。

② 糖分：和同品种的浓缩果汁为好，也可用精制砂糖调配。

③ 酸分：酸分不足可加柠檬酸，酸分过高可用中性酒石酸钾中和。

配酒时先加入酒精，再加入原酒，最后加入糖浆和其它配料，并开动搅拌器使之充分混合，取样检验合格后再经半年左右贮存，使酒味恢复协调。

（二）过滤、杀菌、装瓶

葡萄酒工业中，常用过滤机有棉饼过滤机、硅藻过滤机等。为了达到理想的过滤效果，得到清澈透明的葡萄酒，一般需要多次过滤。一般是在原酒下胶澄清后，用硅藻土过滤机进行粗滤，以排除悬浮在葡萄酒中的细小颗粒和澄清剂颗粒。经冷热处理后的酒，在低温下用棉饼（或硅藻土）过滤机过滤，以分离悬浮状的微粒体和胶体。在装瓶前，采用膜除菌过滤，以进一步提高透明度，防止发生物性混浊。

装瓶时，空瓶先用2%~4%碱液，在30~50℃浸洗去污，再用清水冲洗，后用2%的亚硫酸液冲洗消毒。装瓶前杀菌是将葡萄酒经巴氏杀菌后，再进行热装瓶或冷装瓶；装瓶后杀菌，是先将葡萄酒装瓶，密封后在60~75℃杀菌10~15min。杀菌装瓶后，经一次光检，合格品即可贴标、装箱入库。软木塞封口的酒瓶应倒置或卧放。

第三节　果酒常见质量问题与控制

各种微生物在果酒中的生长繁殖，内在或外界各种因素的影响引起的各种不良的理化反应，都会引起果酒外观及色、香、味发生改变，这些现象称为果酒的病害。

一、　非生物病害

（一）金属破败病

1. 铁破败病

铁破败病主要成因是由于葡萄酒中铁含量过高。葡萄酒中的二价铁与空气接触氧化成三价铁，三价铁与葡萄酒中的磷酸盐反应，生成磷酸铁白色沉淀，称为白色破败病。三价铁与葡萄酒中的单宁结合，生成黑色或蓝色的不溶性化合物，使葡萄酒变成蓝黑色，称为蓝色破败病。蓝色破败病常出现在红葡萄酒中，因为红葡萄酒中单宁含量较高。白色破败病在红葡萄酒中往往被蓝色破败病所掩盖，因此常表现为出现在白葡萄酒中。

防治方法：

① 避免葡萄酒与铁质容器、管道、工具等直接接触。

② 避免与空气接触，防止酒的氧化。

③ 采用除铁措施，如亚铁氰化钾法、植酸钙除铁法、柠檬酸除铁法及维生素除铁法等。

2. 铜破败病

葡萄酒中的 Cu^{2+} 被还原物质还原为 Cu^+，Cu^+ 与 SO^2 作用生成 Cu^{2+} 和 H_2S，两者反应生成 CuS。生成的 CuS 首先以胶体形式存在，在电解质或蛋白质作用下发生凝聚，出现沉淀。

防治方法：

① 在生产中尽量少使用铜质容器或工具。

② 在葡萄成熟前 3 周停止使用含铜的化学药剂（如波尔多液）。

③ 用适量硫化钠除去酒中所含的铜。

④ 将葡萄酒在 75~80℃ 下热处理 1h，可除去铜和蛋白质，还可形成保护性胶体，热处理后下胶过滤。

⑤ 在装瓶时，加入 200mg/L 阿拉伯树胶，可以防止铜离子胶体的絮凝，防止铜破败病。

（二）蛋白质破败病

当酒中的 pH 接近酒中所含蛋白质的等电点时，易发生沉淀。此外，蛋白质还可以和酒中含有的某些金属离子、盐类等物质聚集在一起而产生沉淀，影响酒的稳定性。

防治方法：

① 及时分离发酵原酒，葡萄醪主发酵结束后立即倒罐。

② 进行热处理，先加热，加速酒中蛋白质的凝结；然后冷处理，低温过滤，除去沉淀物。

③ 在葡萄酒澄清用胶时，必须通过小样试验，确定用胶量，否则加胶过量，会破坏酒的稳定性。

④ 加入胰蛋白酶、糜蛋白酶、嗜热菌蛋白酶、胃蛋白酶等。

（三）酒石酸盐类沉淀

酒石酸盐类（酒石酸氢钾）沉淀是瓶装葡萄酒最易出现的质量问题。酒石酸氢钾的溶解度很低，因此极易出现酒石沉淀，影响葡萄酒的稳定性。

防治方法：

① 严格贯彻陈酿阶段的工艺操作，及时换池、清除酒脚、分离酒石。

② 对原酒进行冷处理，低温过滤。

③ 用离子交换树脂处理原酒，清除钾离子和酒石酸。

二、生物病害

通常，将由微生物引起的果酒病害称为生物病害。能引起果酒发生生物病害的微生物种类很多，如生花菌、醋酸菌、乳酸菌、苦味菌、甘露蜜醇菌、油脂菌、都尔菌和卜士菌、霉菌等。现将几种主要的生物病害介绍如下。

（一）由生花菌引起的病害

生花菌，又称生膜酵母菌，当葡萄酒暴露在空气中时，开始在酒液表面生长一层灰白色的、光滑而薄的膜，逐渐增厚、变硬，形成皱纹，并将液面盖满。一旦受振动即破裂成片状物，悬浮于酒液中，使酒液混浊不清。这种菌种类很多，主要是醭酵母。它适宜在酒精度低的葡萄酒中繁殖，特别是在通风、24～26℃、酒精度<12%（体积分数）的条件下，它能使酒精分解生成水和二氧化碳，使葡萄酒口味平淡，并产生不愉快的气味。

防治方法：

① 贮酒容器要装满，并加盖严封，保持周围环境及桶内外清洁卫生。

② 不满的酒桶采用充一层二氧化碳或二氧化硫气体的方法，使酒与空气隔开。

③ 提高贮存原酒的酒精度［12%（体积分数）以上］。

④ 若已发生生花现象，则宜泵入同类的质量好的酒种，使酒在溢出的同时除去酒花。

（二）由醋酸菌引起的病害

当醋酸菌开始繁殖时，先在液面生成一层淡灰色的薄膜，最初呈透明状，以后逐渐变暗，或成玫瑰色的薄膜，并出现皱纹而高出液面。之后薄膜部分下沉，形成一种黏性、稠密的物质。如果任其继续发展，则最终使酒变成醋。它适宜在酒精度<12%（体积分数）、有充足的空气、温度在33～35℃生长繁殖。

防治方法：

① 当发酵温度高，葡萄原料质量较次时，可加入较大剂量的二氧化硫。

② 在贮酒时注意添桶，无法添满时可采用充二氧化碳的办法。

③ 注意地窖卫生，定时擦桶、杀菌，经常打扫。

④ 对已感染醋酸菌的酒，采取加热灭菌72～80℃保持20min左右。凡已存过病酒的容器，须用碱水浸泡，洗刷干净后用硫磺杀菌。

（三）由乳酸菌引起的病害

乳酸菌引起的病害常使酒出现丝状浑浊物，底部产生沉淀，有轻微气体产生，具有酸白菜或酸牛乳的味道。主要是由乳酸杆菌引起的，另外还有纤细杆菌。

防治方法：

① 适当提高酒的酸度，使总酸保持在6～8g/L。

② 提高二氧化硫含量，使其浓度达到70～100mg/L，用以抑制乳酸菌繁殖。

③ 对病酒采用68～72℃杀菌。

④ 重视环境和设备的灭菌和卫生工作。

⑤ 发酵结束后，立即将葡萄酒与乳酸菌分开。

（四）由苦味菌引起的病害

由厌气性的苦味菌侵入葡萄酒而引起。多为杆菌，使酒变苦，苦味主要来源于甘油生成的丙烯醛，或是由于生成了没食子酸乙酯造成的。这种病害多发生在红葡萄酒中，且老酒中发生较多。

防治方法：主要采取二氧化硫杀菌及防止酒温很快升高的办法。若葡萄酒已染上苦味菌，首先将葡萄酒进行加热处理，再按下列方法进行处理：

① 病害初期，可进行下胶处理1～2次。

② 将新鲜的酒脚按 3%～5% 的比例加入到病酒中，或将病酒与新鲜葡萄皮渣混合浸渍 1～2d，将其充分搅拌，沉淀后，可去除苦味。

③ 将一部分新鲜酒脚同酒石酸 1kg、溶化的砂糖 10kg 进行混合，一起放入 1 000L 的病酒中，接着放入纯培养的酵母，使它在 20～25℃ 发酵。发酵完毕，再在隔绝空气下过滤换桶。

值得注意的是，得了苦味菌病害的酒在倒池或过滤时，应尽量避免与空气接触，因为一接触空气就会增加葡萄酒的苦味。

第四节　果酒类产品相关标准

目前，我国已颁布且现行有效的果酒类产品标准按发布部门可以分为国家标准、部颁标准、行业标准、地方标准。内容涵盖果酒的分类、名词术语、食品安全标准、生产卫生规范、检验规则和方法等。

一、产品标准

《绿色食品　果酒》NY/T 1508—2017 从绿色食品角度规定了绿色食品果酒的术语和定义、分类、要求、检验规则、标签、包装、运输和储存，适用于以除葡萄以外的新鲜水果或果汁为原料，经全部或部分发酵酿制而成的果酒，不适用于浸泡、蒸馏和勾兑果酒。规定了绿色食品果酒的分类包括干型果酒、半干型果酒、半甜型果酒和甜型果酒。规定了绿色食品果酒的要求，其中原料应符合相关绿色食品标准的要求，加工用水应符合 GB 5749 的要求，食品添加剂应符合 NY/T 392 的要求，生产过程按照 GB 14881 的规定执行，应符合规定感官要求并按照 GB/T 15038 检验方法操作，符合规定理化指标要求，酒精度按照 GB 5009.225 操作，其它理化指标按 GB/T 15038 操作，规定了相关污染物限量、食品添加剂限量以及微生物限量的要求和检验方法。规定了检验规则除按《绿色食品　果酒》（NY/T 1508—2017）5.3～5.7 及附录 A 的项目检验外，其它要求按照 NY/T 1055 的规定执行，包装材料应符合 NY/T 658 的要求及食品卫生标准要求和有关规定，包装容器应清洁，封装严密，无漏气、漏酒现象，使用软木塞按照 GB/T 23778 的规定执行，包装储运图示标志按照 GB/T 191 的规定执行。运输和储存按照 NY/T 1056 的规定执行。

《葡萄酒》GB 15037—2006 规定了葡萄酒的术语和定义、产品分类、检验规则和标志、包装、运输、贮存，适用于葡萄酒的生产、检验与销售。术语和定义包括葡萄酒（干葡萄酒、半干葡萄酒、半甜葡萄酒、甜葡萄酒、平静葡萄酒、起泡葡萄酒及其包括的 5 种高泡葡萄酒和低泡葡萄酒）、特种葡萄酒（利口葡萄酒、葡萄汽酒、冰葡萄酒、贵腐葡萄酒、产膜葡萄酒、加香葡萄酒、低醇葡萄酒、脱醇葡萄酒、山葡萄酒）、年份葡萄酒、品种葡萄酒、产地葡萄酒，并注明所有产品中均不得添加合成着色剂、甜味剂、香精、增稠剂。感官要求、理化要求应符合标准规定，卫生要求应符合 GB 2758 的规定，净含量按国家质量监督检验总局 ［2005］ 第 75 号令执行。感官要求、理化要求（除苯甲酸、山梨酸外）分析方法按

GB/T 15038 检验，苯甲酸、山梨酸按 GB/T 5009.29 检验，净含量按 JJF 1070 检验。

按照《葡萄酒》GB 15037—2006 标准，葡萄酒是以新鲜葡萄或葡萄汁为原料，经全部或部分发酵酿制而成的，含有一定酒精度的发酵酒。现将葡萄酒的主要分类方法及术语定义详细介绍如下，其它果酒种类可参照划分。

（一）按色泽分类

1. 白葡萄酒

用白葡萄或皮红肉白的葡萄，经皮肉分离发酵而成。酒色近似无色、微黄带绿、浅黄、禾秆黄、金黄色。外观澄清透明，果香芬芳，幽雅细腻，滋味微酸爽口。

2. 桃红葡萄酒

酒色介于红、白葡萄酒之间，主要有桃红、淡玫瑰红、浅红色。酒体晶莹悦目，具有明显的果香及和谐的酒香，新鲜爽口，酒质柔顺。

3. 红葡萄酒

以皮红肉白或皮肉皆红的葡萄为原料发酵而成，酒色呈紫红、深红、宝石红、红微带棕色、棕红色。酒体丰满醇厚，略带涩味，具有浓郁的果香和优雅的葡萄酒香。

（二）按含糖量分类

1. 干葡萄酒（dry wines）

含糖（以葡萄糖计）≤4.0g/L 或者当总糖高于总酸（以酒石酸计），其差值≤2.0g/L 时，含糖最高为 9.0g/L 的葡萄酒。

2. 半干葡萄酒（semi-dry wine）

含糖大于干葡萄酒，最高为 12.0g/L，或者当总糖高于总酸（以酒石酸计），其差值≤2.0g/L 时，含糖最高为 18.0g/L 的葡萄酒。

3. 半甜葡萄酒（semi-sweet wine）

含糖大于半干葡萄酒，最高为 45.0g/L 的葡萄酒。

4. 甜葡萄酒（sweet wine）

含糖大于 45.0g/L 的葡萄酒。

（三）按二氧化碳含量分类

1. 平静葡萄酒（still wine）

在 20℃时，二氧化碳压力<0.05MPa 的葡萄酒。

2. 起泡葡萄酒（sparking wine）

在 20℃时，二氧化碳压力≥0.05MPa 的葡萄酒。

（1）高泡葡萄酒（sparking wine）在 20℃时，二氧化碳（全部自然发酵产生）压力≥0.35MPa（对于容量小于 250mL 的瓶子二氧化碳压力≥0.3MPa）的起泡葡萄酒。

①天然高泡葡萄酒（brut sparkling wines）：酒中糖含量≤12.0g/L（允许差为 3.0g/L）的高泡葡萄酒。

②绝干高泡葡萄酒（extra-dry sparkling wines）：酒中糖含量为 12.0~17.0g/L（允许差为

3.0g/L）的高泡葡萄酒。

③ 干高泡葡萄酒（dry sparkling wines）：酒中糖含量为 17.0~32.0g/L（允许差为 3g/L）的高泡葡萄酒。

④ 半干高泡葡萄酒（semi-dry sparkling wines）：酒中糖含量为 32.0~50.0g/L 的高泡葡萄酒。

⑤ 甜高泡葡萄酒（sweet sparkling wines）：酒中糖含量大于 50.0g/L 的高泡葡萄酒。

（2）低泡葡萄酒（semi-sparklingwines）在 20℃时，二氧化碳（全部自然发酵产生）压力在 0.05~0.25MPa 的起泡葡萄酒。

（四）特种葡萄酒（special wines）

用鲜葡萄或葡萄汁在采摘或酿造工艺中使用特定方法酿制而成的葡萄酒。

1. 利口葡萄酒（liqueur wines）

由葡萄生成总酒度为 12%以上的葡萄酒中，加入葡萄白兰地、食用酒精或葡萄酒精以及葡萄汁、浓缩葡萄汁、含焦糖葡萄汁、白砂糖等，使其终产品酒精度为 15.0%~22.0%的葡萄酒。

2. 葡萄汽酒（carbonated wines）

酒中所含二氧化碳是部分或全部由人工添加的，具有与起泡葡萄酒类似物理特性的葡萄酒。

3. 冰葡萄酒（ice wines）

将葡萄推迟采收，当气温低于-7℃使葡萄在树枝上保持一定时间，结冰，采收、在结冰状态下压榨、发酵，酿制而成的葡萄酒（在生产过程中不允许外加糖源）。

4. 贵腐葡萄酒（noble rot wines）

在葡萄的成熟后期，葡萄果实感染了灰绿葡萄孢，使果实的成分发生了明显的变化，用这种葡萄酿制而成的葡萄酒。

5. 产膜葡萄酒（flor or film wines）

葡萄汁经过全部酒精发酵，在酒的自由表面产生一层典型的酵母膜后，加入葡萄白兰地、葡萄酒精或食用酒精，所含酒精度≥15.0%的葡萄酒。

6. 加香葡萄酒（flavoured wines）

以葡萄酒为酒基，经浸泡芳香植物或加入芳香植物的浸出液（或馏出液）而制成的葡萄酒。

7. 低醇葡萄酒（low alcohol wines）

采用鲜葡萄或葡萄汁经全部或部分发酵，采用特种工艺加工而成的、酒精度为 1.0%~7.0%的葡萄酒。

8. 脱醇葡萄酒（non-alcohol wines）

采用鲜葡萄或葡萄汁经全部或部分发酵，采用特种工艺加工而成的、酒精度为 0.5%~1.0%葡萄酒。

9. 山葡萄酒（*V. amurensis* wines）

采用鲜山葡萄（包括毛葡萄、刺葡萄、秋葡萄等野生葡萄）或山葡萄汁经过全部或部分发酵酿制而成的葡萄酒。

（五）年份葡萄酒（vintage wines）

年份葡萄酒是指葡萄采摘酿造该酒的年份，其中所标注年份的葡萄酒含量不能低于瓶内酒含量的 80%。

（六）品种葡萄酒（varietal wines）

品种葡萄酒是指用所标注的葡萄品种酿制的酒所占比例不能低于 75%。

（七）产地葡萄酒（original wines）

产地葡萄酒是指用所标注的葡萄酿制的酒的比例不能低于 80%，但必须由厂家申请，经有关部门认可才能标注。

二、食品安全标准

《食品安全国家标准　蜂蜜、果汁和果酒中 497 种农药及相关化学品残留量的测定　气相色谱-质谱法》GB 23200.7—2016 规定了蜂蜜、果汁和果酒中 497 种农药及相关化学品残留量气相色谱-质谱测定方法，适用于蜂蜜、果汁和果酒中 497 种农药及相关化学品残留量的测定，其它食品可参照执行。

《食品安全国家标准　果蔬汁和果酒中 512 种农药及相关化学品残留量的测定　液相色谱-质谱法》GB 23200.14—2016 规定了橙汁、苹果汁、葡萄汁、白菜汁、胡萝卜汁、干酒、半干酒酒、半甜酒、甜酒中 512 种农药及相关化学品残留量液相色谱-质谱测定方法，适用于橙汁、苹果汁、葡萄汁、白菜汁、胡萝卜汁、干酒、半干酒、半甜酒、甜酒中 512 种农药及相关化学品残留的定性鉴别，也适用于 490 种农药及相关化学品残留量的定量测定，其它果蔬汁、果酒可参照执行。

《食品安全国家标准　发酵酒及其配制酒生产卫生规范》GB 12696—2016 规定了发酵酒及其配制酒生产过程中原料采购、加工、包装、贮存和运输等环节的场所、设施、人员的基本要求和管理准则，适用于葡萄酒、果酒（发酵型）、黄酒以及发酵酒的配制酒的生产。其中规定了葡萄酒（果酒）厂房设计、设施与设备要求，卫生管理应符合 GB 14881—2013 中第 6 章的相关规定，原料应符合 GB 14881—2013 中 7.1 和 7.2 的规定，规定了葡萄酒（果酒）生产过程的食品安全控制，包装应符合 GB 14881—2013 中 8.5 的规定，检验、产品的贮存和运输、产品召回管理、培训、管理制度和人员、记录和文件管理符合 GB 14881—2013 中 9~13 章的相关规定。

三、检验规则和方法

《葡萄酒、果酒通用分析方法》GB/T 15038—2006 规定了葡萄酒、果酒产品的分析方法，具体规定了感官分析的方法，也详细规定了包括酒精度、总糖和还原糖、干浸出物、总酸、挥发酸、柠檬酸、二氧化碳、二氧化硫、铁、铜、甲醇、抗坏血酸（维生素 C）、糖分和有机酸、白藜芦醇等指标的理化分析方法。

思考题

1. 简述二氧化硫对葡萄酒的作用。
2. 简述葡萄酒酿造原理，并说明影响酒精发酵的因素。
3. 说明红白葡萄酒的生产工艺，并对比其主要差异。
4. 说明葡萄酒金属破败病害种类及防治措施。
5. 说明葡萄酒生物病害主要种类及防治措施。
6. 简述葡萄酒贮存期间的主要管理要求。

CHAPTER

第九章

果醋酿造

9

教学目标

　　通过本章学习，掌握果醋酿造基本原理；掌握果醋酿造的基本工艺；掌握各种果醋发酵的基本工艺；了解果醋类产品相关标准。

　　果醋是以水果或果品加工下脚料为主要原料，经酒精发酵、醋酸发酵酿制而成的营养丰富、风味优良的酸性调味品。酿造的水果醋，不仅在营养、风味、口感上都比传统食醋更佳，而且与食粮醋相比，果醋的营养成分更为丰富，其富含醋酸、琥珀酸、苹果酸、柠檬酸、多种氨基酸、维生素及生物活性物质，且口感醇厚、风味浓郁、新鲜爽口、功效独特，能起到软化血管、降血压、养颜、调节体液酸碱平衡、促进体内糖代谢、分解肌肉中的乳酸和丙酮酸而清除疲劳，大大地提高了果醋保健功能。它有水果兼食醋的营养保健功能，是集营养、保健、食疗等功能为一体的新型饮品。

　　随着果醋的流行，果醋的类型也越来越多，品种越来越丰富。按原料类型不同，果醋可以归纳为鲜果制醋、果汁制醋、鲜果浸泡制醋、果酒制醋。

　　（1）鲜果制醋　　是利用鲜果进行发酵，特点是产地制造，成本低，季节性强，酸度高，适合做调味果醋。

　　（2）果汁制醋　　是直接用果汁进行发酵，特点是非产地也能生产，不受季节影响，酸度高适合做调味果醋。

　　（3）鲜果浸泡制醋　　是将鲜果浸泡在一定浓度的酒精溶液或食醋溶液中，待鲜果果香、果酸及部分营养物质进入酒精溶液或食醋溶液后，再进行醋酸发酵，特点是工艺简洁，果香好，酸度高，适合做调味果醋和饮用果醋。

　　（4）果酒制醋　　是以酿造好的苹果酒为原料进行醋酸发酵。

　　为丰富果醋品种，现在已有研究多菌种混合发酵果醋，还有很多新型的苹果醋品种，如新型的无糖高纤维苹果醋爽、苹果醋肽饮料等。河南已有人以发酵好的猕猴桃原醋与麦芽糖醇、复合膳食纤维等进行调配酿造保健型高纤维猕猴桃醋饮料。新型果醋营养丰富，口感佳，丰富了果醋的品种，将果醋开发推向了新的高度。

　　随着果醋的流行，果醋的类型也越来越多，品种越来越丰富。

1. 按原料类型分类

果醋可以归纳为鲜果制醋、果汁制醋、鲜果浸泡制醋、果酒制醋。

（1）鲜果制醋是利用鲜果进行发酵，特点是产地制造，成本低，季节性强，酸度高，适合做调味果醋。

（2）果汁制醋是直接用果汁进行发酵，特点是非产地也能生产，不受季节影响，酸度高，适合做调味果醋。

（3）鲜果浸泡制醋是像鲜果浸泡在一定浓度的酒精溶液或食醋溶液中，待鲜果果香、果酸及部分营养物质进入酒精溶液或食醋溶液后，再进行醋酸发酵，特点是工艺简洁果香好，酸度高，适合做调味果醋和饮用果醋。

（4）果酒制醋是以酿造好的苹果酒为原料进行醋酸发酵。

2. 按原料水果不同分类

按果醋用的原料水果不同可分为普通水果果醋、野生特色水果果醋、国外引进品种水果果醋。普通水果果醋有苹果、葡萄、桃子、荔枝、菠萝、青梅、枇杷等果醋，目前，市场上以苹果醋居多。野生特色水果果醋有宣木瓜果醋、番木瓜果醋、欧李果醋、刺梨果醋、野生酸枣果醋等，因野生食品无污染、营养丰富，一般具有药用保健作用，所以野生资源越来越受宠爱，野生水果研制果醋也成为一种健康时尚的追求。引进品种水果果醋有安哥诺李果醋（原产于美国）、百香果醋（原产地在美国夏威夷）等。

3. 按原料种类分类

现在市场上的果醋类型除了按所选的水果原料各异进行分类外，也可根据原料类型不同分为单一型果醋、复合型果醋、新型果醋。

（1）单一果醋　是选用一种水果来酿造果醋。市场上此类果醋居多，有台湾的百吉利、河南嘉百利、山西的紫晨醋爽、河南的原创和世锦、广东的天地一号等果醋饮料。还有汇源、华邦的系列果醋等，种类繁多。

（2）复合型果醋　是根据各水果的特点，两种水果复合，或水果与常见补药等一起酿造而成。如将五味子与木瓜复合研制果醋，红薯、苹果复合酿造醋饮品，也有将蜂蜜等与水果复合酿造果醋的。复合果醋的研究和上市产品将越来越多，因为此类果醋更营养，营养物质的搭配也更均衡合理。

（3）新型果醋　是为了满足人们对果醋产品越来越高的要求而出现的新品种。为丰富果醋品种，现在已有研究多菌种混合发酵果醋，还有很多新型的苹果醋品种，如新型的无糖高纤维苹果醋爽、苹果醋肽饮料等。河南已有人以发酵好的猕猴桃原醋与麦芽糖醇、复合膳食纤维等进行调配，酿造保健型高纤维猕猴桃醋饮料。新型果醋营养丰富，口感佳，丰富了果醋的品种，将果醋开发推向了新的高度。

第一节　果醋酿造原理

以果品为原料酿制果醋，发酵过程需经过两个阶段，即酒精发酵和醋酸发酵。若以果酒为原料，则只需进行醋酸发酵。可以用下列反应式表示：

① $C_6H_{12}O_6 \longrightarrow 2C_2H_5OH+2CO_2$
　葡萄糖　　　　乙醇

② $C_2H_5OH \longrightarrow CH_3CHO \longrightarrow CH_3COOH$
　乙醇　　　　　乙醛　　　　乙酸

上述两个步骤一般分别单独进行。而老法制醋工艺是两个步骤混合在一起进行。

一、酒 精 发 酵

酵母菌在无氧条件下，将葡萄糖经 EMP 途径分解为丙酮酸，丙酮酸再由脱羧酶催化，生成乙醛和 CO_2，完成酿醋过程中的酒精发酵阶段。其反应如下：

① 葡萄糖生成丙酮酸：

$$C_6H_{12}O_6 \longrightarrow CH_3COCOOH+H$$

② 丙酮酸脱羧生成乙醛：

$$CH_3COCOOH \longrightarrow CH_3CHO+CO_2$$

③ 乙醛被脱氢酶所脱下的氢还原成酒精：

$$CH_3CHO+2H \longrightarrow CH_3CH_2OH$$

由葡萄糖生成乙醇总反应式为：

$$C_6H_{12}O_6 \longrightarrow 2CH_5OH+2CO_2+112.9kJ$$

理论上，100g 葡萄糖分解生成 51.11g 酒精，但实际上只能生成 48.46g，约有 5% 葡萄糖被用于酵母菌的增殖和生成副产品，主要是甘油、琥珀酸、乙醛、醋酸、乳酸、高级醇、酯类等。

二、醋 酸 发 酵

醋酸是在酿制过程中继酒精生成之后由醋酸菌将酒精转化而成的。酒精向醋酸的转化可分为两个阶段：

① 由乙醇在乙醇脱氢酶的催化下氧化成乙醛：

$$C_2H_5OH+[O] \xrightarrow{\text{乙醇脱氢酶}} CH_3CHO+H_2O$$

② 由乙醛通过吸水形成乙醛水化物，再由醛脱氢酶氧化成乙酸：

$$CH_3CHO+H_2O \longrightarrow CH_3CH(OH)_2$$
　　　　　　乙醇　水

$$CH_3CH(OH)_2+[O] \xrightarrow{\text{醛脱氢酶}} CH_3COOH+H_2O$$

综合以上，总反应式为：

$$C_2H_5OH+O_2 \longrightarrow CH_3COOH+H_2O+481.5J$$

理论上，100g 酒精能生成纯醋酸 130.4g，在实际生产过程中 100g 酒精只能生成 100g 醋酸。

三、果醋中的酯化作用

酵母菌在酒精发酵中，除生成醋酸外，还生成羟基乙酸、酒石酸、草酸、琥珀酸、己二酸、庚酸、甘露糖酸和葡萄糖酸等。醋酸中的乙醇又与这些物质发生酯化反应，生成不同的酯类，构成了食醋中的香气成分，所以有机酸种类越多，其酯香的味道就越浓郁。此外，醋酸菌还能氧化甘油而产生二酮，二酮具有淡薄的甜味，它使醋酸更为浓厚。

1. 果醋中芳香酯的形成

酯类是构成果醋芳香的主要成分之一。因原料、菌种和工艺条件的不同，使各种果醋中的酯的种类和含量也有差异，芳香酯在果醋制造上很有价值，一般，名醋和芳香的醋含酯量均较高，普通醋特别是液态发酵醋的含酯量较低，酯的种类也较少。

从上海酿造研究所和上海醋厂对上海的固态发酵醋和液态深层发酵醋的乳酸乙酯的定量分析（气相色谱法）中得知：液态深层发酵醋几乎不含乳酸乙酯，乳酸含量为 1.91g/L；固态发酵醋的乳酸乙酯含量可达 46.2mg/L，乳酸含量为 7.45g/L。上海醋厂经采用乳酸菌和酵母共同发酵的工艺路线后，液醋的乳酸乙酯含量已达 29mg/g。

诺尔德斯特劳勒母（Nordstrom）对酯类的形成进行了一系列研究后，证明酯是通过酰基辅酶 A（RCO-SCoA）与醇作用形成的：

$$RCO\text{-}SCoA+R'OH \longrightarrow RCOOR'+CoA\text{-}SH$$

例如：乙酰-SCoA+酒精——→乙醇乙酯+CoA-SH

RCO-SCoA 的形成可以通过如下几种方式完成：

（1）在 ATP 存在下，使脂肪酸活化

$$RCOOH+ATP+CoA\text{-}SH \longrightarrow RCO\text{-}SCoA+AMP+PPi$$

（2）α-酮酸的氧化

$$RCOCOOH+NAD+CoA\text{-}SH \longrightarrow RCO\text{-}SCoA+NADH_2+CO_2$$

（3）通过高级脂肪酸合成中间产物的途径使酮酸活化

$$CH_3COCOOH+RCO\text{-}SCoA+2NADH_2 \longrightarrow RCH_2CH_2CO\text{-}SCoA$$

CoA-SH 是酯生成过程的关键性物质，存在于酵母和醋酸菌等微生物菌体内，因此，酯的生成在细胞内进行，成酯后，一部分酯透过细胞膜进入基质，一部分仍在体内，达到相对平衡。所以酯的生成主要发生在发酵阶段。

遍多酸是 CoA-SH 的组成部分，因此，它的供给对酯的形成很重要，其它物质如 CoA-SH 的抑制剂、2,4-二硝基苯、硫辛酸、生物素、丙二酸以及氮、磷、镁等则能影响酯的合成。

2. 陈酿果醋的后熟作用

果醋品质的优劣取决于色、香、味三要素，而色、香、味的形成是十分错综复杂的，除发酵过程中形成的风味外，很大一部分还与陈酿后熟有关，如山西老陈醋发酵完毕时风味一般，而经过夏日晒、冬捞冰长期陈酿后，品质大为改善，色泽黑紫、质地浓稠、酸味醇厚，并具有特殊的醋香味。

（1）色泽变化　在贮藏期间，由于醋中的糖分和氨基酸结合（称为氨基羰基反应）产生类黑色素等物质，使果醋色泽加深。一般经过 3 个月贮存，氨基酸态氮下降 2.2%，糖分下降 2.1%左右，这些成分的减少与增色有易变色。如固态发酵法的醋增色比较容易，因为固态发酵醋配用大量辅料（麸皮、谷糠），食醋成分中糖与氨基酸较多，所以色泽比液态发酵醋深。醋的贮存期越长，贮存温度越高，则色也变得越深。此外，在制醋容器中接触了铁锈，经长期贮存，与醋中醇、酸、醛成分反应生成黄色、红棕色。原料中单宁属于多元酚的衍生物，也能被氧化缩合而成黑色素，这些色素不太稳定，随品温变化，有时会产生混浊现象。因此，最好不要用铁质容器做储罐或避免与食醋直接接触。

（2）风味变化　在果醋贮存期间与风味有关的主要变化如下：

① 氧化反应：如乙醇氧化生成乙醛，果醋在酒坛中贮存 3 个月，乙醛含量由 12.8mg/L

上升到 17.5mg/L。

② 酯化反应：如果醋中含有多种有机酸，与醇结合生成各种酯。在果醋陈酿中，贮存的时间越长，成酯数量也越多。酯的生成还受温度、前体物质浓度等因素的影响。气温越高，成酯速度越快，所生成的酯也越多。固态发酵醅中酯的前体物质较液体醋中的醪多，因此，醋中酯的含量也较液态发酵醋多。

在贮存过程中，水和醇分子间会引起缔合作用，减少醇分子中的活度，可使果醋味变得醇和。为了确保成品醋的质量，新醋一般须经一个月的贮存，不宜立即出厂。经过陈酿的食醋，风味都有明显改善。

第二节　果醋酿造工艺

果醋多选用残次水果，经压榨、酒精发酵、醋酸发酵后加工而成。与粮食醋酿造工艺相比，水果中含有许多可溶性糖，这些糖可直接进行酒精发酵和醋酸发酵，不需液化、糖化，工艺相对简单，省工省时，原料转化率高。

一、 生产工艺过程

1. 工艺流程

水果 → 挑选 → 清洗 → 榨汁 → 果汁 → 加糖 → 调整成分 → 澄清 → 加麸曲或果胶酶 → 酒精发酵 → 醋酸发酵 → 过滤 → 调节成分 → 杀菌 → 包装 → 成品

2. 操作要点

（1）水果处理　将采集或收购的残次水果放入清洗池或缸中，用清水冲洗干净，挖去水果上腐烂变质的部分，清洗干净后沥干水备用。

（2）榨汁　水果榨汁可使用压榨机进行处理。压榨前应根据原料的特点，对其进行适当处理。如使用葡萄为原料，要先除梗后榨汁；柑橘榨汁前应先剥皮；苹果榨汁前可先切开成几块等。不同的水果，榨汁率有很大的差异：番茄榨汁率高达 75% 以上，苹果榨汁率在 70%~75%，葡萄榨汁率为 65%~70%，而柑橘榨汁率仅为 60% 左右。

（3）调整成分　果汁中可发酵性糖的含量常达不到工艺要求，有时为降低生产成本，也需要提高含糖量。加糖可采用两种方法，一是添加淀粉糖化醪，另一种方法是加蔗糖，补加蔗糖时，先将糖溶化配成约 20% 的蔗糖液，用蒸汽加热至 95~98℃ 充分溶解，而后用冷凝水降温至 50℃，再加入到果汁中。

（4）澄清　将调配好的果汁送入澄清设备中，加入黑曲霉麸曲 2% 或加果胶酶 0.01%（以原果汁计），在 40~50℃ 下保温 2~3h，使单宁和果胶分解，其澄清度明显提高。

（5）酒精发酵　澄清后的果汁冷却至 30℃ 左右，接入 1% 的酒母进行酒精发酵。发酵期间控制品温在 30~34℃ 为宜，经 4~5d 的发酵，发酵酒精醪含量为 5%~8%，酸度 1%~1.5%，表明酒精发酵基本完成。

（6）醋酸发酵　果醋的醋酸发酵以液态发酵效果最佳，这不仅有利于保持水果固有的香气，而且使成品醋风格鲜明。固态发酵时，成品醋会有辅料的味道，而使香气变差。液态发酵可采用表面发酵法与深层通风发酵两种工艺。工厂规模小时以前者为宜，规模大时则应选择后者。

（7）陈酿　醋醅陈酿有两种方法，即成熟醋醅加盐压实陈酿和淋醋后的醋液陈酿。

① 醋醅陈酿：将加盐后熟的醋醅，含酸达7%以上，移入缸中压实，上盖食盐一层，泥封加盖，放置15~20d，倒醅一次再封缸，陈酿数月后淋醋。

② 醋液陈酿：陈酿的醋液含醋酸大于5%，否则容易变质。贮入大缸（坛）中陈酿1~2个月即可。

经陈酿的食醋，质量有显著的提高，尤其是醋醅陈酿，色泽鲜艳，香味醇厚，澄清透明。

（8）配兑成品及灭菌　陈酿醋或新淋出的头醋通称为半成品，出厂前需按质量标准进行配兑。醋液经过滤后，调节酸度为3.5%~5%，一般，果醋均在加热时加入0.06%~0.1%的苯甲酸钠作为防腐剂。灭菌可采用蛇管热交换加热灭菌，温度应控制在80℃以上，如用直火煮沸灭菌，温度应控制在90℃以上。趁热装入清洁的坛或瓶中，即可得到成品果醋。

二、　酿醋原料的种类

酿醋原料一般可分为主料、辅料、填充料和添加剂四类。

1. 主料

主料指能生成醋酸的果蔬原料，常用于酿醋的水果有梨、柿、苹果、葡萄、菠萝、荔枝等的残果、次果、落果或果品加工后的皮、屑、仁等。蔬菜有山药、菊芋、瓜类、番茄等。不同的果蔬赋予果醋各种果香。

2. 辅料

辅料主要用于固态发酵酿醋及速酿法制醋，为微生物提供营养物质，并增加食醋中的糖分和氨基酸含量。在固态发酵中，还起到吸收水分、疏松醋醅、贮存空气的作用。一般采用细谷糠、麸皮、豆粕等。

3. 填充料

固态发酵酿醋及速酿法制醋都需要填充料，要求疏松，有适当的硬度和惰性，没有异味，表面积大。主要作用是吸收酒精和浆液，疏松醋醅，使空气流通，利于醋酸菌好氧发酵。固态发酵法一般采用粗谷糠、小米壳、高粱壳等。速酿法采用木刨花、玉米秸、玉米芯、木炭、瓷料、多孔玻璃纤维等作为固定化载体。

4. 添加剂

为提高固形物在果醋中的含量，同时改善果醋的色、香、味，添加食盐和果胶酶、香辛料、着色剂等添加剂，食盐可以抑制醋酸菌对醋酸的分解，果胶酶可以分解果汁中的果胶。其它添加剂主要使果醋成品具有不同的体态和味感。常见果醋生产原料见表9-1。

表9-1　　　　　　　　　　常见果醋原料的主要成分

种　类	水　分含量/g	蛋白质含量/g	脂　肪含量/g	碳水化合物含量/g	热　能/kcal	胡萝卜素含量/mg
苹果	84.6	0.4	0.5	13.0	58	0.08
鸭梨	89.3	0.1	0.1	9.0	37	0.01
桃	87.5	0.8	0.1	10.7	47	0.06

续表

种 类	水 分 含量/g	蛋白质 含量/g	脂 肪 含量/g	碳水化合物 含量/g	热 能 /kcal	胡萝卜素 含量/mg
草莓	90.7	1.0	0.6	5.7	32	0.01
鲜枣	73.4	1.2	0.2	23.2	99	0.01
西瓜	94.1	1.2	0	4.2	22	0.17
菠萝	89.3	0.4	0.3	9.3	42	0.08
橙	86.1	0.6	0.1	12.2	52	0.11
柑橘	85.4	0.9	0.1	12.8	56	0.55
柠檬	89.3	1.0	0.7	8.5	44	0
葡萄（圆、紫）	87.9	0.4	0.6	8.2	40	0.04
葡萄（白、长）	88.5	0.4	0.5	9.2	43	0.04

三、 醋酸菌及扩大培养

醋酸发酵主要是由醋酸菌氧化酒精为醋酸。其中的醋酸菌是食醋工业中最为重要的微生物，在传统酿醋工艺中，主要是依靠空气中、填充料曲及生产工具等上自然附着的醋酸菌的作用，因此，发酵缓慢，生产周期长，一般出醋率低，产品质量不稳定。而新法酿醋是使用人工培养的优良醋酸菌，其繁殖速度快，产醋能力强，可将酒精迅速氧化为醋酸，并且分解醋酸和其它有机酸的能力弱，而耐酸能力强，可在较高温度下生长、发酵，使酒精充分转化为醋酸。生产周期短，产品质量渐趋稳定。目前，我国还有相当一部分制醋工厂，酿造时不加纯粹培养的醋酸菌，有的采用传统方法，利用上一批醋酸发酵旺盛阶段的醋醪，接入下一批醋酸发酵的醋醪中，称为"接火""提热"等。

（一）醋酸菌

醋酸菌是指氧化乙醇生成醋酸的细菌的总称。按照醋酸菌的生理生化特性，可将醋酸菌分为醋酸杆菌属（*Acetobacter*）和葡萄糖氧化杆菌属（*Gluconobocter*）两大类。前者在39℃可以生长，增殖最适温度在30℃以上，主要作用是将酒精氧化为醋酸，在缺少乙醇的醋醪中，会继续把醋酸氧化成CO_2和H_2O，也能微弱氧化葡萄糖为葡萄糖酸；后者能在低温下生长，增殖最适温度在30℃以下，主要作用是将葡萄糖氧化为葡萄糖酸，也能微弱氧化酒精成醋酸，但不能继续把醋酸氧化为CO_2和H_2O。酿醋用醋酸菌菌株，大多属于醋酸杆菌属，仅在老法酿醋醋醪中发现葡萄糖氧化杆菌属的菌株。

醋酸菌的特性如下。

1. 形态特征

细胞椭圆到杆状，直或稍弯，大小为（0.6~0.8）μm×（1.0~3.0）μm，单个、成对或呈链状排列，有鞭毛，无芽孢，属革兰阴性菌。在高温或高盐浓度或营养不足等不良培养条件下，菌体会伸长，变成线形或棒形、管状膨大等退化型。

2. 对氧要求

醋酸菌为好氧菌，必须供给充足的氧气才能进行正常发酵。实践上，供给的空气量还须超过理论数15%~20%才能醋化完全。在实施液体静置培养时，液面形成菌膜，但葡萄糖氧化杆菌不形成菌膜。在含有较高浓度乙醇和醋酸的环境中，醋酸菌对缺氧非常敏感，中断供氧会造成菌体死亡。

3. 对环境要求

醋酸菌最适生长温度为 28~33℃，温度为 5~42℃；因无芽孢，对热抵抗力弱，在 60℃经 10min 即死亡。生长的最适 pH 为 3.5~6.5，对酸的抵抗力因菌种而异，一般的醋酸杆菌菌株在醋酸浓度达 1.5%~2.5% 的环境中，生长繁殖就会停止，但有些菌株能耐受醋酸浓度达 7%~9%。醋酸杆菌对酒精的耐受力很高，酒精度可达到 5%~12%（体积分数），若超过其限度即停止发酵。对食盐只能耐受 1%~1.5% 浓度，为此，生产实践中，醋酸发酵完毕添加食盐，不但调节食醋滋味，而且是防止醋酸菌继续作用，将醋酸氧化为 CO_2 和 H_2O 的有效措施。

4. 营养要求

醋酸菌最适宜的碳源是葡萄糖、果糖等六碳糖，其次是蔗糖和麦芽糖等，不能直接利用淀粉、糊精等多糖类。酒精是极适宜的碳源，有些醋酸菌还能以甘油、甘露醇等多元醇为碳源。蛋白质水解产物、尿素、硫酸铵等是适宜的氮源。矿物质中必须有磷、钾、镁等元素。由于酿醋的原料一般是粮食及农副产物，其淀粉、蛋白质、矿物质的含量很丰富，营养成分已能满足醋酸菌的需要。

5. 酶系特征

醋酸菌有相当强的醇脱氢酶、醛脱氢酶等氧化酶系活力，因此，除能氧化酒精生成醋酸外，还有氧化其它醇类和糖类的能力，生成相应的酸、酮等物质，例如，丁酸、葡萄糖酸、葡萄糖酮酸、木糖酸、阿拉伯糖酸、丙酮酸、琥珀酸、乳酸等有机酸，以及氧化甘油生成二酮、氧化甘露醇生成果糖等。醋酸菌也有生成酯类的能力，接入产生芳香酯多的菌种发酵，可以使食醋的香味倍增。上述物质的存在对形成食醋的风味有重要作用。

（1）泸酿 1.01 醋酸菌　细胞呈杆形，细胞大小为 0.3~0.55μm，常呈链状排列，菌体无运动性，不形成芽孢，专性好气。在葡萄糖、酵母膏、淡酒琼脂培养基上的菌落为乳白色，在含酒精培养液表面生长形成淡青灰色的不透明薄膜。菌落呈圆形、隆起、边缘波状、表面平滑。繁殖适宜温度 30℃，发酵温度一般控制在 32~35℃。最适 pH 为 5.4~6.3，能耐 12% 酒精度。该菌由酒精产醋酸的转化率平均达到 93%~95%。能氧化葡萄糖为葡萄糖酸，氧化醋酸为 CO_2 和 H_2O。

（2）中科 As.1.41 醋酸菌　属于恶臭醋酸杆菌，该菌细胞杆状，常呈链状排列，大小为 (0.3~0.4)μm×(1~2)μm，无运动性，无芽孢。对培养基要求粗放，在米曲等培养基中生长良好，专性好气。平板培养时菌落隆起，表面平滑，菌落呈灰白色，液体培养时形成菌膜。繁殖适宜温度为 31℃，发酵温度一般控制在 36~37℃，最适 pH 为 (3.5~6.0)，耐受酒精度 8%（体积分数），最高产醋酸 7%~9%，产葡萄糖酸能力弱。能氧化分解醋酸为 CO_2 和 H_2O。

（3）许氏醋酸杆菌（A. schutzenbachii）是德国有名的速酿醋菌种，也是目前醋工业较重要的菌种之一。在液体中，生长的最适温度为 25~27.5℃，固体培养的最适温度为 28~30℃，最高生长温度为 37℃。该菌产酸高达 11.5%。对醋酸不能进一步氧化。

（4）纹膜醋酸杆菌（A. aceti）是日本酿醋的主要菌株。在液面形成乳白色皱纹状有黏性的菌膜，振荡后易破碎，使液体混浊。正常细胞为短杆状，也有膨大、连锁和丝状的。在 14%~15% 的高浓度酒精中发酵缓慢，能耐 40%~50% 的葡萄糖。产醋酸的最大量可达

8.75%，能分解醋酸成 CO_2 和 H_2O。

（二）醋母的制备工艺

醋母指有大量醋酸菌的培养液。与酒母制备一样，也是从一只小试管菌种开始，经过逐步扩大培养，最后达到生产需要的大量醋酸菌培养液。

1. 试管斜面菌种

试管培养基的两种配方，可任选一种应用。

① 酒液（酒精度6%）100mL、葡萄糖 0.3g、酵母膏 1g、琼脂 2.5g、碳酸钙 1g。

② 酒精 2mL、葡萄糖 1g、酵母膏 1g、琼脂 2.5g、碳酸钙 1.5g、水 100mL。配制时各组分先加热溶解，最后加入酒精。

培养：接种后置于 30~32℃保温箱内培养 48h。

保藏：醋酸菌因为没有孢子，所以容易被自己所产生的酸杀灭。醋酸菌中能产生酯香的菌株，每过十几天即自行死亡。因此，应保持在 0~4℃冰箱内，使其处于休眠状态。由于培养基中加入碳酸钙，可以中和所产生的酸，故保藏时间可长些。

2. 扩大培养

（1）醋酸菌固态培养　固态培养的醋酸菌是先经纯种三角瓶扩大培养，再在醋醅上进行固态培养，利用自然通风回流法促使其大量繁殖。醋酸菌的固态培养纯度虽然不高，但已达到（除液体深层发酵制醋以外）各种食醋酿造的要求。

① 纯种三角瓶扩大培养：

a. 培养基制备：酵母膏 1%，葡萄糖 0.3%，加水至 100%，溶解及分装于容量 1000mL 三角瓶中，每瓶装入 100mL，加上棉塞，于 0.1MPa 蒸汽中灭菌 30min，取出冷却，在无菌条件下加酒精（酒精体积分数 95%）4%。

b. 接种量：接入新培养 48h 的醋酸原菌，每支试管原菌接 2~3 瓶，摇匀。

c. 培养：于 30℃恒温箱内静置培养 5~7d，表面上长有薄膜，嗅之有醋酸的清香气味，即表示醋酸菌生长成熟。如果摇床振荡培养，三角瓶装入量可增至 120~150mL，30℃培养 24h，镜检菌体生长正常，无杂菌即可使用，一般测定酸度为 15~20g/L（醋酸汁）。

② 醋酸菌大缸固态育种：取生产上配制的新鲜酒醅，置于设有假底、下面开洞加塞的大缸中，再将培养成熟的三角瓶醋酸菌种拌入酒醅面上，搅拌均匀，接种量为原料的 2%~3%，加缸盖使醋酸菌生长繁殖，待 1~2d 后品温升高，采用回流法降温，即将缸下塞子拔出，放出醋汁，回流在醅面上，控制品温不高于 38℃，经过 4~5d 的培养，当醋汁酸度达 40g/L 以上时，则说明醋酸菌已大量繁殖，镜检无杂菌，无其它异味，即可将种醋接种于大生产的酒醅中。

（2）液态醋酸菌种子罐培养　在种子罐中经液态培养的醋酸菌种子液，一般用于液体深层发酵法制醋。种子罐采用不锈钢罐或陶瓷耐酸罐。

① 一级种子（三角瓶振荡培养）：

a. 采用中科 AS1.41 醋酸菌：米曲汁 6°Bé，酒精（酒精体积分数 95%）3%~3.5%，500mL 瓶中装入 100mL，四层纱布扎口，用 0.1MPa 蒸汽灭菌 30min，冷却，以无菌操作加入酒精。接种后，三角瓶培养温度 31℃，培养时间 22~24h，振荡培养，摇床采用旋转式（230r/min），偏心距为 2.4cm。

b. 兼用泸酿 1.01 醋酸菌：葡萄糖 10g，酵母膏 10g，水 100mL；0.1MPa、30min 灭菌，每

瓶（100mL）加入 3mL 酒精（酒精体积分数 95%），培养温度 30℃，培养时间 24h，振荡培养。

②二级种子（种子罐通气培养）：取酒精度 4%~5% 的酒精醪，抽到种子罐内，定容至 70%~75%；用夹层蒸汽加热至 80℃，再用直接蒸汽加热灭菌，0.1MPa、30min，冷却降温至 32℃，按接种量 10% 接入醋酸菌种；于 30℃通气培养，培养温度 31℃，培养时间 22~24h，风量 1:0.1。

质量指标：总酸（以醋酸计）15~18g/L，革兰染色阴性，无杂菌，形态正常。

四、醋酸发酵

醋酸生产分为酒精发酵和醋酸发酵两个阶段，所有含淀粉的可再生的生物质（粮食、秸秆等废弃物）均可发酵生产酒精，然后通过醋酸菌发酵成醋酸。所有的含酒精的醪液都可以经醋酸菌发酵生产醋酸，目前，成熟的醋酸发酵工艺包括固态和液态深层发酵等。

（一）固态发酵法制醋

固态发酵法制醋是传统生产方法。我国的老陈醋、镇江香醋、熏醋、麸醋等大多数食醋仍用此法，在酒精发酵阶段采用大曲酒工艺、小曲酒工艺、麸曲白酒工艺、液体酒精发酵工艺等，转入醋酸发酵阶段则采用固态法发酵。其特点是采用低温糖化和酒精发酵，应用多种有益微生物协同发酵，配用多量的辅和填充料，以浸提法提取食醋。成品香气浓郁，口味醇厚，色深质浓，但生产周期长，劳动强度大，出品率低，卫生条件差。

固态发酵法有两种：一种是全固态发酵法，固态酒精发酵和固态醋酸发酵；另一种是前液后固发酵法，液态酒精发酵，固态醋酸发酵。

1. 全固态发酵法

全固态发酵法以果蔬为主要原料，加入麸皮辅料和谷糠、高粱壳等填充料，经处理后接入酵母菌、醋酸菌固态发酵制得。如广西南宁酱料厂以大米、酒糟、麸皮、果皮为原料生产保健醋；连云港市酿化厂以固态分层发酵工艺生产黑糖醋等。

（1）工艺流程

果品原料 → 切除腐烂部分 → 清洗 → 破碎 → 加少量稻壳、酵母菌 → 固态酒精发酵 →

加麸皮、稻壳、醋酸菌 → 固态醋酸发酵 → 淋醋 → 灭菌 →

陈酿（脂化、增香、增加固形物和色泽，使醋酸提高到 5% 以上）→ 成品

（2）操作要点

①选择成熟度好的新鲜果实，用清水洗净，破碎后称重，按原料质量的 3% 加入麸皮和 5% 的醋曲，搅拌均匀后堆成 1.0~1.5m 高的圆堆或长方形堆，插入温度计，上面用塑料薄膜覆盖。每天倒料 1~2 次，检查品温 3 次，将温度控在 35℃左右。10d 原料发出醋香，生面味消失，品温下降，发酵停止。

②完成发酵的原料称为醋坯。将醋坯和等量的水倒入下面有孔的缸中（缸底的孔先用纱布塞住），泡 4h 后即可淋醋，这次淋出的醋称为头醋。头醋淋完以后，再加入凉水，淋醋一般将二醋倒入新加入的醋坯中，供淋头醋用。固体发酵法酿制的果醋经过 1~2 月的陈酿即可装瓶。装瓶密封后，需置于 70℃左右的热水中杀菌 10~15min。

2. 前液后固发酵法

前液后固发酵法的特点是：提高了原料的利用率；提高了淀粉质利用率、糖化率、酒精发酵率；采用液态酒精发酵、固态醋酸发酵的发酵工艺；醋酸发酵池近底处设假底的池壁上开设通风洞，让空气自然进入，利用固态醋醪的疏松度使醋酸菌得到足够的氧，全部醋醪都能均匀发酵；利用假底下积存的温度较低的醋汁，定时回流喷淋在醋醪上，以降低醋醪温度，调节发酵温度，保证发酵在适当的温度下进行。

（1）工艺流程

果品原料→ 切除腐烂部分 → 清洗 → 破碎、榨汁（除去果渣）→粗果汁→ 接种酵母 →

液态酒精发酵 → 加麸皮、稻壳、醋酸菌 → 固态醋酸发酵 → 淋醋 → 灭菌 → 陈酿 →成品

（2）操作要点

① 原料处理：选择成熟度好的新鲜果实，用清水洗净。用果蔬破碎机破碎，破碎时籽粒不能被压破，汁液不能与铜、铁接触。

② 酒精发酵：先把干酵母按15%的量添加到灭菌的500mL三角瓶中进行活化，加果汁100g，温度32~34℃，时间为4h；活化完毕后，按果汁10%的量加入广口瓶中进行扩大培养，时间8h，温度30~32℃；扩大培养后，按10%的量加入到50L酒母罐中进行培养，温度30~32℃，经12h培养完毕。将培养好的酒母添加到发酵罐中进行发酵，温度保持在28~30℃，经过4~7d后皮渣下沉，醪汁含糖≤4g/L时，酒精发酵结束。

③ 醋酸发酵：将醋酸菌接种于由1%的酵母膏、4%的无水乙醇、0.1%冰醋酸组成的液体培养基，盛于500mL的三角瓶中，装液量为100mL，培养时间为36h，温度30~34℃，然后按10%的量加入扩大液体培养基中（培养基由酒精发酵好的果醪组成），再按10%的量加入到酵母罐中进行培养。酵母成熟后，把其按发酵醪总体积的10%的量加入，进行醋酸发酵。发酵罐应设有假底，其上先要铺酒醪体积5%的稻壳和1%的麸皮，当酒醪加入后，皮渣与留在酒醪上的稻壳和麸皮混合在一起，酒液通过假底流入盛醋桶，然后通过饮料泵由喷淋管浇下，每隔5h喷淋0.5h，5~7d后检查酸度不再升高，停止喷淋。

（二）全液态发酵法

液体发酵法制醋具有机械化程度高、减轻劳动强度、不用填充料、操作卫生条件好、原料利用率高（可达65%~70%）、生产周期短、产品的质量稳定等优点。缺点是醋的风味较差。目前，生产上多采用此法。

1. 果汁制醋

（1）工艺流程

果品原料→ 切除腐烂部分 → 清洗 → 破碎、榨汁（除去果渣）→ 粗果汁 → 接种酵母 →

液态酒精发酵 → 加醋酸菌 → 液态醋酸发酵 → 过滤 → 灭菌 → 陈酿 →成品

（2）操作要点　选择成熟度好的新鲜果实，用清水洗净。先用破碎机将洗净的果实破碎，再用螺旋榨汁机压榨取汁，在果汁中加入3%~5%的酵母液进行酒精发酵。发酵过程中，每天搅拌2~4次，维持品温30℃左右，经过5~7d发酵完成。注意品温不要低于16℃，也不要高于35℃。将上述发酵液的酒度调整为7%~8%，盛于木制或搪瓷容器中，接种醋酸菌液5%左右。用纱布遮盖容器口，防止苍蝇、醋鳗等侵入。发酵液高度为容器高度的1/2，液面浮以格子板，以防止菌膜下沉。在醋酸发酵期间，控制品温30~35℃，每天搅拌1~2次，10d

左右醋化即完成。取出大部分果醋，消毒后即可食用。留下醋坯及少量醋液，再补充果酒继续醋化。

2. 果酒制醋

果酒制醋是以酿造好的苹果酒为原料进行醋酸发酵。其工艺流程如下：

苹果酒→ 醋酸发酵 → 过滤 → 勾兑 → 杀菌 →成品

全液态发酵法又分为液态表面静置发酵法、液态深层发酵法、液态浇淋发酵法等方法。

（1）液态表面静置发酵法　液态表面静置发酵法就是在醋酸发酵的过程中进行静置，醋酸菌在液面上形成一层薄菌膜，借液面与空气的接触，使空气中的氧溶解于液面内。该法发酵时间较长，需 1~3 月，但是果醋酸味柔和，口感要优于液态深层发酵法，并且形成了含量较多的包括酯类（如乳酸乙酯）在内的多种风味物质。这种方法已经成功地发酵山楂果醋。也有用该方法生产梨醋的。

（2）液态深层发酵法　液态深层发酵法是指醋酸发酵采用大型标准发酵罐或自吸式发酵罐，原料定量自控，温度自控，能随时检测发酵醪中的各种检测指标，使之能在最佳条件下进行，发酵周期一般为 40~50h，原料利用率高，酒精转化率达93%~98%。液态深层发酵法可以分为分批发酵法、分批补料发酵法和连续发酵法。①分批发酵法：是指一次性地向发酵罐中投入培养液，发酵完毕后，又一次性地放出原料的发酵方法；②分批补料发酵法：此法是指在分批发酵中，间歇或连续补加新鲜培养基的发酵方法。所补的原料可以是全料，也可以是氮源、碳源等，目的是延长代谢产物的合成时间等；③连续发酵法：此法是指向发酵罐连续加入培养液的同时，连续放出老培养液的发酵方法。其优点是设备利用率高、产品质量稳定，便于自动控制等，缺点是容易污染杂菌。

液态深层发酵法优点是发酵周期短（7~10d）、机械化程度高、劳动生产率高、占地面积小、操作卫生条件好、原料利用率高、产品质量稳定，便于自动控制，不用填充料，能显著减轻工人劳动强度等。但因生产周期短等原因，风味相对淡薄，因此，提高果醋的风味质量是关键，可采用在发酵过程中添加产酯产香酵母或采用后期增熟、调配等方法改善风味。液态深层发酵法是目前果醋酿造的最广泛的方法。

（3）液态回流浇淋发酵法　液态回流浇淋发酵法是待酒精发酵完毕后接种醋酸菌，通过回旋喷洒器反复淋浇于醋化池内的填充物上，麸皮等填料可连续使用。与液态深层发酵法一样发酵时间短，质量稳定易控制，但在产品风味中果醋香气欠足，酸味欠柔和。例如，广西南宁酱料厂是以皮渣为醋酸菌的载体，采用液态酒精发酵、固态醋酸发酵，利用液体浇淋工艺生产菠萝果醋。

第三节　果醋类产品相关标准

一、 绿色食品　果醋饮料

根据《绿色食品　果醋饮料》NY/T 2987—2016。

果醋饮料是指以水果、水果汁（浆）或浓缩水果汁（浆）为原料，经酒精发酵、醋酸发酵后制成果醋，再添加或不添加其他食品辅料和（或）食品添加剂，经加工制成的液体饮料。

（一）原料和辅料

1. 水果应符合相关绿色食品标准要求。
2. 水果汁（浆）、浓缩水果汁（浆）应符合 GB/T 31121 的要求，且其原料水果应符合相关绿色食品标准要求。
3. 其他辅料应符合相关国家标准要求。
4. 加工用水应符合 NY/T 391 的要求。
5. 食品添加剂应符合 NY/T 392 的要求。

（二）生产过程

1. 加工过程应符合 GB 12695 的规定。
2. 生产过程中不应使用粮食等非水果发酵产生或人工合成的食醋、乙酸、苹果酸、柠檬酸等有机酸调制果醋饮料。

（三）感官

色泽：具有该产品固有的色泽。

滋味和气味：具有该产品固有的滋味和气味，无异味。

组织状态：均匀液体，允许有少量沉淀。

杂质：正常视力下，无可见外来杂质。

（四）理化指标

总酸（以乙酸计）：添加 CO_2 的产品，$\geqslant 2.5$g/kg；其他产品，$\geqslant 3$g/kg。

游离矿酸：不得检出，<5mg/L。

铜：≤5mg/kg。

铁：≤15mg/kg。注：仅限于金属罐装的果醋饮料产品。

锌：≤5mg/kg。注：仅限于金属罐装的果醋饮料产品。

铜、铁、锌总和：≤20mg/kg。

（五）污染物限量和食品添加剂限量

应分别符合食品安全国家标准及相关规定，同时，应符合以下规定。

总砷（以 As 计）：≤0.1mg/kg。

新红及其铝色淀（以新红计）：不得检出，<0.5mg/kg。注：仅限于红色的果醋饮料产品。

赤藓红及其铝色淀（以赤藓红计）：不得检出，<0.2mg/kg。注：仅限于红色的果醋饮料产品。

环己基氨基磺酸钠及环己基氨基磺酸钙（以环己基氨基磺酸钠计）：不得检出，<0.2mg/kg。

阿力甜：不得检出，<1mg/kg。

苯甲酸及其钠盐（以苯甲酸计）：不得检出，<5mg/kg。

（六）微生物限量

非罐头加工工艺生产的灌装产品应符合以下规定：

霉菌和酵母菌：≤20CFU/mL。

（七）净含量

应符合国家质量监督检验检疫总局令 2005 年第 75 号的规定，检验方法应符合 JJF 1070 的规定。

二、苹果醋饮料

根据《苹果醋饮料》GB/T 30884—2014。

饮料用苹果醋是指以苹果、苹果边角料或浓缩苹果汁（浆）为原料，经酒精发酵、醋酸发酵制成的液体产品。

苹果醋饮料是指以饮料用苹果醋为基础原料，可加入食糖和（或）甜味剂、苹果汁等，经调制而成的饮料。

（一）原辅料要求

1. 饮料用苹果醋

（1）苹果应符合相关的标准和法规；浓缩苹果汁（浆）应符合 GB 17325 等相关标准和法规。

（2）生产过程中不得使用粮食及其副产品、糖类、酒精、有机酸及其他碳水化合物类辅料。

（3）除乙酸（醋酸）外，同时含有苹果酸、柠檬酸、酒石酸、琥珀酸等不挥发有机酸。其中，苹果酸含量不低于 0.08%（总酸按 4% 计时），柠檬酸、酒石酸、琥珀酸应全部检出；乳酸含量不高于 0.05%。

（4）不得检出游离矿酸。

2. 不得使用粮食等非苹果发酵产生或人工合成的食醋、乙酸、苹果醋、柠檬酸等调制苹果醋饮料。

3. 其他原辅料应符合相关标准和法规。

（二）感官要求

具有该产品应有的色泽、香气和滋味，无异味，允许有少量沉淀，无正常视力可见的外来杂质。

（三）配料要求

在苹果醋饮料加工中，苹果醋用量≥5%（按总酸 4% 计时），苹果汁用量≤30%。

（四）理化要求

总酸（以乙酸计）：≥3g/kg。注：添加 CO_2 的产品总酸≥2.5g/kg。

苹果酸：50~1000mg/kg。

柠檬酸：≤300mg/kg。

乳酸：<250mg/kg。

游离矿酸：不得检出。

（五）食品安全要求

应符合 GB 19297、GB 2760、GB 14880 的规定。

第四节　典型果醋类产品生产实例

一、苹果果醋

1. 工艺流程

苹果 → 选果 → 清洗 → 破碎 → 榨汁 → 调整成分 —酵母菌→ 酒精发酵 —醋酸菌→ 醋酸发酵 →

粗滤 → 调配 → 精滤 → 灌装 → 杀菌 → 冷却 →成品

2. 操作要点

（1）选果　选用高成熟、无霉变腐烂、无病虫害的新鲜苹果。

（2）清洗　将选择好的苹果用清水洗涤，将附着在苹果表面的泥土等洗净。

（3）破碎　采用破碎机将苹果破碎，破碎度以 2~6mm 为宜，破碎时避免破坏种子。

（4）榨汁　采用螺旋榨汁机等榨汁设备榨汁，并且实现渣液分离。

（5）调整成分　根据苹果汁中含糖量，加入白砂糖，将苹果汁含糖量调整至 12%~14%；用柠檬酸将苹果汁酸度调整至 pH4.0。

（6）酒精发酵　按接种量 5%~10%，将活化后酵母菌接入苹果汁中，在发酵温度为 20~26℃条件下，进行酒精发酵；当发酵至含糖量为 0.5%~0.8% 时终止发酵，酒精发酵结束。整个发酵过程一般需要 5~7d。

（7）醋酸发酵　酒精发酵终止后，按接种量 10%，将醋酸菌接入苹果发酵汁，在发酵温度为 30~32℃条件下，发酵至酒精浓度低于 0.2%、醋酸 4~6g/mL 为宜。

（8）粗滤　醋酸发酵结束后，将醋液过滤处理，除去醋液中果肉等杂质。

（9）调配　根据工艺配方，在醋液中加入白砂糖（或蔗糖等）、水等进行调配。

（10）精滤　将调配后苹果醋通过过滤机进行精滤。

（11）灌装　将苹果醋在灌装机上灌装入包装容器中，并封口。

（12）杀菌、冷却　采用分段加热、冷却的方式，对果醋包装进行杀菌及冷却处理，即为苹果醋成品。

二、柑橘果醋

1. 工艺流程

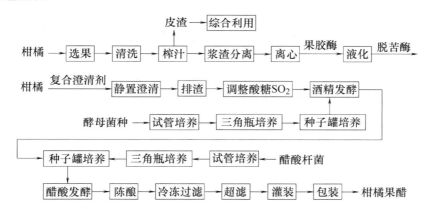

2. 操作要点

（1）原料选择　选择新鲜的蜜柑等柑橘类为原料，要求糖分含量高，香气浓，充分成熟，汁液丰富，酸分适量，无霉烂果。

（2）榨汁　经分选洗涤的柑橘果实采用 FMC 整果榨汁机榨汁，这种汁机是目前用于柑橘榨汁最先进的设备，实现一次性皮渣与汁液分离。

（3）离心分离　榨汁后的果汁采用离心机离心分离果汁，除去果汁中所含的浆渣等不溶性固形物。

（4）液化、脱苦　将果胶酶、复合脱苦酶与偏重亚硫酸充分溶解后加入橘汁中并充分搅匀，于一定温度保持几小时，然后进行酶处理。

（5）静置澄清　将复合澄清剂稀释溶解后加入脱苦橘汁中，充分搅匀，然后于室温下静置 24~48h，观察其澄清度。

（6）成分调整　为了使酿成的酒中成分接近，且质量好，并促使发酵安全进行，澄清后的原橘汁需根据果汁成分的情况及成品所要求达到的酒精度进行调整。主要是根据检测的结果，计算需补加的糖、酸、SO_2 量。

（7）酒精发酵　将经过三级扩大培养的酵母液接种发酵，接种量为 1%~5%，并经常检查发酵液的品温、糖、酸及酒精含量等。发酵时间为 4d 左右，到残糖降至 0.4% 以下结束发酵。

（8）醋酸发酵　经过三级扩大培养的醋酸杆菌接种于酒精发酵汁中，接种量 10% 左右，并经常检查发酵液的温度、酒精及乙酸含量等。发酵时间 2d 左右，至乙酸含量不再上升为止。

（9）陈醋　加入一定酶制剂，保温处理后，常温陈酿处理一个月。

（10）过滤　为提高果醋的稳定性和透明度，采用人工冷冻法使原醋在 -6℃ 左右存放 7d，冷冻后用硅藻土过滤机过滤。

（11）调香调味　用柑橘香精和调味物质对成品果醋进行调香和调味。

（12）灌装封口　果醋经高位缓冲罐进行自动定量灌装，及时旋盖封口，注意避免细菌污染。

（13）检测、贴标　灌装后的柑橘果醋经检测合格，然后贴标、装箱即为成品。

第五节　果醋酿造中常见的质量问题及控制

果醋在保存和食用过程中，常出现有悬浮膜、结块与沉淀物的混浊现象，轻者影响外观，重者影响产品的品质。果醋的混浊可分为生物性混浊和非生物性混浊两大类。

1. 果醋的生物性混浊

微生物是最主要的原因。

（1）发酵过程中微生物侵染引起的混浊　由于醋的酿制大部分采用开口氏的发酵方式，空气中杂菌容易侵入。发酵菌种主要来自于曲料，有霉菌（红曲霉、根霉、米曲霉）、酒精酵母、醋酸杆菌等，同时也寄生着其它微生物，如汉逊氏酵母、皮膜酵母、乳酸菌的放线菌等，正是这些微生物产生了醋多种香味物质和氨基酸等，对产品是有益的，但皮膜酵母及汉逊氏酵母在高酸、高糖和有氧的条件下，产生酸类的同时，也繁殖了自身，大量的酵母菌体上浮形成具有黏性的色浮膜，且多呈现乳白色至黄褐色。当各种其它杂菌也大量繁殖后，悬浮其中就造成了食醋的混浊现象。

（2）成品食醋再次污染造成的混浊　经过滤后清澈透明的醋或过滤后再加热灭菌的醋搁置一段时间后逐渐呈现均匀的混浊，这是由嗜温、耐醋酸、耐高温、厌氧的梭状芽孢杆菌引起的。梭状芽孢杆菌的增殖不仅消耗醋中的各种成分，还会代谢不良物质，如产生异味的丁酸、丙酮等破坏醋的风味，而且大量菌体包括未自溶的死菌体使醋的光密度上升，透光率下降。

防止生物性混浊的主要解决方法有：

① 保证加工车间、环境卫生，操作人员的规范作业。

② 应用先进的杀菌设备，防止杂菌污染等。

③ 发酵前，剔除病烂果，原料用 0.02% 二氧化硫浸泡 30min 后，再用流动水清洗干净。

④ SO_2 的添加：SO_2 属于抗氧剂，在果醋发酵过程中，适量的 SO_2 不仅能抑制有害微生物，还可以保持果汁原有的营养成分维生素 C 和氨基酸等，经驯化的有益微生物酵母菌等耐 SO_2 能力较强，因此在果醋发酵过程中应适量添加 SO_2，以抑制其它有害微生物繁殖。将 SO_2 用果汁溶解，按 0.05% 添加到发酵罐中并搅拌均匀。

2. 果醋的非生物性混浊

非生物性混浊主要是由于在生产、贮存过程中，原辅料未完成降解和利用，存在着淀粉、糊精、蛋白质、多酚、纤维素、半纤维素、脂肪、果胶、木质素等大分子物质及产生中带来的金属离子。这些物质在氧气和光线作用下发生化合和凝聚等变化，形成混浊沉淀。另外，辅料中含有部分粗脂肪，这些物质将与成品中的 Ca^{2+}、Fe^{3+}、Mg^{2+} 等金属离子络合结块，而且这些物质给耐酸菌提供了再利用的条件，因此产生了混浊。

防止果醋混浊，一般在发酵之前合理处理果汁，去除或降解其中的果胶、蛋白质等引起混浊的物质。具体方法有：

① 用果胶酶、纤维素酶、蛋白酶等酶制剂处理果汁，降解其中的大分子物质。

② 加入皂土使之与蛋白质作用产生絮状沉淀，并吸附金属离子。

③ 加入单宁、明胶。果汁中原有的单宁量较少，不能与蛋白质形成沉淀，因此加入适量单宁，其带负电荷与带正电荷的明胶（蛋白质）产生絮凝作用而沉淀。

④ 利用 PVPP（聚乙烯吡咯酮）强大络合能力使其与聚丙烯酸、鞣酸、果胶酸、褐藻酸生成络合性沉淀。

🔍 思考题

1. 酒精发酵与醋酸发酵的机理分别是什么？

2. 果醋可以分为哪几类？

3. 果醋的发酵工艺有哪几种？各自的特点是什么？

4. 醋酸发酵的菌种有哪些？各自的特点是什么？

5. 果醋加工的基本加工工艺？

鲜切果蔬加工

教学目标

　　通过本章学习，掌握鲜切果蔬加工原理；了解各种鲜切果蔬的基本加工工艺和保鲜方法，掌握鲜切果蔬常见质量问题及控制方法。

　　鲜切果蔬（fresh－cut fruits and vegetables），又称调理果蔬、半加工果蔬（partially processed fruits and vegetables）、轻度加工果蔬（lightly processed fruits and vegetables）或最少加工果蔬（minimally processed fruits and vegetables，MP），是以新鲜果蔬为原料，经分级、整理、清洗、去皮、切分、修整、保鲜、包装等处理，使产品保持生鲜状态的制品。鲜切果蔬于20世纪50年代起源于美国，因其具有营养、方便、新鲜、自然等特点而受到欧美、日本等发达国家的青睐。我国的鲜切果蔬产业于20世纪末才出现，作为新兴食品产业，在目前生活节奏逐步加快的背景下，日益受到我国消费者的普遍关注。

第一节　鲜切果蔬加工原理

一、　鲜切果蔬的生理生化变化

　　鲜切不仅会导致果蔬组织机械损伤、汁液外溢等物理劣变，也会产生一些不良的生理生化变化，影响果蔬品质。

（一）呼吸作用增强

　　新鲜果蔬采后仍进行生命代谢活动，有呼吸作用。鲜切加工引起的机械损伤会使果蔬组织呼吸作用显著增强，甚至导致某些果蔬组织的呼吸途径发生改变，最终导致货架期缩短。呼吸作用还会引起碳水化合物等营养物质和能量的大量消耗、三羧酸循环和电子传递链活化、CO_2的大量产生、热量急剧的释放以及衰老进程的加速等生理效应。同时，外溢的汁液阻塞鲜切果蔬表面气孔通道，局部 CO_2/O_2 的比值上升，引起无氧呼吸，进而积累了大量乙醇和乙醛，改变果蔬风味，降低产品的感官性状，缩短了鲜切果蔬的保质期和货架期。呼吸作用的增强与果蔬种类、品种、发育阶段、切分的大小、伤口的光滑程度等因素密切相关。鲜切果蔬消耗的 O_2 量远超过呼吸所需要的 O_2 量，其中很大一部分被各种还原性物质如酚类物质氧化所利用。在一定的温度范围内温度越高，呼吸作用越明显，因此，可通过低温处理降低呼吸强度，延长货架期。

（二）伤乙烯的生成

乙烯对果蔬的成熟与衰老具有显著地促进作用，几乎所有的植物组织都能产生乙烯。果蔬组织遭受机械伤害后，会导致乙烯生成量迅速增加，即伤乙烯的形成。研究发现，未破损南瓜几乎不产生乙烯，但如受到机械伤害，会迅速产生大量乙烯。伤乙烯促使果蔬呼吸作用增加，组织成熟、软化，褐变加剧，对外界污染和侵袭的抵抗能力降低，从而加速果蔬组织的衰老与腐败。同时，伤乙烯会影响果蔬中芳香物质的代谢过程，进而引起果蔬风味的变化。在某些原料中，鲜切引起伤乙烯的产生仅需几分钟，在多数原料中需数小时，并在 6~12h 时乙烯生成量达到最大。

（三）细胞壁与细胞膜的降解

鲜切引起的细胞壁的降解导致组织软化。鲜切也会导致磷脂、糖脂等细胞膜成分的降解、膜脂过氧化，从而引起细胞和组织结构的去区域化、正常细胞功能的丧失、一些次级反应的发生，如组织褐变和异味的产生。切分会活化正常条件下活性很低的酶，如控制细胞壁、细胞膜代谢的酶，促使细胞壁与细胞膜的降解加剧。

（四）次生代谢物的累积

当果蔬组织遭受各种胁迫因子作用时，会通过自身苯丙烷代谢途径生成低分子质量的次生代谢物质，常常被称为植保素（phytoalexin）。植保素主要包括酚类、萜类、硫化物、有机酸、木质素、黄酮类、脂肪酸和生物碱等小分子化合物。这些物质主要集中在伤口及其附近部位，参与伤愈合反应和抵抗病虫的入侵。多数果蔬如苹果、马铃薯、甘蓝、莴苣等在机械切割处理后苯丙烷代谢中的关键酶会显著变化。完整苹果切片后，苯丙烷代谢过程中的关键酶苯丙氨酸解氨酶活力迅速上升，贮藏 6d 时可达到最大活性，最后呈下降趋势。马铃薯在切片后贮藏第 2d 时活性最大，总酚含量在贮藏第 3d 时达到最高含量。随着苯丙氨酸解氨酶的升高，鲜切莴苣和鲜切甘蓝中的木质素含量会在数小时内呈增加趋势。较多的次生代谢物积累后反馈抑制了苯丙氨酸解氨酶活力，降低了营养物质的消耗，促进伤口愈合。

（五）其它生理生化反应

除上述生理变化外，鲜切处理还会对果蔬产生其它一些不良影响，如营养成分流失、水分蒸发、组织软化、产生愈伤反应等。果蔬鲜切处理后，会导致营养物质大量损失，特别是维生素 C 损失严重，如经去皮的马铃薯中维生素 C 损失高达35%。蛋白质合成能力减弱以及分解作用增强会导致蛋白质含量下降。去皮或切割会导致果蔬防护屏障减少或消除，比表面积增加，水分散失加剧，制品出现萎蔫或皱缩。切分诱导的细胞壁和细胞膜降解酶作用增强，果胶及多糖类物质的降解以及细胞失水也可引起组织的软化。此外，果蔬组织受到切分后引起的愈伤反应会导致伤害部位的细胞壁中产生木栓质、木质素等次生代谢物质，降低了产品的食用品质。

综上所述，鲜切处理会对果蔬组织的呼吸强度和乙烯等物质代谢产生显著影响，而这些物质的代谢在果蔬的代谢系统中又相互联系。切分使果蔬体内酶与底物的区域化分布被打破，酶与相关底物直接接触导致各种生理生化反应的发生，如多酚氧化酶催化的酚类物质氧化反应、抗坏血酸氧化酶催化的抗坏血酸降解反应、细胞壁裂解酶催化的细胞壁分解反应、脂肪加氧酶催化的膜脂氧化反应等。鲜切引起的机械损伤促进伤乙烯的形成，伤乙烯又反过来促进呼吸强度的增强，呼吸增强还能诱导酶活力的提高，从而加速组织褐变和衰老、细胞膜破坏和细胞壁的分解，致使产品品质下降。

二、 鲜切果蔬的褐变

（一） 鲜切果蔬的酶促褐变

果蔬鲜切处理以后，颜色变化是影响其食用价值与经济价值的最主要的因素。未处理的果蔬原料，褐变鲜有发生，而鲜切处理为酚类物质、多酚氧化酶、氧气三者的直接接触提供了条件，引起鲜切果蔬的酶促褐变。鲜切果蔬的酶促褐变不仅发生在切分表面，而且也发生在距离切分部位较远的内层细胞组织。酶促褐变的发生同时还伴随着不良气味的产生及营养成分的严重损失，对鲜切果蔬的食用品质造成极其严重的恶劣影响。绿叶类蔬菜、含大量淀粉的果蔬（如马铃薯、甘薯、山药、茄子、藕、苹果、香蕉、梨）以及许多热带、亚热带果蔬都极易发生褐变。

1. 鲜切果蔬酶促褐变的机理

酶促褐变的发生机理目前主要有酚、酶的区域分布假说、自由基伤害假说、保护酶系统假说、乙醛-乙醇毒害假说、抗坏血酸保护假说等理论。

（1）酚、酶的区域分布假说　酚、酶的区域分布假说是目前广为接受的酶促褐变发生机理学说之一。在正常的植物组织中，酚类物质分布在细胞液泡内，多酚氧化酶分布在各种质体或细胞质内，区域分布使得酚类物质与酶无法接触，即使与氧气同时存在也不会发生褐变。一旦受到加工或机械损伤，细胞壁和细胞膜的完整性被破坏，区域分布被打破，酶与酚类物质直接接触，在有氧条件下，酚类物质被氧化成醌，而后发生一系列的脱水、聚合反应，最后形成黑褐色物质，引起制品褐变。

（2）自由基伤害假说　果蔬组织在正常条件下，自由基代谢保持平衡。生理条件异常条件下，如机械损伤、失水、低温等条件下，自由基大量产生并攻击膜脂，引起膜脂过氧化加剧，最终导致膜的解体和果蔬组织代谢障碍，使得果蔬组织细胞受到伤害，引起褐变反应。

（3）保护酶系统假说　正常果蔬组织中存在着一些保护酶，包括氧化酶（如谷胱甘肽过氧化物酶、超氧化物歧化酶、过氧化物酶、过氧化氢酶）和抗氧化物质（如维生素 E、类胡萝卜素、细胞色素 f、谷胱甘肽还原酶、氢醌和含硒类化合物）。这些保护酶可以清除自由基和活性氧，抑制酚类物质的氧化。机械损伤条件下，保护酶系统不再起到作用，导致褐变反应。

鲜切果蔬酶促褐变与鲜切果蔬的衰老密切相关，果蔬衰老可导致酶促褐变的发生，酶促褐变也能加速衰老进程。大量研究表明，果蔬衰老与细胞膜的降解有关，而细胞膜降解为酚类物质和酶类直接接触提供可能，导致了酶促褐变的发生。鲜切加工中，机械损伤导致呼吸速度的加快和部分呼吸途径的改变，细胞壁解体，细胞膜透性增加，使得酚类物质和酶类直接接触；鲜切处理引起伤乙烯的大量产生，乙烯与含大量脂质的细胞膜相互作用，改变了细胞膜透性；细胞膜衰老伴随着磷脂水解成游离脂肪酸，脂肪氧合酶氧化不饱和脂肪酸，破坏了细胞膜系统，促进了酶促褐变的发生。酶促褐变又导致了鲜切果蔬生理失调、异质、衰老等过程的加速。

2. 鲜切果蔬酶促褐变发生的条件

根据酶促褐变反应机理，其发生需要三个条件：底物、酶类物质和氧。

底物，即酚类物质，按酚羟基数目可分为一元酚、二元酚、三元酚及多元酚。在果蔬贮存过程中，由于氧化而随贮存时间的延长含量下降。这些酚类物质一般在果蔬生长发育中合成，但若在采收期间或采收后处理不当而造成机械损伤，或在胁迫环境中也能诱导酚类物质的合成。果蔬中虽然含有多种酚类物质，但通常只有其中的一种或几种能被酶作为底物而氧化，导致果蔬褐变。不同的果蔬原料中，导致褐变的主要酶的种类是不同的，如引起香蕉果皮褐变的主要物质是多巴胺，鸭梨黑心的原因是含较多的绿原酸，鲜切莲藕褐变主要是儿茶酚氧化引起的。果蔬中的酚类物质的存在状态及其比例对果蔬酶促褐变也有影响。酚类物质在果蔬中以游离态和结合态两种形式存在，两者的比例在不同果蔬中有差异，且贮藏期间会发生变化，仅游离酚对酶促褐变有贡献。

催化酶促褐变反应的酶主要为多酚氧化酶（polyphenol oxidase，PPO）和过氧化物酶（peroxidase，POD）。酚类物质氧化酶根据作用的底物分为三类：单酚单氧化酶（monophenolmonooxygenase，E.C.1.14.18.1），作用为催化一元酚氧化为二酚；双酚氧化酶（diphenoloxidase，E.C.1.10.3.1），作用为催化邻位酚氧化，但不能催化间位和对位酚氧化；漆酶（laccase，E.C.1.10.3.2），作用为氧化邻位酚和对位酚，但不能氧化一元酚和间位酚。通常 PPO 是双酚氧化酶和漆酶的统称。在果蔬细胞组织中，PPO 的含量因其存在的位置、原料的种类、品种及成熟度而有差异，如苹果中不同部位 PPO 的活力大小为果心最大，果皮次之，果肉最小。且 PPO 的活力随果实成熟度的提高而变化。PPO 在大多数果蔬中存在，如马铃薯、黄瓜、莴苣、梨、番木瓜、葡萄、桃、芒果、苹果、荔枝等，在擦伤、割切、失水、细胞损伤时，易引起酶促褐变。PPO 以铜离子为辅基，其活力的最适 pH 为 6~7，最适作用温度为 30~54℃，有一定耐热性，其活力可以被有机酸、硫化物、金属离子螯合剂、酚类底物类似物质所抑制，100℃加热 2~8min 可灭活。POD 既是保护酶也是氧化酶，在 H_2O_2 存在条件下，能迅速氧化多酚类物质形成醌类物质，再进一步脱水聚合成黑褐色物质，可与PPO 协同作用引起果蔬产品发生褐变。POD 是引起果蔬组织中谷胱甘肽和抗坏血酸的氧化、膜脂过氧化的重要原因，加速了果蔬的成熟衰老，可作为判断果蔬是否成熟和衰老的一个指标。

氧气是果蔬酶促褐变的必要条件。正常情况下，外界的氧气不能直接作用于酚类物质和酶而发生酶促褐变。这是因为酚类物质与酶由于区域化而不能相互接触。在加工过程中，由于外界因素使果蔬的膜系统被破坏，打破了酚类与酶类的区域化分布，氧气的参与导致了褐变发生。

3. 鲜切果蔬酶促褐变的控制

根据酶促褐变的发生条件，可从以下方面控制酶促褐变：①减少底物酚类物质含量：培育抗褐变的新品种，减少采收、贮藏、加工过程中的机械损伤。②控制酶活力：利用加热、有机酸、酚类物质、硫、螯合剂、醌偶联剂等物质抑制 PPO、POD 的活力，对褐变加以控制，或者通过基因工程的方法降低 PPO、POD 活力。③降低氧浓度：利用真空、涂膜、气调等方法降低环境中的氧浓度。酶促褐变可通过物理方法、化学方法和生物方法进行控制，在实际生产中，常将这些方法复合使用。

物理方法包括降低贮藏温度、减少贮藏环境中氧气含量、采用自发气调包装（MAP）或采用可食性涂膜以及采用辐照或高压处理。低温可以抑制 PPO 等酶的活力，降低果蔬酶促褐变的速度和强度，适宜的低温还可间接抑制与褐变有关的酚类物质的合成，维持酚类物质与酶的区域化分布，从而减少褐变的发生。冷链是保证鲜切果蔬品质的重要因素之一。热处理包括热水、热蒸汽、热空气处理，通过降低酶活力或使其失活，抑制酶促褐变。气调法的机理是通过向包装中充入氮气、二氧化碳，或用水蒸气排除系统中的空气，以隔绝氧或降低氧浓度，可达到抑制酶促褐变的效果。气调包装提供了一个低 O_2 或高 CO_2 的环境，降低氧的浓度可以降低呼吸强度，抑制乙烯的产生和作用，降低叶绿素降解速度，减缓细胞膜损伤及组织衰老程度，抑制组织酚类物质的合成，延长品质保持的时间。气调法特别要注意不同原料对低 O_2、高 CO_2 敏感性的差异和包装材料透气性的不同，防止代谢紊乱、褐变加重、品质下降。研究发现，气调包装结合低温对于褐变的抑制效果更好，一般认为在不引起无氧呼吸的条件下，应尽可能降低 O_2 浓度并维持在低水平，CO_2 不超过有害浓度的水平，使得 O_2、CO_2 和温度三者处于良好的平衡状态。可食性膜具有阻止氧气进入、减少水分损失、抑制呼吸、延迟乙烯产生、防止芳香成分挥发等作用。如在卡拉胶、黄原胶、变性淀粉、蛋白质等成膜剂中加入抗坏血酸、柠檬酸等抗褐变剂，则效果更为明显。

化学法抑制褐变的主要手段是应用化学抗褐变剂，作用的机制包括螯合酶的辅基而降低酶的活力，改变酶作用的酸碱环境，还原酚氧化产物——醌使其失去进一步聚合变色的能力，与酶产生竞争性抑制，与酚类的结合促使酚的结构发生改变，保持细胞膜的完整性等而实现褐变抑制。抗坏血酸为还原剂，能将氧化的醌还原为酚类物质，阻止醌类物质进一步自发聚合，形成色素物质。其衍生物异抗坏血酸也具有同样的抑制褐变效果。乙酸、草酰乙酸、柠檬酸、酒石酸、琥珀酸、苹果酸、磷酸、EDTA 等，能降低产品的 pH 或者具有络合辅基的作用，可抑制 PPO 的活力。二氧化硫、含—SH 的氨基酸（如半胱氨酸、乙酰基半胱氨酸）和还原型谷胱甘肽也具有很强的抗褐变能力。半胱氨酸抑制褐变的机制主要包括两个方面：一是醌类物质能与半胱氨酸形成无色的复合物，中断了醌类物质聚合形成褐色或黑色色素物质的反应；二是半胱氨酸可通过与 PPO 活性中心的铜离子不可逆结合而抑制酶活力，或者替代 PPO 活性中心的组氨酸残基；三是半胱氨酸阻止酚类的聚合。还可利用酚类物质、络合剂等抑制褐变的产生。

此外，一些生物方法如采用天然抗褐变剂、酶或基因工程也可抑制酶促褐变的发生。某些植物汁液中含有蛋白酶、小分子多肽等生物活性成分，具有抑制褐变的功能，如洋葱汁、菠萝汁等。蜂蜜中含有如生育酚、抗坏血酸、类黄酮、酚类物质及一些酶等抗氧化成分而能抑制褐变。乳酸菌产生许多小分子代谢物质，包括酸、乙醇、丁二酮和其它代谢产物，具有较强的金属离子络合能力和较高的抗氧化性，也能有效抑制酶促褐变。木瓜蛋白酶、菠萝蛋白酶、无花果蛋白酶等酶类可导致一些引起褐变的酶系失活，从而抑制褐变的发生。

（二）鲜切果蔬的非酶促褐变

除酶促褐变外，鲜切果蔬还会发生其它类型的褐变反应，如美拉德反应、抗坏血酸氧化等，还有一些色素引起的颜色变化。

1. 美拉德反应

美拉德反应（maillard reaction）是胺、氨基酸、蛋白质等含氮物质与羰基化合物如还原糖、脂质以及醛、酮等之间的反应，又称羰氨反应（amino-carbonyl reaction）。美拉德反应机理十分复杂，其反应历程、产物组成及其性质等受多种因素影响。氮基化合物和还原糖的种类、性质以及它们间的反应比例、反应时的 pH、温度、反应时间、水分活度、缓冲液浓度对反应的速率以及最终产物的组成都有重要影响。可通过控制相应的反应条件控制美拉德反应的发生。实际应用中，常用亚硫酸盐控制褐变，但需注意用量问题，以防止过量使用对人体造成不良影响。

2. 抗坏血酸氧化

抗坏血酸氧化形成脱氢抗坏血酸，再水合形成 2,3-二酮古洛糖酸，进一步脱水、脱羧后形成糠醛，再形成褐色素。果蔬原料中富含抗坏血酸，且含有抗坏血酸氧化酶，在鲜切过程中，因去皮和切分造成组织细胞被破坏，使抗坏血酸迅速氧化，导致颜色加深，同时抗坏血酸大量损失。

3. 其它变化

单宁类物质和色素本身的变化也会引起颜色的劣变。例如，单宁遇碱、遇铁等金属离子、在相应酶的作用下都能产生褐变现象。叶绿素转变为脱镁叶绿素，从而失去鲜绿色而呈褐色。花青素遇铁、锡或在高温条件下均能变成棕褐色。

三、 鲜切果蔬对微生物的敏感性

鲜切果蔬组织暴露、汁液渗出，更易受到器具和环境中微生物的侵染。高水分和高营养会促进微生物在鲜切果蔬切面上的生长繁殖，加速腐败变质，并引起食品安全问题。一般来说，鲜切产品比完整产品的微生物数量高，如切分的甘蓝包装于塑料袋中在 10℃ 下经 7d 贮藏后，微生物的数量增加了 4 个数量级。微生物生长的同时会提高鲜切果蔬呼吸强度和乙烯的合成速率，加速果蔬衰老。切割果蔬中存在嗜热细菌、乳酸菌、大肠杆菌、酵母和霉菌等多种微生物，且不同果蔬上微生物类群差别很大，几种果蔬混合在一起时还可使微生物的类群发生改变。水果中平均水分含量为 85%、蛋白质 0.9%、脂肪 0.5%、灰分 0.5%，pH<4.5，适合酵母菌和霉菌生长，存在着少量细菌。蔬菜平均水分含量 88%、糖 8.6%、蛋白质 1.9%、脂肪 0.3%、灰分 0.84%、pH 为 5~7，适合霉菌、细菌和酵母菌的生长，其中细菌和霉菌较常见。

为减少微生物污染，延长鲜切制品的保质期，除在加工贮藏中尽量减少污染外，也可在切割后进行一定的杀菌处理。可根据杀菌方法的不同在护色工艺之前、护色工艺之后或与护色合并为一道工艺进行。鲜切果蔬的杀菌处理有防腐剂法和物理冷杀菌等技术。以臭氧、辐照、超高压等为代表的冷杀菌技术是目前鲜切果蔬生产杀菌新技术。此外，还要注意鲜切果蔬贮藏销售期间残存微生物的生长繁殖和微生物的再次侵染，可采用微生物快速检测技术结合动力学模型的建立对鲜切果蔬中的微生物进行监控和预测。

第二节　鲜切果蔬的工艺

鲜切果蔬在加工和贮藏过程中，仍进行呼吸代谢等生命活动，因此较易腐烂变质。在鲜切果蔬加工、贮藏、销售等过程中，应尽可能抑制果蔬原料组织本身的生命活动以及微生物的生长繁殖。同时，加工企业应有效实行良好操作规范（GMP）和危害分析与关键控制点（HACCP），以保证鲜切果蔬的新鲜、卫生和安全。目前，用于鲜切的果蔬种类主要有苹果、梨、桃、草莓、菠萝、马铃薯、生菜、胡萝卜、圆白菜、韭菜、芹菜、洋葱等。

一、　鲜切果蔬加工的品种要求

鲜切加工与其它果蔬加工方法相比，其特点是加工后产品仍保持生命活动，进行呼吸作用。鲜切加工中生理生化变化、酶促褐变、微生物的影响，可以通过加工过程中的护色、保鲜、灭菌、包装等处理加以控制。但必须选择适宜鲜切加工的品种进行加工，即选择不易褐变、耐贮藏、易清洗修整、干物质含量高、加工时汁液不易外溢、酚类物质含量尽可能低的品种。例如，马铃薯若还原糖含量 ≥0.5%、淀粉含量 ≤14%，则加工成鲜切制品时极易褐变，因此实际生产中常选择还原糖含量 ≤0.4%、淀粉含量 ≥14% 的原料用来加工鲜切马铃薯。在一些净菜加工中，还常选择无公害蔬菜作为原料进行加工，要求蔬菜中农药残留量不超标、硝酸盐含量不超标、"三废"和病原微生物不超标。因此，并非所有果蔬品种都适合鲜切加工，只有满足相应品质要求的果蔬品种，才能用来加工优质的鲜切产品。

二、　鲜切果蔬加工工艺流程及操作要点

（一）工艺流程

采收 → 预冷 → 选别分级 → 预处理 → 切分 → 清洗（护色）→ 脱水 → 包装 →

冷藏 → 冷链销售

（二）操作要点

1. 采收

原料品质的好坏会直接影响鲜切果蔬的品质。果蔬原料一般选择新鲜、饱满、成熟度适中、无异味、无病虫害的适宜加工品种个体。按照相应的产品质量标准，加强原料收购的检验检疫，进行采收地管理。部分果蔬原料在采收前可喷洒一定浓度的钙盐以改善组织的硬度和弹性。鲜切加工的果蔬原料一般采用手工采收，采收时应避开雨天、高温及露水，注意避免污染及创伤原料，同时注意剔除杂质、未成熟、病害原料。

2. 预冷

预冷是指果蔬贮藏或运输之前，采用自然或机械的方法迅速将其温度降低到适宜温度，并维持这一低温，以利后续操作的措施。果蔬中的水、碳水化合物、脂肪、蛋白质、矿物

质、维生素、酶等营养成分在加工过程中如不加以有效低温控制，会发生一系列变化，如水分、维生素 C 的丧失、蛋白质的变性、酶的活化或钝化，微生物大量繁殖，造成果蔬腐烂变质。如青豌豆在 20℃下，经 24h 含糖量下降 80%，游离氨基酸减少，质地变粗，风味丧失。预冷的作用是迅速消除果蔬采摘之后的生长热，降低果蔬温度，抑制采后呼吸，延缓新陈代谢和衰老。可根据果蔬种类、数量、包装等条件来决定所采用的预冷方法，如空气预冷、水预冷、差压预冷、包装加冰冷却、冷库预冷和真空预冷。采收后原料需及时进行预冷处理，原料运输至加工厂后需立即加工，若原料采收期较为集中，采收量超过加工能力则需进行低温贮藏。有些原料如香蕉、柿子、莱阳梨、巴梨，需经过后熟后才适宜加工食用，也需进行短期贮藏。

3. 选别分级

按大小、色泽或成熟度分级，分级的同时剔除不符合要求的原料。我国用成熟度分级主要采用目视估测的方法进行，也可根据相对密度的大小利用特定相对密度的盐水对豆类、薯类进行分级。用于生产鲜切果蔬的原料经选别分级后，需要进行适当的整修，如去根、除去不能食用部分等。

4. 预处理

预处理对最终产品的质量有很大影响，尽管果蔬种类、组织特性、鲜切加工方法不同，但鲜切果蔬的预处理一般均包括清洗、去皮、预冷等工序。清洗可洗去泥沙、昆虫、残留农药等脏物以保证产品质量。根据产品特点和生产需要，清洗效果可采用浸渍或充气的方法使得清洗效果得以加强。清洗设备有浸泡式、搅动式、摩擦式、浮流式及各种方式的组合。在工业化生产中，需要去皮的果蔬如胡萝卜、马铃薯等通常采用机械的、化学的或高压蒸汽去皮方法。刀刃状况与所切果蔬的保存时间有着很大的关系，锋利刀刃去皮果蔬保存时间长；钝刀切割面受伤多，容易引起变色腐败。

5. 切分

切分的原料必须保证洗净。切分过程会对植物组织造成损害，一般应在低于 12℃ 条件下进行切分。切分大小是影响鲜切果蔬品质的重要因素之一，切分大小即要有利保存，又要符合饮食需求，一般来说，切分越小，切分面积越大，越不利于保存。生产中应依据市场需求确定切分程度，相应地设计出适宜的加工工艺。采用薄而锋利的刀具切分保存时间长，钝刀切分易引起切面褐变，降低产品质量。切分方式对切割果蔬的保存时间也有影响。对于山药、莴笋等组织纤维较明显的果蔬，与组织纤维平行切片的保存性优于垂直切割的切片，其原因可能是垂直切割时纤维断裂，引起周边组织的破坏程度较大。产品切分后立即进行清洗，也可在水中进行切分或水喷射切分，此法可使切分外渗的细胞内液立即被水冲走，因此能显著减少褐变。切分过程中也应注意尽量减少果蔬组织细胞的破坏程度，避免汁液大量流出，损害产品质量。

6. 清洗（护色）

彻底清洗果蔬是鲜切加工中的关键操作，经切分的果蔬表面遭到一定程度的破坏，含有较高酶活和营养物质的汁液渗出，黏附在切面上，易引起腐败、变色，导致产品质量下降。鲜切果蔬在无真皮保护的条件下，更易被微生物尤其是细菌侵入。清洗可去除外渗汁液并减少微生物数量，防止褐变。清洗用水应符合饮用水标准，温度最好低于 5℃。清洗过程中也可采取相应的护色措施来防止褐变，对于鲜切果蔬而言，护色主要是防止酶促褐变，通过抑制多酚氧化酶的活性能较好地控制褐变。多酚氧化酶抑制剂主要有金属螯合剂如柠檬酸（CA）、乙二胺四乙酸二钠（EDTA-2Na）等；竞争性抑制剂如苯甲酸、肉桂酸等；与氧化产物醌作用的还原剂如抗坏血酸、二氧化硫系列。复合护色保鲜效果好于单一护色，生产上主要选择柠檬酸（CA）、乙二胺四乙酸二钠（EDTA-2Na）、异抗坏血酸钠（D-EA）、L-半胱氨酸（L-CYS）、醋酸锌［$Zn(AC)_2$］、谷胱甘肽（GSH）、植酸（PA）等为护色剂原料进行复配护色。使用氯气或次氯酸钠可抑制产品褐变及病原菌数量，但使用氯处理后的原料必须经过清洗以减少氯的残留量，否则会导致产品萎蔫，且具有残留氯的臭气。目前，鲜切加工中氯的最低浓度需在50mg/kg以下。

此外，果蔬细胞壁中含有大量果胶物质，在切分、去皮过程中，果胶结构被破坏导致细胞彼此分离，果蔬质地变软。因此，可在护色时在溶液中加入$CaCl_2$、乳酸钙、葡萄糖酸钙。Ca^{2+}可激活果胶甲酯酶，促使不溶性果胶酸钙的形成，增强细胞间的连接，使果蔬变得硬脆，起到保脆的目的。

7. 脱水

切分清洗后的果蔬应立即进行脱水处理，否则会因含过多自由水而导致微生物过量繁殖并导致腐败。通常采用特殊专用高速离心机进行脱水，以防止对果蔬原料造成机械损伤。脱水时间要适宜，加速平稳，原料装填和卸出产品均需小心处理。但若脱水过度，反而会加速品质劣变。生产中必须注意，要根据不同的原料选择不同的转速和离心时间，以求适度脱水，抑制贮藏品质劣变。如鲜切甘蓝脱水处理时，离心机转速一般为2 825r/min，时间为20s，鲜切生菜脱水时，离心机转速为100r/min，时间为20s。欧美国家也有采用空气隧道干燥对清洗后的鲜切原料进行脱水，干燥隧道由振动的单元格组成，产品与空气逆向行进。干燥空气采用过滤空气流并用紫外线消毒以防污染产品。

8. 包装

鲜切果蔬暴露在空气中易被微生物污染，并发生褐变反应，因此在脱水之后，应及时进行包装，以延长货架期。包装的目的是阻气、阻湿、阻光，防止微生物二次污染，同时调节果蔬微环境。包装材料主要有聚氯乙烯（PVG）、聚丙烯（PP）、聚乙烯（PE）和乙烯-乙酸乙烯共聚物（EVA）。

包装方法主要有自发调节气体包装（modified atmosphere package，MAP）、减压包装（Moderate vacuum package，MVP）、活性包装（active package，AP）和涂膜包装。MAP的基本原理是通过使用适宜的透气性包装材料被动地产生一个调节气体环境，或采用特定的气体混合物及结合透气性包装材料主动地产生一个调节气体环境。MAP结合冷藏能显著延长贮藏期。MVP是指将产品包装内大气压为40~46kPa并贮存在冷藏温度下的保鲜方法，目前应用较多。如鲜切生菜采用80μm的聚乙烯袋包装，在压力46kPa，温度5℃条件，可保持10d不褐变。MVP通常用于代谢强度较低、组织较紧实的果蔬产品。AP是指包含各种气体吸收剂和发散剂的包装，包括使用一些防腐剂、吸湿剂、抗氧化剂、脱氧剂、乙烯吸收剂等，其作用原理是通过改变环境气体组成，降低乙烯浓度、呼吸强度、微生物活力而达到保鲜效果的包装方法。可食性膜主要采用多聚糖、蛋白质、纤维素衍生物作为原料制备而来，具有阻止氧气进入、抑制呼吸、延迟乙烯产生、防止芳香成分挥发、减少水分损失、延迟变色和抑制微生物生长的作用。实际应用中常用卡拉胶和壳聚糖作为涂层材料。也可向包装内充入N_2或CO_2形成缺氧环境来延长制品货架期，如苹果切片或马铃薯切片，但其包装膜必须具有高阻隔性。

包装室必须干净，维持 1~2℃ 低温，且与洗涤系统分开。产品包装完毕后，须立即加贴产品标签，并进入冷库贮藏。

9. 冷藏

低温冷藏可降低果蔬组织呼吸强度和生理生化反应速度，抑制褐变和微生物活动，是保持鲜切制品新鲜度的有效方法。但并非温度越低越好，因为鲜切果蔬与未加工果蔬相比，对低温更加敏感，温度过低易发生冷害。对于某些易发生冷害的果蔬产品，应在冷害临界点以上的低温下贮存。一般鲜切果蔬的冷藏温度控制在 4℃ 左右。产品在贮运及销售过程中应处于低温状态，配送期间可使用冷藏车进行温度控制，尽量防止产品温度波动，以免质量下降。零售时，应配备冷藏设施，如冷藏柜等组成冷链，保证冷藏温度不超过 5℃。

三、 鲜切果蔬的保鲜技术

鲜切果蔬与未加工果蔬相比更容易产生一系列不良的生理生化变化，这是因为果蔬经过去皮、切分等处理后，组织结构受到破坏，汁液外溢，微生物极易生长繁殖，果蔬内部的酶如多酚氧化酶、脂肪氧合酶与底物直接接触，发生各种生理生化反应，导致褐变，细胞膜的破坏。细胞壁分解酶催化分解细胞壁，使产品的外观受到严重破坏。另外，切分后组织的呼吸强度提高，乙烯生成量增加，鲜切果蔬组织的衰老与腐败进程加快。因此，在加工和贮藏中要采用一些保鲜技术来减少或抑制微生物的生长与繁殖，抑制鲜切果蔬组织自身的新陈代谢，延缓衰老，控制一些不良的生理生化反应，以延长鲜切果蔬的货架期。常用的保鲜技术包括低温保鲜、防腐剂保鲜、涂膜保鲜、MAP 贮藏等技术。此外，还提出了基于温度因子、湿度因子、气体成分因子、保鲜剂因子和辐照因子等因素的栅栏技术理论，现分别详述如下。

（一） 低温保鲜

低温可减弱鲜切果蔬的呼吸强度，降低酶的活力，抑制鲜切果蔬的酶促褐变，延缓组织衰老，抑制微生物的生长。鲜切果蔬中一些嗜冷菌在低于 0℃ 的环境中能缓慢地生长，但如果贮藏温度过低会造成鲜切果蔬冷害以及褐变加重等现象，因此在常用 4℃ 左右的低温结合及时降温预冷进行鲜切果蔬的保鲜。鲜切甘蓝在 4℃ 贮藏的货架寿命比 7℃ 延长了 3~5d。鲜切萝卜在低温下（1℃ 和 5℃）贮藏能显著降低呼吸速率和乙烯的释放量，可维持较高的维生素 C 含量，贮藏保鲜效果明显比 10℃ 贮藏保鲜效果好。

（二） 防腐剂保鲜

在鲜切果蔬包装前进行一定的防腐保鲜处理，可抑制呼吸强度，减弱鲜切果蔬的生理代谢，是控制微生物生长和抑制褐变一种十分有效的方法。常用的化学防腐保鲜剂主要有山梨酸钾、苯甲酸钠、亚硫酸盐、柠檬酸（CA）、抗坏血酸（AA）、4-己基间苯二酚（4-HR）、乙二胺四乙酸钠（EDTA-2Na）、2,4-二氯苯氧乙酸（2,4-D）、聚乙烯吡咯烷酮（PVP）、1-甲基环丙烯（1-MCP）、氯化钙、氯化锌、乳酸钙等。部分化学防腐剂安全性有待进一步研究，如亚硫酸盐可能引起人体的过敏反应并导致气喘以及其它副作用。因此，现已开发出大量无公害天然防腐保鲜剂，如采用大蒜、洋葱、菠萝汁、食用大黄汁等提取物对鲜切果蔬进行保鲜。也有采用有益微生物的代谢物作为防腐剂抑制有害微生物，以延长贮藏期，如乳酸链球菌对鲜切生菜中李斯特菌有抑制作用。

（三）涂膜保鲜

通过包裹、浸渍、涂布等途径覆盖在食品表面或食品内部异质界面上，提供选择性的阻气、阻湿、阻内容物散失及隔阻外界环境的有害影响，抑制呼吸，延缓后熟衰老，抑制表面微生物的生长，提高贮藏质量等多种功能，从而达到食品保鲜，延长其货架期的目的。广泛采用的果蔬保鲜涂膜材料有糖类、蛋白质、多糖类蔗糖酯、聚乙烯醇、单甘酯以及多糖、蛋白质和脂类组成的复合膜，如海藻酸钠、卡拉胶、壳聚糖等。

（四）MAP 保鲜

气调包装能降低贮藏环境中的氧浓度，提高 CO_2 浓度，达到鲜切果蔬保鲜的目的。MAP 中适度的低 O_2 和高 CO_2 可以使鲜切果蔬的呼吸强度降到最低水平，抑制乙烯的形成，延缓鲜切果蔬的组织衰老，达到延长货架期的目的。但是，O_2 过低或者 CO_2 过高会产生无氧呼吸，引起鲜切果蔬生理代谢紊乱，加速鲜切果蔬衰老。臭氧气调中采用的臭氧既是一种强氧化剂，也是一种消毒剂和杀菌剂，可杀灭消除果蔬上的微生物及其分泌的毒素，抑制并延缓果蔬有机物的水解，从而延长果蔬贮藏期。我国采用臭氧气调技术对易腐烂的荔枝进行保鲜，发现臭氧可消除并抑制乙烯的产生，有一定的杀菌作用，并可诱导果蔬表皮的气孔收缩，可降低果蔬的水分蒸发，减少失重。

（五）栅栏技术

栅栏技术是由德国肉类研究中心 Leistner 和 Robel 提出，其理论是高温处理（H）、低温冷藏（t）、降低水分活度（Aw）、酸化（pH）、氧化还原电势（Eh）、防腐剂、竞争性菌群以及辐照等几种因子的作用决定着食品防腐的方法，这些因子称为栅栏因子（hurdle factor）。栅栏因子可单独或相互作用，形成防止食品腐败变质的"栅栏"（hurdle），决定着食品中腐败菌和病原菌的稳定性，抑制引起食品氧化变质的酶类物质的活力，即所谓的栅栏效应（hurdle effect）。栅栏效应与栅栏因子种类、强度有关。栅栏技术包含两个重要原理，即"魔方"原理和"天平"原理。"魔方"原理指的是某种栅栏因子的组合应用可大大降低另一种栅栏因子的使用强度或不采用另一种栅栏因子而达到同样的贮存效果。"天平"原理指食品中某一单独栅栏因子的微小变化即可对其货架稳定性产生显著影响。另外，不同的栅栏因子作用次序可直接或间接地影响某种栅栏因子的效果。

在食品加工中，将栅栏技术、危害分析与关键控制点（HACCP）和微生物评估技术结合势必成为未来发展趋势。针对性地选择和调整栅栏因子，再利用 HACCP 的监控体系，可有效保证产品的品质及安全性。鲜切果蔬保鲜是一项综合技术，单一的保鲜方法通常存在着一定的缺陷，采用复合保鲜技术，才能发挥协同作用，有效地阻止果蔬的劣变。因此，人们已开始广泛采用栅栏技术来保持鲜切果蔬产品的质量并延长其货架期。

鲜切果蔬加工中常用的栅栏因子包括温度因子、湿度因子、气体成分因子、保鲜剂因子和辐照因子等。这些栅栏因子主要通过控制酶活力（如低温、pH、护色剂、包装、气体成分）、微生物（如低温、水分活度、pH、保鲜剂、气体成分、包装、杀菌消毒处理）、脆性

（CaCl₂、低温）、失水和木质化（低温、切分大小、包装）等措施达到保鲜目的。在栅栏技术中，控制微生物主要是阻止微生物的生长和繁殖，而不是杀灭它们，因此，栅栏因子的使用不会对食品品质产生较大的影响。在实际应用中，联合使用强度低的多种防腐因子比单独使用强度高的单一防腐因子更加有效。

（六）其它保鲜技术

基因工程保鲜通过基因工程控制后熟过程，利用 DNA 的重组或反义 DNA 技术以推迟果蔬衰老、延长货架期。电离辐射可干扰果蔬新陈代谢过程，同时可杀菌消毒，抑制果实腐烂，但需注意辐射剂量。植物生长调节剂也可用于调控鲜切果蔬的生命活动。

第三节　鲜切果蔬的常见质量问题及控制

一、　鲜切果蔬常见质量问题产生原因

（一）鲜切果蔬的褐变

鲜切果蔬在加工过程中受到去皮、切片、粉碎、撞伤等机械性损伤后，其受伤部位表面会发生变色现象。这种变色现象常表现为颜色逐渐加深，局部或部分表现为褐色，这种现象称为褐变。褐变从本质上来说可以分为两大类：酶促褐变和非酶褐变，主要以酶促褐变为主。酶促褐变的发生同时还伴随着不良气味的产生及营养成分的严重损失，对鲜切果蔬的食用品质造成极其严重的影响。绿叶类蔬菜、含大量淀粉的果蔬（如马铃薯、甘薯、山药、茄子、藕、苹果、香蕉、梨）以及许多热带、亚热带果蔬都极易发生褐变。

1. 鲜切果蔬酶促褐变发生的原因

根据酶促褐变反应机理，其发生需要三个条件：底物、酶类物质和氧。

底物即酚类物质，按酚羟基数目可分为一元酚、二元酚、三元酚及多元酚。在果蔬贮存过程中由于氧化而随贮存时间的延长含量下降。这些酚类物质一般在果蔬生长发育中合成，但若在采收期间或采收后处理不当而造成机械损伤，或在胁迫环境中也能诱导酚类物质的合成。果蔬中虽然含有多种酚类物质，但通常只有其中一种或几种能被酶作为底物而氧化导致果蔬褐变。不同的果蔬原料中导致褐变的主要酶种类是不同的，如引起香蕉果皮褐变的主要物质是多巴胺，鸭梨黑心的原因是含较多的绿原酸，鲜切莲藕褐变主要是儿茶酚氧化引起的。果蔬中的酚类物质的存在状态及其比例对果蔬酶促褐变也有影响。酚类物质在果蔬中以游离态和结合态两种形式存在，两者比例在不同果蔬中有差异，且贮藏期间会发生变化，仅游离酚对酶促褐变有贡献。

催化酶促褐变反应的酶主要为多酚氧化酶（polyphenol oxidase，PPO）和过氧化物酶（peroxidase，POD）。酚类物质氧化酶根据作用的底物分为三类：①单酚单氧化酶（monophenolmonooxygenase，E. C. 1. 14. 18. 1），作用为催化一元酚氧化为二酚；②双酚氧化酶（diphenoloxidase，E. C. 1. 10. 3. 1），作用为催化邻位酚氧化，但不能催化间位和对位酚氧化；③漆

酶（laccase，E. C. 1. 10. 3. 2），作用为氧化邻位酚和对位酚，但不能氧化一元酚和间位酚。通常 PPO 是双酚氧化酶和漆酶的统称。在果蔬细胞组织中 PPO 的含量因其存在的位置、原料的种类、品种及成熟度不同而有差异，如苹果中不同部位 PPO 的活力大小为果心最大，果皮次之，果肉最小。且 PPO 的活力随果实成熟度的提高而变化。PPO 在大多数果蔬中存在，如马铃薯、黄瓜、莴苣、梨、番木瓜、葡萄、桃、芒果、苹果、荔枝等，在擦伤、割切、失水、细胞损伤时，易引起酶促褐变。PPO 以铜离子为辅基，其活性的最适 pH6～7，最适作用温度 30～54℃，有一定耐热性，其活性可以被有机酸、硫化物、金属离子螯合剂、酚类底物类似物质抑制，100℃加热 2～8min 可灭活。POD 既是保护酶也是氧化酶，在 H_2O_2 存在条件下能迅速氧化多酚类物质形成醌类物质，再进一步脱水聚合成黑褐色物质，可与 PPO 协同作用引起果蔬产品发生褐变。POD 是引起果蔬组织中谷胱甘肽和抗坏血酸的氧化、膜脂过氧化的重要原因，加速了果蔬的成熟衰老，可作为判断果蔬是否成熟和衰老的一个指标。

氧气是果蔬酶促褐变的必要条件。正常情况下，外界的氧气不能直接作用于酚类物质和酶而发生酶促褐变。这是因为酚类物质与酶由于区域化而不能相互接触。在加工过程中，由于外界因素使果蔬的膜系统被破坏，打破了酚类与酶类的区域化分布，氧气的参与导致了褐变发生。

2. 鲜切果蔬非酶褐变发生的原因

（1）美拉德反应　美拉德反应（Maillard Reaction）是胺、氨基酸、蛋白质等含氮物质与羰基化合物如还原糖、脂质以及醛、酮等之间的反应，也称羰氨反应（Amino-carbonyl Reaction）。美拉德反应机理十分复杂，其反应历程、产物组成及其性质等受多种因素影响。氨基化合物和还原糖的种类、性质以及它们间的反应比例，反应时 pH、温度、反应时间、水分活度、缓冲液浓度对反应的速率以及最终产物的组成都有重要影响。

（2）抗坏血酸氧化　抗坏血酸氧化形成脱氢抗坏血酸，再水合形成 2,3-二酮古洛糖酸，进一步脱水、脱羧后形成糠醛，再形成褐色素。果蔬原料中富含抗坏血酸，且含有抗坏血酸氧化酶，在鲜切过程中因去皮和切分造成组织细胞被破坏，使抗坏血酸迅速氧化，导致颜色加深，同时抗坏血酸大量损失。

（3）其它变化　单宁类物质和色素本身的变化也会引起颜色的劣变。如单宁遇碱、遇铁等金属离子、在相应酶的作用下都能产生褐变现象。叶绿素转变为脱镁叶绿素，从而失去鲜绿色而呈褐。花青素遇铁、锡或在高温条件下均能变成棕褐色。

（二）鲜切果蔬微生物污染

鲜切果蔬保持了果蔬新鲜的特性，仍是活的有机体，但由于果蔬切分造成了生理特性的较大改变，果蔬组织内大量的营养汁液外溢，给微生物的生长与繁殖提供了良好的生长环境，以至鲜切果蔬表面微生物大量滋生。历史上欧美国家曾多次报道大肠杆菌、沙门氏菌等致病菌引起的鲜切果蔬中毒事件，引起了极其严重的后果。近年来切割果蔬的微生物安全问题已经受到广泛关注。生产加工和贮藏中的每一个环节都需严格控制，尽可能减少微生物侵染，延长货架期。

1. 鲜切果蔬微生物污染的种类

鲜切果蔬表面正常的微生物数量在 10^3～10^9 cfu/g 范围内，一般无致病菌而只有腐败菌，如假单胞菌（Pseudomonas）、欧氏杆菌（Erwinia），因为这类腐败菌对致病菌有竞争作用。

这些微腐败菌主要来源于收获前的环境及农艺操作，如土壤、水、肥料、动物、昆虫等。但在外界环境条件变化时，微生物菌落种类和数量发生变化，可能会引起致病菌的生长。鲜切果蔬中常见的致病菌主要有大肠杆菌（*E. coli*）、沙门氏菌（*Salmonella*）、李斯特菌（*Listeria*）和耶尔森氏菌（*Yersinia*）等。引起新鲜果蔬及其鲜切产品腐烂变质的微生物主要是真菌、细菌，其中真菌主要有灰霉（*Bortytis* sp.）、曲霉（*Monilinia* sp.）、青霉（*Penicillium* sp.）和交链孢菌（*Aternaria* sp.）等，细菌主要有欧文杆菌（*Pseudomonas*）、黄单胞菌（*Xanthomonas*）、假单胞菌（*Pseudomona*）等。在一定的外部环境条件下，如包装内部相对湿度较高或极低氧气浓度、高 pH、低盐、贮藏温度过高等，一些致病菌如李斯特菌（*Listeria*）、梭状芽孢杆菌（*Clostridium*）、耶尔森氏菌（*Yersinia*）等有可能产生毒素。因此，鲜切果蔬原料采收、加工和贮藏时应严格控制环境条件。

（1）鲜切蔬菜中污染微生物的种类　由蔬菜的营养成分和 pH 可知蔬菜污染的微生物主要是霉菌、细菌和酵母菌，其中细菌和霉菌较多。常见的细菌有欧文氏菌属（*Erwinia*）、假单胞菌属（*Pseudomonas*）、黄单胞菌属（*Xanthomonas*）、棒状杆菌属（*Corynebacterium*）、芽孢杆菌属（*Paenibacillus*）、梭状芽孢杆菌属（*Clostridium*）等，但以欧文氏菌属、假单胞菌属为主。其中有些微生物，如欧文氏菌能分泌果胶酶，促使果胶分解使蔬菜组织软化，导致细菌性软化腐烂，假单胞菌、芽孢杆菌和梭状芽孢杆菌也能引起软腐。有的微生物如假单胞菌使蔬菜发生细菌性枯萎、溃疡、斑点、坏腐病等。常见的霉菌有灰色葡萄孢霉（*Botrytiscinaerea*）、白地霉（*Geotrichum*）、黑根霉（*Rhizopus*）、疫霉属（*Phytophthora*）、盘梗霉属（*Bremia*）、长喙壳菌属（*Ceratostomella*）、囊孢壳菌属（*Physalopora*）、毛（刺）盘孢霉属（*Colletotrichum*）、核盘孢霉属（*Sclerotinia*）、链格孢霉属（*Alternaria*）、镰刀菌属（*Fusarium*）、白绢薄膜革菌（*Pelliculariarol*）等。

（2）鲜切水果中污染微生物的种类　由水果的营养成分和 pH 条件可知引起水果变质的微生物主要是酵母菌和霉菌，还存在着少量细菌。常见的霉菌有青霉属（*Penicillium*）、灰色葡萄孢霉（*Botrytis cinerea*）、黑根霉（*Rhizopus stolonifer*）、黑曲霉（*Aspergillums niger*）、格孢霉属（*Alternaria*）、小丛壳属（*Glomerella*）、木霉属（*Trichoderma*）、镰刀菌属（*Fusarium*）、交链孢霉属、色二孢霉属（*Diplodia*）、疫霉属（*phytophthora*）、苹果褐腐病核盘孢霉（*Sclerotinia*）、豆刺毛盘孢霉（*Colletotrichum*）、盘长孢霉属等，其中以青霉属最为重要。青霉属可感染多种水果，如意大利青霉、指状青霉、绿青霉、白边青霉等，可使柑橘发生青霉病和绿霉病；扩展青霉可使苹果产生青霉病。

2. 鲜切果蔬微生物污染原因

微生物对鲜切果蔬产品的污染大致可分为田间污染、采收污染、加工污染、贮藏污染和销售流通污染等。此外，鲜切果蔬在加工贮藏过程中发生的交叉污染也是引起产品腐烂变质的一个重要原因。

（1）田间污染　田间污染主要通过土地、有机肥及水源等几个方面进行污染。土壤中本身含有细菌、放线菌、霉菌、酵母菌等。使用含有大量的大肠杆菌（*Escherichia coli*）、沙门氏菌（*Salmonella*）的未经发酵的人畜粪便等粗农家肥或未经处理的污水进行灌溉也会引起污染。故应使用完全腐熟的有机肥，但腐熟的池塘污泥不能作为肥料。沙门氏菌（*Salmonella*）和李斯特菌（*Listeria*）在农田灌溉用的污水污泥中能存活数月。

（2）采收污染　采收过程中的采收工具、采收人员可能带有病原菌，采收容器也可能会引起微生物污染。采收时对果蔬产品产生的机械损伤使果蔬原料暴露于微生物环境中。故采收器械应无毒，无病原菌，采收人员应经过系统培训，不得携带病原菌，采收前应清洗消毒。

（3）加工污染　加工污染是鲜切果蔬微生物污染的主要阶段。鲜切加工造成果蔬大量的机械损伤，营养物质外溢，产品切面暴露在空气中，增加了微生物污染的机会，并给微生物的生长繁殖提供了有利的条件。在切割果蔬加工过程中，清洗、切分、贮藏、包装等每一步操作都需遵循良好操作规范（GMP），保持良好卫生条件，结合热杀菌、低温、紫外线、臭氧、化学杀菌剂等方法，最大限度地降低微生物的数量，确保鲜切果蔬的食用安全性和较长的货架期。

（4）贮藏污染　鲜切果蔬表面微生物数量会在贮运过程中逐渐增加，并且早期微生物数量越多，货架期就越短。运输车辆、贮藏仓库的未消毒以及鲜切果蔬产品间的交叉污染导致二次污染。

（5）销售流通污染　销售流通过程中的机械损伤会导致微生物污染。故销售流通过程中要严格控制温度和避免机械伤害。对于鲜切果蔬需按照保质期食用，暂不食用的新鲜果蔬产品需要进行包装冷藏。

(三) 鲜切果蔬的营养损失

鲜切果蔬在加工过程中会使一些营养成分流失，果蔬经机械去皮切割后对果蔬所形成的机械损伤表现为细胞组织被破坏。细胞壁的破坏引起细胞水分的流失，使得果蔬组织软化、衰老加速，影响果蔬贮藏期与货架期。另一方面，水溶性营养物质如维生素 C 等的流失影响果蔬营养成分。在浸泡过程中，也会造成水果可溶性固形物等水溶性营养成分随浸泡而流失。此外，果蔬贮藏过程中不适宜的温度、光照、空气中的氧气及组织自身的代谢作用都会导致鲜切营养果蔬营养成分的损失。

二、 鲜切果蔬常见质量问题的控制方法

(一) 鲜切果蔬褐变的控制方法

鲜切果蔬发生的褐变主要以酶促褐变为主。根据酶促褐变的发生条件可从以下方面控制酶促褐变：①减少底物酚类物质含量：培育抗褐变的新品种，减少采收、贮藏、加工过程中的机械损伤。②控制酶活力：利用加热、有机酸、酚类物质、硫、螯合剂、醌偶联剂等物质抑制 PPO、POD 的活性，对褐变加以控制，或者通过基因工程的方法降低 PPO、POD 活性。③降低氧浓度：利用真空、涂膜、气调等方法降低环境中的氧浓度。酶促褐变可通过物理方法、化学方法和生物方法进行控制，在实际生产中常常将这些方法复合使用。

1. 物理方法

物理法抑制鲜切果蔬褐变包括降低贮藏温度、减少贮藏环境中氧气含量、采用自发气调包装（MAP）或采用可食性涂膜以及采用辐照或高压处理。低温可以抑制 PPO 等酶的活性，降低果蔬酶促褐变的速度和强度，适宜的低温还可间接抑制与褐变有关的酚类物质的合成，维持酚类物质与酶的区域化分布，从而减少褐变的发生。冷链是保证鲜切果蔬品质的重要因素之一。热处理包括热水、热蒸汽、热空气处理，通过降低酶活或使其失活抑制酶促褐变。

气调法的机理是通过向包装中充入氮气、二氧化碳，或用水蒸气排除系统中的空气，以隔绝氧或降低氧浓度，可达到抑制酶促褐变的效果。气调包装提供了一个低 O_2 或高 CO_2 的环境，降低氧的浓度可以降低呼吸强度、抑制乙烯的产生和作用、降低叶绿素降解速度、减缓细胞膜损伤及组织衰老程度、抑制组织酚类物质的合成，延长品质保持的时间。气调法特别要注意不同原料对低 O_2、高 CO_2 敏感性的差异和包装材料透气性的不同，防止代谢紊乱、褐变加重、品质下降。研究发现气调包装结合低温对于褐变的抑制效果更好，一般认为在不引起无氧呼吸的条件下，应尽可能降低 O_2 浓度并维持在低水平，CO_2 不超过有害浓度的水平，使得 O_2、CO_2 和温度三者处于良好的平衡状态。可食性膜具有阻止氧气进入、减少水分损失、抑制呼吸、延迟乙烯产生、防止芳香成分挥发等作用。例如，在卡拉胶、黄原胶、改性淀粉、蛋白质等成膜剂中加入抗坏血酸、柠檬酸等抗褐变剂则效果更为明显。

2. 化学方法

化学法抑制褐变的主要手段是应用化学抗褐变剂，作用的机制包括螯合酶的辅基而降低酶的活力、改变酶作用的酸碱环境、还原酚氧化产物——醌使其失去进一步聚合变色的能力、与酶产生竞争性抑制、与酚类的结合促使酚的结构发生改变、保持细胞膜的完整性等而实现褐变抑制。抗坏血酸为还原剂，能将氧化的醌还原为酚类物质，阻止醌类物质进一步自发聚合形成色素物质。其衍生物异抗坏血酸也具有同样的抑制褐变效果。乙酸、草酰乙酸、柠檬酸、酒石酸、琥珀酸、苹果酸、磷酸、EDTA 等，能降低产品的 pH 或者具有络合辅基的作用，可抑制 PPO 的活性。二氧化硫、含—SH 的氨基酸（如半胱氨酸、乙酰基半胱氨酸）和还原型谷胱甘肽也具有很强的抗褐变能力。半胱氨酸抑制褐变的机制主要包括两方面：一是醌类物质能与半胱氨酸形成无色的复合物，中断了醌类物质聚合形成褐色或黑色色素物质的反应；二是半胱氨酸可通过与 PPO 活性位点的铜离子不可逆结合而抑制酶活力，或者替代 PPO 活性位点的组氨酸残基；三是半胱氨酸阻止酚类的聚合。还可利用酚类物质、络合剂等抑制褐变的产生。

3. 生物方法

一些生物方法如采用天然抗褐变剂、酶或基因工程也可抑制酶促褐变的发生。某些植物汁液中含有蛋白酶、小分子多肽等生物活性成分，具有抑制褐变的功能，如洋葱汁、菠萝汁等。蜂蜜中含有如生育酚、抗坏血酸、类黄酮、酚类物质及一些酶等抗氧化成分而能抑制褐变。乳酸菌产生许多小分子代谢物质，包括酸、乙醇、丁二酮和其它代谢产物，具有较强的金属离子络合能力和较高的抗氧化性，也能有效抑制酶促褐变。木瓜蛋白酶、菠萝蛋白酶、无花果蛋白酶等酶类可导致一些引起褐变的酶系失活，从而抑制褐变的发生。

对于美拉德反应、抗坏血酸氧化及色素变化引起的非酶褐变，可通过控制相应的反应条件、减少与金属器具接触以控制非酶褐变的发生。实际应用中常用亚硫酸盐控制褐变，但需注意用量问题，以防止过量使用对人体造成不良影响。

（二）鲜切果蔬微生物污染的控制方法

鲜切果蔬生产是一个极其复杂的过程，生产期间极易受微生物侵染，必须严格加以控制。产品类型、工艺条件和预处理都将会影响鲜切果蔬的微生物数量。因此生产工艺流程中的每一个环节都需严格控制，尽可能减少微生物侵染。用于加工鲜切果蔬的原料，生产时应避免使用含菌多的污水灌溉，原料产地应远离牲畜圈，使用完全腐熟的有机肥。加工果蔬产品的灌溉水源、水贮存方式、是否放养过牲畜、灌溉方式都需进行监控以免影响鲜切果蔬产品的质量。选择品种优良、鲜嫩、大小均匀、成熟度适宜的产品尤其是符合鲜切果蔬原料要求的特殊品种作为加工原料，不得使用腐烂、虫害、斑疤的不合格原料。采收时避免对果蔬产品产生机械损伤，采收人员和采收器具、容器均需清洗消毒。采收后需在合适条件下正确贮藏，加工前还需仔细修整，以保证鲜切果蔬产品的良好质量。鲜切果蔬加工流程中挑选、整理、清洗、脱水等操作的作用是减少鲜切产品中微生物的数量，但去皮、切分、包装等操作易造成微生物污染。清洗不仅在预处理阶段需要进行一次，某些果蔬如大白菜、结球甘蓝切丝后以及莲藕、芋等切片后需再进行一次清洗。目的是通过二次洗涤洗去切面上的微生物和果蔬汁液，可抑制微生物的生长与繁殖。常在洗涤水中加入柠檬酸、次氯酸钠等或采用电解水、超声波等措施，以杀死部分微生物，达到延长货架期的目的。鲜切果蔬不能采用传统的热杀菌工艺进行杀菌，其杀菌方法主要是低温控制与防腐剂处理。辐照、臭氧、紫外线照射等非热加工在控制鲜切果蔬中微生物活动中的也被广泛采用。鲜切果蔬处理后采用涂膜或气调包装也可有效控制微生物污染。

1. 低温控制

低温是保证鲜切果蔬品质的关键因素，一般鲜切果蔬都需要在低温条件下加工贮藏。低温可以抑制一些腐败菌和致病菌的生长繁殖和代谢活动。大多数研究者认为，鲜切果蔬的适宜贮藏温度为 0~5℃。研究表明鲜切果蔬产品在 5℃ 条件下储运和销售，其表面微生物数量至少可在 10d 内保持稳定，而在 10℃ 条件下储运和销售，3d 后微生物数量就会急剧上升。欧美国家常采用低于 7℃ 的温度条件进行鲜切果蔬的流通，并能控制货架期在 7d 以内。

2. 杀菌剂和防腐剂控制

采用化学杀菌剂和防腐剂是一种非常有效的降低原料的微生物基数、控制鲜切果蔬微生物侵染的方法。杀菌剂包括含氯杀菌剂（漂白粉、次氯酸钠、二氧化氯、漂粉精等）、臭氧、酸性电解水、过氧化物等。因含氯杀菌剂对人体存在潜在危害，固有被其它杀菌剂取代的趋势。臭氧属强氧化剂，具有广谱杀菌作用，其杀菌速度较氯气快。过氧化氢主要通过氧化作用杀菌，其显著特点是分解后无残留，但在微量金属等杂质或光、热的作用下极不稳定。固可采用过氧化物和氯化物相混合的杀菌剂进行杀菌。常用的化学防腐剂主要有亚硫酸盐、维生素 C、柠檬酸、山梨酸钾、苯甲酸钠、4-己基间苯二酚、氯化钙、氯化锌、乳酸钙、EDTA 等。

3. 包装控制微生物

鲜切果蔬的包装方法主要有气调包装（Modifide Atmosphere Package，MAP）、减压包装（Moderate Vacuum Package，MVP）、AP 包装（Active Package）和涂膜包装。气调贮藏可创造一个低 O_2 与高 CO_2 的环境，这种环境可减少水分损失、降低呼吸强度、抑制果蔬表面褐变和微生物生长、减少乙烯的产生，从而延迟鲜切果蔬的衰老，抑制腐烂的发生。MAP 结合冷藏能显著地提高鲜切果蔬贮藏质量，延长贮藏期。MVP 是指将产品包装在大气压为 40kPa 左右的坚硬的密闭容器中并辅以低温冷藏的保鲜方法。AP 是指利用含有各种气体吸收剂和发散剂的包装对鲜切果蔬进行包装，AP 包装能影响产品呼吸强度、抑制微生物生长繁殖、降低植物激素的作用浓度。对鲜切果蔬进行涂膜包装处理也可提高产品质量与稳定性，包装处理后可使食品不受外界氧气、水分及微生物的影响。用于鲜切果蔬涂膜保鲜的材料主要有多聚糖、蛋白质及纤维素衍生物等。其中壳聚糖涂膜具有良好的阻气性，并易于黏附在切分果蔬表面，对真菌具有一定毒性，在鲜切果蔬贮藏保鲜方面存在巨大应用潜力。

4. 生物控制

安全、有效的生物法来控制鲜切果蔬中的微生物已受到越来越多的重视。生物控制就是采用微生物的拮抗作用或微生物产生的代谢产物来抑制腐败菌的生长，延长产品的货架期，以保证产品安全的一种方法。如使用噬菌体、生长快于致病菌的菌株、乳酸菌产生乳酸、利用醋酸降低 pH，及产生抗菌物来阻止微生物生长的目的。采用特异性噬菌体可消灭特定微生物，并且对果蔬本身的固有菌群没有影响。已有研究报道了采用烈性噬菌体混合物（LM-103 和 LMP-102）和细菌素（nisin）喷雾方式来抑制和杀灭李斯特氏菌和其他烈性噬菌体控制沙门氏菌的例子。乳酸菌作为生物保护剂用于鲜切果蔬的保鲜已普遍采用。乳酸菌除能同腐败菌竞争生长位点和营养物质外，还可产生如 Nisin、Lacticin、Pediocin 等细菌素，抑制革兰氏阳性菌，另外乳酸菌产生乳酸，降低了环境中的 pH，可抑制假单胞菌科、肠杆菌科细菌以及其他食品致病菌的生长，代谢过程中产生的过氧化氢也能抑制敏感菌和致病菌的生长。Nisin 和 EDTA 等离子螯合剂复合使用可抑制革兰氏阴性菌。酵母菌能优势竞争在果蔬创伤部位生长繁殖，并向果蔬中分泌抗菌物质如裂解酶等。嗜杀酵母（Killer Yeasts）可以分泌一种毒性的多肽物质，杀死部分细菌的同时可以杀死同属的酵母菌及真菌。

5. 非热处理控制

鲜切果蔬因加工后仍具有生命活动，故在低温或常温下进行杀菌可较好保持其品质，即采取冷杀菌技术或非热处理。非热处理包括辐照、超声波、超高压、紫外线、脉冲电场等处理方法，尤其是辐照杀菌已经广泛用于鲜切果蔬的杀菌。

（1）辐照杀菌技术　辐照（或辐射/放射线）杀菌，是利用一定剂量波长极短的电离射线来干扰微生物新陈代谢和生长发育，从而对食品进行杀菌的一种杀菌方法。对食品杀菌时常用射线有 X 射线、γ 射线和电子射线。电子射线主要从电子加速器中获得，X 射线由 X 射线发生器产生，γ 射线主要由放射性同位素获得，常用放射线同位素有 ^{60}Co 和 ^{137}Cs。辐照杀菌既可以杀灭鲜切果蔬表面的微生物，又可抑制后熟、防止腐烂。需注意的是辐射剂量需低于相关规定值以防产生一些营养问题和毒理学危害。

（2）超声波杀菌　低浓度的细菌如大肠杆菌、巨大芽孢杆菌、绿脓杆菌等对超声波敏感，可被超声波完全破坏。但超声波对葡萄球菌、链球菌等效力较低，对白喉病毒素完全无作用。超声波消毒的特点是速度较快，对人体无害，对食品原料无损害，但因对某些致病菌无效或效力低，故在某些情况下可能消毒作用不够彻底。

（3）超高压杀菌　超高压杀菌是将鲜切果蔬包装以后，在液体介质中，采用 100～1000MP 压力作用一段时间以达到灭菌目的。超高压主要通过破坏微生物细胞膜、抑制酶活力和促使细胞内蛋白变性达到对微生物的致死作用。鲜切果蔬水分活度高，结合低温施以超高压处理可达到良好杀菌效果。对于需氧嗜温微生物和需氧嗜冷微生物，采用间歇超高压杀菌的杀菌效果比连续超高压处理要好。

（4）紫外线杀菌技术　紫外线波长范围为 190～350nm，在波长 240～290nm 时具有杀菌作用，253.7nm 处为 DNA 和 RNA 的吸收峰，以波长为 253.7nm 的紫外线杀菌作用最强。其杀菌机理为紫外线诱导 DNA 嘧啶二聚体的形成，抑制 DNA 复制，导致微生物突变或死亡。紫外线对细菌、霉菌、酵母、病毒等各类微生物都有显著的杀灭作用。但由于穿透能力很差，紫外线通常只能对样品表面进行消毒灭菌。紫外线的灭菌效果受障碍物、温度、湿度、照射强度等因素的影响，如当相对湿度>70%、温度<16℃时，杀菌效果降低。

（5）脉冲电场杀菌　由于微生物细胞膜内外存在电位差，在脉冲电场存在条件下膜的电位差加大，细胞膜的通透性提高。当电场强度增大到某一临界值时，细胞膜的通透性剧增导致膜上出现许多小孔，细胞膜结构解体。同时由于脉冲电场在极短的时间内电压剧烈波动，细胞膜产生振荡效应，加速了细胞膜的破坏和微生物的死亡。脉冲电场可有效杀灭与鲜切果蔬腐败相关的多种微生物。脉冲电场杀菌不需加热，且作用时间短，对原料营养成分不造成破坏。

（6）磁力杀菌技术　磁力杀菌的方法是采用6000Gs磁力强度的磁场，将食品放在N极与S极之间，经连续摇动，不需加热，即可达到100%杀菌效果，并对食品成分和风味不会造成破坏。

此外，由于鲜切果蔬货架期较短，故其微生物检测必须具备快速、准确、简便的特点。传统的耗时长、灵敏度低的微生物检测方法已经不能适用。目前，主要采用免疫学方法（包括酶联免疫分析、免疫扩散、凝集、免疫磁性分离、免疫捕获分析等技术）、核酸技术（质粒分型、核糖分型、PCR、随机扩增多态性DNA等技术）、生物发光法、流式细胞仪、阻抗法、纳米技术、细菌冰核形成过程检测等快速检测方法对鲜切果蔬中的微生物进行检测。快速检测结合动力学模型来定量评价鲜切果蔬微生物的污染状况，已成为预防、检测和控制鲜切果蔬质量安全的有效手段。

鲜切果蔬产品从原料生产、加工、贮藏、运输到销售整个流通过程中都需严格控制微生物污染，可采用先进的加工方法及应用栅栏理论进行处理。加强加工人员、消费者和餐饮服务业人员的卫生意识和相关操作培训。正确地选用适于鲜切加工的优质原材料，配以严格的冷链系统同时结合不同处理来进行保藏。生产过程中采取严格的卫生要求及执行良好操作规范（GMP），运用危害分析与关键控制点（HACCP）进行有效管理。使用符合饮用水标准的优质加工用水，结合护色和灭菌的需要可在清洗过程中加护色剂或消毒剂。采用先进的加工设备如去皮机、切片机、切丝机，使之对产品造成的机械损害减少至最低程度。同时辅以MAP包装、可食性膜或其它包装形式进行包装。原料、加工、贮存、配送、销售等各环节要保持低温状态，实施严格冷链操作，以延长切割果蔬产品货架期，确保其安全性。

（三）鲜切果蔬营养损失的控制方法

1. 加工工艺控制

加工时可采用机械、化学或高压蒸汽去皮。去皮后就是切分、修整。切分的大小对鲜切果蔬的品质及货架期产生重要影响。切分越小，保藏时间越短，受机械损伤表面积越大。切分时所选刀刃应锋利，并在低温（<12℃）下进行操作。

2. 包装控制

鲜切果蔬经气调包装结合冷藏，能有效地降低呼吸，抑制乙烯产生，减少失水，延迟切分果蔬衰老进程，延长贮藏期。研究发现，二氧化碳浓度为5%～10%，氧气浓度为2%～5%时，可明显降低果蔬组织的呼吸速率，抑制酶活性，延长鲜切果蔬的货架寿命。可食性涂膜可减少鲜切果蔬水分和营养物质的损失，限制氧气摄入，减轻外界气体及微生物的影响，抑制呼吸，延缓乙烯产生，降低生理生化反应速度，防止芳香成分挥发并能起到延迟变色与抑制微生物生长的作用。利用可食性涂膜对抑制氧气的透性，使切分果蔬表面的氧气浓度维持在较低水平，不但抑制褐变，而且也降低切分果蔬的呼吸作用与乙烯的产生，有利于贮藏保鲜。另一方面，在成膜剂中加入抗氧化剂、抗褐变剂，还可降低切分果蔬组织衰老与变质，提高鲜切果蔬质量与稳定性。

3. 保鲜技术的应用

使用保鲜剂处理鲜切果蔬，目前用于鲜切果蔬的保鲜剂品种主要有山梨酸钾、维生素 C、柠檬酸、4-己基间苯二酚、氯化钙、氯化锌、乳酸钙、氯化钠、半胱氨酸、谷胱甘肽、植酸等。可结合抽真空包装，在冷藏条件下使用。其他保鲜技术利用高强脉冲电场、振动磁场、强光脉冲、超声波、高静水压及射线辐射处理等冷杀菌技术及生物处理，对于鲜切果蔬的保鲜也具有很好的效果，减少营养物质的损失。

第四节　鲜切果蔬类产品相关标准

鲜切果蔬产品质量和安全水平的提高是鲜切果蔬生产和加工的主要目标之一，实现这一目标需要生产、加工各阶段标准及法规的健全和完善，因此研究、健全鲜切果蔬产品及加工的标准体系非常必要。目前，我国已相继颁布了《鲜切蔬菜加工技术规范》（NY/T 1529—2007）、《鲜切叶菜类蔬菜加工技术》（DB32/T 2876—2016）、《鲜切蔬菜》（NY/T 1987—2011）、《果蔬鲜切机》（JB/T 12448—2015）、《鲜切蔬菜加工机械　技术规范》（JB/T 13265—2017）等多部行业标准或地方标准，一定程度上规范了鲜切果蔬加工、生产等环节，保障了鲜切果蔬产品的质量安全，促进了鲜切果蔬加工行业的有序发展。

一、　鲜切果蔬加工技术标准

（一）《鲜切蔬菜加工技术规范》（NY/T 1529—2007）

《鲜切蔬菜加工技术规范》（NY/T 1529—2007）为行业标准，于 2007 年 12 月发布，2008 年 3 月实施。该标准主要规定了鲜切蔬菜加工的术语和定义、人员要求、车间要求、设备设施及器具要求和维护、卫生要求、加工与运输条件控制、文件与档案管理、追溯与召回等方面的技术要求。此标准主要适用于新鲜蔬菜为原料、通过预处理、清洗、切分、消毒、去除表面水、包装等加工过程。

标准中的鲜切蔬菜产品（fresh-cut vegetables products）是以新鲜蔬菜为原料，在清洁环境中经预处理、清洗、切分、消毒、去除表面水、包装等预处理，可以改变其物理形状但仍能够保持新鲜状态，经冷藏运输而进入冷柜销售的即食蔬菜产品。标准中对人员要求对人员健康与卫生、清洁及对员工进行卫生标准操作规范、病情报告、岗位职责培训和消毒剂使用和设备清洁消毒方法培训方面进行了规定。车间要求主要包括鲜切果蔬加工车间的结构及车间规划，如在蔬菜鲜切加工区域使用地下排水沟、设计合理的排水沟的斜度；蔬菜原料的清洗设备与鲜切加工设备间应布局在不同车间等。设备设施及器具要求和维护包括使用光滑、无吸收性、易清洗、耐腐蚀和无毒材料制成的加工器具，所有加工工具表面光滑连接，防止产品碎片落入而不易清理，避免滋生微生物，有专门人员执行设备的校准和维护等。卫生要求对卫生程序、卫生设施和控制、空气质量、水供应、环境监测等做了规范说明。加工与运输条件控制包括接收和检查、加工预处理、加工用水、预冷和冷却储藏、鲜切产品的后加工控制、包装、运输和储藏等内容。文件与档案管理包括加工操作、水的质量、供应记录、水处理和监测、人员培训记录、温度控制记录、仪器仪表校准记录、消毒记录、产品加工批次记录、纠偏行为记录、有害物控制记录、分销记录等。标准同时规定应建立追溯与召回制度，生产者应建立突发应急方案。

(二)《鲜切叶菜类蔬菜加工技术》(DB32/T 2876—2016)

《鲜切叶菜类蔬菜加工技术》(DB32/T 2876—2016) 为江苏省地方标准，2016 年 1 月发布，2016 年 3 月实施。该标准规定了鲜切叶菜类蔬菜的术语和定义、人员要求、加工环境要求、原辅料选择、加工过程操作规范、运输储存以及记录。

标准中鲜切叶菜类蔬菜 (fresh-cut leafy vegetables) 是指以新鲜叶菜类蔬菜为原料，在清洁环境经预处理、清洗、切分、消毒、去除表面水、包装等预处理，可以改变其物理形状但仍能够保持新鲜状态，经冷藏运输而进入冷柜销售的叶菜类蔬菜产品。人员要求及加工环境具体要求参照 NY/T 1529 的规定。原辅料选择明确了适合鲜切的叶菜类蔬菜，包括绿叶类蔬菜中的芹菜、生菜、香菜、空心菜、茼蒿等，白菜类蔬菜中的大白菜、小白菜、球茎甘蓝、结球甘蓝、紫甘蓝、青菜、乌塌菜等，同时对加工用水、包装材料、消毒剂等作出规定。鲜切叶菜类蔬菜加工过程操作规范包括原料挑选整理、原料切分、清洗、杀菌、漂洗、脱水、分装、清洗消毒程序等操作规范。标准同时规定了鲜切叶菜类蔬菜的运输、储存和记录。

二、 鲜切果蔬产品标准

《鲜切蔬菜》(NY/T 1987—2011) 为行业标准，2011 年 9 月发布，2011 年 12 月实施。标准规定了鲜切蔬菜的术语和定义、要求、试验方法、检验规则、标签、包装、运输和贮存，适用于以新鲜蔬菜为原料生产的鲜切蔬菜。

标准中定义鲜切蔬菜 (fresh-cut vegetables) 为以新鲜蔬菜为原料，在清洁环境经预处理、清洗、切分、消毒、去除表面水、包装等处理，可以改变其形状但仍能够保持新鲜状态，经冷藏运输而进入冷柜销售的定型包装的蔬菜产品。鲜切蔬菜可实现即食 (ready to eat) 或即用 (ready to cook) 目的。即食指无需经过烹调加热或其他方式杀菌，可直接入口食用的使用方法。即用指无需进一步清洗即可用来烹调加热的使用方法。和即食食品相比，即用食品需经过烹调加热或其他方式杀菌，方可入口食用。

该标准对鲜切蔬菜的感官、卫生指标、净含量、生产加工作出了具体要求，并规定了相应的试验方法及检验规则。标准中同时规定了鲜切蔬菜的标签内容、包装、运输和贮存的相关要求。

三、 鲜切果蔬加工机械标准

(一)《果蔬鲜切机》(JB/12448—2015)

《果蔬鲜切机》(JB/12448—2015) 为行业标准，2015 年 10 月发布，2016 年 3 月实施。该标准规定了果蔬鲜切机的术语和定义、型式、型号、基本参数、技术要求、试验方法、检验规则、标志、包装、运输和贮存，主要适用于对各种新鲜果品、蔬菜切割加工的果蔬鲜切机。果蔬鲜切机（fruits and vegetables cutting machinery）是指对未经晾晒、烘干等缩水处理的新鲜水果或蔬菜进行切割，使其外形尺寸减小的机器。可加工果蔬（processable fruits and vegetables）是指采收后，经清洗、分级、去皮、去壳、去硬心、分瓣等预处理后，适应鲜切机加工的果蔬。一维切割（one dimensional cut）是指一片或一组刀具将果蔬切成片或段，即完成一个方向的切割。二维切割（two dimensional cut）是指经两组刀具将果蔬切成条或者丝，即完成两个方向的切割。三维切割（three dimensional cut）指经三组刀具将果蔬切成块或者丁，即完成三个方向的切割。

标准中规定，果蔬鲜切机的结构形式可分为立式和卧式，主要参数为回转推进器的直径和喂料带宽。鲜切机型号由汉语拼音、大写字母和阿拉伯数字组成。基本参数包括回转推进器直径或喂料宽度、功率、果品（蔬菜）加工尺寸、生产率及成品率。果蔬鲜切机的技术要求含基本要求、性能要求、零部件与材料要求、装配要求、安全和卫生要求、电动机线端标志与旋转方向、噪声、可靠性。试验方法部分包括试验条件、生产率、成品率、静（动）平衡、安全与卫生、轴承最高工作温度、线端标志与转向试验、噪声、鲜切机的使用可靠性。检验规则包括出厂检验、型式检验。标准同时对产品标志、包装标志、包装、运输和贮存进行了规定。

（二）《鲜切蔬菜加工机械　技术规范》（JB/T 13265—2017）

《鲜切蔬菜加工机械　技术规范》（JB/T 13265—2017）为行业标准，于 2017 年 4 月发布，2018 年 1 月实施。标准规定了鲜切蔬菜加工机械的术语和定义、技术要求、试验方法、检验规则、标志、包装、运输和贮存，主要适用于将新鲜蔬菜完成清洗、切分、保鲜、包装等处理过程的鲜切蔬菜加工机械（以下简称加工机械）。鲜切蔬菜加工机械（fresh-cut vegetables processing machinery）是以新鲜蔬菜为原料，在清洁环境下经清洗、切分、保鲜、包装等处理过程后，既可改变蔬菜形状又能保持其新鲜状态的加工机械。该标准同时对生产能力、故障、平均无故障工作时间、死区等进行了定义。技术要求中对设计要求、制造要求、电气安全要求、安全防护要求、安装要求、使用要求、型号编制要求作出规定。试验方法中规定了试验条件、产品图样和设计文件审查、材料选择和设计结构检查、基本技术要求检查、气动系统检查、热、冷水管路系统检查、零部件制造质量检查、装配情况检查、铸造质量检查、表面涂层质量检查、外观和表面质量检查、原材料和外购件检查、电气安全试验、安全防护检查、生产能力试验、工作噪声检查、平均无故障工作时间试验、水消耗量测量、空运转试验。

上述标准主要由相关主管单位牵头组织编制。相关标准的陆续出台对我国鲜切果蔬产品的生产设备、产品质量、卫生标准等进行有效、统一的规范。然而，我国鲜切果蔬加工行业起步较晚，虽已取得较大发展，但现有相关行业或地方标准较少，在一定程度上制约了我国鲜切果蔬行业的进一步发展。在国家、行业及企业标准体系进一步完善的前提下，有关单位应深入研究国内外鲜切果蔬产品及加工标准体系的结构、组成、标准内容、特点和水平等，明确国内外鲜切果蔬产品及加工标准体系的面貌，研究我国鲜切果蔬产品及加工标准及体系框架，为我国鲜切果蔬产品及加工标准的修订、编制提供研究基础，为鲜切果蔬产品及加工标准化管理提供决策依据，使相关标准制修订工作更具全局性、前瞻性和主动性。

第五节　典型鲜切果蔬类产品生产实例

一、典型鲜切水果生产实例

（一）鲜切菠萝

1. 工艺流程

原料→ 分级 → 清洗 → 去皮 → 切分 → 浸渍 → 沥干 → 包装 → 灭菌 → 冷藏

2. 操作要点

（1）原料　选择七成熟、新鲜、无腐烂、无病虫害、无损伤的原料。

（2）分级　按果实大小进行分选。

（3）清洗　将上述原料进行清洗，洗去泥沙、微生物及其他污物。

（4）去皮　用菠萝专用去皮机去皮。

（5）切分　不锈钢刀切成 1.2cm 的切片，或切成条状或粒状。

（6）浸渍　切分后原料迅速投入 0.5% 柠檬酸、0.1% 山梨酸钾、0.1%CaCl$_2$、50% 糖液中浸泡 20min。

（7）沥干　将浸泡后的菠萝片沥干水分。

（8）包装　托盘分装，PE 保鲜膜包装。

（9）灭菌　包装后紫外灭菌 20min。

（10）冷藏　将产品 4℃ 冷藏。

（二）鲜切苹果

1. 工艺流程

原料→ 分级 → 清洗 → 去皮 → 切分 → 浸渍 → 沥干 → 包装 → 灭菌 → 冷藏

2. 操作要点

（1）原料　选择七成熟、新鲜、无腐烂、无病虫害、无损伤的原料。

（2）分级　按果实大小进行分选。

（3）清洗　将上述原料进行清洗，洗去泥沙、微生物及其他污物。

（4）去皮　采用自动苹果去皮机去皮。

（5）切分　采用切片机切成 0.7cm 的切片。

（6）浸渍　切分后原料迅速投入 1.0% 柠檬酸+0.5% 壳聚糖+1.0% D-异抗坏血酸钠溶液中浸泡 20min。

（7）沥干　将浸泡后的苹果片沥干水分。

（8）包装　托盘分装，PE 保鲜膜包装。

（9）灭菌　包装后紫外灭菌 20min。

（10）冷藏　将产品 4℃冷藏。

（三）鲜切火龙果

1. 工艺流程

原料→ 分级 → 清洗 → 去皮 → 切分 → 浸渍 → 沥干 → 包装 → 灭菌 → 冷藏

2. 操作要点

（1）原料　选择七成熟、新鲜、无腐烂、无病虫害、无损伤的原料。

（2）分级　按果实大小进行分选。

（3）清洗　将上述原料进行清洗，洗去泥沙、微生物及其它污物。

（4）去皮　采用火龙果专用去皮机去皮。

（5）切分　采用切片机切成 1.0cm 的切片。

（6）浸渍　切分后原料迅速投入 0.40% 的壳聚糖和 0.06% 的果胶溶液中浸泡 20min。

（7）沥干　将浸泡后的苹果片沥干水分。

（8）包装　托盘分装，PE 保鲜膜包装。

（9）灭菌　包装后紫外灭菌 20min。

（10）冷藏　将产品 4℃冷藏。

二、 典型鲜切蔬菜生产实例

（一）鲜切马铃薯片（丝）

1. 工艺流程

原料→ 预冷 → 分选 → 清洗 → 杀菌 → 漂洗 → 去皮 → 切分 → 护色保鲜 → 脱水 →

包装 → 冷藏

2. 操作要点

（1）原料　选择符合无公害蔬菜安全要求的原料。

（2）预冷　将原料及时进行预冷处理，以抑制微生物的快速繁殖。

（3）分选　剔除不可食用部分，按块茎大小进行分选。

（4）清洗　将上述原料进行清洗，洗去灰尘、污泥及其它污物。

（5）杀菌　将洗净的原料利用输送机传送至杀菌设备中，采用臭氧水杀菌浸泡 30min，再放入 180mg/L 二氧化氯溶液中浸泡 20min，杀菌的同时去除农药。

（6）漂洗　用灭菌水对杀菌处理后的马铃薯进行漂洗。

（7）去皮　采用去皮机去皮。

（8）切分　采用切片机将马铃薯切成片（丝）状。

（9）护色保鲜　将马铃薯片投入 0.1% 异抗坏血酸钠、0.05% 曲酸、0.05% 山梨酸钾溶液中浸泡 15min，要求马铃薯片完全浸入溶液中，达到护色、保脆、保绿的效果。

（10）脱水　将护色后的马铃薯片装入消毒后的袋子，放入经灭菌处理的离心机中进行脱水。

（11）包装　采用灭菌后的包装袋进行真空包装，真空度 0.09MPa。

（12）冷藏　将包装好的马铃薯片放入冷库，4℃冷藏。

（二）鲜切青豆

1. 工艺流程

原料蔬菜→ 预冷 → 分选 → 清洗 → 杀菌 → 漂洗 → 甩水 → 包装 → 入库低温贮存

2. 操作说明

（1）原料　符合无公害蔬菜安全要求的原料。

（2）预冷　将原料及时地进行真空预冷处理，这样可以抑制加工原料的微生物的快速繁殖，为鲜切蔬菜加工提供良好的原料。

（3）分级　将青豆通过滚筒式分级机进行分级处理。

（4）清洗　将分好级的原料进行清洗，洗去污物等。

（5）杀菌　将洗净的青豆通过输送机送入杀菌设备中，通过臭氧水进行浸泡杀菌处理，浸泡时间 20~30min，再放入 200mg/L 二氧化氯液中进行浸泡，浸泡时间 5~10min，同时起到再次杀菌的作用。

（6）漂洗　用灭菌水将处理好的青豆进行漂洗。

（7）甩水　将护色保鲜、保脆好的青豆装入消毒好的袋子中，放入灭菌好的离心机中进行离心甩水，使鲜切蔬菜表面无水分，甩水时间为 5min。

（8）包装　采用灭好菌的包装袋进行包装，真空度为-0.09MPa。

（9）贮藏　将加工好的青豆鲜切蔬菜产品放入 4℃冷库中进行贮藏。

（三）鲜切芹菜

1. 工艺流程

原料蔬菜→ 预冷 → 分选 → 清洗 → 杀菌 → 漂洗 → 切分 → 护色保鲜 → 甩水 →

包装 → 入库低温贮存

2. 操作说明

（1）原料　符合无公害鲜切蔬菜芹菜生产技术规程的原料。

（2）预冷　将原料及时地进行真空预冷处理，这样可以抑制加工原料的微生物的快速繁殖，为鲜切蔬菜加工提供良好的原料。

（3）清洗　将准备加工的原料进行清洗，洗去污泥和其他污物。

（4）杀菌　将洗净的芹菜通过输送机送入杀菌设备中，通过臭氧水进行浸泡杀菌处理，浸泡时间 30~40min，再放入 200mg/L 二氧化氯液中进行浸泡，浸泡时间 15~30min，除去芹菜中残留的农药，同时起到再次杀菌的作用。

（5）漂洗　用无菌水将处理好的芹菜进行漂洗。

（6）切分　采用多用切菜机将芹菜切分。

（7）护色、保鲜及保脆　将切分好的芹菜放入护色保鲜及保脆液中进行浸泡处理，浸泡时间 5~15min。护色浸泡液的成分为：0.03%~0.06% 植酸、0.05%~0.1% 脱氢醋酸钠、0.2% 乳酸钙。

（8）甩水　将护色保鲜、保脆好的芹菜装入消毒好的袋子中，放入灭好菌的离心机中进行离心甩水，使鲜切蔬菜表面无水分，甩水时间为 3min。

（9）包装 采用灭好菌的包装袋进行包装，真空度为-0.065MPa。

（10）贮藏 将加工好的芹菜鲜切蔬菜产品放入 4℃冷库中进行贮藏。

（四）鲜切黄瓜

1. 工艺流程

原料蔬菜→ 预冷 → 分选 → 清洗 → 杀菌 → 漂洗 → 切分 → 护色保鲜 → 甩水 →

包装 → 入库低温贮存

2. 操作说明

（1）原料 符合无公害鲜切蔬菜黄瓜生产技术规程的原料。

（2）预冷 将原料及时地进行真空预冷处理，这样可以抑制加工原料的微生物的快速繁殖，为鲜切蔬菜加工提供良好的原料。

（3）清洗 将准备加工的原料进行清洗，洗去污泥和其他污物。

（4）杀菌 将洗净的黄瓜通过输送机将其送入杀菌设备中，通过臭氧水进行浸泡杀菌处理，浸泡时间 10~20min，再放入 200mg/L 二氧化氯液中进行浸泡，浸泡时间 10~20min，除去黄瓜中残留的农药，同时起到再次杀菌的作用。

（5）漂洗 用灭菌水将处理好的黄瓜进行漂洗。

（6）切分 采用多用切菜机将黄瓜切分成片、块等不同的形状。

（7）护色、保鲜及保脆 将切分好的黄瓜加入护色保鲜及保脆剂。护色浸泡剂的成分为：0.05%~0.1%异抗坏血酸钠、0.03%~0.05%山梨酸钾、0.2%乳酸钙。

（8）甩水 将护色保鲜、保脆好的黄瓜装入消毒好的袋子中，放入离心机中进行离心甩水，使鲜切蔬菜表面无水分，甩水时间为 5min。

（9）包装 采用灭好菌的包装袋进行包装，真空度为-0.07MPa。

（10）贮藏 将加工好的黄瓜鲜切蔬菜产品放入 6~8℃冷库中进行贮藏。

思考题

1. 果蔬鲜切过程中发生哪些生理生化变化，对鲜切果蔬的品质有何影响？
2. 简述鲜切果蔬酶促褐变发生的机理及发生条件。
3. 简述果蔬鲜切加工的加工工艺过程。
4. 简述鲜切果蔬的保鲜方法及其原理。
5. 简述栅栏技术的基本原理及其在鲜切果蔬加工中的应用。
6. 阐述鲜切果蔬的微生物污染及其控制方法。

果蔬原料的综合利用

教学目标

通过本章学习，了解果蔬原料综合利用的基本内容和意义；掌握果蔬中果胶、籽油、香精油、天然色素及膳食纤维的提取原理、工艺流程及操作要点；了解多酚和多糖的提取工艺流程；了解葡萄皮渣和苹果渣的综合利用。

我国果蔬种类繁多，面广量大，每年收获季节，除大量供给市场新鲜果蔬和贮藏加工外，往往还有大量的副产品，如果肉碎片、果皮、果心、种子及其它果蔬产品的下脚料。果蔬综合利用就是根据各种果蔬不同部分所含成分及特点，对其进行全植株的高效利用，使原料各部分所含的有用的成分，能被充分合理地利用。通过果蔬综合利用技术，不但可以减轻对环境的污染，更重要的可以从这些被废弃的生物资源中得到大量的生理活性物质，实现果蔬原料的加工增值和可持续发展，可以提高经济效益和生态效益。

第一节　果胶的提取

果胶（Pectin）是以原果胶、果胶、果胶酸的形态广泛分布于植物的果实、根、茎、叶中的多糖类高分子化合物。果实细胞初生壁和中胶层中沉积着大量的果胶物质，起着黏结细胞个体的作用。在未成熟果实中，果胶物质与纤维素结合以原果胶的形式存在。原果胶是一种非水溶性的物质，它的存在使果实显得坚实、脆硬。随着果实的成熟，果胶物质逐渐与纤维素分离，形成易溶于水的果胶，果实组织也变得松弛、软化，硬度下降。当果蔬过熟时，果胶又进一步分解为果胶酸及甲醇。在果蔬成熟过程中，三种状态的果胶物质同时存在，但果蔬在不同的成熟期，每一种果胶状态含量有所不同。

果胶最重要的特性是胶凝化作用，即果胶水溶液在蔗糖存在时能形成胶冻。这种作用与其酯化度（DE）有关。所谓酯化度是酯化的半乳糖醛酸基对总的半乳糖醛酸基的比值。DE值大于50%（相当于甲氧基含量占7%以上），称为高甲氧基果胶（HMP）；DE值小于50%

（相当于甲氧基含量占7%以下）的果胶称为低甲氧基果胶（LMP）。不同类型的果胶成胶机理各不相同，在生产上应用也各有所长。

许多果蔬原料中都含有果胶物质，其中苹果、柑橘等的果实中果胶含量较丰富，其它如胡萝卜的肉质根、向日葵的花盘等果胶含量也较多。柑橘类、苹果类、杏、桃、番茄等的果皮、果心和果渣等农副产品废弃物中都含有较多的果胶物质，可作为提取果胶的原料，将其变废为宝。

果胶具有良好的乳化、增稠、稳定和胶凝作用，广泛应用在食品、纺织、印染、烟草、冶金等领域。同时，由于果胶具有抗菌、止血、消肿、解毒、降血脂、抗辐射等作用，近年来，在医药领域的应用也较为广泛。

一、 工 艺 流 程

果胶提取基本原理是将在植物体中的水不溶性原果胶分解为水溶性果胶，并使之与植物中的纤维素、淀粉、天然色素等分离，从而获得一定纯度的果胶。果胶生产的基本工艺流程为：

原料选择与处理 → 提取 → 脱色 → 浓缩 → 沉淀 → 干燥、粉碎、标准化处理 → 成品

二、 操 作 要 点

（一）原料选择与处理

尽量选择新鲜、果胶含量高的原料。柑橘类果实中柚皮果胶含量最高（6%），其次为柠檬（4%~5%）和橙（3%~4%）。果蔬加工过程中的副产物，如苹果皮的果胶含量为1.24%~2%，苹果渣的果胶含量为1.5%~2.5%，都是提取果胶的良好原料。

对不能及时加工的原料，应在95℃以上加热处理5~8min，以钝化果胶酶，减少果胶的分解。在灭酶处理后，可将原料干制贮存。

为了除去表面的尘埃和杂质，同时除去原料中的糖类、色素、苦味及杂质等成分，通常在果胶提取前，将原料破碎成2~5mm的小颗粒，用温水（50~60℃）漂洗数次，然后压干备用。该方法可能会造成原料中可溶性果胶的流失，因而也有用酒精进行浸洗的。

（二）提取

提取是果胶制取的关键工序之一，常见的方法如下。

1. 酸提取法

传统的酸提取法是最常用的方法，其原理是利用稀酸将果皮细胞中的非水溶性原果胶转化成水溶性果胶，然后在果胶液中加入乙醇或多价金属盐类，使果胶沉淀析出。

传统酸提法在提取过程中，果胶分子易发生局部水解，降低了果胶的相对分子质量，影响果胶收率和质量；提取条件对提取效果影响也较大；由于提取液黏度大，过滤较慢，生产周期长，效率低，目前，酸提取法正向混合酸提取方向发展。

2. 离子交换树脂法

将粉碎、洗涤、压干后的原料，加入30~60倍原料重的水，同时按原料重的10%~50%加入离子交换树脂，调节pH至1.3~1.6，在65~95℃下加热2~3h，过滤得到果胶液。该方

法提取的果胶质量稳定，效率高，但成本高。

3. 微生物法

将原料加入2倍原料重的水，再加入微生物，如帚状丝孢酵母菌种，经静止、搅拌、振荡培养或在酵母培养基中培养。微生物发酵产生使果胶从植物组织中游离出来的酶，它能选择性地分解植物组织中的复合多糖体，从而有效地提取出植物组织中的果胶。经一定时间后过滤培养液，得到果胶提取液。采用微生物发酵法提取的果胶相对分子质量大，果胶的胶凝度高，质量稳定，很有发展潜力。

4. 微波提取法

微波提取法即微波辅助提取，是用微波加热与样品相接触的溶剂，将所需化合物从样品基体中分离进入溶剂。郑燕玉等利用微波法从马铃薯渣中提取果胶，最佳工艺为：微波功率595W，加热时间6min，提取液pH2.0，料液比1∶15，果胶产率由传统法的23%提高到25%。

微波法提取果胶选择性强，操作时间短，与传统的酸提取法相比，提取时间由1~2h缩短为几十秒钟；溶剂用量小，受热均匀，目标组分得率高，而且不会破坏果胶的长链结构，收率和质量都有提高。

（三）脱色

由于植物细胞中含有大量的色素，因此，在提取果胶的过程中不可避免的将植物中的色素一起提取出来。果胶的色泽对果胶的质量有较大的影响，因此，在果胶生产过程中，必须要对果胶提取液进行脱色处理。

传统脱色方法是采用活性炭，将1.5%~2.0%活性炭加入抽提液，60~80℃保温20~30min，然后过滤，具有较好的脱色效果。但使用活性炭脱色，一方面脱色后活性炭难以除去；另一方面对果胶也有一定的吸附，因此也会导致果胶产率下降。用离子交换树脂替代活性炭脱色，不但可以加快过滤速度，而且可以除去溶液中的金属离子，起到去杂的作用，从而提高果胶产品的质量。

（四）浓缩

果胶提取液中果胶含量一般为0.5%~1%，如果直接沉淀则干燥量太大，因此进行浓缩处理。一般采用真空浓缩，真空浓缩温度在60℃左右，但是高温易致果胶溶液变褐，影响品质。目前，开始采用膜分离法浓缩，效果很好，如果膜的污染与清洗技术能进一步完善，则有望取代真空浓缩。

浓缩后的果胶液要注意迅速冷却，以免果胶分解。如有喷雾干燥装置，可将7%~9%以上浓度的果胶浓缩液喷雾干燥成粉状，果胶粉可以长期保存。如没有喷雾干燥设备的可用沉淀法，该方法得到的果胶制品较纯，但是需要使用沉析剂，成本较高。

（五）沉淀

常用的沉淀方法如下。

1. 醇沉淀法

醇沉淀法的基本原理是利用果胶不溶于有机溶剂的特点，将大量的醇加入到果胶提取液中，形成醇水混合剂，将果胶沉淀出来。也可以用异丙醇等溶剂代替酒精。析出的果胶经压榨、洗涤等处理后便可得到成品。醇沉淀法工艺简单，得到的果胶色泽好、灰分少，但该方法醇的用量大，不易回收，能耗大，因此，生产成本较高。

2. 盐析法

盐析法的原理是盐溶液中的盐离子带有与果胶中游离羧基相反的电荷，它们中和后使果胶产生沉淀。将果胶提取液用氨水调整 pH 为 4~5，重新然后加入饱和明矾溶液，再用氨水调整 pH 为 4~5，即可见果胶沉淀析出。沉淀完全后即滤出果胶，用清水洗涤除去其中的明矾。盐析法的优点是生产成本低、产率高，但是生产工艺较醇沉淀法复杂，易导致残留大量的金属离子，生产出的果胶灰分高、色泽深。

（六）干燥、粉碎、标准化处理

干燥技术对果胶的品质有重要影响，常用的有低温干燥、真空干燥、冷冻干燥和喷雾干燥。低温干燥即低于 60℃ 干燥，设备简单，但干燥后的产品溶解性差、色泽较深。真空干燥和冷冻干燥后所得果胶色泽较浅，溶解性也好，果胶性质改变小，但技术设备费用大，生产成本高。干燥后的果胶，水分含量在 10% 以下，然后粉碎、过筛（40~120 目），即为果胶成品。有时为了果胶应用方便，需对果胶进行标准化处理，即在果胶粉中加入适量蔗糖或葡萄糖等混合均匀，使产品的胶凝强度、胶凝时间、温度、pH 一致，使用效果稳定。

三、 果胶提取实例

（一）从橘皮中提取果胶

1. 工艺流程

橘皮 → 预处理 → 浸提 → 过滤 → 果胶浸提液 → 减压浓缩 → 沉淀 → 干燥 → 粉碎 → 成品
果胶浸提液 → 滤液超滤 → 喷雾干燥 → 成品

2. 操作要点

（1）原料处理　将橘皮渣置于蒸汽或沸水中加热处理 5~8min，以钝化果胶酶的活力，减少果胶的损失。用清水漂洗数次直至水无色、果皮无异味为止，再经过压榨、脱水后，烘干至含水量 6% 左右，密封备用。

（2）浸提　称取一定量的干橘皮，加入 30 倍的蒸馏水，用盐酸调节 pH 为 1.8~2.7，75~85℃ 搅拌 80~90min。提取完成后趁热分离过滤，滤渣连续提取三次后，合并滤液。

（3）干燥　若进行喷雾干燥，将浓缩果胶液送入喷雾干燥机中，控制进料温度 150~160℃，出料温度 220~230℃，即可得干燥的果胶粉。若不进行喷雾干燥，减压浓缩后加入酒精沉淀，待果胶全部析出后，去除上清液，收集沉淀并离心，在 60~70℃ 干燥，得到果胶粉。

（二）从甘薯渣中提取果胶

1. 工艺流程

甘薯渣 → 干燥 → 水洗 → 酸液水解 → 热抽滤 → 滤液 → 乙醇沉淀 → 离心 → 脱色、干燥 → 果胶

2. 操作要点

（1）甘薯渣的预处理　先将湿甘薯渣用 95% 乙醇浸泡 30min，然后置于 60℃ 烘箱干燥

10h，再粉碎至 60 目大小备用。取制备好的甘薯渣加水浸泡一定时间，然后去掉水分，再用温度<40℃的水洗涤 2~3 次，洗去果渣中可溶性的糖分及部分色素类物质。

（2）酸水解提取　在预处理过的甘薯渣中按一定的料液比加入盐酸溶液，调节料液的 pH 至 2.0~2.5，在 90℃下恒温水浴水解 1~2.5h。待水解完全后，趁热抽提，收集合并滤液。

（3）乙醇沉淀　待提取液冷却后，用稀氨水调节 pH 至 3~4，在不断搅拌条件下加入乙醇，加入乙醇的量约为抽滤液体积的 1.2 倍，使酒精度为 50%~60%，静置于冷水中 30min 后，离心分离果胶，并回收乙醇。

（4）干燥果胶　置于 60℃烘箱中干燥 10h。

第二节　籽油及香精油的提取

一、籽油的提取

果蔬的种子中含有丰富的油脂和蛋白质，如柑橘籽中含油脂量一般可达籽重的 20%~25%，杏仁含油量 51%以上，桃仁为 37%。蔬菜种子的含油量也很丰富，如冬瓜籽含油量为 29%，辣椒籽含油量 20%~25%，西瓜籽含油量 19%。这些油脂的开发不仅能够提供优质的食用油脂，缓解我国油脂油料资源紧缺的矛盾，而且能增加企业的经济效益，对减少环境污染也有重要意义。

（一）葡萄籽油的提取

葡萄籽含油量 14%~17%。葡萄籽油的主要成分是亚油酸，含量达 70%以上，油中还含有丰富的维生素和微量元素。研究表明，葡萄籽油对改善人体酶的利用、降低血液中胆固醇、减轻肌肉疲劳疼痛、增强爆发力和耐力等都有一定功效。

1. 工艺流程

葡萄籽油的提取主要有压榨和浸出两种方法。压榨法工艺简单、设备少、投资低，适于小批量生产。其工艺流程为：

葡萄籽→晒干→筛选→破碎→软化→炒坯→预制饼→上榨→过滤→毛油

浸出法是利用相似相溶的原理，在一定温度条件下，反复浸提数小时后回收提取剂，从而提取得到油脂。其工艺流程为：

葡萄籽→晒干→筛选→破碎→软化→贮存→浸提→过滤→贮存→蒸发→汽提→毛油

2. 操作要点

（1）筛选及破碎　将葡萄籽用风力或人力分选，基本不含杂质，后用破碎机破碎。

（2）软化　将破碎后的葡萄籽投入软化锅内进行软化，水分 12%~15%，温度 65~75℃，时间 30min，使其全部软化。

（3）炒坯　若采用压榨法，软化后要进行炒坯，炒坯的作用是使葡萄籽粒内部的细胞进一步破裂，蛋白质发生变性，磷脂等离析、结合，从而提高毛油的出油率和质量。一般将软化后的油料装入蒸炒锅内进行蒸炒，用平底锅炒坯时，料温110℃，水分8%～10%，出料水分7%～9%，时间20min，加热要均匀，防止焦糊。炒料后，立即用压饼机压成圆形饼，操作要迅速，压力要均匀，压好后趁热装入压榨机进行榨油，再经过过滤去杂就成为毛油。

（4）浸提　若采用浸提法，软化后即可加有机溶剂进行浸提。选择有机溶剂时，要尽量选择来源丰富、价格低廉，且使用安全、不易燃易爆的溶剂。周雯雯、孙峰等人对提取溶剂进行了筛选，实验结果表明，石油醚作为溶剂时的提取率最高，丙酮和正己烷的提取率次之，无水乙醇的提取率最低。当溶剂为丙酮和无水乙醇时，所得提取物颜色较深，不宜作为提取溶剂；正己烷作为提取溶剂时成本较高，因此，石油醚是较适宜的提取溶剂。除了利用单一有机溶剂进行油脂的提取外，还可将多种溶剂按一定比例混合后作为提取剂。

3. 葡萄籽油提取新技术

（1）微波辅助提取　微波辅助提取是利用微波能来提高萃取率。微波在传输过程中遇到不同的物料，会依物料性质不同而产生反射、穿透、吸收现象。由于物质结构不同，吸收波能的能力不同，因此，在微波作用下，某些组分被选择性加热使之与基体分离，进入微波吸收能力较差的萃取溶剂中。

采用微波辅助法提取得到葡萄籽油，实验结果表明，利用微波辅助萃取葡萄籽油是可行的，其最佳提取工艺条件为：以二氯甲烷为萃取溶剂，萃取温度50℃，萃取时间10min，料液比为1∶8。微波萃取法具有时间短、温度低、节省溶剂、萃取油质量高等优点，并且明显提高了葡萄籽油中亚油酸组分的含量。

（2）生物酶法提取　生物酶法提取是一种新型的油脂加工方法。利用复合纤维素酶，可降解植物细胞壁纤维素骨架，崩溃细胞壁，使油脂容易游离出来。利用生物酶法提取葡萄籽油，不仅可以提高油的得率，获得优质的葡萄油脂，而且由于酶解的反应条件温和，还可保持葡萄蛋白质及其它成分的性质，使其进一步被加工利用，因此，生物酶法提取具有广泛的应用前景。

4. 葡萄籽油的精炼：

葡萄籽油精炼的工艺流程：

毛油 → 过滤 → 水化 → 静置分离 → 脱水 → 碱炼 → 洗涤 → 干燥 → 脱色 → 过滤 → 脱臭 → 加抗氧化剂 → 精油

对精炼工艺研究表明，确立了生产中可以采用的精炼工艺条件：碱炼初温45℃，碱液浓度18.5%，超碱用量0.4%；水化加水量4%，水化时间分别为1.0h、0.5h；二次脱色工艺为活性脱色，白土添为加量第1次4%，脱色时间30min、脱色温度90℃，第2次添为加量3%，脱色时间15min，温度85℃，真空度0.1MPa；在真空度0.08MPa、温度180℃、脱臭时间1.5h条件下，可以脱除葡萄籽油中的臭味成分，保持葡萄籽的固有香味。

（二）番茄籽油的提取

番茄籽是生产番茄酱时的副产物，番茄籽中含有18%～22%的油脂。研究表明，番茄籽油含有较多的亚油酸及维生素E，是一种良好的保健植物油。

番茄籽油的传统制油工艺分为两类：压榨提取法和溶剂萃取法。前者是靠物理压力将油脂直接从油料中分离出来，全过程无任何化学添加剂，保证产品安全、卫生、无污染，天然营养不受破坏；后者则是通常采用有机溶剂将油脂原料经过充分的"浸泡"后高温提取，再经精炼工艺加工而成，这种工艺最大的特点就是出油率高。

超临界 CO_2 萃取技术是基于流体在超临界状态下溶解能力显著增加等独特性质而发展起来的一种新型分离技术。沈心好等人采用超临界 CO_2 萃取技术对番茄籽油进行萃取，经过单因素和优化实验，对不同萃取时间、压力和温度下油的萃取率、脂肪酸组成和品质进行了比较，确定了番茄籽油的最佳萃取条件为萃取时间2h、萃取温度50℃、萃取压力30MPa，萃取率达96.34%。

二、 香精油的提取

香精油又称挥发油，是存在于植物中的一类具有芳香气味、可随水蒸气蒸馏出来而又与水不相混溶的挥发性油状成分的总称。香精油为混合物，其组分较为复杂，以萜类成分为主，含有少量的小分子脂肪族化合物和芳香族化合物。目前，香精油已广泛应用于医药、食品、香料和洗涤剂等领域。

（一）香精油的提取方法

1. 蒸馏法

一般香精油的沸点较低，可随水蒸气挥发，在冷却时与水蒸气同时冷凝下来。但香精油不溶于水且与水的相对密度不同，大多数比水轻而较易分离，因此，可利用这些特点用蒸馏水提取，该方法操作工艺成熟，应用范围广，但是也存在着一些弊端。一方面，生物活性成分在水蒸气蒸馏的条件下易于发生化学变化，造成失活，影响原料进一步综合利用；另一方面，该方法提取时间较长，所消耗的能量大，对环境造成一定的污染。

2. 浸渍法

将原料破碎，再用有机溶剂在密封容器中在较低的温度条件下进行浸渍，浸渍时间不宜过长，用酒精一般要浸渍 3~12h，然后放出浸提液，同时轻轻压出原料中所含的浸液，这些浸液可再浸渍新的原料，如此反复进行三次，最后得到较浓的带有原料色素的酒精浸提液，过滤后可作为带酒精的香精油来保存。

3. 超临界 CO_2 萃取技术

超临界 CO_2 萃取技术是利用在临界温度和临界压力附近具有独特溶解能力的溶剂进行萃取的一种分离方法。萃取后的溶剂在通常状态立即变为气体而逸出，从而将超临界流体中溶解的物质分离出来，达到浓缩提纯的目的。目前，超临界流体萃取大部分以 CO_2 为溶剂，这主要是由于 CO_2 具有密度大，溶解能力强，传质速度快，且经济易得、无毒、惰性等优点。

有机溶剂萃取的产物随所用溶剂的不同而不同，而超临界流体萃取能够通过压力和温度而选择性地萃取天然植物中的某些组分，以适应不同的需求。如低压萃取主要得到精油，高压萃取用于食用香料油树脂的制备，它使得超临界技术的应用领域大大超出了常规意义上的溶剂萃取。从整体上看，该方法与传统的提取方法基本一致，但超临界萃取在低温下进行，有利于热不稳定以及易氧化的挥发性物质的提取，减少了成分的损失。目前，该方法已经成为香精油提取的有效替代技术。

但是有文献报道，超临界 CO_2 萃取对于某些特定成分的提取力不及传统方法，相反地提取出树脂和植物蜡等不需要的成分。此外，超临界流体萃取所要求的工艺条件非常严格，因此，较高的生产成本也在一定程度上限制了它的使用。

4. 微波水扩散重力法

微波水扩散重力法（MHG）是将被提取植物直接放在不需要添加水和溶剂的特殊微波反应器里，经微波加热，植物中原位水被加热以使细胞膨胀，最后导致含油细胞破裂，在大气压作用下，使香精油和原位水一起从植物细胞内部转移到外部。因此，MHG 法是利用微波加热与地球引力相结合的一种绿色提取技术。

（二）香精油提取实例

柑橘精油具有令人喜爱的独特芳香风味，由萜烯类、醇类、醛类和酯类组成，在食品工业、日化工业上运用得相当广泛，是一种非常重要且广受欢迎的天然香料。

1. 水蒸气蒸馏法

（1）原料处理 将榨汁剩下的皮渣用破碎机破碎，过滤（2~3mm 筛孔），若是柑橘皮，应在冷水中浸泡发软后再破碎和过滤。

（2）蒸馏 将破碎后的橘皮置于蒸馏装置内，因温度升高和水分的侵入，使油细胞胀破，油便随水蒸气蒸馏出来。

（3）油、水分离 经冷凝器出来的油水混合物，置于长型玻璃圆筒中，上部加盖，静置2~4h，油、水便可分离。打开筒底的活塞排出水分，排出的水分尚有微量的橘油，可放回蒸馏锅进行下一次蒸馏。也可采用离心分离法将水、油分离。

（4）精制 粗制的柑橘油内部含有部分胶体物质和杂质，需要进一步地提纯和净化。较澄清透明的橘油只需静置、过滤即可。轻微混浊的橘油用无水硫酸钠脱水，然后静置过滤。混浊度较高的精油先静置、沉淀、取出澄清橘油，再用无水硫酸钠脱水过滤。

（5）成品包装 精制的橘油应密闭包装，减少香气物质的挥发，并防止阳光辐射。有条件贮存于 0~5℃ 的环境下。

2. 压榨法

压榨法的主要设备有螺旋压榨机和整果冷磨机两种，整果冷磨机是柑橘类整果加工的定型设备，虽然装入的是柑橘类整果，但实际上磨破的仍然是皮上细胞，细胞磨破后精油渗出，也可用水喷淋下来，经分离得到香精油。

螺旋压榨机是最常用的现代化工生产设备，其螺旋速度一般为50r/min，最大处理量为1.5~2.0t/h。螺旋压榨机既可压榨果肉生产果汁，也可压榨果皮生产精油。其工作原理是：旋转着的螺旋体在榨笼内的推进作用下，使原料连续向前移动，原料细胞内的精油受到挤压，使果皮磨破或把果皮油囊榨破而精油喷射出来，同时用适量的喷淋水把精油从油胞组织中洗脱下来，再通过筛网过滤与沉降，用转速为5 000~6 000r/min 的离心机离心分离，从而获得柑橘香精油粗品。再经溶剂萃取、真空分馏除去萜类物质而得脱萜的柑橘香精油。

第三节 天然色素的提取

天然色素广泛存在于多种生物特别是动植物体中，其安全性和营养价值高，有的兼具一定的药理作用。用天然色素着色，色调自然、纯正。由于长期食用人工合成色素会危害人体健康，人们的关注点已从合成色素转移到如何提取天然色素的开发和应用上来。

天然色素按来源可分为：植物色素、动物色素和微生物色素三大类；按其溶解性质不同又可分为水溶性色素和脂溶性色素；天然色素按其功效成分可分为：类胡萝卜素类、黄酮类色素、花青苷类色素、叶绿素类色素和其它类色素。

叶绿素广泛存在于高等植物的叶、果实和藻类中。叶绿素又可分为叶绿素 a 和叶绿素 b，前者呈蓝绿色，后者呈黄绿色。它们在果蔬体内的含量约为 3:1，是果蔬进行光合作用的重要成分。叶绿素在食品工业上是很好的着色剂和营养强化剂。叶绿素具有补血、促进造血、活化细胞、抗菌消炎等功效，近年来，还发现叶绿素有抑制癌细胞生成作用，因而是一种保健食用色素。

类胡萝卜素使果蔬呈现黄橙色，是多烯类色素代表，是胡萝卜素（carotene）和胡萝卜醇（xanthophylls）总称。广泛分布于生物界中，目前，已发现类胡萝卜素就有 600 多种。类胡萝卜素按其组成和溶解性质可分为两类：胡萝卜素类和叶黄素类。胡萝卜素类的结构特征为共轭多烯烃，包括 α-胡萝卜素、β-胡萝卜素、γ-胡萝卜素及番茄红素，溶于石油醚，微溶于甲醇、乙醇。普遍存在于胡萝卜、番茄、西瓜、杏、桃、辣椒、南瓜、柑橘等蔬菜水果中。叶黄素类为共轭多烯烃的含氧衍生物，在果蔬中的叶黄素、玉米黄素、隐黄素、番茄黄素、辣椒黄素、柑橘黄素等都属于此类色素，其中叶黄素在人体内可转化成维生素 A。类胡萝卜素是国际公认具有生理活性功能的抗氧化剂，为单线态氧有效淬灭剂，能消除羟基自由基，可与细胞膜系统中的脂类相结合，有效抑制脂质氧化。

花色素又称花青素，存在于植物果实、花、茎和叶中细胞的液泡内，是植物体内一种水溶性色素。由于各种花色素分子结构上差异或酸碱度不同，花色素呈红、紫、蓝等不同颜色。花青素类不仅资源丰富，色彩绚丽，且生理活性很高，它是羟基供体、自由基清除剂，在眼科学和治疗各种血液循环失调疾病等方面均有疗效。

一、天然色素的提取和纯化

（一）天然色素提取的工艺流程

天然色素的提取工艺主要有浸提法和浓缩法。浸提法工艺设备简单，其工艺流程为：

原料筛选 → 清洗 → 浸提 → 过滤、浓缩 → 干燥成粉或添加溶剂制成浸膏 → 产品包装

浓缩法则主要应用于天然果汁的直接压榨、浓缩提取色素，该方法生产的产品存在纯度和精度的问题。伴随着现代化工业技术的迅速发展以及人们安全意识的提高，一些现代化高新技术不断应用到天然色素的生产中。超临界流体萃取是利用其介于气体和液体之间的流体进行萃取。其工艺流程为：

原料筛选 → 清洗 → 萃取器萃取 → 分离 → 干燥 → 成品

（二）操作要点

1. 原料处理

果蔬原料中的色素含量与品种、生长发育阶段、生态条件、栽培技术、采收手段及贮存条件等有密切关系，不同品种以及不同成熟的原料差别很大。浸提法生产收购到的优质原

料，需及时晒干或烘干，并合理贮存；有些原料还需进行粉碎等特殊的前处理，以便提高提取效率。

2. 萃取

用浸提法提取色素时应注意萃取剂的选择，优良的溶剂不会影响所提取色素的性质和质量，并且提取效率高，价格低廉以及回收或废弃时不会对环境造成污染，常用的有机溶剂有：甲醇、乙醇、丙酮、乙酸乙酯等。提取高粱红色素是用0.1%的盐酸水溶液浸泡2h，除去杂质和杂色后，再用7%的乙醇溶液在40℃下浸提，然后过滤、浓缩、干燥而得。

3. 过滤

过滤是浸提法提取果蔬色素的关键工序之一，若过滤不当，成品色素会出现混浊或产生沉淀，尤其是一些水溶性多糖、果胶、淀粉、蛋白质等，不过滤除去，将严重影响色素溶液的透明度，还会影响后续工艺的实施。常用的过滤方法有离心、抽滤、超滤等。

4. 浓缩

色素浸提过滤后，若含有机溶剂，需先回收溶剂以降低产品成本，减少溶剂损耗，提高产品的安全性。大多采用真空减压浓缩先回收溶剂，然后继续浓缩成浸膏状。若无有机溶剂，为加快浓缩速度，多采用高效薄膜蒸发设备进行初步浓缩，然后再真空减压浓缩。真空减压浓缩的温度控制在60℃左右，而且也可隔绝氧气，有利于产品的质量稳定，切忌用火直接加热浓缩。

5. 干燥

为了使产品便于贮藏、包装、运输等，有条件的工厂都尽可能地把产品制成粉剂，但是国内大多数产品是液态型。常用的干燥工艺有塔式喷雾干燥、离心喷雾干燥、真空减压干燥以及冷冻干燥等。

6. 包装

干燥后的色素一般应放在低温、干燥、通风良好的地方避光保存。

（三）天然色素的精制纯化

由于果蔬含的成分十分复杂，使得所提色素往往还含有果胶、淀粉、多糖、脂肪、有机酸、无机盐、蛋白质、重金属离子等非色素物质，经过以上的提取工艺得到的仅是粗制果蔬色素，这些产品色价低、杂质多，有的还含有特殊的臭味、异味，直接影响着产品的稳定性、染色性及其活性，限制了它们的使用范围。所以必须对粗制品进行精制纯化。常见的纯化方法有：酶纯化法、膜分离纯化法、离子交换纯化法等。

王丽玲对药桑红色素的纯化工艺进行了研究，结果表明，AB-8大孔树脂对药桑红色素分离纯化最优吸附条件为：原料色素液pH为2.04，吸光度为0.567，吸附流速1mL/min；最优洗脱条件为：洗脱剂（乙醇）浓度95%，pH为1，洗脱流速0.8mL/min。此工艺条件能够较好地分离纯化药桑红色素。

二、　天然色素的提取实例

（一）山楂红色素的提取

山楂红色素中含有可溶性糖、酸和黄酮类物质，属于天然花青素类色素，具有抗氧化和消除自由基的作用，有一定的药用和保健价值。山楂红色素安全、无毒且含有一定的营养成分，可用于食品着色和饮料的配制等。同时，这种色素主要存在于果皮中，特别是野生品种，其果皮厚、肉少，用其提取食用色素是山楂综合利用的新途径。

1. 工艺流程

山楂→ 选料 → 清洗、破碎 → 加入（0.1%HCl+95%乙醇）50℃浸提 4h → 粗滤 →

精滤 → 浓缩 → 干燥 →成品

2. 操作要点

（1）原料选择　原料的优劣是产品质量的基础，应选择色素较高的品种。最好用晚采的原料。

（2）浸提　由于山楂果实中果胶含量较高，可用乙醇作提取液，减少应用时对果胶处理的负担。浸提速度随温度的升高而明显加快，但山楂红色素是一种热不稳定色素，要注意防止时间过长引起其提取率的下降。经研究表明，提取山楂红色素的最优条件为：提取温度50℃，提取时间 4h，物料配比 1∶3，溶剂配比为 95%乙醇。

（3）浓缩　为保证产品质量，最好采用60℃以下的真空减压浓缩。

（二）辣椒红色素的提取

辣椒红色素是从红辣椒中提取的一种天然红色素，也就是从成熟的辣椒果皮中提取的含类胡萝卜素、β-胡萝卜素和多种维生素的暗红色膏状物。其色泽鲜艳，色价高，着色力强，稳定性强，耐酸、耐碱、耐热、无毒安全。

1. 工艺流程

干辣椒皮→ 处理 →辣椒粉→ 抽提 → 丙酮抽提液 → 重结晶 →辣椒红色素

2. 操作要点

（1）原料处理　收集干净辣椒，去除子梗，粉碎后过 20 目筛，然后将辣椒移入回流瓶中。

（2）抽提　在回流瓶中加入 1.5~2 倍体积的丙酮，反复抽提 3~4h，收集丙酮提取液。

（3）重结晶　将丙酮液移入另一搪瓷桶中，加入石油醚，搅拌均匀，置 4℃下重结晶过夜，然后收集结晶物，即为辣椒红色素。

第四节　膳食纤维的提取

1970 年以前，营养学中没有"膳食纤维（dietary fiber）"这个名词，而只有"粗纤维（crude fiber）"。粗纤维当初被认为是对人体不起营养作用的一种非营养成分。然而多年来的调查研究发现，这种非营养成分与人体的健康密切相关，它在预防人体某些疾病方面起着重要作用，于是提出了"膳食纤维"这一概念，同时取消了"粗纤维"这一营养学名词。

1999 年 11 月 2 日，在第 84 届 AACC 年会上确定了膳食纤维定义：膳食纤维是指不能被人体小肠润化吸收，而在大肠中能被部分或全部可食用的植物性成分、碳水化合物及其类似物的总和，包括多糖、寡糖、木质素以及相关的植物物质，具有润肠通便、调节控制血糖浓度、降血脂等一种或多种生理功能。根据其溶解性不同，可分为水溶性膳食纤维（SDF）和水不溶性膳食纤维（IDF）。膳食纤维有较强的持油、持水能力、增容作用和诱导微生物的作用，能螯合消化道中的胆固醇、重金属等有毒物质，减少致癌物的产生并促进胃肠蠕动，利于粪便排出。膳食纤维被添加到面包、面条、果酱、糕点、饮料和果汁等食品中，可以补充正常食品膳食纤维含量的不足，并可作为高血压、肥胖病、大肠病人的疗效食品。

我国在膳食纤维的研究与开发上起步较晚，但我国膳食纤维来源广阔，数量很大，如米糠、麸皮、甜菜渣、酒糟、玉米皮、豆腐渣、山芋渣、苹果渣、椰子渣、藕渣及魔芋等原料均可开发利用，所以我国膳食纤维的开发前景十分广阔。

一、　苹果渣中膳食纤维的提取

我国是世界最大的苹果生产国，随着浓缩汁、果酱和果酒的生产而产生了大量的苹果渣。苹果皮渣（干基）中的膳食纤维含量可达到 30%～60%，是制备膳食纤维的良好资源，而且苹果膳食纤维中水溶性与不溶性膳食纤维的比例适当，具有较高的吸水性和持水性，功能作用明显，添加到食品中，还会对食品的品质起到改善的作用。

（一）工艺流程

苹果渣→ 干燥 → 粉碎 → 漂洗 → 脱色 → 漂洗 → 干燥 → 功能活化 → 粉碎 →
包装 →成品

（二）操作要点

1. 原料处理

刚榨完汁的苹果渣含水量较高，极易腐败变质，应将苹果渣在 65～70℃烘干，粉碎到 80目大小。

2. 漂洗

将苹果渣中的糖、淀粉、芳香物质、色素、酸类和盐类等成分漂洗干净，以免影响产品的品质。浸泡漂洗时，水温为 35℃，漂洗时间为 1.5h，加入 1.5%的淀粉酶，使苹果渣中的淀粉水解为糖，便于漂洗除去。浸泡过程中要注意不断搅拌。

3. 脱色

为改善苹果渣膳食纤维的感官性能，需对其进行脱色处理。常用的方法有酶法和化学法。酶法是：加入 0.3%～0.4%含有黑曲霉制备的花青素酶，边加边搅拌，调整 pH 至 3～5，加热至 55～60℃，40min。化学法：可使用脱色剂亚硫酸钠、次氯酸钠、过氧化氢等进行脱色处理。采用 H_2O_2 进行脱色时，pH 对脱色的影响非常显著。当 pH<7 时，低质量分数的 H_2O_2 基本无脱色作用。当温度、浓度一定时，pH 越高，H_2O_2 的氧化能力越强，但 pH 不能过大，当 pH>12 时，剧烈的反应则会引起纤维素的降解及其它复杂的副反应。可参考的 H_2O_2 苹果渣膳食纤维脱色参数为：pH10，H_2O_2 质量分数 5%，室温下脱色 2.0h。脱色结束后，漂洗除去溶液即可。

4. 干燥、活化处理

经上述处理后的苹果渣通过离心或压滤处理，可以得到浅色湿滤饼，干燥至含水6%～8%

后，进行功能活化处理。

活化处理是制备高活性功能性膳食纤维的关键步骤，目前，国内开发的膳食纤维基本上均未进行活化处理，所以生理功能较差。活化处理应用了现代食品工程的高新技术，包括：膳食纤维内部组成成分的优化与重组；膳食纤维表面某些暴露基团的包埋，以避免这些基团与矿物质元素相结合而影响机体内的矿物质代谢平衡。常用的活化技术为螺杆挤压技术，挤压条件为入料水分 191.0g/kg，末端温度 140℃，螺杆转速 60r/min。进过活化处理后的苹果膳食纤维水溶性增加，功能作用加强。

5. 粉碎、包装、成品

活化后的苹果膳食纤维再经干燥处理，用高速粉碎机粉碎，过 200 目筛，即得高活性苹果渣膳食纤维。

二、 椰子渣中膳食纤维的提取

椰子渣是加工椰子汁后的副产品，其中含有丰富的纤维素、半纤维素和木质素，是加工膳食纤维的上等原料。作为一种新型的膳食纤维源，对其进行开发和研究有相当重要的意义。

(一) 工艺流程

椰子渣 ⟶ 浸泡 ⟶ 澄清 ⟶ 过滤 ⟶ 水洗 ⟶ 酸化 ⟶ 沉淀分离 ⟶ 水洗 ⟶ 干燥、粉碎、包装

提取原理：椰肉经加工椰子汁后，大部分蛋白质被抽取出来，但仍有少量的水溶性蛋白质和几乎全部的不溶性蛋白质残存于渣中。水溶性蛋白质可以通过调整 pH 使其远离等电点 pI 而加以除去，不溶性蛋白质则可通过破坏其蛋白质结构加以除去，淀粉则可用降解的方法除去。

(二) 操作要点

1. 浸泡

用强碱液浸泡 1h 左右，重复 1~2 次，这样即可使蛋白质溶解，通过澄清即可除去蛋白质。

2. 水洗

除去了澄清处理中的上清液后，经多次水洗，除去加入的强碱，使其呈中性。

3. 酸化

用盐酸处理，使 pH 达到 2.0，温度 50℃，浸泡 2h，使其中的淀粉彻底水解，溶解于酸性溶液中，膳食纤维不溶解而与淀粉类杂质分离。

4. 沉淀分离

将酸化处理的料液离心分离，然后水洗至中性。

5. 干燥、粉碎及包装

水洗呈中性的沉淀物经干燥，然后粉碎，经 80 目过筛，包装。

第五节　功能活性物质的提取

在果蔬中存在着很多能对人体各种机能产生生物活化效应的物质，我们称为功能活性成分。它们能直接参与人体新陈代谢过程，对维持人体最佳健康状态起着重要作用。按其主要成分，大致可以分为以下五类：碳水化合物及磷脂、含氮化合物（生物碱除外）、生物碱类、酚类和萜类化合物。

一、多酚的提取

（一）多酚提取方法

近年来，随着科学技术的发展，植物中多酚的提取工艺不断被优化，从而使多酚的得率显著提高。这些日益改进的新提取技术正在逐步代替传统的提取技术，在植物多酚提取领域正得到不断应用和发展。其中传统的提取方法中最为经典的是溶剂萃取法，新提取方法主要包括超声波提取法、微波提取法、闪式提取法、生物酶降解法、树脂吸附提取法、超临界流体萃取法、高压脉冲电场法、联用法等。

1. 溶剂萃取法

溶剂提取法是利用植物中有效成分在溶剂中的溶解性不同，选用合适溶剂，将其从植物组织细胞内溶解出来。溶剂提取法是天然产物中活性成分提取中广泛采用的提取方法。有机溶剂萃取法是传统提取方式中最为经典且应用最广泛的一种提取方法。基于相似相溶原理将多酚从植物中分离出来。因其成本低被广泛应用。与近年来推出的新技术相比，耗时较长，难以控制工艺参数，有机溶剂对环境和身体有一定的影响。

2. 超临界流体萃取法

温度与压力都在临界点之上的物质状态称为超临界流体。超临界流体具有许多独特的性质，如黏度小，密度、扩散系数、溶剂化能力等性质随温度和压力变化十分敏感，黏度和扩散系数接近气体，而密度和溶剂化能力接近液体。利用这种特性萃取茶多酚，可以把萃取物与原料有效的分离、提纯。

3. 超声波提取法

超声波提取法的原理是利用超声波的机械破碎作用和空化效应，加快提取物向溶剂中扩散的速率，从而缩短提取时间。此方法的优点是操作简便，提取时间较短，提取效率比溶剂提取法高，但同时也存在机器耗能大，溶剂消耗过快的缺点。

4. 微波提取法

微波提取法是利用微波使植物细胞产生巨大的热量，使多酚物质从细胞中扩散出来。该方法是近年来兴起的提取技术，有效地减少了多酚在高温下的氧化，使多酚类物质不被破坏，且微波提取多酚的效率高，设备较便宜，对环境无污染，因此被广泛使用。但微波可使局部温度短时间升高，操作时应注意防护。

5. 膜渗透分离法

膜渗透分离法是以选择性透过膜为分离介质，利用膜两侧的电位差、浓度差或压力，使溶剂通过膜，实现组分的分离。膜渗透分离法的优点是工艺简单，不破坏茶多酚，不污染环境；缺点是产品纯度低，膜价格高，过滤速度慢。

6. 闪式提取法

闪式提取法是近年来兴起的一种提取方法，该方法是选择适当的溶剂，将植物置于闪式提取器中，使植物组织快速破碎以达到提取多酚的目的。闪式提取法提取速度是溶剂萃取法的百倍，具有操作简单，提取效率高，多酚结构不易被破坏等优点。

7. 生物酶解提取法

酶解提取法是利用生物酶的专一性，它能够选择性破坏植物细胞壁，使植物细胞中的多酚扩散到溶剂中。该方法与溶剂萃取法相比，具有成本较低、多酚溶解率高，绿色环保等优点，适合工业化生产。

8. 树脂吸附提取法

树脂吸附法是基于树脂对植物提取物的吸附-解吸作用实现多酚类物质的分离。该方法对多酚的提取率较高，纯度较纯，无毒无害，对环境无污染，但树脂市场价格昂贵，成本较高，不适合大规模提取。

9. 高压脉冲电场法

高压脉冲电场法是近年来兴起的一项高效节能的非热处理提取技术。在植物多酚提取过程中，它能够有效破碎植物细胞壁，促进多酚等其他生物活性成分浸出，具有耗时短、耗能低、温升小及目标产物不易变性等优点，在植物提取方面的应用研究受到国内外学者的广泛关注。

10. 联用法

为提高天然产物的提取率，常采用多种提取方法联用的方式进行提取。通常采用两种提取方法联用，以提高得率及缩短时间。

（二）苹果多酚的提取

苹果渣中多酚超声波提取法是利用相似相溶的原理，选取适合的溶剂将多酚化合物从植物样品中提取出来。根据多酚化合物的不同结构特征，常使用的溶剂有乙醇水溶液、甲醇水溶液、石油醚等。

1. 超声波溶剂萃取苹果渣多酚

（1）苹果渣分装至盘内，于烘干机中60℃烘干4h至无水分，烘干后皮渣于超微粉碎机粉碎，分装至自封袋封口保存备用。

（2）准确称取上述制备100kg苹果渣，以1:8（g:mL）料液比加入浓度60%乙醇溶液，首先在功率为400W下超声提取20min，接着在提取温度为50℃浸提苹果渣2h后抽滤，将粗提液于转速3500r/min离心10min，取上清液5mL，用福林酚法测定。

2. 超声辅助深共熔溶剂提取鹰嘴豆多酚类化合物（黄酮）

鹰嘴豆作为一种栽培历史悠久的植物，含有多种重要的功能成分，特别是具有生物活性的黄酮类化合物。作为多酚化合物中最主要的组成成分，酚酸类物质、黄酮类物质的绿色高效提取具有重大的经济价值。有机溶剂萃取法是传统提取方式中最为经典且应用最为广泛的一种提取方法。基于相似相溶原理将多酚从植物中分离出来，其成本低被广泛应用。但这些常用提取方法都需要依赖大量的有机溶剂，与近年来推出的新技术相比，耗时较长，难以控制工艺参数，有机溶剂对环境和身体更有一定影响。深共熔现象又称低温共熔，是指将两种或两种以上固体物质，按照一定比例反应，使其反应物熔点发生下降的现象。作为一种新型绿色溶剂，深共熔溶剂在植物天然成分分离提取应用中具有巨大的优势，逐渐成为多酚类化合物提取的首选溶剂。深共熔溶剂凭借其易合成、低成本与高效率的特点，为寻找有机溶剂的替代品提供了重要选择。应用超声提取与微波辅助提取其提取率更高，且远远好于普通的加热搅拌提取。因此，超声辅助深共熔溶剂提取法是绿色高效的。

（1）深共熔溶剂的制备　深共熔溶剂由氢键受体（氯化胆碱、甜菜碱等）与不同氢键供体（葡萄糖、乳酸、1,4-丁二醇、尿素等）按照1∶5的摩尔比组成混合物，置于100mL圆底烧瓶中，在80℃搅拌反应4~6h，得到无色透明液体，然后冷却至室温，即可制得深共熔溶剂。

（2）用天平准确称取一定量的鹰嘴豆粉末置于试管中，加入适合鹰嘴豆中黄酮类化合物提取的深共熔溶剂——氯化胆碱-1,4-丁二醇（摩尔比为1∶5），按照30%深共熔溶剂配置提取溶剂，将试管放入超声提取仪中超声萃取，设定提取功率为200W，提取时间为35min，提取温度为59℃，料液比40mg/mL，通过3次验证试验得到的鹰嘴豆黄酮提取量为6.83±0.11mg/g。提取效果优于60%甲醇水溶液。

（3）提取完成后，5000r/min离心10min。转移全部上清液于玻璃容器中，用50%甲醇水溶液定容，备用。

二、　多糖的提取

多糖类物质是自然界中存在的一类具有广谱化学结构和生物功能的有机化合物，几乎所有的动物、植物和微生物体内都含有。多糖不但是细胞能量的主要来源，在细胞的构建、生物合成和生命活动的调控中，多糖均扮演着重要的角色。近几十年来，人们发现从植物中提取的多糖具有非常重要与特殊的生理活性，这些植物多糖参与了生命科学中细胞的各种活动，具有多种多样的生物学功能。

（一）果蔬多糖制取一般工艺

样品预处理 → 溶剂浸提 → 过滤或离心 → 浓缩 → 滤液醇析 → 干燥 → 粗多糖 →

分离纯化 → 多糖样品

1. 样品预处理

样品预处理主要包括样品干燥、粉碎、去干扰成分及脱脂。在提取前可用乙醇除去单糖、低聚糖及苷类等干扰性成分；有些提取果蔬的样品含较多的脂类物质，应在提取前用石油醚、乙醚等溶剂除去脂溶性杂质。

2. 提取果蔬多糖的常见方法

（1）水提醇沉法　水提醇沉法是提取多糖最常用的一种方法。多糖是极性大分子化合物，提取时应选择水、醇等极性强的溶剂。水提取的多数是中性多糖，提取时可以用热水浸煮提取，也可以用冷水浸提。影响多糖提取率的因素有：水的用量、提取温度、浸提固液比、提取时间以及提取次数等。水提醇沉法提取多糖不需特殊设备，生产工艺成本低，安全，适合工业化大生产，是一种可取的提取方法。

（2）酸碱提取法　有些多糖适合用稀酸或稀碱溶液提取，才能得到更高的提取率。用弱碱性水溶液可以提取含有糖醛酸的多糖。应注意的是在酸性条件下可引起多糖中糖苷键的断裂，提取时应尽量避免酸性条件。另外，稀酸、稀碱提取液应迅速中和或迅速透析，浓缩与醇析而获得多糖沉淀。

（3）生物酶提取法　酶技术是近年来广泛应用到有效成分提取中的一项生物技术，在多糖的提取过程中，一般采用一定比例的果胶酶、纤维素酶及中性蛋白酶复合酶解法，水解纤维素和果胶，在比较温和的条件中分解植物组织，降低提取条件，使植物组织细胞的细胞壁破裂，释放细胞壁内的活性多糖。提取效果与酶的加入量、酶解温度、酶解时间、酶解 pH 有直接的关系。

（4）微波、超声波辅助提取　水提微波萃取效率高，操作简单，且不会引入杂质，多糖纯度高，能耗小，操作费用低，符合环境保护要求，是很好的多糖提取方法。超声波提取是利用超声波的机械效应、空化效应及热效应，缩短提取时间，提高提取率。

3. 果蔬多糖分离纯化

经过提取的粗多糖常含有蛋白、色素等物质，需进一步分离纯化得到纯度较高的多糖产品。

（1）除蛋白　除蛋白可使用 Sevag 法、三氯乙酸法、三氟三氯乙烷法、蛋白酶等方法，其中 Sevag 法最为常用，也可采用几种方法结合除蛋白质。

（2）脱色　可用活性炭吸附法、离子交换法、氧化脱色法等脱去粗多糖色素，其中离子交换法因具有去除效果好、多糖损失少等优点被广泛使用。

（3）分离　多糖的分离主要有分级沉淀、季铵盐沉淀、金属盐沉淀、色谱分离、膜分离、透析、电渗析方法等，目前，大多采用 DEAE-凝胶或其它各种不同类型的凝胶柱层析以及离子交换色谱法。

（二）大豆多糖的提取

豆渣作为大豆加工业最大的副产物，通常用作饲料或废弃，不仅浪费资源，而且污染环境。豆渣的主要成分是子叶部的细胞壁多糖，约含30%的水溶性多糖。水溶性大豆多糖简称大豆多糖，它是一种酸性多糖，主要成分是半乳糖、阿拉伯糖、半乳糖醛酸、鼠李糖、海藻糖以及木糖等，具有多种生物活性，是一种天然的功能性成分，它可以改善食品的食用品质、加工特性及感官特性，能够抑制脂类氧化，在食品中具有广泛的应用前景。

可参考的大豆多糖提取工艺流程为：

干豆渣 → 挤压（单螺杆挤压机）→ 粉碎（过 30 目筛）→

热水浸提（或使用超声波、微波辅助浸提）→ 离心（4 500r/min，30min）→ 取上清液 →

去蛋白（加三氯乙酸）→ 离心（4 500r/min，20min）→ 取上清液 → 浓缩 → 95%乙醇沉淀 →

离心（4 000r/min，20min）→ 沉淀物 → 无水乙醇洗涤 → 冷冻干燥 → 粗多糖

第六节　典型果蔬皮渣综合生产实例

葡萄是世界上普遍栽培的水果之一，据统计，全世界年产葡萄约 7 000 万 t，其中80%用于酿酒、13%作为鲜果食用、7%用于加工果汁及其它葡萄产品。中国年产葡萄约 700 万 t，其中40%作为鲜果食用，40%用于酿酒，20%用于加工葡萄干、果汁等产品。葡萄加工过程

中产生的废弃物占鲜果总量的 20%～30%，主要是葡萄皮、种子和果梗等。其中葡萄籽占鲜果总重的 7%～10%。研究发现，葡萄皮渣中存在着大量的多种功能性成分，具有良好的医疗、保健作用。法国、意大利、美国、西班牙等葡萄酒生产大国，70% 以上的葡萄皮渣都得到很好的利用。目前，我国对葡萄皮渣已开展了综合利用，但与发达国家相比，还有差距，有的被当作肥料、饲料甚至垃圾处理，不能挖掘其中的经济效益，还造成环境污染。因此，开展葡萄皮渣综合利用，意义重大。

一、　葡萄皮渣的综合利用

（一）　葡萄籽油的提取

见第二节籽油和香精油的提取。

（二）　葡萄皮渣中酒石的提取

1. 粗酒石的提取

（1）从葡萄皮渣中提取粗酒石

当葡萄皮渣蒸馏白兰地后，随放入热水，水没过皮渣。然后将甑锅密闭，开始放气，煮沸 15～20min。将煮沸的水放入开口的木质结晶槽。结晶槽大小应以甑锅的大小而定。木质槽内应悬吊许多条麻绳。当水冷却以后（24～48h），这些粗酒石便在桶壁、桶底、绳上结晶。这种粗酒石含纯酒石酸 80%～90%。

（2）从葡萄酒酒脚提取粗酒石

葡萄酒酒脚就是葡萄酒发酵后贮藏换桶时桶底的沉淀物。这些沉淀物不能直接用来提取酒石，因为它还含有葡萄酒，应先用布袋将酒滤出，再蒸馏白兰地，将剩下的酒脚投入甑锅中，每 100kg 酒脚用 200L 水稀释，然后用蒸汽直接煮沸。将煮沸过的酒脚用压滤机过滤。滤出水冷却后的沉淀即为粗酒石。每 100kg 酒脚可得粗酒石 15～20kg，含纯酒石 50% 左右，干燥后备用。

（3）从桶壁提取粗酒石

葡萄酒在贮藏过程中，其不稳定的酒石酸盐在冷却的作用下析出沉淀于桶壁与桶底。时间一久，这些酒石酸盐结晶紧贴在桶壁上，成为粗酒石。由于葡萄品种不同，粗酒石的色泽不一样，红葡萄酒为红色，白葡萄酒为黄色，因为在贮藏过程中，这些酒石被酒的色泽所污染。它的晶体形状为三角形，在容器的上部大而多，下部小而少。倒桶以后，必须用木槌将其敲下来，贴得太紧的要用铁制刀刮下来。它含纯酒石酸 70%～80%。

2. 从粗酒石中提取纯酒石

从粗酒石中提取纯酒石的工艺流程：

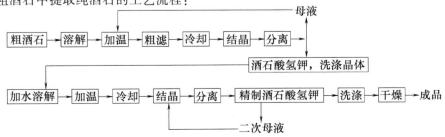

纯酒石即酒石酸氢钾，分子式为$C_4H_4O_6HK$，相对分子质量188。纯的酒石酸氢钾是白色透明的晶体，当它含有酒石酸钙时，色泽即呈现乳白色。其特点是温度越高，溶解就越多；温度越低，溶解就越少。提炼纯酒石就是利用这一特点进行的。

具体操作是：将粗酒石倒入大木桶中，100kg粗酒石加水200L。浸泡一定时间后便进行搅拌，将浮于液面的木屑等杂物捞出。加温到100℃，保持30~40min，使粗酒石充分溶解。为了加速酒石酸氢钾溶解，也可在100L溶解液中加入盐酸1~1.5L。当粗酒石充分溶解后，液面还会浮起一些杂物，如葡萄皮渣、葡萄碎核等，用竹箩或铜丝网将其捞起。也可在结晶槽上装一布袋进行粗滤。将粗酒石充分溶解的溶解液倒入木质结晶槽中，静置24h以后，结晶已全部完成。将上面的水抽出，这些水称为母水，作第二次结晶时使用。将结晶槽内的晶体取出，但应注意不要将槽底的泥渣混入。取出的晶体再按照前法加蒸馏水溶解结晶一次，但不再用盐酸。第二次结晶出的晶体用蒸馏水清洗一次，为精制的酒石酸氢钾。洗过的蒸馏水倒入母水中作再结晶用。精制的酒石酸氢钾经及时烘干，便得到成品。

（三）葡萄皮渣中红色素的提取

紫色葡萄的皮中含有非常丰富的红色素。葡萄红色素属花青素，是一种安全、无毒副作用的天然食用色素。葡萄皮色素在 pH=3 时呈红色，pH=4 时，则呈紫色，其稳定性随 pH 的降低而增加。因此，该色素可作为高级酸性食品的色素应用于果冻、果酱、饮料等的着色，其特点是着色力强、效果好。

1. 工艺流程

葡萄皮→ 浸提 → 粗滤、离心 → 沉淀 → 浓缩 → 干燥 →成品

2. 操作要点

（1）原料选择　尽量选用含有红色素较多的葡萄分离出果皮，或者用酿酒后去籽的皮渣，干燥待用。

（2）浸提　用酸化甲醇或酸化乙醇浸提时，按等量重的原料加入，在溶剂的沸点温度下，pH3~4 浸提 1h 左右，得到色素提取液，然后加入维生素 C 或聚磷酸盐进行护色，速冷。

（3）粗滤后进行离心，以便去除部分蛋白质和杂质。

（4）离心后的提取液加入适量的酒精，使果胶、蛋白质沉淀分离。

（5）在 45~50℃、93kPa 真空度下，进行浓缩，并回收溶剂。

（6）浓缩后进行喷雾干燥或减压干燥，即可得到葡萄皮红色素。

（四）葡萄皮渣中果胶的提取

1. 工艺流程

葡萄皮预处理 → 酸浸提 → 过滤 → 浓缩 → 酒精沉析 → 干燥 →成品

2. 操作要点

（1）原料预处理　将葡萄皮破碎至 2~4mm，在 70℃下保温 20min 钝化酶，再用温水洗涤 2~3 次，沥干待用。

（2）酸浸提　加入 5 倍于原料的水，用柠檬酸调整 pH 至 1.8，在 80℃下浸提 6h，然后

进行过滤，得到滤液。

（3）浓缩　将滤液浓缩至果胶液浓度为5%~8%。

（4）酒精沉析　在浓缩后的浓缩液中加入乙醇，使乙醇浓度达到60%，进行沉析，再分别用70%乙醇和75%乙醇洗涤沉淀物两次。

（5）干燥、粉碎。

（五）白藜芦醇的提取

白藜芦醇是广泛存在于葡萄中的一种重要植物抗毒素。它以游离态和糖苷结合态两种形式存在，有研究表明，白藜芦醇具有影响脂类及花生四烯酸代谢；抗血小板聚集和抗炎、抗过敏作用；抗血栓作用；抗动脉粥样硬化和冠心病、缺血性心脏病、高血脂症的防治作用；明显的抗氧化、抗自由基作用；抗肿瘤作用。从葡萄皮渣中提取白藜芦醇是葡萄综合利用的一种有效途径。

目前，国内外大多采用有机溶剂（如甲醇、乙醇、乙酸乙酯等）进行提取，经过滤后，将滤液浓缩，即得白藜芦醇粗品。有机溶剂提取方法主要分为回流法、浸渍法、索氏法等。

（六）其它物质提取

葡萄皮渣、籽除上述综合利用外，还可以提取多酚、单宁、膳食纤维以及发酵成肥料等。开展葡萄皮渣综合利用，不仅可以获得良好的经济效益，而且能够有效减轻环保压力，获得巨大的社会效益，这将是葡萄加工产业必然的选择和出路，具有广阔的发展前景。

二、 苹果渣的综合利用

（一）脱酚苹果渣发酵生产酒精

苹果渣是苹果汁加工业的主要副产品，含有多种营养成分，却被当作废物抛弃。其中含有的苹果多酚具有强抗氧化力，可以应用在食品、医药、保健品和化妆品等领域。苹果渣还可以发酵产燃料酒精，使其社会效益和经济效益显著提高。发酵产酒精后的残渣含有大量菌体，且发酵过程中也有蛋白产生，可作为生物饲料。这一连续过程使苹果渣得以充分利用，从农业废渣变为可待开发的新资源，加快苹果加工业可持续发展的进程。

1. 苹果渣中多酚物质提取

苹果渣在短时间里就会腐烂，变酸变臭，给环境造成极大的负担。目前普遍认为苹果渣是提取苹果多酚的较好资源。苹果多酚具有显著降压、降脂作用，同时还具有抗氧化、抗溃疡、抗癌、抗突变、抑菌、防辐射、清除自由基及促进毛发生长等多种疗效。因此，成为近几年研究、开发、利用的热点。为了使苹果渣变废为宝，被充分利用。对乙醇提取苹果渣中多酚物质做了研究，优化其提取条件，提高苹果渣中多酚物质的提取率。

取苹果渣5kg，加入乙醇浓度为60%，料液比1:8（g/mL）浸提苹果渣2h后抽滤，滤液在45℃进行旋转蒸发，浓缩的多酚溶液定容到10mL容量瓶。其浓缩液中多酚含量最大提取率为 8.38mg/g。吸取多酚浓缩液 10μL 于 5L 容量瓶中，加蒸馏水至 2L。

2. 脱酚苹果渣发酵生产酒精

（1）工艺流程

提取后苹果残渣 → 预处理（常压蒸煮 30min）→ 加入果胶酶、纤维素酶糖化处理 → 冷却 → 调节 pH → 加入麸皮 → 灭菌 → 接入酵母菌 → 发酵 → 蒸馏并进行测定

扩培 ← 活化 ← 酵母菌

（2）操作步骤

① 确定果胶酶、纤维素酶复合酶的比例：2kg 苹果残渣，加入 1∶10 的水常压蒸煮 30min，柠檬酸缓冲液调初始 pH4.0，按照 0.15% 的总酶量添加纤维素酶和果胶酶，纤维素酶和果胶酶的比例为 1∶1。50℃ 糖化 4h，以未加酶组为对照。其还原糖产量为 37.44mg/g。通过测定还原糖产量来确定糖化效果最好。

② 添加复合酶：取 5kg 苹果残渣，加入 1∶10 的水进行常压蒸煮 30min，用柠檬酸缓冲液调初始 pH4.5。添加 3% 复合酶（果胶酶和纤维素酶）。50℃ 糖化 5h，以未加酶组为对照，还原糖产量为 97.9mg/g（脱酚苹果渣干基）。

③ 菌种的活化及扩大培养：将酒精酵母、啤酒酵母和葡萄酒酵母三种原菌种于无菌操作间中移植到灭菌后的 PDA 培养基试管斜面上，塞上棉塞，在 30℃ 培养 12h 左右，将其接入灭菌后 PDA 液体培养基的三角瓶中进行扩大培养，并测其生长曲线。控制菌种在对数期并且具有相似 OD6QQ 值时进行接种。

④ 最优菌株的选择：8kg 苹果残渣进行糖化试验，冷却后加入麸皮（按麸皮占总重量 10% 的比例）的混合发酵料中进行发酵 121℃ 灭菌 15min，以接菌量 8%（以苹果渣的量计算）接入混合发酵料中。在发酵 3d 时通过酒精产量的大小，得出葡萄酒酵母为最优的菌种。

（3）脱酚苹果渣发酵产酒精　8kg 苹果残渣糖化后的糖化液与 15% 麸皮添加量进行灭菌后，用柠檬酸调节 pH，使其初始 pH 为 4.5，按接种量 8% 接入活化好的最优菌种，30℃ 发酵 4d 后酒精产量为 166.59mL/kg（脱酚苹果渣干基）。

（二）鲜苹果渣发酵生产饲料蛋白

苹果渣中含一定量的蛋白质（约 30g/kg）、糖分、果胶质、纤维素和半纤维素、维生素和矿质元素等营养成分，是微生物的良好营养基质，但作为动物饲料，其蛋白质含量偏低，影响了其它成分的利用通过微生物发酵提高苹果渣中蛋白质含量，可以将苹果渣转化为营养丰富的蛋白质饲料。

1. 工艺流程

斜面菌种 → 扩大培养 → 制备孢子悬液 →

液体培养基 → 接入酵母菌 → 细胞悬液 →

→ 配制原料 → 装瓶灭菌 → 冷却接种 → 发酵培养 → 烘干粉碎

2. 操作步骤

（1）孢子悬液制备　将 28℃ 培养好的斜面菌种用无菌水制成菌悬液，接入装有麸皮固

态培养基［麸皮：水（体积比）＝1：1］的250玻璃容器中，培养3d。待孢子成熟后加入180L无菌水（其中含吐温50g/L），充分摇动后用无菌纱布过滤，即得均匀的孢子悬液（孢子数为 $1.7×10^9$ 个/L）。

（2）液体酵母菌菌种制备　用无菌操作向150L PDA液体培养基中接入少量酵母菌，28℃培养3d。酵母菌细胞悬液。将28℃培养好的斜面菌种用无菌水制成菌悬液，转入装有150L无菌水的玻璃容器中，充分摇匀（为 $6.4×10^6$ 个/L）即可。

（3）鲜苹果渣固态发酵　称500kg鲜苹果（自然鲜苹果渣的pH＝4）渣于干热灭菌广口瓶中，无菌操作接入无菌 NH_4NO_3（无菌容量瓶＋ NH_4NO_3 ＋乙醚，乙醚挥发后加无菌水溶解）至5kg/L，加氮、混菌发酵，每瓶容器中接5L酵母菌菌液和2L孢子悬液，用无菌竹签充分搅匀，无菌纱布包扎，28℃培养3d。

（4）发酵产物回收　将发酵好的样品在100℃烘干，称重，回收。

（5）发酵产物纯蛋白质测定　将烘干样品粉碎，过0.3mm筛，称取样品500g于玻璃容器中，加蒸馏水10L，加饱和 $CaCl_2$ 1L，质量分数10% K_2HPO_4 2L（出现白色絮凝物），加热至微沸后保持15min，用漏斗过滤，再用50L蒸馏水洗涤滤纸上的样品至无 NH_4^+，将滤纸上的过滤物打成小纸包放入消煮管中烘干，加13L浓 H_2SO_4，3kg混合催化剂，以漏斗盖住消煮管口，120℃炭化24h，按凯氏法定氮，换算成蛋白含量。

（三）苹果渣中果胶超声波辅助提取

果胶作为纯天然的功能因子添加到食品中，具有良好的稳定、乳化、增稠和胶凝的作用。苹果渣中果胶含量较高（按干质量计为10%～16%）。苹果渣是一种可以资源化利用的加工副产物。在众多的果渣资源再利用中，果胶用途广、经济价值高、提取的原料资源丰富，因此具有显著的经济效益。目前，真正具有工业提取价值的是柑橘类的果皮、苹果渣及甜菜渣，其中以苹果渣中果胶物质的分子质量大、质量好、资源丰富而最有提取价值。

1. 工艺流程

2. 操作步骤

（1）原料预处理　将苹果渣用80～90℃水煮10mim，除去其中的果胶酶防止果胶水解，再用30℃的温水反复漂洗，洗去原料中的糖苷、色素等，70℃烘干、粉碎，过60目筛，干燥保存。

（2）超声波辅助提取果胶　取经预处理的苹果渣，按一定料液比加入蒸馏水，用盐酸调节pH值，搅拌超声提取，趁热离心过滤，所得滤液即为果胶提取液。

（3）果胶样品的制备　将提取液置于旋转蒸发仪中，50℃下浓缩至4%左右，以除去水分，然后迅速降温冷却至室温，加入等体积95%乙醇，搅拌均匀，沉淀2h，然后用无水乙醇洗涤3次，进一步除去色素及其它杂质成分。将滤干的果胶预冷后，在-50℃左右真空冷冻干燥，使果胶含水量在10%以下，干燥后粉碎过120目筛即得到果胶产品。

思考题

1. 提取果胶的原料有哪些?
2. 简述果胶的提取工艺流程及操作要点。
3. 简述几种果蔬籽油的提取方法。
4. 果蔬中有哪些色素? 简述几种色素的提取和纯化方法。
5. 阐述几种果蔬膳食纤维的提取工艺。
6. 菠萝蛋白酶的提取方法有哪些?
7. 简述葡萄皮渣的综合利用途径及工艺。

参 考 文 献

[1] 罗云波，蔡同一. 园艺产品贮藏加工学（加工篇）[M]. 北京：中国农业大学出版社，2001

[2] 马长伟，曾名勇. 食品工艺学导论 [M]. 北京：中国农业大学出版社，2002

[3] 胡小松，乔旭光. 果蔬贮藏学科的现状与发展. 食品科学技术学科发展报告 [M]. 北京：中国科学技术出版社，2009

[4] 胡小松，廖小军，陈芳等. 中国果蔬加工产业现状与发展态势 [J]. 食品与机械，2005，21（3）：4~9

[5] 单杨. 中国果蔬加工产业现状及发展战略思考 [J]. 食品与机械，中国食品学报 [J]，2010，10（1）：1~9

[6] 陈仪男. 果蔬罐藏加工技术. 北京：中国轻工业出版社，2010

[7] 曾庆孝. 食品加工与保藏原理（第二版）. 北京：化学工业出版社，2007

[8] 赵良. 罐头食品加工技术. 北京：化学工业出版社，2007

[9] 王颉，张子德. 果品蔬菜贮藏加工原理与技术. 北京：化学工业出版社，2009

[10] 叶兴乾. 果品蔬菜加工工艺学（第三版）. 北京：中国农业出版社，2009

[11] 吴锦涛，张昭其. 果蔬保鲜与加工. 北京：化学工业出版社，2001

[12] 胡小松，李积宏，崔雨林等. 现代果蔬汁加工工艺学. 北京：中国轻工业出版社，1995

[13] 仇农学. 现代果汁加工技术与设备. 北京：化学工业出版社，2006

[14] 华中农业大学. 蔬菜贮藏加工学（第二版）. 北京：中国农业出版社，1999

[15] 赵丽芹，张子德. 园艺产品贮藏加工学（第二版）. 北京：中国轻工业出版社，2009

[16] 蓝云. 果品贮藏加工学（第二版）. 北京：中国农业出版社，2009

[17] 郝利平. 园艺产品贮藏加工学. 北京：中国农业出版社，2008

[18] 陈学平. 果蔬产品加工工艺学. 北京：中国农业出版社，1995

[19] 杜朋. 果蔬汁饮料工艺学. 北京：农业出版社，1992

[20] 倪元颖等. 温带、亚热带果蔬汁原料及饮料制造. 北京：中国轻工业出版社，1999

[21] 肖家捷等. 果汁和蔬菜汁生产工艺学. 北京：轻工业出版社，1998

[22] 胡小松，蒲彪，廖小军. 软饮料工艺学. 北京：中国农业大学出版社，2003

[23] 赵传孝，姜言功，柏青安等. 水果制品加工技术与设备. 北京：中国食品出版社，1989

[24] 赵晋府. 食品工艺学（第二版）. 北京：中国轻工业出版社，1999

[25] 林亲录，邓放明. 园艺产品加工学. 北京：中国农业出版社，2003

[26] 牟增荣，刘世雄. 酱腌菜加工工艺与配方. 北京：科学技术文献出版社，2002

[27] 陈功. 盐渍蔬菜生产实用技术. 北京：中国轻工业出版社，2001

[28] 李瑜. 泡菜配方与工艺. 北京：化学工业出版社，2008

[29] 马涛. 泡菜制作规范与技巧. 北京：化学工业出版社，2011

[30] 朱文学. 食品干燥原理与技术 [M]. 北京：科学出版社，2009

[31] 刘新社，易诚. 果蔬储藏与加工技术 [M]. 北京：化学工业出版社，2009

[32] 高年发. 葡萄酒生产技术. 北京：化学工业出版社，2005

[33] 黄丹，钟世荣，刘达玉等. 发酵南瓜酒酿造工艺. 食品研究与开发，2009，30（11）：96~99

[34] 卫春会，卫翰轩，李军等. 果浆发酵生产苹果酒的研究. 四川理工学院学报（自然科学版），

2009, 22 (5): 76~78

[35] 鲍金勇, 王娟, 林碧敏, 杨公明. 我国果醋的研究现状、存在的问题及解决措施 [J]. 中国酿造, 2006, (10): 1~4

[36] 吴国卿, 王文平, 陈燕. 果醋开发意义、工艺研究及果醋类型 [J]. 饮料工业, 2010, 13 (4): 14~17

[37] 于靖, 吕婕, 季鹏, 周俊, 李焕宇. 果醋饮料的现状分析及展望 [J]. 科技资讯, 2006, (8): 222~224

[38] 徐子婷, 周文美. 绿色食品果醋开发的探讨 [J]. 河北农业科学, 2010, 14 (7): 74~76

[39] 乔旭光. 果醋的发酵及其酿制 [J]. 农产品加工, 2008, (6): 27~29

[40] 姚玉静, 黄国平, 龚慧雯, 王烈喜. 果醋发酵工艺研究进展 [J]. 粮食与食品工业, 2010, 17 (6): 28~30

[41] 董胜利, 徐开生. 酿造调味品生产技术. 北京: 化学工业出版社, 2005

[42] 葛向阳, 田焕章, 梁运祥. 酿造学. 北京: 高等教育出版社, 2005

[43] 程丽娟, 袁静. 发酵食品工艺学. 陕西: 西北农林科技大学出版社, 2007

[44] 何国庆. 食品发酵与酿造工艺学. 北京: 中国农业出版社, 2001

[45] 陶兴无. 发酵产品工艺学. 北京: 化学工业出版社, 2008

[46] 赵晴, 翟玮玮. 食品生产概论. 北京: 科学出版社, 2004

[47] 许超群, 王亚利, 黄从军, 洪厚胜. 苹果醋的开发与研究综述 [J]. 中国调味品, 2011, 36 (2): 7~10

[48] 牛广财, 姜桥. 果蔬加工学 [M]. 北京: 中国计量出版社, 2010

[49] 胡文忠. 鲜切果蔬科学与技术 [M]. 北京: 化学工业出版社, 2009

[50] 陈功, 余文华, 徐德琼. 净菜加工技术 [M]. 中国轻工业出版社, 2005

[51] 马跃, 胡文忠, 程双华等. 鲜切对果蔬生理生化的影响及其调控方法 [J]. 食品工业科技, 2010, 31 (2): 338~341

[52] 田密霞, 胡文忠, 王艳颖等. 鲜切果蔬的生理生化变化及其保鲜技术的研究进展 [J]. 食品与发酵工业, 2009, 35 (5): 132~135

[53] 江洁, 胡文忠. 鲜切果蔬的微生物污染及其杀菌技术 [J]. 食品工业科技, 2009, 30 (9): 319~334

[54] 范贤贤, 田密霞, 姜爱丽等. 鲜切果蔬表面微生物侵染途径及控制 [J]. 保鲜与加工, 2009, 2: 15~17

[55] 侯传伟, 魏书信, 王安建. 鲜切果蔬品质劣变与控制 [J]. 河南农业科学, 2008, 1: 96~98

[56] 黄振喜. 鲜切果蔬的加工工艺 [J]. 农产品加工, 2009, 11: 53~56

[57] 董全. 鲜切果蔬的加工工艺和保鲜技术 [J]. 四川食品与发酵, 2002, 38 (2): 31~35

[58] 王邈, 李玮, 王邦辉等. 保鲜技术在鲜切果蔬中的应用 [J]. 中国食物与营养, 2010, 02: 43~45

[59] 孙芝杨, 钱建亚. 果蔬酶促褐变机理及酶促褐变抑制研究进展 [J]. 中国食物与营养, 2007, 03: 22~24

[60] 宋欢, 蔡君, 晏家瑛. 栅栏技术在果蔬保鲜中的应用 [J]. 食品工业科技, 2010, 31 (11): 408~412

[61] 韩俊华, 李全宏, 牛天贵. 切割果蔬的微生物及其生物控制 [J]. 食品科学, 2005, 26 (10): 262~266

［62］ 曹建康，姜微波，赵玉梅. 果蔬采后生理生化实验指导［M］. 北京：中国轻工业出版社，2007

［63］ 陈红，王大为，李侠等. 不同方法提取大豆多糖的工艺优化研究［J］. 食品科学，2010，31（04）：6~10.

［64］ 董全. 果蔬加工工艺学［M］. 重庆：西南师范大学出版社，2007

［65］ 刘章武. 果蔬资源开发与利用［M］. 北京：化学工业出版社，2007

［66］ 孙峰. 正交方法研究溶剂法提取葡萄籽油工艺优化［J］. 安徽农业科学，2008，36（34）：14829~14830，14845

［67］ 王丽其. 微波辅助萃取葡萄籽油的研究［J］. 江西化工，2009，（2）：65~66.

［68］ 王平诸，孙君社，李魁. 菠萝蛋白酶三种生产工艺的比较［J］. 河南化工，2002，（7），1~2.

［69］ 杨清香，于艳琴. 果蔬加工技术（第二版）［M］. 北京：化学工业出版社，2010

［70］ 杨重庆. 椰子渣膳食纤维的制取及其应用［J］. 食品科技，1997，03：39~40.

［71］ 叶兴乾. 果品蔬菜加工工艺学（第二版）［M］. 北京：中国农业出版社，2002

［72］ 尹明安. 果品蔬菜加工工艺学［M］. 北京：化学工业出版社，2009

［73］ 赵晨霞. 果蔬贮藏加工技术［M］. 北京：科学出版社，2004

［74］ 赵丽芹. 果蔬加工工艺学［M］. 北京：中国轻工业出版社，2002

［75］ 周雯雯，颜贤仔，王晶晶. 溶剂法提取葡萄籽油的工艺研究［J］. 安徽农业科学，2008，36（19）：7980~7981

［76］ 祝战斌. 果蔬加工技术［M］. 北京：化学工业出版社，2008

［77］ 毕金峰，陈瑞娟，陈芹芹等. 不同干燥方式对胡萝卜微粉品质的影响. 中国食品学报，2015，15（01）：136-141

［78］ 常大伟，张爽，孔令知. 超声波辅助提取苹果渣中果胶的研究. 陕西科技大学学报，2013，31（2）101-104.

［79］ 李志雅. 淮山片变温压差干制工艺及其品质研究. 湖南农业大学，2015.

［80］ 尚宪超. 深共熔溶剂提取多酚类化合物的方法研究. 北京：中国农业科学院，2019.5 10-15

［81］ 天津轻工业学院、无锡轻工大学合编. 食品工艺学. 北京：中国轻工业出版社，1987

［82］ 田玉霞. 苹果渣中果胶超声波辅助提取及基于不同分子量级的特性表征. 陕西：陕西师范大学，2010.5.

［83］ 谢建松，杨占国，安铎. 玻璃化转变对食品干燥贮藏的影响. 粮食流通技术，2012（3）：34-36

［84］ 于泓鹏，曾庆孝. 食品玻璃化转变及其在食品加工储藏中的应用. 食品工业科技，2004（11）：149-151

［85］ 袁利鹏，刘波，黄丽，郑耿杨. 真空冷冻干燥佛手瓜的工艺研究. 安徽农业科学，2019（14）：197-200

［86］ 翟文俊. 冻干柿子超微粉的加工工艺. 食品科技，2006（09）：74~76

［87］ 张玉娜. 苹果渣的综合利用. 大连：大连工业大学学报，2013（3）：8~15

［88］ 郑远斌，郁军，岳鹏翔. 罗汉果鲜果冻干超微粉的制备方法. 中国. CN200810174726.1，2010（06~09）